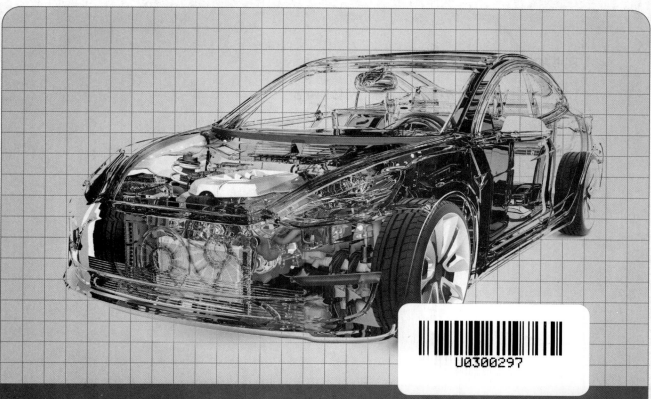

U0300297

UG NX

12 中文版

实用教程

李志尊 胡仁喜 / 编著

人民邮电出版社

北 京

图书在版编目（CIP）数据

UG NX 12中文版实用教程 / 李志尊，胡仁喜编著
. -- 北京 : 人民邮电出版社，2023.1
ISBN 978-7-115-57427-5

Ⅰ. ①U… Ⅱ. ①李… ②胡… Ⅲ. ①计算机辅助设计
—应用软件—教材 Ⅳ. ①TP391.72

中国版本图书馆CIP数据核字(2021)第194095号

内 容 提 要

本书以UG NX12为演示平台，系统地讲解UG NX12的知识模块。全书共分为16章，分别介绍UG NX12的基础知识和操作技巧、实体建模、曲面造型的设计与实现、工程图的设计方法与技巧、钣金设计中的相关知识和操作步骤等。

在讲解的过程中，作者根据自己多年的经验，给出了全面的总结和相关提示，以帮助读者快速掌握所学知识。全书内容翔实、图文并茂、语言简洁、思路清晰。

为了方便广大读者更加形象直观地学习，本书配有丰富的电子资源，其中包含全书所有实例的源文件和演示操作过程的视频文件，以及额外赠送的案例教学视频及其配套源文件。

本书既可作为UG NX初学者的入门教程，也可作为工程技术人员的参考工具书。

◆ 编　　著　李志尊　胡仁喜
　　责任编辑　蒋　艳
　　责任印制　王　郁　胡　南
◆ 人民邮电出版社出版发行　　北京市丰台区成寿寺路 11 号
　　邮编　100164　　电子邮件　315@ptpress.com.cn
　　网址　https://www.ptpress.com.cn
　　三河市中晟雅豪印务有限公司印刷
◆ 开本：787×1092　1/16
　　印张：29.75　　　　　　　　　　2023 年 1 月第 1 版
　　字数：793 千字　　　　　　　2023 年 1 月河北第 1 次印刷

定价：99.90 元
读者服务热线：(010)81055410　印装质量热线：(010)81055316
反盗版热线：(010)81055315
广告经营许可证：京东市监广登字 20170147 号

PREFACE 前言

　　UG是目前市场上功能非常全面的工业产品设计工具。它不但拥有CAD/CAM软件中功能十分强大的Parasolid实体建模核心技术，而且提供了高效的曲面构建功能，能够完成复杂的造型设计。UG提供了工业标准的人机界面，不但易学易用，而且有可以执行无限次数的undo功能。UG具有方便好用的弹出窗口、快速图像操作说明及中文操作界面，并且拥有一个强大的转换工具，能转换各种不同的CAD应用软件图纸，以重复使用已有资料。

　　从概念设计到生产产品，UG广泛运用在汽车、航天、模具加工和设计等领域。运用UG功能强大的复合式建模工具，设计者可根据工作的需求选择最合适的建模方式；使用具有关联性的单一资料库，使大量零件的处理更加稳定。除此之外，组织功能、2D出图功能、模具加工功能，以及与PDM的紧密结合，使得UG在工业界成为一套高级的CAD/CAM/CAE系统。

　　本书以UG NX12为演示平台，全面讲解UG NX12的知识模块。全书共分为16章。

　　第01章主要讲解UG NX12入门。

　　第02章主要讲解基本操作。

　　第03章主要讲解测量、分析和查询。

　　第04章主要讲解草图设计。

　　第05章主要讲解特征建模。

　　第06章主要讲解特征操作。

　　第07章主要讲解同步建模与GC工具箱。

　　第08章主要讲解特征编辑。

　　第09章主要讲解装配建模。

　　第10章主要讲解曲线功能。

　　第11章主要讲解曲面功能。

　　第12章主要讲解曲面操作和编辑。

　　第13章主要讲解工程图。

　　第14章主要讲解尺寸标注。

　　第15章主要讲解钣金基本特征。

　　第16章主要讲解钣金高级特征。

　　本书由中国人民解放军陆军工程大学石家庄校区李志尊老师和河北交通职业技术学院胡仁喜老师主编，其中李志尊编写第1章～第9章，胡仁喜编写第10章～第16章。

　　限于作者水平有限，加上时间仓促，书中不足和错误在所难免，恳请各位读者批评指正。欢迎广大读者登录QQ群811016724交流讨论。

编者

2022年10月

资源与支持

本书由异步社区出品，社区（https://www.epubit.com/）为您提供相关资源和后续服务。

配套资源

本书提供如下资源：

- 本书配套源文件；
- 本书配套教学视频；
- 额外赠送6套设计图纸源文件及对应教学视频。

要获得以上配套资源，请在异步社区本书页面中点击 配套资源 ，跳转到下载界面，按提示进行操作即可。注意：为保证购书读者的权益，该操作会给出相关提示，要求输入提取码进行验证。

如果您是教师，希望获得教学配套资源，请在社区本书页面中直接联系本书的责任编辑。

提交勘误

作者和编辑尽最大努力来确保书中内容的准确性，但难免会存在疏漏。欢迎您将发现的问题反馈给我们，帮助我们提升图书的质量。

当您发现错误时，请登录异步社区，按书名搜索，进入本书页面，点击"提交勘误"，输入勘误信息，单击"提交"按钮即可。本书的作者和编辑会对您提交的勘误进行审核，确认并接受后，您将获赠异步社区的100积分。积分可用于在异步社区兑换优惠券、样书或奖品。

详细信息	写书评	提交勘误

页码：☐　页内位置（行数）：☐　勘误印次：☐

B I U ᴀʙᴄ ⊟ ⊟ " ∽ 図 国

字数统计

提交

扫码关注本书

扫描下方二维码，您将会在异步社区微信服务号中看到本书信息及相关的服务提示。

与我们联系

我们的联系邮箱是contact@epubit.com.cn。

如果您对本书有任何疑问或建议，请您发邮件给我们，并请在邮件标题中注明本书书名，以便我们更高效地做出反馈。

如果您有兴趣出版图书、录制教学视频，或者参与图书翻译、技术审校等工作，可以发邮件给我们；有意出版图书的作者也可以到异步社区在线提交投稿（直接访问www.epubit.com/ contribute即可）。

如果您是学校、培训机构或企业用户，想批量购买本书或异步社区出版的其他图书，也可以发邮件给我们。

如果您在网上发现有针对异步社区出品图书的各种形式的盗版行为，包括对图书全部或部分内容的非授权传播，请您将怀疑有侵权行为的链接发邮件给我们。您的这一举动是对作者权益的保护，也是我们持续为您提供有价值的内容的动力之源。

关于异步社区和异步图书

"异步社区" 是人民邮电出版社旗下IT专业图书社区，致力于出版精品IT技术图书和相关学习产品，为作译者提供优质出版服务。异步社区创办于2015年8月，提供大量精品IT技术图书和电子书，以及高品质技术文章和视频课程。更多详情请访问异步社区官网https://www.epubit.com。

"异步图书" 是由异步社区编辑团队策划出版的精品IT专业图书的品牌，依托于人民邮电出版社近40年的计算机图书出版积累和专业编辑团队，相关图书在封面上印有异步图书的LOGO。异步图书的出版领域包括软件开发、大数据、AI、测试、前端、网络技术等。

异步社区

微信服务号

CONTENT

目录

第03章

测量、分析和查询

第04章

草图设计

第 05 章
特征建模

第 06 章
特征操作

第 07 章

同步建模与 GC 工具箱

第 08 章

特征编辑

第 11 章

曲面功能

第 12 章

曲面操作和编辑

第 15 章
钣金基本特征

第 16 章
钣金高级特征

第 01 章

UG NX12入门

UG（Unigraphics）是 Siemens PLM Software 公司推出的集 CAD、CAM、CAE 于一体的三维机械设计平台，也是当今最流行的计算机辅助设计、分析和制造软件之一，广泛应用于汽车、航空航天、机械、消费产品、医疗器械和造船等行业。它为制造行业产品开发的全过程提供解决方案，功能包括概念设计、工程设计、性能分析和制造。本章主要讲解 UG 软件的工作环境、功能区的定制和文件的基本操作。

/ 重点与难点

- UG NX12的启动
- 工作环境
- 鼠标+键盘
- 功能区的定制
- 文件操作

1.1 UG NX12的启动

启动 UG NX12 中文版有下面 4 种方法。

（1）双击桌面上的 UG NX12 的快捷方式图标 ，即可启动 UG NX12 中文版。

（2）单击桌面左下方的"开始"按钮，在弹出的菜单中选择"程序"→"UG NX12"→"NX 12"命令，即可启动 UG NX12 中文版。

此处有视频

（3）将 UG NX12 的快捷方式图标 拖到桌面下方的快速启动栏中，只需单击快速启动栏中 UG NX12 的快捷方式图标 ，即可启动 UG NX12 中文版。

（4）直接在 UG NX12 的安装目录的 UGII 子目录下双击"ugraf.exe"文件，即可启动 UG NX12 中文版。

UG NX12 中文版的启动界面如图 1-1 所示。

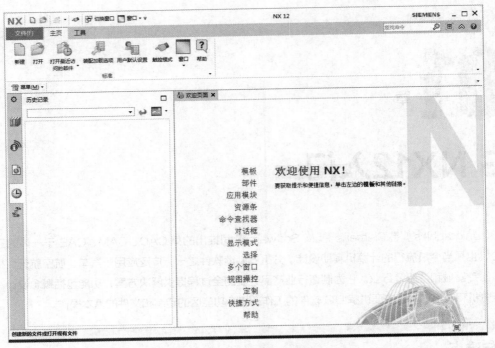

图1-1　UG NX12中文版的启动界面

1.2 工作环境

本节讲解 UG 的工作窗口及各部分功能。只有了解各部分的位置和功能，才可以进行有效的设计工作。UG NX12 的工作窗口如图 1-2 所示，其中包括标题栏、菜单、快速访问工具栏、功能区、上边框条、工作区、坐标系、资源条、状态栏和全屏按钮等部分。

此处有视频

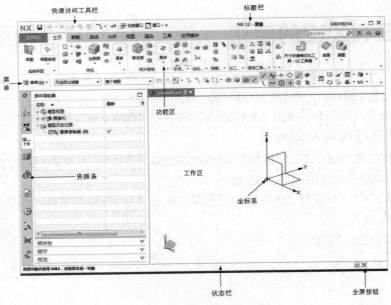

图1-2　UG NX12的工作窗口

1.2.1 标题栏

标题栏用来显示软件版本、当前的模块和文件名等信息。

1.2.2 菜单

菜单包含本软件的主要功能，系统的所有命令和设置选项都能在菜单中找到，具体包括"文件"菜单、"编辑"菜单、"视图"菜单、"插入"菜单、"格式"菜单、"工具"菜单、"装配"菜单、"信息"菜单、"分析"菜单、"首选项"菜单、"应用模块"菜单、"窗口"菜单、"GC工具箱"菜单和"帮助"菜单。

图1-3所示为"工具"菜单，其中包含如下组成部分。

快捷字母：打开菜单后，按命令后的快捷字母键，即可执行相应的命令。例如，在"工具"菜单中按X键，即可执行"表达式"命令。

功能命令：实现软件各个功能所要执行的命令，单击它会调出相应的功能。

提示按钮：菜单命令右方的三角按钮，表示该命令含有子菜单。

快捷组合键：有的命令右方显示了快捷组合键，在工作过程中直接按快捷组合键即可执行该命令。

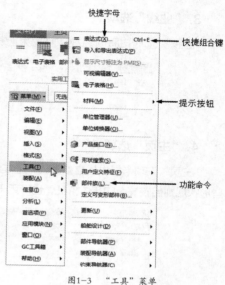

图1-3　"工具"菜单

1.2.3 快速访问工具栏

快速访问工具栏包含系统的基本操作命令，如图1-4所示。

图1-4　快速访问工具栏

1.2.4 功能区

功能区中的命令以按钮的形式显示，所有功能区的按钮都可以在菜单中找到相应的命令。功能区可以减少用户在菜单中查找命令的步骤，方便操作。

功能区由"主页""装配""曲线""视图""应用模块"等选项卡组成，常用的选项卡如下。

1. "视图"选项卡

"视图"选项卡用于对图形窗口中的物体进行显示设置，如图1-5所示。

图1-5　"视图"选项卡

2. "应用模块"选项卡

"应用模块"选项卡用于各个模块之间的相互切换，如图1-6所示。

图1-6　"应用模块"选项卡

3. "曲线"选项卡

"曲线"选项卡提供建立各种曲线和修改曲线形状与参数的工具，如图1-7所示。

图1-7　"曲线"选项卡

4. "主页"选项卡

"主页"选项卡提供建立参数化特征实体模型的大部分工具，主要用于建立规则和不太复杂的模型，以及一些形状规则但较复杂的实体特征，也可用于修改特征的形状、位置和显示状态等，如图1-8所示。

图1-8　"主页"选项卡

5. "曲面"选项卡

"曲面"选项卡提供构建各种曲面和修改曲面形状及参数的工具，如图1-9所示。

图1-9　"曲面"选项卡

1.2.5　上边框条

上边框条提供选择对象和捕捉点的各种工具，如图1-10所示。

图1-10　上边框条

1.2.6　工作区

工作区是绘图的主区域，用于创建、显示和修改部件。

1.2.7　坐标系

UG中的坐标系分为工作坐标系（WCS）和绝对坐标系（ACS），其中工作坐标系是用户在建模时直接应用的坐标系。

1.2.8　资源条

资源条包括装配导航器、部件导航器、Web 浏览器、历史记录、重用库等，如图 1-11 所示。

单击资源条上方的"资源条选项"按钮 ⚙，会弹出图 1-12 所示的"资源条选项"菜单，勾选或取消勾选"销住"选项，可以在固定或滑移状态下切换页面。

图1-11　资源条　　　　　　　　　　　　　　　　图1-12　"资源条选项"菜单

单击"Web 浏览器"按钮 ，会打开 UG NX12 的在线帮助网页，或其他任何网页。可以选择"菜单"→"首选项"→"用户界面"命令，在弹出的"用户界面首选项"对话框中配置浏览器主页，如图 1-13 所示。

单击"历史记录"按钮 ，可以访问打开过的零件列表，并预览零件和查看其他相关信息，如图 1-14 所示。

图1-13　配置浏览器主页　　　　　　　　　　　　图1-14　历史记录

1.2.9　状态栏

状态栏用来提示用户如何操作。执行每个命令时，系统都会在状态栏中显示下一步操作提示。对于不熟悉的命令，用户利用状态栏中的帮助信息，一般都可以顺利完成操作。

1.2.10　全屏按钮

单击窗口右下方的全屏按钮 ，可以在标准显示和全屏显示之间切换。例如，在标准显示界面中单击此按钮，可以切换到全屏显示界面，如图 1-15 所示。

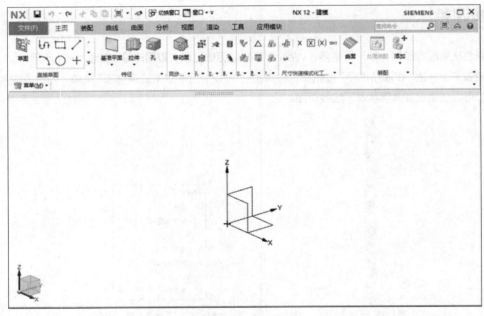

图1-15　全屏显示界面

1.3　鼠标+键盘

1. 鼠标

鼠标左键：可以单击菜单中的命令或对话框中的选项来选择命令或选项，也可以单击对象以在
图形窗口中选择对象。

此处有视频

Shift+ 鼠标左键：在列表框中选择多个连续项。

Ctrl+ 鼠标左键：选择或取消选择列表框中的多个非连续项。

双击鼠标左键：对某个对象启动默认操作。

鼠标中键：用于实现编辑过程中的"确定"功能，以及旋转实体或缩放视图显示区域。

Alt+ 鼠标中键：关闭对话框。

鼠标右键：打开特定对象的快捷菜单。

Ctrl+ 鼠标右键：单击图形窗口中的任意位置，弹出"视图"菜单。

2. 键盘

Home 键：在正三轴测图中定向几何体。

End 键：在正等测图中定向几何体。

快捷键 Ctrl+F ：使几何体的显示适合图形窗口。

快捷键 Alt+Enter ：在标准显示和全屏显示之间切换。

F1 键：查看关联的帮助。

F4 键：打开"信息"窗口。

1.4 功能区的定制

UG 中的功能区可以为用户工作提供方便，但是进入应用模块之后，UG 只会显示默认的功能区设置，用户可以根据自己的习惯定制具有独特风格的功能区。本节讲解功能区的设置。

此处有视频

【执行方式】

● 菜单：选择"菜单"→"工具"→"定制"命令，如图1-16所示。

● 快捷菜单：在快速访问工具栏空白处单击鼠标右键，在弹出的快捷菜单中选择"定制"命令，如图1-17所示。

图1-16　"工具"→"定制"命令

图1-17　快捷菜单

【操作步骤】

（1）执行上述操作后，打开"定制"对话框。

（2）对话框中有 4 个选项卡，分别是"命令""选项卡 / 条""快捷方式""图标 / 工具提示"选项卡。单击相应的标签后，对话框会随之切换到对应的选项卡，即可进行功能区的定制。

（3）完成设置后，单击"关闭"按钮退出对话框。

【选项说明】

1."命令"选项卡

"命令"选项卡用于显示或隐藏功能区中的某些命令，如图 1-18 所示。

在"类别"列表框中找到需添加命令的选项卡 / 组，然后在"项"列表框中找到需要添加的命令，将该命令拖至工作窗口的相应选项卡 / 组中即可。对于选项卡中不需要的命令，直接将其拖出即可。用同样的方法，也可以将命令拖动到菜单的下拉菜单中。

2. "选项卡/条"选项卡

"选项卡/条"选项卡用于显示或隐藏某些选项卡/条、新建选项卡,也可以单击"重置"按钮来恢复软件默认的选项卡/条设置,如图 1-19 所示。

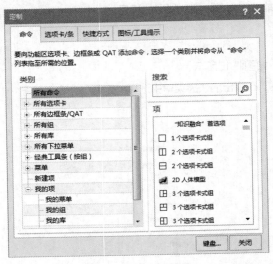

图1-18 "命令"选项卡

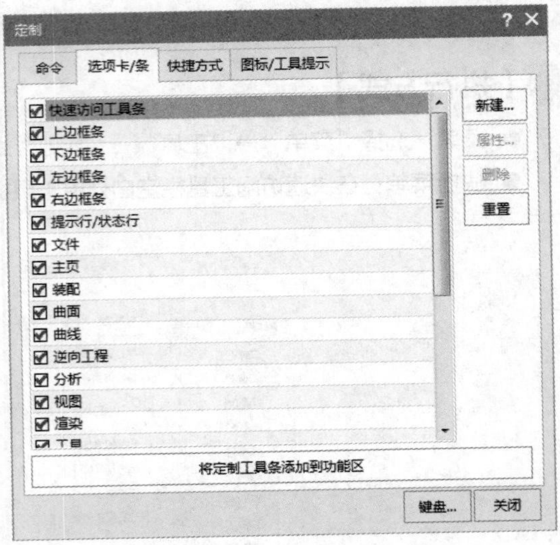

图1-19 "选项卡/条"选项卡

3. "快捷方式"选项卡

在"类型"列表框中选择相应的类型,显示对应的快捷菜单,也可以在图形窗口或导航器中选择对象以定制其快捷菜单或圆盘工具条,如图 1-20 所示。

4. "图标/工具提示"选项卡

"图标/工具提示"选项卡用于设置是否显示完整的下拉菜单,恢复默认菜单,以及设置功能区按钮和菜单命令的大小,如图 1-21 所示。

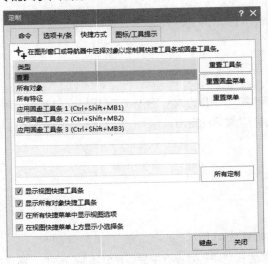

图1-20 "快捷方式"选项卡

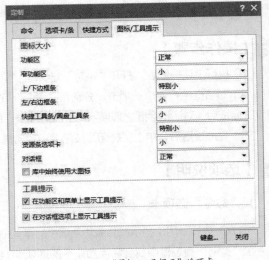

图1-21 "图标/工具提示"选项卡

(1)图标大小:指定功能区、上/下边框条、左/右边框条、快捷工具条/圆盘工具条、菜单、资源条选项卡和对话框的大小。

（2）工具提示。

① 在功能区和菜单上显示工具提示：将鼠标指针移到菜单命令或工具条按钮上方时，会显示工具提示。

② 在对话框选项上显示工具提示：在某些对话框中为需要更多信息的选项显示工具提示，将鼠标指针移到选项上时会出现工具提示。

1.5 文件操作

本节将讲解文件的操作方法和相关设置，包括新建文件、打开和关闭文件、保存文件、导入文件等。

1.5.1 新建文件

【执行方式】

- 菜单：选择"菜单"→"文件"→"新建"命令。
- 工具栏：单击快速访问工具栏中的"新建"按钮。
- 功能区：单击"主页"功能区中的"新建"按钮。
- 快捷组合键：Ctrl+N。

此处有视频

【操作步骤】

（1）执行上述操作后，打开图 1-22 所示的"新建"对话框。

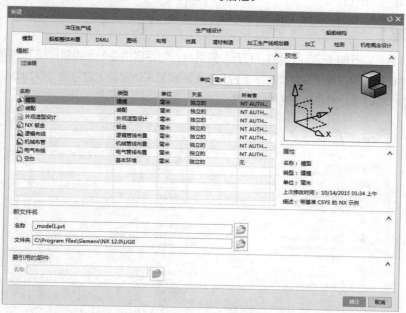

图1-22 "新建"对话框

（2）在对话框的"模板"列表框中选择适当的模板。

（3）在"文件夹"文本框中确定新建文件的保存路径，在"名称"文本框中输入文件名，设置完成后单击"确定"按钮。

【选项说明】

（1）"模板"列表框。

① 单位：针对某一给定单位类型显示可用的模板。

② 模板信息列表：显示选定选项卡中的可用模板。

（2）预览：显示模板或图解的预览，有助于用户了解选定的模板可以创建哪些部件文件。

（3）属性：显示有关模板的信息。

（4）"新文件名"选项组。

① 名称：指定新文件的名称。默认名称是在用户默认设置中定义的，也可输入新名称。

② 文件夹：指定新文件所在的目录。单击"浏览"按钮 ，打开"选择目录"对话框，即可选择目录。

（5）要引用的部件：用于引用不同的部件文件。

名称：指定要引用的文件的名称。

1.5.2 打开文件

【执行方式】

● 菜单：选择"菜单"→"文件"→"打开"命令。

● 工具栏：单击快速访问工具栏中的"打开"按钮 。

● 功能区：单击"主页"功能区中的"打开"按钮 。

● 快捷组合键：Ctrl+O。

此处有视频

【操作步骤】

执行上述操作后，打开图1-23所示的"打开"对话框，对话框中会列出当前目录下的所有有效文件，这里所指的有效文件是根据用户在"文件类型"下拉列表中的设置来确定的。若勾选"仅加载结构"复选框，则当打开一个装配零件的时候，不会调用其中的组件。

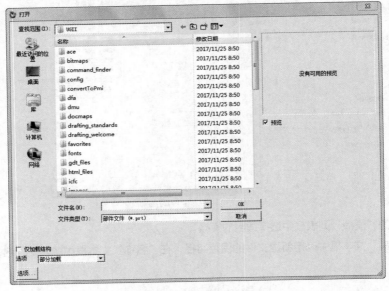

图1-23 "打开"对话框

另外，可以选择"文件"菜单下的"最近打开的部件"命令，来选择性地打开最近打开过的文件。

1.5.3 保存文件

🔧【执行方式】

- 菜单：选择"菜单"→"文件"→"保存"命令。
- 工具栏：单击快速访问工具栏中的"保存"按钮💾。
- 快捷组合键：Ctrl+S。

👉 此处有视频

✏️【操作步骤】

（1）执行上述操作后，打开图1-24所示的"命名部件"对话框。若在图1-22所示的"新建"对话框中输入了文件名称和设置了保存路径，则系统会直接保存文件，不弹出"命名部件"对话框。

（2）输入文件名称并选择要保存的位置。

（3）单击"确定"按钮，保存文件。

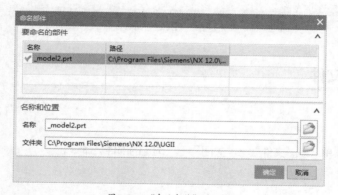

图1-24　"命名部件"对话框

1.5.4 另存文件

🔧【执行方式】

- 菜单：选择"菜单"→"文件"→"另存为"命令。
- 工具栏：单击快速访问工具栏中的"另存为"按钮📇。
- 快捷组合键：Ctrl+Shift+A。

👉 此处有视频

✏️【操作步骤】

（1）执行上述操作后，打开"另存为"对话框，如图1-25所示。

（2）输入文件名称并选择要保存的位置。

（3）单击"OK"按钮，保存文件。

图1-25 "另存为"对话框

1.5.5 关闭部件文件

【执行方式】

● 菜单：选择"菜单"→"文件"→"关闭"→"选定的部件"命令。

此处有视频

【操作步骤】

（1）执行上述操作后，打开图 1-26 所示的"关闭部件"对话框。

（2）选择要关闭的文件，单击"确定"按钮。

【选项说明】

（1）顶层装配部件：用于在文件列表中只列出顶层装配文件，而不列出装配中包含的组件。

（2）会话中的所有部件：用于在文件列表中列出当前进程中所有载入的文件。

（3）仅部件：仅关闭所选择的文件。

（4）部件和组件：如果所选择的文件是装配文件，则会一同关闭所有属于该装配文件的组件文件。

（5）关闭所有打开的部件：单击该按钮可以关闭所有文件，但系统会弹出警示对话框，如图 1-27 所示，提示用户部分已做修改的文件尚未保存，给出选项让用户确定进一步操作。

关闭文件还可以通过选择"菜单"→"文件"→"关闭"子菜单中的其他命令来完成，如图 1-28 所示。"关闭"子菜单中的其他命令与"选定的部件"命

图1-26 "关闭部件"对话框

令功能相似，一般只是在关闭之前再保存一下，此处不详述。

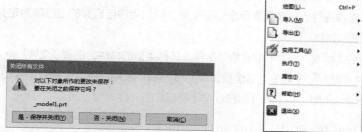

图1-27　"关闭所有文件"对话框

图1-28　"关闭"子菜单

1.5.6　导入部件文件

UG 系统提供了将已存在的零件文件导入目前打开的零件文件或新文件中的功能。此外，还可以在 UG 系统中导入 CAM 对象。

【执行方式】

● 菜单：选择"菜单"→"文件"→"导入"→"部件"命令。

此处有视频

【操作步骤】

执行上述操作后，打开图 1-29 所示的"导入部件"对话框。

图1-29　"导入部件"对话框

【选项说明】

（1）比例：用于设置导入零件的大小比例。如果导入的零件含有自由曲面，系统将限制比例值为 1。

（2）创建命名的组：勾选该复选框后，系统会为导入的零件中的所有对象建立群组，该群组的名称为该零件文件的原始名称，并且该零件文件的属性将转换为导入的所有对象的属性。

（3）导入视图和摄像机：勾选该复选框后，导入的零件中若包含用户自定义的布局和查看方式，则系统会将其相关参数和对象一同导入。

（4）导入 CAM 对象：勾选该复选框后，若零件中含有 CAM 对象，则将一同导入。

（5）"图层"选项组。

① 工作的：选择该单选项后，导入零件的所有对象将属于当前的工作图层。

② 原始的：选择该单选项后，导入零件的所有对象还是属于原来的图层。

（6）"目标坐标系"选项组。

① WCS：选择该单选项后，在导入对象时以工作坐标系为定位基准。

② 指定：选择该单选项后，系统将在导入对象后显示坐标子菜单，使用用户自定义的定位基准定义之后，系统将以该坐标系作为导入对象的定位基准。

另外，可以选择"文件"菜单下的"导入"子菜单中的命令来导入其他类型的文件。选择"文件"→"导入"命令后，系统会打开图 1-30 所示的"导入"子菜单。这里提供了 UG 与其他应用程序文件格式的接口，除了可以导入部件文件外，还可以导入 Parasolid、CGM、DXF/DWG 等格式的文件。

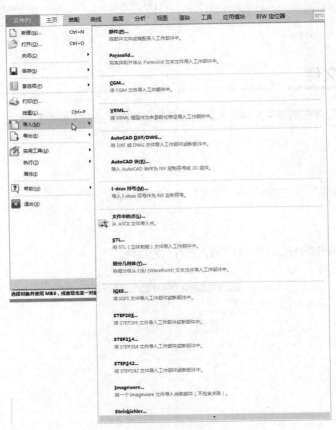

图1-30 "导入"子菜单

（1）Parasolid：该命令允许用户导入含有适当文字格式文件的实体（parasolid），该文字格式文件含有用以说明该实体的数据。导入实体的密度保持不变，除透明度外，表面属性（颜色、反射参数等）保持不变。

（2）CGM：使用该命令可以导入 CGM（Computer Graphic Metafile）格式文件，即标准的 ANSI 格式的计算机图形元文件。

（3）IGES：使用该命令可以导入 IGES（Initial Graphics Exchange Specification，初始化图形交换规范）格式文件。IGES 格式是可在一般 CAD/CAM 应用软件间转换的常用格式，可供各 CAD/CAM 相关应用程序转换点、线和曲面等对象。

（4）AutoCAD DXF/DWG：选择该命令后，可将其他 CAD/CAM 应用程序导出的 DXF/DWG 文件导入 UG。

1.5.7　装配加载选项

【执行方式】

● 菜单：选择"菜单"→"文件"→"选项"→"装配加载选项"命令。

此处有视频

【操作步骤】

执行上述操作后，打开图 1-31 所示的"装配加载选项"对话框。

【选项说明】

（1）"部件版本"选项组中的"加载"：指定组件加载的起始位置，其中有如下 3 个选项。

① 按照保存的：从组件的保存目录中加载组件。

② 从文件夹：从父装配所在的目录中加载组件。

③ 从搜索文件夹：加载在搜索目录层次结构列表中找到的第一个组件。

（2）"范围"选项组。

① 加载：用于设置零件的载入方式，共有 5 个选项。

② 选项：选择"完全加载"选项时，系统会加载所有文件数据；选择"部分加载"选项时，系统只加载活动引用集中的几何体。

（3）"加载行为"选项组。

① 允许替换：勾选该复选框后，当组件文件载入零件时，即使该零件不属于该组件文件，系统也允许用户打开该零件。

② 失败时取消加载：用于控制当系统载入发生错误时，是否终止载入文件。

图1-31　"装配加载选项"对话框

1.5.8　保存选项

【执行方式】

● 菜单：选择"菜单"→"文件"→"选项"→"保存选项"命令。

此处有视频

【操作步骤】

执行上述操作后，打开图 1-32 所示的"保存选项"对话框，在该对话框中可以进行相关参数的设置。

【选项说明】

（1）保存时压缩部件：勾选该复选框后，保存时系统会自动压缩零件文件，压缩文件需要花费较长时间，所以一般用于大型组件文件或复杂文件。

（2）生成重量数据：用于更新元件的重量及质量特性，并将其信息与元件一同保存。

（3）保存图样数据：该选项组用于设置保存零件文件时，是否保存图样数据，其中有 3 个单选项。

① 否：不保存图样数据。

② 仅图样数据：仅保存图样数据，而不保存着色数据。

③ 图样和着色数据：图样数据和着色数据全部保存。

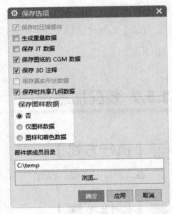

图1-32 "保存选项"对话框

第 **02** 章

基本操作

本章主要讲解 UG 中的一些基本操作及经常使用的工具，从而使用户更熟悉 UG 的建模环境。要想很好地掌握建模中常用的工具和命令，还是要多练、多用才行。对 UG 所提供的建模工具的整体了解也是必不可少的，只有全局了解，才会知道对同一模型可以有多种建模和修改的思路，以便游刃有余地建立更为复杂或特殊的模型。

/ 重点与难点

● 选择对象的方法
● 对象操作
● 坐标系
● 布局
● 图层操作
● 常用工具
● 表达式
● 布尔运算

2.1 选择对象的方法

选择对象是最常用的操作。在很多操作中，特别是对对象进行编辑操作时，都需要选择对象。选择对象操作通常是通过单击"类选择"对话框、上边框条、"快速选取"对话框或部件导航器来完成的。

2.1.1 "类选择"对话框

【操作步骤】

在执行某些操作时，会打开图 2-1 所示的"类选择"对话框。在该对话框中一次可选择一个或多个对象。"类选择"对话框提供了多种选择方法及对象类型过滤方法，使用起来非常方便。

【选项说明】

（1）对象：有"选择对象""全选""反选"3 种方式。

① 选择对象：用于选择对象。

② 全选：用于选择所有的对象。

③ 反选：用于选择在绘图工作区中未被用户选中的对象。

（2）其他选择方法：有"按名称选择""选择链""向上一级"3 种方式。

① 按名称选择：用于输入预选择对象的名称，可使用通配符"？"或"*"。

② 选择链：用于选择首尾相接的多个对象。选择方法是先单击对象链中的第一个对象，然后单击最后一个对象，使所选对象呈高亮显示，最后确定，以结束选择对象的操作。

③ 向上一级：用于选择上一级的对象。当选择了含有群组的对象时，该按钮才被激活，单击该按钮，系统会自动选取群组中当前对象的上一级对象。

（3）过滤器：用于限制要选择对象的范围，有"类型过滤器""图层过滤器""颜色过滤器""属性过滤器""重置过滤器"5 种方式。

图2-1 "类选择"对话框

① "类型过滤器" ：单击此按钮，打开图 2-2 所示的"按类型选择"对话框，在该对话框中可设置在选择对象时需要包括或排除的对象类型。当选择"基准""曲线""面""尺寸""符号"等对象类型时，单击"细节过滤"按钮，还可以做进一步限制，"基准"对话框如图 2-3 所示。

② "图层过滤器" ：单击此按钮，打开图 2-4 所示的"按图层选择"对话框，在该对话框中可以设置在选择对象时需包括或排除的对象所在的层。

图2-2 "按类型选择"对话框

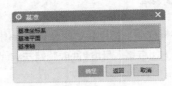

图2-3 "基准"对话框

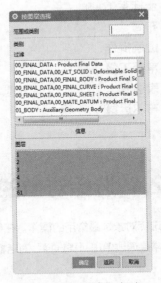

图2-4 "按图层选择"对话框

③ "颜色过滤器" ：单击此按钮，打开图 2-5 所示的"颜色"对话框，在该对话框中可以通过指定的颜色来限制选择对象的范围。

④ "属性过滤器" ：单击此按钮，打开图 2-6所示的"按属性选择"对话框，在该对话框中可按对象线型、线宽或其他自定义属性进行过滤。

⑤ "重置过滤器" ：单击此按钮，可以恢复成默认的过滤方式。

图2-5　"颜色"对话框

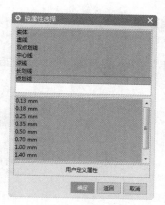

图2-6　"按属性选择"对话框

2.1.2　上边框条

上边框条固定在功能区的下方，如图2-7所示，可利用上边框条中的各个按钮来实现对象的选择。

图2-7　上边框条

2.1.3　"快速选取"对话框

【执行方式】

● 快捷菜单：在零件上的任意位置单击鼠标右键，在打开的快捷菜单中选择"从列表中选择"命令，如图2-8所示。

【操作步骤】

执行上述操作后，打开图2-9所示的"快速选取"对话框，在该对话框中用户可以设置所要选取对象的限制范围，如面、边和组件等。

图2-8　快捷菜单

图2-9　"快速选取"对话框

2.1.4 部件导航器

在资源条中单击 按钮，打开图 2-10 所示的部件导航器，可从中确定要选择的对象。

图2-10 部件导航器

2.2 对象操作

UG 建模过程中的点、线、面、图层和实体等被称为对象，三维实体的创建和编辑操作过程也可以看作对对象的操作过程。本节将讲解对象的操作。

2.2.1 观察对象

观察对象一般采用以下几种方式。

此处有视频

【执行方式】

● 菜单：选择"菜单"→"视图"→"操作"子菜单中的命令，如图 2-11 所示。

● 功能区：单击"视图"选项卡中的按钮，如图 2-12 所示。

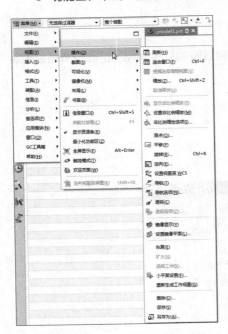

图2-11 "操作"子菜单

图2-12 "视图"选项卡

● 快捷菜单：在视图中单击鼠标右键，选择快捷菜单中的命令，如图2-13所示。

【选项说明】

（1）刷新：用于更新窗口显示，包括更新WCS显示，更新由线段逼近的曲线和边缘显示，更新草图和相对定位尺寸／自由度指示符、基准平面和平面显示。

（2）适合窗口：用于拟合视图，即调整视图中心和比例，使整合部件拟合在视图的边界内。也可以通过快捷组合键Ctrl+F实现此操作。

（3）缩放：用于实时缩放视图，该命令的作用可以通过按住鼠标中键（对三键鼠标而言）不放并拖动鼠标指针来实现；将鼠标指针置于图形界面中，滚动鼠标中键就可以对视图进行缩放；也可在按住鼠标中键的同时按住Ctrl键，然后上下移动鼠标指针对视图进行缩放。

（4）平移：用于移动视图，该命令的作用可以通过同时按住鼠标右键和中键（于三键鼠标而言）不放并拖动鼠标指针来实现；在按住鼠标中键的同时按住Shift键，然后向各个方向拖动鼠标指针，也可以对视图进行移动。

图2-13 快捷菜单

（5）旋转：用于旋转视图，该命令的作用可以通过按住鼠标中键（对三键鼠标而言）不放并拖动鼠标指针来实现。

（6）渲染样式：用于更换视图的显示模式，可以在线框、着色、局部着色、面分析、艺术外观等8种对象的显示模式间切换。

（7）定向视图：用于改变对象观察点的位置。

（8）设置旋转参考：选择该命令后，可以使用鼠标在工作区中选择合适的旋转点，再通过"旋转"命令观察对象。

2.2.2 隐藏对象

当工作区中对象太多，不便于操作时，需要暂时将不需要的对象隐藏起来，如模型中的草图、基准面、曲线、尺寸、坐标、平面等。

此处有视频

【执行方式】

● 菜单：选择"菜单"→"编辑"→"显示和隐藏"子菜单中的命令，如图2-14所示。

● 功能区：单击"视图"选项卡"可见性"面板中的按钮。

【选项说明】

（1）显示和隐藏：选择该命令，打开图2-15所示的"显示和隐藏"对话框，在该对话框中可控制窗口中对象的可见性。可以通过暂时隐藏其他对象来关注选择的对象。

（2）立即隐藏：隐藏选择的对象。

（3）隐藏：选择该命令或按快捷组合键Ctrl+B，打开"类选择"对话框，可通过类型选择需要隐藏的对象或者直接选

图2-14 "显示和隐藏"子菜单

择需要隐藏的对象。

（4）显示：将所选的隐藏对象重新显示出来。执行此命令，将打开"类选择"对话框，此时工作区中会显示所有已经隐藏的对象，用户可以在其中选择需要重新显示的对象。

（5）显示所有此类型对象：重新显示某类型的所有隐藏对象。执行该命令，将打开"选择方法"对话框，如图 2-16 所示，可通过"类型""图层""其他""重置""颜色"5 个按钮来确定对象类型。

图2-15 "显示和隐藏"对话框

图2-16 "选择方法"对话框

（6）全部显示：选择该命令或按快捷组合键 Shift+Ctrl+U，可以重新显示所有在可选层上的隐藏对象。

（7）按名称显示：显示具有指定名称的所有对象。

（8）反转显示和隐藏：用于反转当前所有对象的显示或隐藏状态，即显示的对象将会全部隐藏，而隐藏的对象将会全部显示。

2.2.3 编辑对象显示方式

【执行方式】

● 菜单：选择"菜单"→"编辑"→"对象显示"命令。

● 功能区：单击"视图"选项卡"可视化"面板中的"编辑对象显示"按钮 。

此处有视频

● 快捷组合键：Ctrl+J。

【操作步骤】

（1）执行上述操作后，打开"类选择"对话框。

（2）选择要改变的对象后，单击"确定"按钮，打开图 2-17 所示的"编辑对象显示"对话框。

（3）编辑所选择对象的图层、颜色、网格数、透明度或着色状态等参数。

（4）单击"确定"按钮完成编辑并退出对话框。

【选项说明】

1."常规"选项卡

（1）"基本符号"选项组。

① 图层：用于指定所选对象放置的图层，系统规定的图层为 1 ~ 256 层。

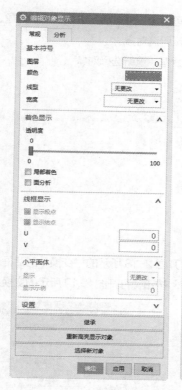

图2-17 "编辑对象显示"对话框

② 颜色：用于改变所选对象的颜色，可以调出"颜色"对话框。

③ 线型：用于修改所选对象的线型（不包括文本）。

④ 宽度：用于修改所选对象的线宽。

（2）"着色显示"选项组。

① 透明度：控制穿过所选对象的光线数量。

② 局部着色：给所选择的体或面设置局部着色属性。

③ 面分析：将"面分析"属性更改为开或关。

（3）"线框显示"选项组。

① 显示极点：显示选定样条或曲面的控制多边形。

② 显示结点：显示选定样条的结点或选定曲面的结点线。

（4）"小平面体"选项组。

① 显示：修改选定小平面体的显示，替换小平面体多边形线的符号。

② 显示示例：可以设置显示的样例数量。

2. "分析"选项卡

（1）曲面连续性显示：为选定的曲面连续性分析对象指定可见性、颜色和线型。

（2）截面分析显示：为选定的截面分析对象指定可见性、颜色和线型。

（3）曲线分析显示：为选定的曲线分析对象指定可见性、颜色和线型。

（4）曲线相交显示：为选定的相交曲线分析对象指定可见性、颜色和线型。

（5）偏差度量显示：为选定的偏差度量分析对象指定可见性、颜色和线型。

（6）高亮线显示：为选定的高亮线分析对象指定可见性颜色和线型。

（7）继承：单击此按钮，选择需要从哪个对象上继承设置，并应用到之后的所选对象上。

（8）重新高亮显示对象：单击此按钮，重新高亮显示所选对象。

（9）选择新对象：单击此按钮，打开"类选择"对话框，重新选择对象。

2.2.4 对象变换

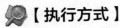【执行方式】

此处有视频

● 菜单：选择"菜单"→"编辑"→"变换"命令。

【操作步骤】

（1）执行上述操作后，打开"类选择"对话框。

（2）选择要变换的对象后，单击"确定"按钮，打开图2-18所示的"变换"对话框。

（3）选择变换方式并进行相关操作后，单击"确定"按钮，打开图2-19所示的变换结果对话框。

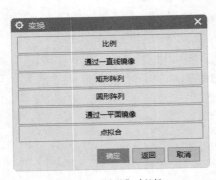

图2-18 "变换"对话框

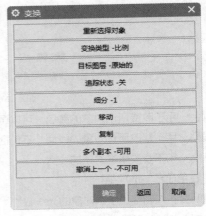

图2-19 变换结果对话框

【选项说明】

图2-18所示的"变换"对话框中的选项说明如下。

（1）比例：用于将选取的对象相对于指定参考点成比例地缩放尺寸。选取的对象在参考点处不移动。单击此按钮，在打开的"点"对话框中选择一参考点后，系统会打开图2-20所示的变换比例对话框，其中有一个文本框，一个按钮。

① 比例：该文本框用于设置均匀缩放比例。

② 非均匀比例：单击此按钮，打开图2-21所示的非均匀比例设置对话框，可在其中设置XC- 比例、YC- 比例、ZC- 比例方向上的缩放比例。

图2-20 变换比例对话框

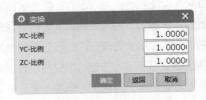

图2-21 非均匀比例设置对话框

（2）通过一直线镜像：用于将选取的对象相对于指定的参考直线做镜像，即在参考线的另一侧建立源对象的一个镜像。单击此按钮，打开图 2-22 所示的设置参考线对话框，其中有 3 个选项。

① 两点：用于指定两点，两点的连线即参考线。

② 现有的直线：选择一条已有的直线（或实体边缘线）作为参考线。

③ 点和矢量：用点构造器指定一点，然后在矢量构造器中指定一个矢量，通过指定点的矢量作为参考直线。

（3）矩形阵列：用于将选取的对象从指定的阵列原点开始，沿坐标系 *XC* 和 *YC* 方向（或指定的方位）建立一个等间距的矩形阵列。系统先将源对象从指定的参考点移动或复制到目标点（阵列原点），然后沿 *XC*、*YC* 方向建立阵列。单击此按钮，系统将打开图 2-23 所示的矩形阵列设置对话框，其中有 5 个文本框。

图2-22　设置参考线对话框

图2-23　矩形阵列设置对话框

① DXC：用于指定 *XC* 方向上的间距。

② DYC：用于指定 *YC* 方向上的间距。

③ 阵列角度：用于指定阵列角度。

④ 列（X）：用于指定阵列列数。

⑤ 行（Y）：用于指定阵列行数。

（4）圆形阵列：用于将选取的对象从指定的阵列原点开始，绕目标点（阵列中心）建立一个等角间距的圆形阵列。单击此按钮，系统打开图 2-24 所示的圆形阵列设置对话框，其中有 4 个文本框。

① 半径：用于设置圆形阵列的半径值，该值也等于目标对象上的参考点到目标点之间的距离。

② 起始角：用于定位圆形阵列的起始角（与 *XC* 正向平行为 0）。

（5）通过一平面镜像：用于将选取的对象相对于指定的参考平面做镜像，即在参考平面的相反侧建立源对象的一个镜像。

（6）点拟合：用于将选取的对象从指定的参考点集缩放、重定位或修剪到目标点集上。单击此按钮，系统打开图 2-25 所示的点拟合对话框，其中有两个选项。

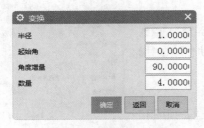

图2-24　圆形阵列设置对话框

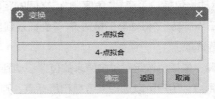

图2-25　点拟合对话框

① 3- 点拟合：允许用户通过 3 个参考点和 3 个目标点来缩放和重定位对象。

② 4- 点拟合：允许用户通过 4 个参考点和 4 个目标点来缩放和重定位对象。

图 2-19所示的变换结果对话框中的选项说明如下。

（1）重新选择对象：用于重新选择对象，可通过"类选择"对话框来选择新的变换对象，而保持原变换方法不变。

（2）变换类型 – 比例：用于修改变换方法，即在不重新选择变换对象的情况下，修改变换方法，当前选择的变换方法以简写的形式显示在"–"符号后面。

（3）目标图层 – 原始的：用于指定目标图层，即在变换完成后，指定新建立的对象所在的图层。单击该按钮后，会出现以下 3 个按钮。

① 工作的：变换后的对象放在当前的工作图层中。

② 原先的：变换后的对象保持在源对象所在的图层中。

③ 指定：变换后的对象移动到指定的图层中。

（4）跟踪状态 – 关：该按钮是一个开关按钮，用于设置跟踪变换过程。

（5）细分 –1：用于等分变换距离，即把变换距离（或角度）分割成几个相等的部分，实际变换距离（或角度）是等分值。

（6）移动：用于移动对象，即变换后，将源对象从原来的位置移动到由变换参数所指定的新位置。

（7）复制：用于复制对象，即变换后，将源对象从原来的位置复制到由变换参数所指定的新位置。对于依赖其他父对象而建立的对象，复制后的新对象中数据关联信息将会丢失，其不再依赖于任何对象而独立存在。

（8）多个副本 – 可用：用于复制多个对象。按指定的变换参数和复制个数在新位置复制源对象，相当于一次执行了多个"复制"命令操作。

（9）撤销上一个 – 不可用：用于撤销最近一次的变换操作，但源对象依旧处于选中状态。

2.2.5 移动对象

【执行方式】

● 菜单：选择"菜单"→"编辑"→"移动对象"命令。

● 功能区：单击"工具"选项卡"实用工具"面板中的"移动对象"按钮。

● 快捷组合键：Ctrl+T。

此处有视频

【操作步骤】

执行上述操作后，打开图 2-26 所示的"移动对象"对话框。

【选项说明】

（1）运动：包括"距离""角度""点之间的距离""径向距离""点到点""根据三点旋转""将轴与矢量对齐""坐标系到坐标系""动态"和"增量 XYZ"等选项。

① 距离：是指将选定对象由原来的位置移动到新的位置。

② 点到点：用户可以选择参考点和目标点，则这两个点之间的距离和由参考点指向目标点的方向将决定对象的移动的距离和方向。

③ 根据三点旋转：提供 3 个位于同一个平面内且垂直于矢量轴的参考点，让对象围绕旋转中心，按照这 3 个点同旋转中心连线形成的角度逆时

图2-26 "移动对象"对话框

针旋转。

④ 将轴与矢量对齐：将对象绕参考点从一个轴向另外一个轴旋转一定的角度。选择起始轴，然后确定终止轴，这两个轴决定了旋转的方向。此时用户可以清楚地看到两个矢量的箭头，而且这两个箭头首先出现在选择轴上，当单击"确定"按钮以后，该箭头就会平移到参考点。

⑤ 动态：用于将选取的对象相对于参考坐标系中的位置和方位移动（或复制）到目标坐标系中，使建立的新对象的位置和方位相对于目标坐标系保持不变。

（2）"结果"选项组。

① 移动原先的：该单选项用于移动对象，即变换后，将源对象从其原来的位置移动到变换参数指定的新位置。

② 复制原先的：该单选项用于复制对象，即变换后，将源对象从其原来的位置复制到变换参数指定的新位置。对于依赖其他父对象而建立的对象，复制后的新对象中数据关联信息将会丢失，其不再依赖于任何对象而独立存在。

③ 非关联副本数：用于复制多个对象，按指定的变换参数和复制的个数在新位置复制源对象。选择"复制原先的"单选项后，将出现该选项。

2.3 坐标系

UG 系统中共包括 3 种坐标系统，分别是绝对坐标系（Absolute Coordinate System，ACS）、工作坐标系（Work Coordinate System，WCS）和机械坐标系（Machine Coordinate System，MCS），它们都符合右手法则。

此处有视频

ACS 是系统默认的坐标系，其原点位置永远不变，在用户新建文件时就产生了。

WCS 是 UG 系统提供给用户的坐标系，用户可以根据需要任意移动它的位置，也可以设置属于自己的WCS。

MCS 一般用于模具设计、加工、配线等向导操作中。

设置 WCS 的方法如下。

【执行方式】

● 菜单：选择"菜单"→"格式"→"WCS"子菜单中的命令，如图2-27所示。

【选项说明】

（1）动态：该命令能通过步进的方式移动或旋转当前的 WCS，用户可以在绘图工作区中移动坐标系到指定位置，也可以设置步进参数使坐标系逐步移动到指定的位置，如图 2-28 所示。

（2）原点：该命令通过定义当前 WCS 的原点来移动坐标系的位置。该命令仅移动坐标系的位置，而不会改变坐标轴的方向。

（3）旋转：选择该命令将打开图 2-29 所示的"旋转 WCS 绕 ..."对话框，可使当前的 WCS 绕其某一坐标轴旋转一定角度，来定义一个新的 WCS。

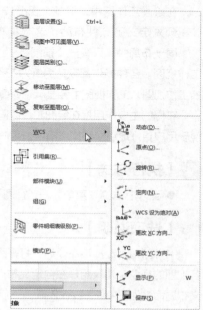

图2-27 "WCS"子菜单

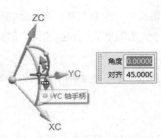

图2-28 "动态移动"示意图

图2-29 "旋转WCS绕..."对话框

用户通过该对话框可以选择坐标系绕哪个轴旋转，同时指定从一个轴转向另一个轴，在"角度"文本框中输入需要旋转的角度，角度可以为负值。

💡提示 直接双击坐标系可以使坐标系激活，使其处于动态移动状态，拖动原点处的方块，可以沿X、Y、Z方向任意移动，也可以绕任意坐标轴旋转。

（4）更改 XC 方向：选择此命令，系统打开"点"对话框，在该对话框中选择点，系统以原坐标系的原点和该点在 *XC-YC* 平面上的投影点的连线方向作为新坐标系的 *XC* 方向，而原坐标系 *ZC* 轴的方向不变。

（5）更改 YC 方向：选择此命令，系统打开"点"对话框，在该对话框中选择点，系统以原坐标系的原点和该点在 *XC-YC* 平面上的投影点的连线方向作为新坐标系的 *YC* 方向，而原坐标系 *ZC* 轴的方向不变。

（6）显示：在图形窗口中开启和关闭 WCS 的显示。

（7）保存：系统会保存当前设置的 WCS，以便在日后的工作中调用。

此处有视频

2.4 布局

在绘图工作区中，将多个视图按一定排列规则显示出来，就成为一个布局，每一个布局都有一个名称。UG 预先定义了 6 种布局，这 6 种布局称为标准布局，如图 2-30 所示。

同一布局中，只有一个视图是工作视图，其他视图都是非工作视图。各种操作都默认为针对工作视图，用户可以随意切换工作视图。工作视图中会显示"WORK"字样。

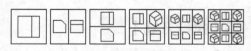

图2-30 标准布局

布局的主要作用是在绘图工作区同时显示多个视角的视图，便于用户更好地观察和操作模型。用户可以使用系统默认的布局，也可以生成自定义的布局。

🔍【执行方式】

● 菜单：选择"菜单"→"视图"→"布局"子菜单中的命令，如图 2-31 所示。

🎯【选项说明】

（1）新建：选择该命令后，打开图 2-32 所示的"新建布局"对话框，用户可以在其中设置布局的形式和各视图的视角。建议用户在自定义布局时输入自己的布局名称。默认情况下，UG 会按照先后顺序将每个自定义布局命名为 LAY1、LAY2 等。

图2-31 "布局"子菜单

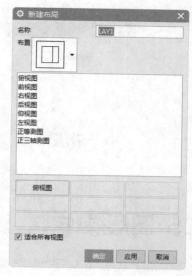

图2-32 "新建布局"对话框

（2）打开：选择该命令后，打开图2-33所示的"打开布局"对话框，在当前文件的布局名称列表框中选择要打开的某个布局，系统会按该布局的方式来显示图形；若勾选"适合所有视图"复选框，系统会自动调整布局中的所有视图。

（3）适合所有视图：用于调整当前布局中所有视图的中心和比例，使实体模型最大程度地拟合在每个视图边界内。

（4）更新显示：当对实体进行修改后，选择该命令就会对所有视图的模型进行实时更新显示。

（5）重新生成：用于重新生成布局中的每一个视图。

（6）替换视图：选择该命令后，打开图2-34所示的"视图替换为..."对话框，该对话框用于替换布局中的某个视图。

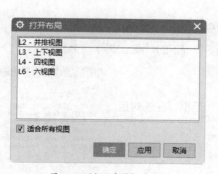

图2-33 "打开布局"对话框

图2-34 "视图替换为..."对话框

（7）删除：选择该命令后，打开图2-35所示的"删除布局"对话框，该对话框用于从列表框中选择要删除的视图布局，执行操作后系统就会删除该布局。

（8）保存：系统用当前的视图布局名称保存修改后的布局。

（9）另存为：选择该命令后，打开图2-36所示的"另存布局"对话框，在列表框中选择要更换名称进行保存的布局，在"名称"文本框中输入一个新的布局名称，系统就会用该新名称保存修改过的布局。

图2-35 "删除布局"对话框

图2-36 "另存布局"对话框

2.5 图层操作

所谓的图层，就是指在空间中使用不同的层次来放置几何体，让含有文字或图形等元素的"胶片"按一定顺序叠放，组合成最终的图像。UG 中的图层功能类似于设计工程师在透明覆盖层上建立模型，一个图层类似于一个透明的覆盖层。图层的最主要功能是在建立复杂模型的时候可以控制对象的显示、编辑和状态。

一个 UG 文件中最多可以有 256 个图层，每个图层上可以包含任意数量的对象。因此一个图层可以含有部件上的所有对象，一个对象上的部件也可以分布在很多图层上。但需要注意的是，只有一个图层是当前工作图层，所有的操作只能在工作图层上进行，其他图层可以通过可见性、可选择性等的设置来辅助设计工作。

2.5.1 图层的分类

对图层进行分类管理后，可以很方便地通过图层种类来实现对其中各层的操作，以提高操作效率。例如，可以设置 model、draft、sketch 等图层种类，model 包括 1 ~ 10 层、draft 包括 11 ~ 20 层、sketch 包括 21 ~ 30 层等。用户可以根据自身需要来设置图层种类。

此处有视频

【执行方式】

● 菜单：选择"菜单"→"格式"→"图层类别"命令。
● 功能区：单击"视图"选项卡"可见性"面板"更多"库下的"图层类别"按钮 。

【操作步骤】

执行上述操作后，打开图 2-37 所示的"图层类别"对话框，在该对话框中可以对图层进行分类设置。

【选项说明】

（1）过滤：在该文本框中输入已存在的图层种类的名称以进行筛选，当输入"*"时则会显示所有的图层种类。用户可以直接在下方的列表框中选取需要编辑的图层种类。

（2）图层种类列表框：用于显示满足过滤条件的所有图层类条目。

（3）类别：在该文本框中输入图层种类的名称以新建图层或对已存在的图层种类进行编辑。

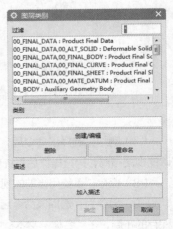

图2-37 "图层类别"对话框

（4）创建 / 编辑：单击该按钮，可创建或编辑图层。若"类别"文本框中输入的名称已存在，则进行编辑；若不存在，则进行创建。

（5）删除：单击该按钮，可对选中的图层种类进行删除操作。

（6）重命名：单击该按钮，可对选中的图层种类进行重命名操作。

（7）描述：该文本框用于输入某类图层相应的描述文字，即用于解释该图层种类含义的文字，当输入的描述文字超出规定长度时，系统会自动进行长度匹配。

（8）加入描述：新建图层种类时，若在"描述"文本框中输入了该图层种类的描述信息，则需单击该按钮才能使描述信息有效。

2.5.2　图层的设置

用户可以在任何一个或一组图层中设置该图层是否显示和是否变换工作图层等。

【执行方式】

● 菜单：选择"菜单"→"格式"→"图层设置"命令。

● 功能区：单击"视图"选项卡"可见性"面板中的"图层设置"按钮 。

● 快捷组合键：Ctrl+L。

此处有视频

【操作步骤】

执行上述操作后，打开图 2-38 所示的"图层设置"对话框，利用该对话框可以对组件中的所有图层或任意一个图层进行工作层、可选取性、可见性等设置，并且可以查询图层的信息，以及对图层所属种类进行编辑。

【选项说明】

（1）工作层：用于输入需要设置为工作图层的图层号。当输入图层号后，系统会自动将其设置为工作图层。

（2）按范围 / 类别选择图层：用于输入范围或图层种类的名称进行筛选操作。在该文本框中输入种类名称并确定后，系统会自动将所有属于该种类的图层选中，并改变其状态。

（3）类别过滤器：若在该文本框中输入"*"，则表示接受所有图层种类。

（4）名称："图层设置"对话框能够显示此零件文件所有图层和所属种类的相关信息，如图层编号、状态和图层种类等，也可显示图层的状态、所属图层的种类和对象数目等。按住快捷组合键 Ctrl+Shift 可以进行多项选择。此外，在列表框中双击需要更改状态的图层，系统会自动切换其显示状态。

（5）仅可见：用于将指定的图层设置为仅可见状态。当图层处于仅可见状态时，该图层的所有对象仅可见而不能被选取和编辑。

（6）显示：用于控制图层状态列表框中图层的显示情况，该下拉列表中包括"所有图层""含有对象的图层""所有可选图层""所有可见图层"4 个选项。

（7）显示前全部适合：该选项用于在更新显示前吻合所有的视图，使对象充满显示区域。还可以在工作区域利用快捷组合键 Ctrl+F 实现该功能。

图2-38　"图层设置"对话框

2.5.3 图层的其他操作

1. 图层的可见性设置

选择"菜单"→"格式"→"视图中可见图层"命令，打开图 2-39 所示的"视图中可见图层" 此处有视频
对话框。

在图 2-39（a）所示的对话框中选择要操作的视图，之后在图 2-39（b）所示的"图层"列表框中选择
可见性图层，然后设置图层可见或不可见。

2. 图层中对象的移动

选择"菜单"→"格式"→"移动至图层"命令，确定要移动的对象后，打开图 2-40 所示的"图层移动"
对话框。

在"图层"列表框中选择目标层，系统就会直接将所选对象放置在目标层中。

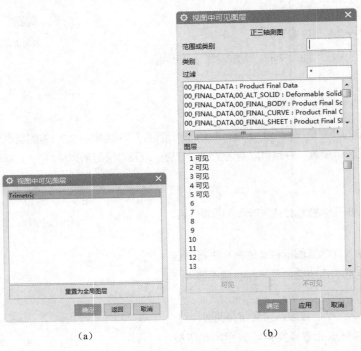

（a）　　　　　　　　　　　　（b）

图2-39　"视图中可见图层"对话框

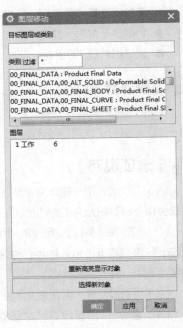

图2-40　"图层移动"对话框

3. 图层中对象的复制

选择"菜单"→"格式"→"复制至图层"命令，确定要复制的对象后，打开"图层复制"对话框，操作
过程与图层中对象的移动基本相同，此处不详述。

2.6 常用工具

在建模时经常需要创建点、平面和轴等，下面讲解点工具、平面工具、矢量工具和坐标系工具的使用
方法。

2.6.1　点工具

【执行方式】

● 菜单：选择"菜单"→"插入"→"基准/点"→"点"命令。

● 功能区：单击"主页"选项卡"特征"面板中的"点"按钮 十。

● 对话框：在相关对话框中单击"点对话框"按钮。

【操作步骤】

执行上述操作后，系统打开图 2-41 所示的"点"对话框。

【选项说明】

（1）类型：指定点的创建方法。

① 自动判断的点：根据鼠标指针所指的位置指定各种点之中离鼠标指针最近的点。

② 光标位置：直接在单击处建立点。

③ 现有点：根据已经存在的点，在该点位置上再创建一个点。

④ 端点：根据鼠标指针选择位置，在靠近鼠标指针选择位置的端点处建立点。如果选择的特征为完整的圆，那么端点为零象限点。

⑤ 控制点：在曲线的控制点上创建一个点或规定新点的位置。控制点与曲线的类型有关，可以是直线的中点或端点、二次曲线的端点或样条曲线的定义点及控制点等。

⑥ 交点：在两段曲线的交点上、曲线与平面或曲面的交点上创建一个点或规定新点的位置。

⑦ 圆弧 / 椭圆上的角度：在与 X 轴正向成一定角度（沿逆时针方向）的圆弧 / 椭圆弧上创建一个点或规定新点的位置，在图 2-42 所示的对话框中输入曲线上的角度。

⑧ 圆弧中心 /椭圆中心 / 球心：在所选圆弧、椭圆或球的中心建立点。

⑨ 象限点：在圆弧或椭圆弧的四分点处创建一个点或规定新点的位置。

⑩ 曲线 / 边上的点：在图 2-43 所示的对话框中设置参数值，即可在选择的特征上建立点。

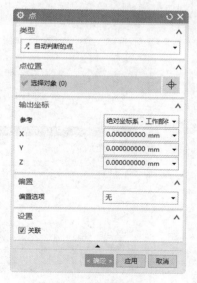

图2-41　"点"对话框

图2-42　"圆弧/椭圆上的角度"

图2-43　"曲线/边上的点"

⑪  面上的点：在图 2-44 所示的对话框中设置"U 向参数"和"V 向参数"的值，即可在面上建立点。

⑫ 两点之间：在图 2-45 所示的对话框中设置点的位置，即可在两点之间建立点。

图2-44 设置"U向参数"和"V向参数"的值　　　　图2-45 设置点的位置

⑬ 样条极点：在样条曲线的极点处建立点。

⑭ 按表达式：根据选择的表达式创建点，或单击"创建表达式"按钮，在弹出的"表达式"对话框中创建表达式。

（2）参考：指定在创建点时所使用的坐标系。

① WCS：定义相对于工作坐标系的点。

② 绝对坐标系 – 工作部件：输入的坐标值是相对于工作部件的。

③ 绝对坐标系 – 显示部件：定义相对于显示部件的绝对坐标系的点。

（3）偏置：用于指定与参考点相关的点。

2.6.2 平面工具

【执行方式】

此处有视频

● 菜单：选择"菜单"→"插入"→"基准/点"→"基准平面"命令。

● 功能区：单击"主页"选项卡"特征"面板中的"基准平面"按钮。

● 对话框：在相关对话框中单击"平面对话框"按钮。

【操作步骤】

执行上述操作后，系统打开图 2-46 所示的"基准平面"对话框。

【选项说明】

（1）类型：指定平面的创建方法。

① 自动判断：系统根据所选对象自动创建基准平面。

图2-46 "基准平面"对话框

② ⬚点和方向：根据选择的一个参考点和一个参考矢量来创建基准平面，如图 2-47 所示。

③ ⬚曲线上：根据已存在的曲线，创建在该曲线某点处和该曲线垂直的基准平面，如图 2-48 所示。

图2-47 "点和方向"示意图　　　　　　　　图2-48 "曲线上"示意图

④ ⬚按某一距离：和已存在的参考平面或基准平面进行偏置得到新的基准平面，如图 2-49 所示。

⑤ ⬚成一角度：与一个平面或基准平面成指定角度来创建基准平面，如图 2-50 所示。

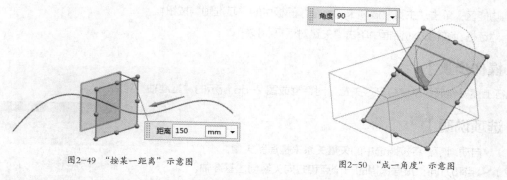

图2-49 "按某一距离"示意图　　　　　　　图2-50 "成一角度"示意图

⑥ ⬚二等分：在两个相互平行的平面或基准平面的对称中心处创建基准平面，如图 2-51 所示。

⑦ ⬚曲线和点：根据选择的曲线和点来创建基准平面，如图 2-52 所示。

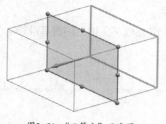

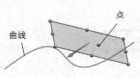

图2-51 "二等分"示意图　　　　　　　　　图2-52 "曲线和点"示意图

⑧ ⬚两直线：根据选择的两条直线来创建基准平面。若两条直线在同一平面内，则以这两条直线所在的平面为基准平面；若两条直线不在同一平面内，那么基准平面通过一条直线且和另一直线平行，如图 2-53 所示。

⑨ ⬚相切：创建的基准平面和一曲面相切，并且通过该曲面上的点、线或平面，如图 2-54 所示。

⑩ ⬚通过对象：以对象平面为基准平面，如图 2-55 所示。

系统还提供了"⬚ YC-ZC 平面""⬚ XC-ZC 平面""⬚ XC-YC 平面"和"⬚按系数"4 种方法。

（2）反向：使平面法向反向。

（3）偏置：勾选此复选框后，可以按指定的方向和距离创建与所定义平面偏置的基准平面。

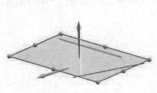
图2-53 "两直线"示意图

图2-54 "相切"示意图

图2-55 "通过对象"示意图

2.6.3 矢量工具

【执行方式】

● 菜单：选择"菜单"→"插入"→"基准/点"→"基准轴"命令。
● 功能区：单击"主页"选项卡"特征"面板中的"基准轴"按钮↑。
● 对话框：在相关对话框中单击"矢量对话框"按钮。

此处有视频

【操作步骤】

执行上述操作后，系统打开"矢量"对话框或图2-56所示的"基准轴"对话框。

【选项说明】

（1）自动判断：将按照选中的矢量关系来构造新矢量。
（2）点和方向：根据选择的一个点和方向矢量创建基准轴。
（3）两点：根据选择的两个点来创建基准轴。
（4）曲线上矢量：根据选择的曲线和该曲线上的点创建基准轴。
（5）曲面/面轴：根据选择的曲面和曲面上的轴创建基准轴。
（6）交点：根据选择的两相交对象的交点来创建基准轴。
（7）XC / YC / ZC：可以分别选择在工作坐标系的 XC 轴、YC 轴或 ZC 轴上创建基准轴。

图2-56 "基准轴"对话框

2.6.4 坐标系工具

【执行方式】

● 菜单：选择"菜单"→"插入"→"基准/点"→"基准坐标系"命令。
● 功能区：单击"主页"选项卡"特征"面板中的"基准坐标系"按钮。

此处有视频

【操作步骤】

执行上述操作后，打开图2-57所示的"基准坐标系"对话框。该对话框用于创建基准坐标系，和坐标系不同的是，基准坐标系一次可建立 XY、YZ、ZX 共3个基准面和 X、Y、Z 共3个基准轴。

【选项说明】

（1）自动判断：根据选择的对象或输入的沿 X、Y 和 Z 坐标轴方向的偏置值来定义一个坐标系。

（2）动态：可以手动移动坐标系到任何想要的位置或方向，或处理一个选定坐标系的关联动态偏置坐标系。

（3）原点，*X* 点，*Y* 点：该方法利用点创建功能，根据先后指定的 3 个点来定义一个坐标系。这 3 点应分别是原点、*X* 轴上的点和 *Y* 轴上的点。定义的第一点为原点，从第一点指向第二点的方向为 *X* 轴的正向，从第二点到第三点按右手定则来确定 *Z* 轴正向。

（4）平面，*X* 轴，点：该方法利用指定的 *Z* 轴平面、平面上的 *X* 轴和点定义一个坐标系。

（5）三平面：该方法通过先后选择的 3 个平面来定义一个坐标系。3 个平面的交点为坐标系的原点，第一个面的法向为 *X* 轴方向，第一个面与第二个面的交线方向为 *Z* 轴方向。

图2-57 "基准坐标系"对话框

（6）*X* 轴，*Y* 轴，原点：该方法先指定一个点作为坐标系原点，再先后选择或定义两个矢量来创建基准坐标系。坐标系 *X* 轴的正向平行于第一矢量的方向，*XOY* 平面平行于第一矢量和第二矢量所在的平面，*Z* 轴正向由从第一矢量在 *XOY* 平面上的投影矢量至第二矢量在 *XOY* 平面上的投影矢量按右手定则确定。

（7）绝对坐标系：在绝对坐标系的（0，0，0）点处定义一个新的坐标系。

（8）当前视图的坐标系：用当前视图定义一个新的坐标系。*XOY* 平面为当前视图所在的平面。

（9）偏置坐标系：该方法通过输入沿 *X*、*Y* 和 *Z* 坐标轴方向相对于选定坐标系的偏距来定义一个新的坐标系。

2.7 表达式

表达式（expression）是 UG 的一个工具，可用在多个模块中。通过算术和条件表达式，用户可以控制部件的特性，如控制部件中特征或对象的尺寸。表达式是参数化设计的重要工具，表达式不但可以控制部件中特征与特征之间、对象与对象之间、特征与对象之间的相互尺寸与位置关系，而且可以控制装配中部件与部件之间的尺寸与位置关系。

此处有视频

表达式是可以用来控制部件特性的算术或条件语句。它可以定义和控制模型的许多尺寸，如特征或草图的尺寸。表达式在参数化设计中是十分有意义的，它可以用来控制同一个零件上的不同特征之间的关系或一个装配中不同零件的关系。举一个最简单的例子，如果一个立方体的高度可以用它与长度的关系来表达，那么当立方体的长度变化时，则其高度也随之自动更新。

表达式是定义关系的语句。所有的表达式都有一个赋给表达式左侧的值（一个可能有，也可能没有小数部分的数）。表达式包括等式的左侧和右侧部分（即 $a = b + c$ 形式）。要得出左侧的值，就要计算出右侧部分的结果，它可以是算术语句或条件语句。表达式的左侧必须是单个的变量。

"a" 是 $a = b + c$ 中的表达式变量，表达式的左侧也是此表达式的名称，"$b + c$" 是 $a = b + c$ 中的表达式字符串，如图 2-58 所示。

在创建表达式时必须注意以下几点。

$$a = b + c$$

赋予左侧

图2-58 表达式示意图

（1）表达式左侧必须是一个简单变量，右侧是一个算术语句或条件语句。

（2）所有表达式均有一个值（实数或整数），该值被赋给表达式左侧的变量。

（3）表达式等式的右侧可以是含有变量、数字、运算符和符号的组合或常数。

【执行方式】

● 菜单：选择"菜单"→"工具"→"表达式"命令。

● 功能区：单击"工具"选项卡"实用工具"面板中的"表达式"按钮━━。

【操作步骤】

执行上述操作后，打开图 2-59 所示的"表达式"对话框。该对话框提供一个当前部件中表达式的列表、编辑表达式的各种选项，以及控制与其他部件中表达式链接的选项。

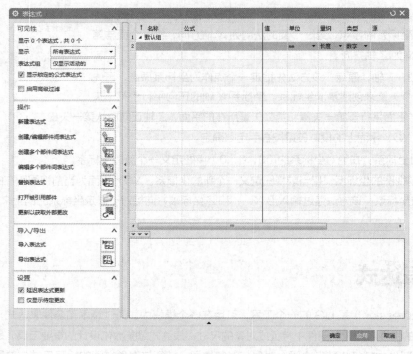

图2-59 "表达式"对话框

【选项说明】

（1）显示：用户可以从该下拉列表中选择一种方式列出表达式，如图 2-60 所示，有下列可以选择的方式。

① 用户定义的表达式：列出用户创建的表达式。

② 命名的表达式：列出用户创建和那些没有创建只是重命名的表达式，包括系统自动生成的表达式，如 p0 或 p5。

③ 未用的表达式：列出没有被任何特征或其他表达式引用的表达式。

④ 特征表达式：列出在图形窗口或部件导航中选定的某一特征的表达式。

⑤ 测量表达式：列出部件文件中的所有测量表达式。

⑥ 属性表达式：列出部件文件中存在的所有部件和对象的属性表达式。

⑦ 部件间表达式：列出部件文件之间存在的表达式。

⑧ 所有表达式：列出部件文件中的所有表达式。

（2）"操作"选项组。

① 新建表达式 ：新建一个表达式。

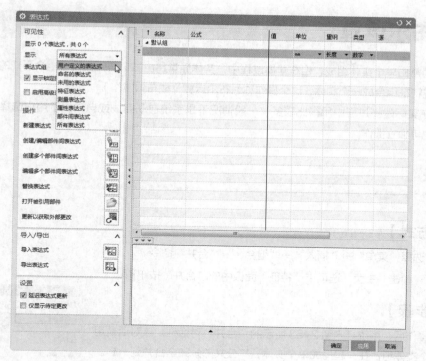

图2-60 "显示"下拉列表

② 创建/编辑部件间表达式：列出作业中可用的单个部件，一旦选择了部件，便会列出该部件中的所有表达式。

③ 创建多个部件间表达式：列出作业中可用的多个部件。

④ 编辑多个部件间表达式：控制从一个部件文件到其他部件中的表达式的外部参考。单击该按钮将打开包含所有部件列表的对话框，这些部件包含工作部件涉及的表达式。

⑤ 替换表达式：允许使用另一个字符串替换当前工作部件中某个表达式的公式字符串的所有实例。

⑥ 打开被引用的部件：单击该按钮，可以打开任何作业中部分载入的部件，常用于进行大规模加工操作。

⑦ 更新以获取外部更改：更新可能在外部电子表格中的表达式值。

（3）表达式列表框。

① 名称：可以给一个新的表达式命名，也可以重新命名一个已经存在的表达式。

② 公式：可以编辑在表达式列表框中选中的表达式，也可给新的表达式输入公式，还可给部件间的表达式创建引用。

③ 量纲：指定一个新表达式的量纲，但不可以改变已经存在的表达式的量纲，如图 2-61 所示。

④ 单位：为选定的量纲指定相应的单位，如图 2-62 所示。

图2-61 表达式列表框中的量纲

图2-62 表达式列表框中的单位

2.8 布尔运算

零件模型通常由单个实体组成，但在建模过程中，实体通常是由多个实体或特征组合而成的。因此，常需要把多个实体或特征组合成一个实体，这个操作称为布尔运算（或布尔操作）。

布尔运算在实际建模过程中用得比较多，一般情况下是系统自动完成或自动提示用户选择合适的布尔运算。布尔运算也可独立操作。

2.8.1 合并

此处有视频

【执行方式】

- 菜单：选择"菜单"→"插入"→"组合"→"合并"命令。
- 功能区：单击"主页"选项卡"特征"面板中的"合并"按钮。

【操作步骤】

执行上述操作后，系统打开图 2-63 所示的"合并"对话框。该对话框用于将两个或多个实体组合在一起构成单个实体，其公共部分完全合并到一起。

【选项说明】

（1）目标：进行布尔"求和"时，第一个选择的实体对象的运算结果将加在目标体上，并修改目标体。同一次布尔运算中，目标体只能有一个。布尔运算结果体的类型与目标体的类型一致。

图2-63 "合并"对话框

（2）工具：进行布尔运算时第二个及以后选择的实体对象将加在目标体上，并构成目标体的一部分。同一次布尔运算中，工具体可以有多个。

需要注意的是：可以对实体和实体进行求和运算，也可以对片体和片体（具有近似公共边缘线）进行求和运算，但不能对片体和实体、实体和片体进行求和运算。

2.8.2 求差

此处有视频

【执行方式】

- 菜单：选择"菜单"→"插入"→"组合"→"减去"命令。
- 功能区：单击"主页"选项卡"特征"面板中的"减去"按钮。

【操作步骤】

执行上述操作后，系统打开图 2-64 所示的"求差"对话框。该对话框用于从目标体中减去一个或多个工具体，即将目标体中与工具体公共的部分去掉。

求差时需要注意以下几点。

（1）若目标体和工具体不相交或相接，则运算结果为目标体。

图2-64 "求差"对话框

（2）实体与实体、片体与实体、实体与片体之间都可进行求差运算，但片体与片体之间不能进行求差运算。实体与片体的差为非参数化实体。

（3）进行布尔"求差"时，若目标体进行求差运算后的结果为两个或多个实体，则目标体将丢失数据。同样，不能将一个片体变成两个或多个片体。

（4）求差运算的结果不允许产生 0 厚度，即不允许目标体和工具体的表面刚好相切。

2.8.3 相交

【执行方式】

- 菜单：选择"菜单"→"插入"→"组合"→"相交"命令。
- 功能区：单击"主页"选项卡"特征"面板中的"相交"按钮。

此处有视频

【操作步骤】

执行上述操作后，系统打开图 2-65 所示的"相交"对话框。该对话框用于将两个或多个实体合并成单个实体，具体为取其公共部分构成单个实体。

图2-65 "相交"对话框

第 **03** 章

测量、分析和查询

在 UG 建模过程中，点和线的质量将直接影响实体的质量，从而影响产品的质量。所以在建模结束后，需要分析实体的质量来确定曲线是否符合设计要求，这样才能保证生产出合格的产品。本章将简要讲解如何对特征点和曲线的分布进行查询和分析。

/ 重点与难点

- 测量
- 偏差
- 几何对象检查
- 曲线分析
- 曲面分析
- 信息查询

3.1 测量

在使用 UG 进行设计与分析的过程中，需要经常性地获取当前对象的几何信息。测量、分析和查询功能可以对距离、角度、偏差和弧长等进行分析，详细指导用户的设计工作。

3.1.1 测量距离

"测量距离"功能可以计算两个对象之间的距离、曲线长度，以及圆弧、圆周边或圆柱面的半径。用户可以选择的对象有点、线、面、体和边等。需要注意的是，如果曲线或曲面上有多个点与另一个对象存在最短距离，那么应该指定一个起始点加以区分。

【执行方式】

- 菜单：选择"菜单"→"分析"→"测量距离"命令。
- 功能区：单击"分析"选项卡"测量"面板中的"测量距离"按钮。

【操作步骤】

（1）执行上述操作后，打开图 3-1 所示的"测量距离"对话框。

（2）选择要测量距离的两个点，显示测量距离。

（3）勾选"显示信息窗口"复选框，打开图 3-2 所示的"信息"窗口，其中显示的信息包括：两个对象间的三维距离，两个对象上相近点的绝对坐标和相对坐标，以及在绝对坐标和相对坐标中两点之间的轴向坐标增量。

图3-1 "测量距离"对话框

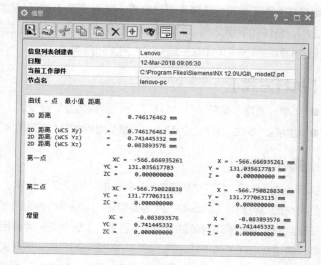

图3-2 "信息"窗口

【选项说明】

1. 类型

（1）距离：测量两个对象或点之间的距离。

（2）对象集之间：测量两个对象集之间的距离。

（3）投影距离：测量两个对象之间的投影距离。

（4）对象集之间的投影距离：测量两个对象集之间的投影距离。

（5）屏幕距离：测量屏幕上对象的距离。

（6）长度：测量选定曲线的长度。

（7）半径：测量选定曲线的半径。

（8）直径：测量选定曲线的直径。

（9）点在曲线上：测量一组相连曲线上的两点间的最短距离。

2. 距离

（1）目标点：计算选定起点和终点之间沿指定的矢量方向的距离。

（2）最小值：计算选定对象之间沿指定的矢量方向的最小距离。

（3）最小值（局部）：计算两个指定对象或屏幕上的对象之间的最小距离。

（4）最大值：计算选定对象之间沿指定的矢量方向的最大距离。

3. 结果显示

（1）显示信息窗口：勾选此复选框，"信息"窗口将显示测量结果。

（2）显示尺寸：在图形窗口中显示尺寸。

（3）创建输出几何体：创建关联几何体作为距离测量特征的输出。

3.1.2 测量角度

用户在绘图工作区中选择几何对象后，利用"测量角度"功能可以计算两个对象之间（如两曲线之间、两平面之间、直线和平面之间）的角度，包括两个选择对象的相应矢量在工作平面上的投影矢量的夹角和在三维空间中的实际角度。

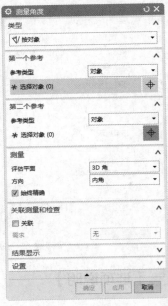

图3-3 "测量角度"对话框

【执行方式】

● 菜单：选择"菜单"→"分析"→"测量角度"命令。

● 功能区：单击"分析"选项卡"测量"面板中的"测量角度"按钮。

【操作步骤】

执行上述操作后，打开"测量角度"对话框，如图3-3所示。

当两个选择对象均为曲线时，若两者相交，则系统会确定两者的交点，并计算在交点处两曲线的切向矢量的夹角；否则，系统会确定两者相距最近的两点，并计算这两点在各自所处曲线上的切向矢量间的夹角。切向矢量的方向取决于曲线的选择点与两曲线相距最近点的相对方位，其方向为由曲线相距最近点指向选择点。

当两个选择对象均为平面时，计算结果是两平面的法向矢量间的最小夹角。

【选项说明】

（1）类型：用于选择测量方法，包括按对象、按3点和按屏幕点3种方法。

（2）参考类型：用于设置选择对象的方法，包括按对象、按特征和按矢量3种方法。

（3）"测量"选项组。

① 评估平面：用于选择测量角度，包括3D角度、WCS X-Y 平面中的角度、真实角度3种角度。

② 方向：用于选择测量类型，有外角和内角两种类型。

3.1.3 测量长度

该功能用于测量曲线的弧长或直线的长度。

【执行方式】

● 菜单：选择"菜单"→"分析"→"测量长度"命令。

● 功能区：单击"分析"选项卡"测量"面板"更多"库下的"测量长度"按钮)}。

【操作步骤】

（1）执行上述操作后，打开图 3-4 所示的"测量长度"对话框。

（2）选择直线、圆弧、二次曲线或样条。

（3）选择对话框中的其他选项。

（4）单击"确定"按钮，测量长度。

【选项说明】

（1）选择曲线：用于选择要测量的曲线。

（2）关联：启用测量的关联需求。

（3）"需求"下拉列表。

① 无：无需求检查与测量相关联。

② 新的：启用指定需求选项。

③ 现有的：启用选择需求选项。

图 3-4 "测量长度"对话框

3.1.4 测量面

该功能用于计算实体的面积和周长，可以用不同的分析单元执行计算。当保存面的测量结果时，系统将创建多个有关面积和周长的表达式。

【执行方式】

● 菜单：选择"菜单"→"分析"→"测量面"命令。

● 功能区：单击"分析"选项卡"测量"面板"更多"库下的"测量面"按钮。

【操作步骤】

（1）执行上述操作后，打开图 3-5 所示的"测量面"对话框。

（2）在部件中的任何体上选择一个或多个面。

（3）选择对话框中的其他选项。

（4）单击"确定"按钮，测量面。

图 3-5 "测量面"对话框

3.1.5 测量体

该功能可以计算选定体的体积、质量、表面积、回转中心和重量。

【执行方式】

● 菜单：选择"菜单"→"分析"→"测量体"命令。

● 功能区：单击"分析"选项卡"测量"面板"更多"库下的"测量体"按钮。

【操作步骤】

（1）执行上述操作后，打开图 3-6 所示的"测量体"对话框。

（2）选择体。

（3）选择对话框中的其他选项。

（4）单击"确定"按钮，测量体。

图3-6 "测量体"对话框

3.2 偏差

3.2.1 偏差检查

可以根据过某点斜率连续的原则，即将第一条曲线、边缘或表面上的检查点与第二条曲线上的对应点进行比较，检查所选对象是否相接、相切，以及边界是否对齐等，并得到所选对象的距离偏移值和角度偏移值。

【执行方式】

● 菜单：选择"菜单"→"分析"→"偏差"→"检查"命令。

● 功能区：单击"分析"选项卡"更多"库下的"偏差检查"按钮 。

【操作步骤】

（1）执行上述操作后，打开图 3-7 所示的"偏差检查"对话框。

（2）选择一种偏差检查类型后，选取要检查的两个对象，并设置所需的数值。

（3）单击"检查"按钮，打开"信息"窗口，其中显示的内容包括分析点的个数，对象间的最小距离、最大距离，以及各分析点的对应数据等。

图3-7 "偏差检查"对话框

【选项说明】

"偏差检查类型"下拉列表。

（1）曲线到曲线：用于测量两条曲线之间的距离偏差，以及曲线上一系列检查点的切向角度偏差。

（2）线－面：系统依据过某点斜率连续的原则，检查曲线是否位于表面上。

（3）边－面：用于检查一个面上的边和另一个面之间的偏差。

（4）面－面：系统依据过某点法向对齐的原则，检查两个面的偏差。

（5）边－边：用于检查两条实体边或片体边的偏差。

3.2.2 相邻边偏差

该功能用于检查多个面的公共边的偏差。

【执行方式】

● 菜单：选择"菜单"→"分析"→"偏差"→"相邻边"命令。

● 功能区：单击"分析"选项卡"更多"库下的"相邻边偏差"按钮。

图3-8　"相邻边"对话框

【操作步骤】

（1）执行上述操作后，打开图3-8所示的"相邻边"对话框。

（2）选择一种检查点的方式，有"等参数"和"弦差"两种检查方式可供选择。

（3）在图形工作区选择具有公共边的多个面后，单击"确定"按钮。

（4）打开图3-9所示的"报告"对话框和"信息"窗口，在"报告"对话框中可指定"信息"窗口中显示的信息。

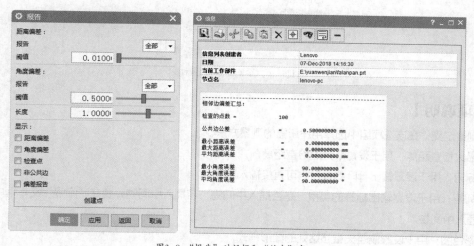

图3-9　"报告"对话框和"信息"窗口

3.2.3 偏差度量

该功能用于在第一组几何对象（曲线或曲面）和第二组几何对象（可以是曲线、曲面、点、平面、定义点等对象）之间度量偏差。

【执行方式】

● 菜单：选择"菜单"→"分析"→"偏差"→"度量"命令。

● 功能区：单击"逆向工程"选项卡"分析"面板中的"偏差度量"按钮。

【操作步骤】

执行上述操作后，打开图 3-10 所示的"偏差度量"对话框。

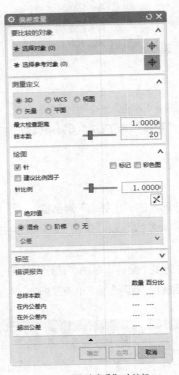

图3-10 "偏差度量"对话框

【选项说明】

（1）测量定义：在该选项组中选择用户所需的测量方法。

（2）最大检查距离：用于设置最大的检查距离。

（3）标记：用于设置输出针叶的数目，可直接输入数值。

（4）标签：用于设置输出标签的类型，是否插入中间物，若插入中间物，要在"间隔"文本框中设置间隔几个针叶插入中间物。

（5）彩色图：用于设置偏差矢量起始处的图形样式。

3.3 几何对象检查

该功能用于计算分析各种类型的几何体对象，找出错误或无效的几何体，也可以用于分析面和边等几何对象，找出其中无用的几何对象和错误的数据结构。

【执行方式】

● 菜单：选择"菜单"→"分析"→"检查几何体"命令。

【操作步骤】

执行上述操作后，打开图 3-11 所示的"检查几何体"对话框。

【选项说明】

（1）对象检查/检查后状态：该选项组用于设置对象的检查功能，其中包括"微小"和"未对齐"两个复选框。

① 微小：用于在所选几何对象中查找所有微小的实体、面、曲线和边。

② 未对齐：用于检查所有几何对象和坐标轴的对齐情况。

（2）体检查/检查后状态：该选项组用于设置实体的检查功能，包括以下 4 个复选框。

① 数据结构：用于检查每个所选实体中的数据结构有无问题。

② 一致性：用于检查每个所选实体的内部是否有冲突。

③ 面相交：用于检查每个所选实体的表面是否相交。

④ 片体边界：用于查找所选片体的所有边界。

（3）面检查/检查后状态：该选项组用于设置表面的检查功能，包括以下 3 个复选框。

① 光顺性：用于检查 B 表面的平滑过渡情况。

② 自相交：用于检查所有表面是否有自相交情况。

③ 锐刺/切口：用于检查表面是否有被分割情况。

（4）边检查/检查后状态：该选项组用于设置边缘的检查功能，包括以下 2 个复选框。

① 光顺性：用于检查所有与表面连接但不光滑的边。

② 公差：用于在所选择的边组中查找超出距离误差的边。

（5）检查准则：该选项组用于设置临界公差值的大小，包括"距离"和"角度"两个文本框，分别用来设置距离和角度的最大公差值大小。

依据几何对象的类型和要检查的项目，在对话框中勾选相应的复选框并确定所选择的对象后，在"信息"窗口中会列出相应的检查结果，并弹出高亮显示对象对话框。用户根据需要，在对话框中选择了需要高亮显示的对象之后，即可在绘图工作区中看到存在问题的几何对象。

运用检查几何对象功能只能找出存在问题的几何对象，而不能自动纠正这些问题。找到有问题的几何对象后，可以利用相关命令对该模型做修改，以免影响到后续操作。

图3-11 "检查几何体"对话框

3.4 曲线分析

【执行方式】

● 菜单：选择"菜单"→"分析"→"曲线"→"曲线分析"命令。

● 功能区：单击"分析"选项卡"曲线形状"面板中的"曲线分析"按钮。

【操作步骤】

执行上述操作后，打开图 3-12 所示的"曲线分析"对话框。

【选项说明】

1. 投影

该选项组允许指定分析曲线在其上进行投影的平面，可以选择下面某个单选项。

（1）无：指定不使用投影平面，表明在原来选中的曲线上进行曲率分析。

（2）曲线平面：根据选中曲线的形状计算一个平面（称为"曲线的平面"）。例如，一条平面曲线的曲线平面是该曲线所在的平面。3D 曲线的曲线平面是由前两个主长度构成的平面。

（3）矢量：指定投影平面与矢量正交。

（4）视图：指定投影平面为当前的"工作视图"。

（5）WCS：指定投影方向为 XC/YC/ZC 矢量。

2. 分析显示

（1）显示曲率梳：勾选该复选框，将显示已选中曲线、样条或边的曲率梳。

（2）建议比例因子：勾选该复选框，可将比例因子自动设置为最合适的大小。

（3）针比例：该选项允许通过拖动比例滑块控制梳状线的长度或比例，比例的数值表示梳状线上齿的长度（该值与曲率值的乘积为梳状线的长度）。

图3-12 "曲线分析"对话框

（4）针数：该选项允许控制梳状线中显示的总齿数。齿数对应于需要在曲线上采样的检查点的数量（在 u 起点和 u 最大值指定的范围内），值不能小于 2，默认值为 50。

（5）最大长度：该选项允许指定梳状线元素的最大允许长度。如果为梳状线绘制的线比此处指定的临界值大，则将其修剪至最大允许长度。软件会在线的末端绘制星号（*），表明这些线已被修剪。

3. 点

（1）创建峰值点：用于显示选中曲线、样条或边的峰值点，即局部曲率半径（或曲率的绝对值）达到局部最大值的地方。

（2）创建拐点：用于显示选中曲线、样条或边的拐点，即曲率矢量从曲线一侧翻转到另一侧的地方，清楚地表示出曲率符号发生改变的任何点。

3.5 曲面分析

UG 提供了半径、反射、斜率和距离 4 种曲面分析方式，下面就半径分析、反射分析和斜率分析进行讲解。

3.5.1 半径分析

该功能用于分析曲面的曲率半径变化情况，并且可以用各种方法显示和生成分析结果。

【执行方式】

- 菜单：选择"菜单"→"分析"→"形状"→"半径"命令。
- 功能区：单击"分析"选项卡"更多"库下的"半径"按钮👆。

【操作步骤】

执行上述操作后，打开图 3-13 所示的"半径分析"对话框。

【选项说明】

（1）类型：用于指定要分析的曲率半径类型，该下拉列表中包括 8 种半径类型。

（2）分析显示：用于指定分析结果的显示类型，"模态"下拉列表中包括 3 种显示类型。图形工作区的右边将显示一个"色谱表"，将分析结果与"色谱表"进行比较，就可以由"色谱表"上的半径数值了解表面的曲率半径，如图 3-14 所示。

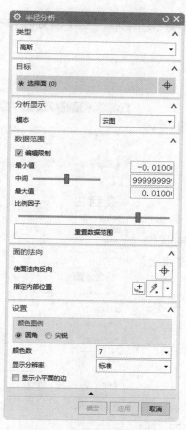

图3-13 "半径分析"对话框

图3-14 刺猬梳显示分析结果及"色谱表"

（3）编辑限制：勾选该复选框后，可以输入最大值、最小值来扩大或缩小"色谱表"的量程；也可以通过拖动滑块来改变中间值，使量程上移或下移。取消勾选该复选框，"色谱表"的量程将恢复为默认值，此时只能通过拖动滑块来改变中间值，使量程上移或下移，最大值和最小值不能通过输入改变。需要注意的是，因为"色谱表"的量程可以改变，所以一种颜色并不固定地表示一种半径值，但是"色谱表"的数值始终反映的是表面上对应颜色区的实际曲率半径值。

（4）比例因子：拖动滑块改变比例因子，从而扩大或缩小"色谱表"的量程。

（5）重置数据范围：恢复"色谱表"的默认量程。

（6）面的法向：可以通过以下两种方法改变被分析表面的法线方向。"指定内部位置"是通过在表面的一侧指定一个点来指示表面的内侧，从而决定法线方向；"使面法向反向"是通过选取表面，使被分析表面的法线方向反转。

（7）颜色图例："圆角"表示表面的色谱逐渐过渡；"尖锐"表示表面的色谱无过渡色。

（8）显示分辨率：用于指定分析公差，其公差越小，分析精度越高，分析速度也就越慢。在该下拉列表中包括 7 种公差类型。

（9）显示小平面的边：勾选该复选框，将显示由曲率分辨率决定的小平面的边。显示的曲率分辨率越高，小平面越小。

3.5.2 反射分析

该功能用于分析曲面的连续性，这是在飞机、汽车设计中最常用的曲面分析功能，它可以很好地反映一些严格曲面的表面质量。

【执行方式】

● 菜单：选择"菜单"→"分析"→"形状"→"反射"命令。

● 功能区：单击"分析"选项卡"面形状"面板中的"反射"按钮 。

【操作步骤】

执行上述操作后，打开图 3-15 所示的"反射分析"对话框。

【选项说明】

（1）类型：用于选择以哪种形式的图像来表现图片的质量。可以选择软件推荐的图片，也可以使用自己的图片。UG 将把这些图片贴合在目标表面上，从而对曲面进行分析。

（2）图像：对应每一种类型，可以选用不同的图片。最常使用的是第二种，即斑马纹分析，可以详细设置其中的条纹数目等。

① 线的数量：指定黑色条纹或彩色条纹的数量。

② 线的方向：指定条纹的方向。

③ 线的宽度：指定黑色条纹的粗细。

（3）图像方位：拖曳滑块可以移动图片在曲面上的反光位置。

（4）面的法向：可以通过以下两种方法改变被分析表面的法线方向。"指定内部位置"是通过在表面的一侧指定一个点来指示表面的内侧，从而决定法线方向；"使面法向反向"是通过选取表面，使被分析表面的法线方向反转。

图3-15 "反射分析"对话框

（5）面反射率：用于调整面的反光效果，以便更好地观察。

（6）图像大小：用于指定用来反射的图像的大小。

（7）显示分辨率：用于指定分辨率的大小。

3.5.3 斜率分析

该功能可以用来分析曲面的斜率变化。在模具设计中，曲面斜率为正代表此处可以直接拔模，因此斜率分析是模具设计中最常用的分析功能。

【执行方式】

● 菜单：选择"菜单"→"分析"→"形状"→"斜率"命令。

● 功能区：单击"分析"选项卡"更多"库下的"斜率"按钮。

【操作步骤】

执行上述操作后，打开图 3-16 所示的"斜率分析"对话框。

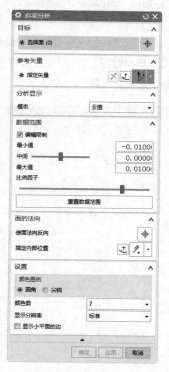

图3-16 "斜率分析"对话框

【选项说明】

该对话框中选项的功能与前述"半径分析"对话框类似，这里就不再详细讲解。

3.6 信息查询

我们经常需要从在设计过程中或已完成的设计模型的文件中提取各种几何对象和特征的信息。

UG 针对操作的不同需求，提供了大量的信息命令，用户可以通过这些命令来详细地查找需要的几何、物理和数学信息。

3.6.1 对象信息

🔧【执行方式】

● 菜单：选择"菜单"→"信息"→"对象"命令。

📋【操作步骤】

（1）执行上述操作后，打开"类选择"对话框，选择要查询的对象。

（2）单击"确定"按钮，打开"信息"窗口，系统会列出该对象所有的相关信息。一般对象都具有的信息为创建日期、创建者、当前工作部件、图层、线宽和单位等。

① 点：当选取点时，系统除了会列出一些都具有的信息之外，还会列出点的坐标值。

② 直线：当选取直线时，系统除了会列出一些都具有的信息之外，还会列出直线的长度、角度、起点坐标和终点坐标等信息。

③ 样条曲线：当选取样条曲线时，系统除了会列出一些都具有的信息之外，还会列出样条曲线的闭合状态、阶数、控制点数目、段数、有理状态、定义数据、近似 Rho 等信息，如图 3-17 所示。获取完信息后，可以在工作区中按 F5 键或选择"刷新"命令来刷新屏幕。

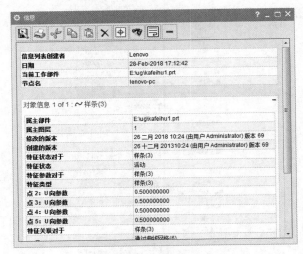

图3-17 样条曲线的"信息"窗口

3.6.2 点信息

🔧【执行方式】

● 菜单：选择"菜单"→"信息"→"点"命令。

📋【操作步骤】

（1）执行上述操作后，打开"点"对话框。

（2）选择查询点后，打开"信息"窗口。在"信息"窗口中会列出该点的坐标值及单位，其中的坐标值包括绝对坐标值和 WCS 坐标值，如图 3-18 所示。

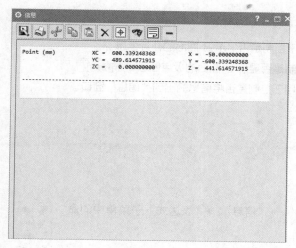

图3-18　点的"信息"窗口

3.6.3 样条分析

【执行方式】

● 菜单：选择"菜单"→"信息"→"样条"命令。

【操作步骤】

执行上述操作后，打开图3-19所示的"样条分析"对话框。对话框上部包括"显示结点""显示极点""显示定义点"3个复选框，设置需要显示的信息后，相应的信息就会显示出来。

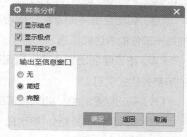

图3-19　"样条分析"对话框

【选项说明】

（1）无：表示不向"信息"窗口中输出任何信息。

（2）简短：表示向"信息"窗口中输出样条曲线的次数、极点数、段数、结点数、有理状态、定义数据、近似Rho等简短信息。

（3）完整：表示除了向"信息"窗口中输出样条曲线的简短信息外，还输出每个结点的坐标及其连续性（即G^0、G^1、G^2），每个极点的坐标及其权重，每个定义点的坐标、最小二乘权重等全部信息。

3.6.4 B曲面分析

该功能用于查询B曲面的有关信息，包括B曲面在U、V方向的阶数、补片数、法面数和连续性等信息。

【执行方式】

● 菜单：选择"菜单"→"信息"→"B曲面"命令。

【操作步骤】

执行上述操作后，打开图3-20所示的"B曲面分析"对话框。

图3-20　"B曲面分析"对话框

【选项说明】

（1）显示补片边界：用于控制是否显示 B 曲面的补片信息。

（2）显示极点：用于控制是否显示 B 曲面的极点信息。

（3）输出至列表窗口：用于控制是否将信息输出到"信息"窗口。

3.6.5 表达式信息

【执行方式】

● 菜单：选择"菜单"→"信息"→"表达式"子菜单中的命令，如图3-21所示。

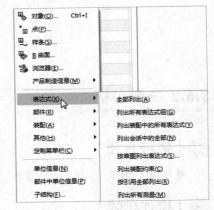

【选项说明】

（1）全部列出：指定在"信息"窗口中列出当前工作部件中的所有表达式信息。

（2）列出装配中的所有表达式：指定在"信息"窗口中列出当前显示装配件的每一组件中的表达式信息。

（3）列出会话中的全部：指定在"信息"窗口中列出当前操作中的每一部件的表达式信息。

（4）按草图列出表达式：指定在"信息"窗口中列出所选草图中的所有表达式信息。

图3-21　"表达式"子菜单

（5）列出装配约束：如果当前部件为装配件，则在"信息"窗口中列出其匹配的约束条件信息。

（6）按引用全部列出：指定在"信息"窗口中列出当前工作部件中的特征、草图、匹配约束条件、用户定义的表达式信息等。

（7）列出所有测量：指定在"信息"窗口中列出工作部件中的所有表达式及相关信息。

3.6.6 其他信息

【执行方式】

● 菜单：选择"菜单"→"信息"→"其他"子菜单中的命令，如图3-22所示。

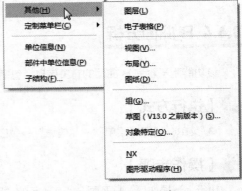

【选项说明】

（1）图层：指定在"信息"窗口中列出当前每一个图层的状态。

（2）电子表格：指定在"信息"窗口中列出相关电子表格信息。

（3）视图：指定在"信息"窗口中列出一个或多个工程图或模型视图的信息。

图3-22　"其他"子菜单

（4）布局：指定在"信息"窗口中列出当前文件中视图布局数据信息。

（5）图纸：指定在"信息"窗口中列出当前文件中工程图的相关信息。

（6）组：指定在"信息"窗口中列出当前文件中群组的相关信息。

（7）草图（V13.0 之前版本）：指定在"信息"窗口中列出用 13.0 之前的版本所做的草图几何约束和相关约束是否通过检测的信息。

（8）对象特定：指定在"信息"窗口中列出当前文件中特定对象的信息。

（9）NX：指定在"信息"窗口中列出当前文件中用户所用的 Parasolid 版本、计划文件目录、其他文件目录和日志信息。

（10）图形驱动程序：指定在"信息"窗口中列出有关图形驱动的特定信息。

第 04 章

草图设计

草图是 UG 建模中建立参数化模型的一个重要工具。通常情况下，用户的三维设计应该从草图设计开始，利用 UG 中提供的草图功能创建各种基本曲线，对曲线进行几何约束和尺寸约束，然后对二维草图进行拉伸、旋转或扫掠，就可以很方便地生成三维实体。此后，在相应的草图中完成对模型的编辑后，即可更新模型。

/ 重点与难点

- 进入草图绘制环境
- 草图绘制
- 草图编辑
- 草图约束

4.1 进入草图绘制环境

草图是位于指定平面的曲线和点所组成的一个图形，其默认特征名为 SKETCH。草图由草图平面、草图坐标系、草图曲线和草图约束等组成；草图平面是草图曲线所在的平面，草图坐标系的 *XY* 平面即草图平面，草图坐标系由用户在建立草图时确定。一个模型中可以包含多个草图，每一个草图都有一个名称，系统通过草图名称对草图及其对象进行引用。

此处有视频

在"建模"模块中选择"菜单"→"插入"→"在任务环境中绘制草图"命令或单击"曲线"选项卡中的"在任务环境中绘制草图"按钮 ，打开图 4-1 所示的"创建草图"对话框。

选择现有平面或创建新平面，单击"确定"按钮，进入草图绘制环境，如图 4-2 所示。

使用草图可以实现对曲线的参数化控制，可以很方便地进行模型的修改。草图可以用于以下几个方面。

（1）需要对图形进行参数化控制时。

（2）用草图创建通过标准成型特征无法实现的形状。

图4-1 "创建草图"对话框

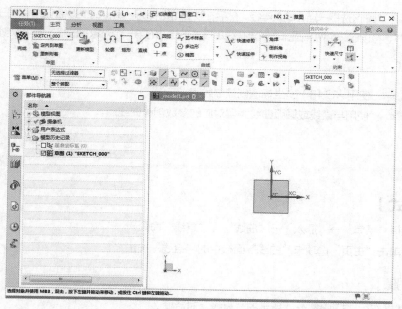

图4-2　草图绘制环境

（3）将草图作为自由形状特征的控制线。

（4）如果形状可以用拉伸、旋转或沿引导线扫描的方法创建，那么可将草图作为模型的基础特征。

4.2 草图绘制

4.2.1 轮廓

使用"轮廓"命令可以绘制单一或连续的直线和圆弧。

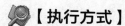【执行方式】

此处有视频

● 菜单：选择"菜单"→"插入"→"曲线"→"轮廓"命令。

● 功能区：单击"主页"选项卡"曲线"面板中的"轮廓"按钮 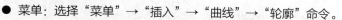。

【操作步骤】

图4-3　"轮廓"对话框

（1）执行上述操作后，打开图 4-3 所示的"轮廓"对话框。

（2）在适当的位置单击或直接输入坐标值，确定直线的第一个点。

（3）移动鼠标指针并在适当位置单击或直接输入坐标值，确定直线的第二个点，完成第一条直线的绘制。

（4）继续绘制其他直线或圆弧，直到完成所需轮廓的绘制。

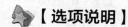【选项说明】

1. 对象类型

（1）直线 ∕：在视图区选择两点绘制直线。

（2）圆弧：在视图区选择一点，输入半径，然后在视图区选择另一点，或根据相应约束和扫描角度绘制圆弧。当从直线连接圆弧时，将创建一个两点圆弧。如果在线串模式下绘制的第一个对象是圆弧，则可以创建一个三点圆弧。

2. 输入模式

（1）坐标模式 **XY**：使用 XC 和 YC 坐标值创建曲线点。

（2）参数模式 凸：使用与直线或圆弧曲线类型对应的参数创建曲线点。

4.2.2 直线

【执行方式】

- 菜单：选择"菜单"→"插入"→"曲线"→"直线"命令。
- 功能区：单击"主页"选项卡"曲线"面板中的"直线"按钮 ╱。

此处有视频

【操作步骤】

（1）执行上述操作后，打开图4-4所示的"直线"对话框。

（2）在适当的位置单击或直接输入坐标值，确定直线的第一个点。

（3）移动鼠标指针并在适当位置单击或直接输入坐标值，确定直线的第二个点，完成第一条直线的绘制。

（4）重复步骤（2）和步骤（3），绘制其他直线。

图4-4 "直线"对话框

【选项说明】

（1）坐标模式 **XY**：使用 XC 和 YC 坐标值确定直线的起点或终点。

（2）参数模式 凸：使用长度和角度参数确定直线的起点或终点。

4.2.3 圆弧

【执行方式】

- 菜单：选择"菜单"→"插入"→"曲线"→"圆弧"命令。
- 功能区：单击"主页"选项卡"曲线"组的"圆弧"按钮 ╲。

此处有视频

【操作步骤】

（1）执行上述操作后，打开图4-5所示的"圆弧"对话框。

（2）在适当的位置单击或直接输入坐标值，确定圆弧的第一个点。

（3）在适当的位置单击或直接输入坐标值，确定圆弧的第二个点。

（4）在适当的位置单击或直接输入坐标值，确定圆弧的第三个点，完成圆弧的创建。

图4-5 "圆弧"对话框

【选项说明】

1. 圆弧方法

（1）三点定圆弧 ╲：创建一条经过3个点的圆弧。

（2）中心和端点定圆弧 ：定义中心、起点和终点来创建圆弧。

2. 输入模式

（1）坐标模式 XY：使用 XC 和 YC 坐标值来指定圆弧的点。
（2）参数模式 凸：指定三点定圆弧的半径参数。

4.2.4 圆

【执行方式】

● 菜单：选择"菜单"→"插入"→"曲线"→"圆"命令。
● 功能区：单击"主页"选项卡"曲线"面板中的"圆"按钮○。

此处有视频

【操作步骤】

（1）执行上述操作后，打开图 4-6 所示的"圆"对话框。
（2）在适当的位置单击或直接输入坐标值确定圆心。
（3）输入直径数值或拖动鼠标指针到适当位置并单击，确定直径。

图4-6 "圆"对话框

【选项说明】

1. 圆方法

（1）圆心和直径定圆 ⊙：指定圆心和直径绘制圆。
（2）三点定圆 ○：指定 3 个点绘制圆。

2. 输入模式

（1）坐标模式 XY：使用 XC 和 YC 坐标值来指定圆的点。
（2）参数模式 凸：用于指定圆的直径。

4.2.5 圆角

使用此命令可以在两条或 3 条曲线之间创建一个圆角。

【执行方式】

● 菜单：选择"菜单"→"插入"→"曲线"→"圆角"命令。
● 功能区：单击"主页"选项卡"曲线"面板中的"角焊"按钮 。

此处有视频

【操作步骤】

（1）执行上述操作后，打开图 4-7 所示的"圆角"对话框。
（2）选择要创建圆角的曲线。
（3）移动鼠标指针确定圆角的大小和位置，也可以直接输入半径值。
（4）单击确定创建圆角，示意图如图 4-8 所示。

图4-7 "圆角"对话框

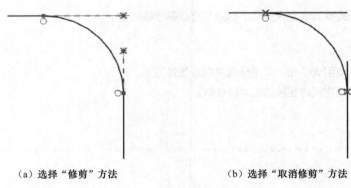

（a）选择"修剪"方法   （b）选择"取消修剪"方法

图4-8　创建圆角示意图

【选项说明】

1. 圆角方法

（1）修剪 ⌐: 修剪输入曲线。

（2）取消修剪 ⌐: 使输入曲线保持取消修剪状态。

2. 选项

（1）删除第三条曲线 ⊐×: 删除选定的第三条曲线。

（2）创建备选圆角 ⊙: 预览互补的圆角。

4.2.6 倒斜角

使用此命令可斜切两条草图直线之间的尖角。

此处有视频

【执行方式】

● 菜单：选择"菜单"→"插入"→"曲线"→"倒斜角"命令。

● 功能区：单击"主页"选项卡"曲线"面板中的"倒斜角"按钮 ⌐。

【操作步骤】

（1）执行上述操作后，打开图4-9所示的"倒斜角"对话框。

（2）选择倒斜角的横截面方式。

（3）选择要创建倒斜角的直线，或选择两直线的交点。

（4）移动鼠标指针确定倒斜角的位置，也可以直接输入参数。

（5）单击确定创建倒斜角，如图4-10所示。

【选项说明】

（1）"要倒斜角的曲线"选项组

① 选择直线：在相交直线上方拖动鼠标指针以选择多条直线，或按照一次选择一条直线的方法选择多条直线。

② 修剪输入曲线：勾选此复选框后，将修剪倒斜角的曲线。

图4-9 "倒斜角"对话框

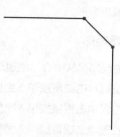

图4-10 倒斜角

（2）"偏置"选项组

①"倒斜角"下拉列表。

a. 对称：指定倒斜角与交点有一定距离，且垂直于等分线。

b. 非对称：指定沿选定的两条直线分别测量的距离值。

c. 偏置和角度：指定倒斜角的角度和距离值。

② 距离：指定从交点到第一条直线的倒斜角的距离。

③ 距离 1/ 距离 2：设置从交点到第一条 / 第二条直线的倒斜角的距离。

④ 角度：设置从第一条直线到倒斜角的角度。

（3）指定点：指定倒斜角的位置。

4.2.7 矩形

使用此命令可创建矩形。

此处有视频

【执行方式】

● 菜单：选择"菜单"→"插入"→"曲线"→"矩形"命令。

● 功能区：单击"主页"选项卡"曲线"面板中的"矩形"按钮。

【操作步骤】

执行上述操作后，打开图 4-11 所示的"矩形"对话框，其中提供了以下 3 种创建矩形的方法。

图4-11 "矩形"对话框

1. 按 2 点创建矩形

（1）在对话框中选择"按 2 点"创建矩形的方法。

（2）在适当的位置单击或直接输入坐标值，确定矩形的第一个点。

（3）移动鼠标指针到适当位置并单击或直接输入宽度和高度值，确定矩形的第二个点。

（4）单击确定创建矩形。

2. 按 3 点创建矩形

（1）在对话框中选择"按 3 点"创建矩形的方法。

（2）在适当的位置单击或直接输入坐标值，确定矩形的第一个点。

（3）在适当的位置单击或直接输入宽度、高度和角度值，确定矩形的第二个点。

（4）在适当的位置单击或直接输入宽度、高度和角度值，确定矩形的第三个点。

（5）单击确定创建矩形。

3. 从中心创建矩形

（1）在对话框中选择"从中心"创建矩形的方法。

（2）在适当的位置单击或直接输入坐标值，确定矩形的中心点。

（3）在适当的位置单击或直接输入宽度、高度和角度值，确定矩形的宽度。

（4）在适当的位置单击或直接输入宽度、高度和角度值，确定矩形的高度。

（5）单击确定创建矩形。

【选项说明】

1. 矩形方法

（1）按 2 点 ⬚：根据对角线的两个端点创建矩形，如图 4-12 所示。

（2）按 3 点 ▱：根据起点、确定宽度和角度的第二个点，以及确定高度的第三个点来创建矩形，如图 4-13 所示。

（3）从中心 ▱：根据中心点、确定角度和宽度的第二个点，以及确定高度的第三个点来创建矩形，如图 4-14 所示。

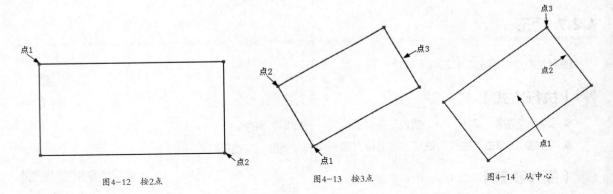

图4-12　按2点　　　　　　　图4-13　按3点　　　　　　　图4-14　从中心

2. 输入模式

（1）坐标模式 XY：用 *XC* 和 *YC* 坐标值为矩形指定点。

（2）参数模式 ▱：用相关参数值为矩形指定点。

4.2.8 多边形

【执行方式】

● 菜单：选择"菜单"→"插入"→"曲线"→"多边形"命令。

● 功能区：单击"主页"选项卡"曲线"面板中的"多边形"按钮 ⬡。

【操作步骤】

（1）执行上述操作后，打开图 4-15 所示的"多边形"对话框。

（2）在适当的位置单击或直接输入坐标值，确定多边形的中心点。

（3）输入多边形的边数。

此处有视频

（4）选择创建多边形的方式，并设置相应的参数。

（5）单击确定创建多边形，如图 4-16 所示。

图4-15 "多边形"对话框

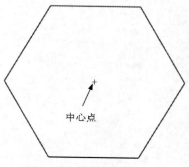

图4-16 多边形

【选项说明】

（1）中心点：在适当的位置单击或通过"点"对话框确定中心点。

（2）边：用于设置多边形的边数。

（3）"大小"选项组。

① 指定点：选择点或者通过"点"对话框定义多边形的半径。

② "大小"下拉列表。

a. 内切圆半径：指定从中心点到多边形的边的中点的距离。

b. 外接圆半径：指定从中心点到多边形拐角点的距离。

c. 边长：指定多边形边的长度。

③ 半径：设置多边形内切圆或外接圆的半径。

④ 旋转：设置从草图水平轴开始测量的旋转角度。

⑤ 长度：设置多边形边的长度。

4.2.9 椭圆

【执行方式】

● 菜单：选择"菜单"→"插入"→"曲线"→"椭圆"命令。

● 功能区：单击"主页"选项卡"曲线"面板中的"椭圆"按钮 。

此处有视频

【操作步骤】

（1）执行上述操作后，打开图 4-17 所示的"椭圆"对话框。

（2）在适当的位置单击或直接输入坐标值，确定椭圆的中心点。

（3）确定椭圆的长半轴、短半轴和旋转角度。

（4）单击"确定"按钮，创建椭圆，如图 4-18 所示。

图4-17 "椭圆"对话框

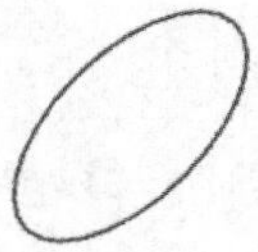

图4-18 椭圆

【选项说明】

（1）中心：在适当的位置单击或通过"点"对话框确定椭圆的中心点。

（2）大半径：直接输入长半轴长度，也可以通过"点"对话框来确定长半轴长度。

（3）小半径：直接输入短半轴长度，也可以通过"点"对话框来确定短半轴长度。

（4）封闭：勾选此复选框，将创建完整的椭圆。若取消此复选框的勾选，则输入起始角和终止角以创建椭圆弧。

（5）角度：椭圆的旋转角度是主轴相对于 XC 轴沿逆时针方向倾斜的角度。

4.2.10 拟合曲线

使用该命令，可通过将曲线拟合到指定的数据点来创建样条、直线、圆或椭圆。

此处有视频

【执行方式】

● 菜单：选择"菜单"→"插入"→"曲线"→"拟合曲线"命令。

● 功能区：单击"主页"选项卡"曲线"面板中的"拟合曲线"按钮 。

【操作步骤】

（1）执行上述操作后，打开图 4-19 所示的"拟合曲线"对话框。

（2）指定与部件相应的拟合类型。

（3）指定新的拟合样条的阶次和段数。

图4-19 "拟合曲线"对话框

（4）选择第一个和最后一个目标点。

（5）设置端约束。

（6）单击"确定"按钮，创建拟合样条曲线。

【选项说明】

拟合曲线分为拟合样条、拟合直线、拟合圆和拟合椭圆 4 个类型。其中拟合直线、拟合圆和拟合椭圆类型下的选项基本相同，如选择点的方式都有自动判断、指定的点和成链的点 3 种，创建出来的曲线也都可以通过"结果"选项组来查看误差。与其他 3 种不同的是拟合样条，其可选的操作对象有自动判断、指定的点、成链的点、曲线、面和小平面体 6 种。

4.2.11 艺术样条

使用该命令，可在工作窗口中定义曲线的各点来生成艺术样条曲线。

此处有视频

【执行方式】

● 菜单：选择"菜单"→"插入"→"曲线"→"艺术样条"命令。

● 功能区：单击"主页"选项卡"曲线"面板中的"艺术样条"按钮 ✨。

【操作步骤】

（1）执行上述操作后，打开图 4-20 所示的"艺术样条"对话框。

（2）在"类型"下拉列表中选择创建艺术样条的类型。

（3）选择现有的点或在适当位置创建点。

（4）设置相关参数。

（5）单击"确定"按钮，创建艺术样条曲线，如图 4-21 所示。

图4-20 "艺术样条"对话框

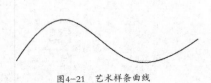

图4-21 艺术样条曲线

【选项说明】

（1）"类型"下拉列表。

① 通过点：用于通过延伸曲线使其穿过定义点来创建样条。

② 根据极点：用于通过构造和操控样条极点来创建样条。

（2）点位置 / 极点位置：定义样条点或极点位置。

（3）"参数化"选项组。

① 次数：指定样条的阶次，样条的极点数不得少于次数。

② 匹配的结点位置：勾选此复选框，将在定义点所在的位置放置结点。

③ 封闭：此复选框用于指定样条的起点和终点是同一个点，形成闭环。

（4）移动：在指定的方向上或沿指定的平面移动样条点或极点。

① WCS：在工作坐标系的指定 X、Y 与 Z 方向上或沿 WCS 的一个主平面移动点或极点。

② 视图：相对于视图平面移动点或极点。

③ 矢量：用于定义所选极点或多段线的移动方向。

④ 平面：选择一个基准平面、基准坐标系或使用指定平面来定义一个平面，以在其中移动选定的极点或多段线。

⑤ 法向：沿曲线的法向移动点或极点。

（5）"延伸"选项组。

① 对称：勾选此复选框，将在所选样条指定的开始和结束位置上展开对称延伸。

② 起点 / 终点。

a. 无：不创建延伸。

b. 按值：用于指定延伸的值。

c. 按点：用于定义延伸的位置。

（6）"设置"选项组。

①"自动判断的类型"下拉列表。

a. 等参数：将约束限制为曲面的 U 和 V 方向。

b. 截面：允许约束同任何方向对齐。

c. 法向：根据曲线或曲面的正常法向自动判断约束。

d. 垂直于曲线或边：从点附着对象的父级自动判断 G^1、G^2 或 G^3 约束。

② 固定相切方位：勾选此复选框，与邻近点相对的约束点的移动就不会影响方位，并且方向保持为静态。

（7）"微定位"选项组。

① 比率：用于在拖动点或极点的手柄时，设置它们的相对移动量。

② 步长值：用于指定所选点或极点的移动增量值。

4.2.12 二次曲线

【执行方式】

● 菜单：选择"菜单"→"插入"→"曲线"→"二次曲线"命令。

● 功能区：单击"主页"选项卡"曲线"面板中的"二次曲线"按钮 。

此处有视频

【操作步骤】

（1）执行上述操作后，打开图 4-22 所示的"二次曲线"对话框。

（2）定义 3 个点，输入所需的 Rho 值。

（3）单击"确定"按钮，创建二次曲线，如图 4-23 所示。

图4-22 "二次曲线"对话框

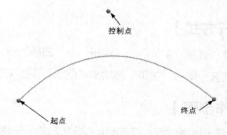

图4-23 二次曲线

【选项说明】

（1）"限制"选项组。

① 指定起点：在视图中直接选取或通过"点"对话框确定二次曲线的起点。

② 指定终点：在视图中直接选取或通过"点"对话框确定二次曲线的终点。

（2）指定控制点：在视图中直接选取或通过"点"对话框确定二次曲线的控制点。

（3）Rho：表示曲线的锐度，双击二次曲线，可编辑 Rho 值。

4.3 草图编辑

建立草图之后，可以对草图进行很多编辑操作，包括修剪、镜像、偏置、阵列等，下面进行讲解。

4.3.1 快速修剪

该命令用于将曲线修剪至任何方向的最近的实际交点或虚拟交点。

【执行方式】

此处有视频

● 菜单：选择"菜单"→"编辑"→"曲线"→"快速修剪"命令。

● 功能区：单击"主页"选项卡"曲线"面板中的"快速修剪"按钮。

【操作步骤】

（1）执行上述操作后，打开图 4-24 所示的"快速修剪"对话框。

（2）在单条曲线上修剪多余部分，或拖动鼠标指针划过曲线，划过的曲线都将被修剪。

（3）单击"关闭"按钮，结束修剪。

【选项说明】

（1）边界曲线：选定位于当前草图中的曲线、边、基本平面等。

（2）要修剪的曲线：选择一条或多条要修剪的曲线。

（3）修剪至延伸线：指定是否修剪至一条或多条边界曲线的虚拟延伸线。

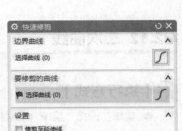

图 4-24　"快速修剪"对话框

4.3.2 快速延伸

该命令用于将曲线延伸至它与另一条曲线的实际交点或虚拟交点。

【执行方式】

此处有视频

● 菜单：选择"菜单"→"编辑"→"曲线"→"快速延伸"命令。

● 功能区：单击"主页"选项卡"曲线"面板中的"快速延伸"按钮。

【操作步骤】

（1）执行上述操作后，打开图 4-25 所示的"快速延伸"对话框。

（2）在视图区中选择要延伸的曲线，然后选择边界曲线，要延伸的曲线会自动延伸到边界曲线。

（3）单击"关闭"按钮，结束延伸。

【选项说明】

（1）边界曲线：选定位于当前草图中的曲线、边、基本平面等。

（2）要延伸的曲线：选择要延伸的曲线。

（3）延伸至延伸线：指定是否延伸到边界曲线的虚拟延伸线。

图 4-25　"快速延伸"对话框

4.3.3 镜像曲线

使用该命令，可以通过草图中现有的任意一条直线来镜像草图几何体。

【执行方式】

- 菜单：选择"菜单"→"插入"→"来自曲线集的曲线"→"镜像曲线"命令。
- 功能区：单击"主页"选项卡"曲线"面板中的"镜像曲线"按钮 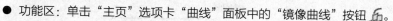。

此处有视频

【操作步骤】

（1）执行上述操作后，打开图4-26所示的"镜像曲线"对话框。

（2）选择要进行镜像的曲线。

（3）选择镜像的中心线。

（4）单击"确定"按钮镜像曲线，如图4-27所示。

图4-26　"镜像曲线"对话框

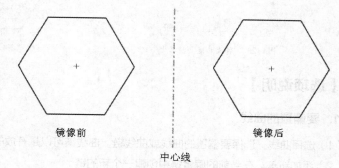

镜像前　　　　　　　　　　　　镜像后

中心线

图4-27　镜像曲线示意图

【选项说明】

（1）要镜像的曲线：指定一条或多条要进行镜像的草图曲线。

（2）中心线：选择一条已有直线作为镜像操作的中心线（在镜像过程中，该直线将成为参考直线）。

（3）"设置"选项组。

① 中心线转换为参考：将活动中心线转换为参考直线。

② 显示终点：显示端点约束以便移除和添加端点。如果移除端点约束，然后编辑原先的曲线，则未约束的镜像曲线将不会更新。

4.3.4　偏置曲线

该命令用于对选择的曲线链、投影曲线或曲线进行偏置。

【执行方式】

- 菜单：选择"菜单"→"插入"→"来自曲线集的曲线"→"偏置曲线"命令。
- 功能区：单击"主页"选项卡"曲线"面板中的"偏置曲线"按钮 。

此处有视频

【操作步骤】

（1）执行上述操作后，打开图4-28所示的"偏置曲线"对话框。

（2）选择要偏置的曲线。

（3）输入偏移距离，更改偏置方向。单击"确定"按钮，偏置曲线，如图4-29所示。

图4-28 "偏置曲线"对话框

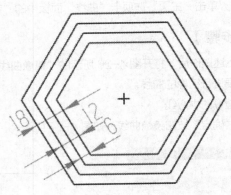

图4-29 偏置曲线

 【选项说明】

1. 要偏置的曲线

（1）选择曲线：选择要偏置的曲线或曲线链。曲线链可以是开放的、封闭的或一段开放一段封闭的。

（2）添加新集：在当前的偏置链中创建一个新的链。

2. 偏置

（1）距离：指定偏置距离。

（2）反向：使偏置链的方向反向。

（3）创建尺寸：勾选此复选框，将在创建偏置曲线的同时标注尺寸。

（4）对称偏置：勾选此复选框，将在基本链的两端各创建一个偏置链。

（5）副本数：指定要生成的偏置链的副本数。

（6）"端盖选项"下拉列表。

① 延伸端盖：沿着曲线的自然方向将曲线延伸到实际交点以封闭偏置链。

② 圆弧帽形体：为偏置链曲线创建圆角以封闭偏置链。

3. 链连续性和终点约束

（1）显示拐角：勾选此复选框，链的每个角上都将显示角的手柄。

（2）显示终点：勾选此复选框，链的每一端都将显示一个端约束手柄。

4. 设置

（1）输入曲线转换为参考：将输入曲线转换为参考曲线。

（2）次数：在偏置艺术样条时指定阶次。

4.3.5 阵列曲线

利用此命令，可对草图曲线进行阵列。

此处有视频

【执行方式】

● 菜单：选择"菜单"→"插入"→"来自曲线集的曲线"→"阵列曲线"命令。
● 功能区：单击"主页"选项卡"曲线"面板中的"阵列曲线"按钮 。

【操作步骤】

执行上述操作后，打开图 4-30 所示的"阵列曲线"对话框。

1. 线性阵列曲线

（1）在对话框中选择"线性"布局。

（2）选择要阵列的曲线。

（3）选择线性方向 1，设置数量和节距。

（4）勾选"使用方向 2"复选框，可以选择线性方向 2，并设置数量和节距。

（5）单击"确定"按钮，创建线性阵列。

2. 圆形阵列曲线

（1）在对话框中选择"圆形"布局。

（2）选择要阵列的曲线。

（3）捕捉旋转点。

（4）输入数量和节距角。

（5）单击"确定"按钮，创建圆形阵列。

图4-30 "阵列曲线"对话框

【选项说明】

"布局"下拉列表

（1）线性：使用一个或两个方向定义布局，如图 4-31 所示。

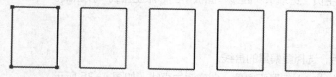

图4-31 线性阵列示意图

（2）圆形：使用旋转点和可选径向间距参数定义布局，如图 4-32 所示。

（3）常规：使用一个或多个目标点，或者坐标系定义的位置来定义布局，如图 4-33 所示。

从点

至点

图4-32 圆形阵列示意图

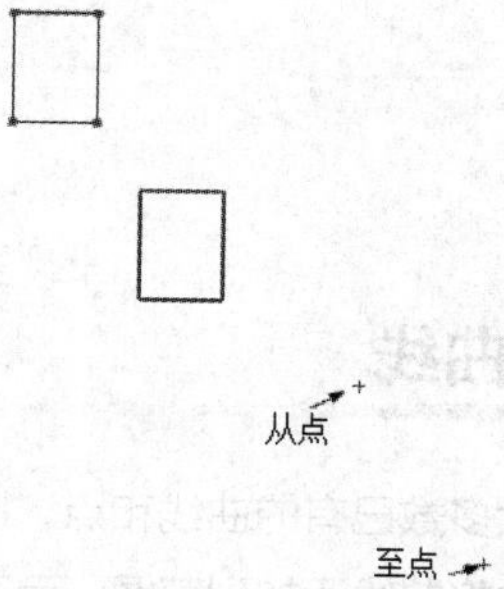

图4-33 常规阵列示意图

4.3.6 交点

使用此命令,可以在指定几何体通过草图平面的位置创建一个关联点和基准轴。

【执行方式】

● 菜单:选择"菜单"→"插入"→"来自曲线集的曲线"→"交点"命令。
● 功能区:单击"主页"选项卡"曲线"面板中的"交点"按钮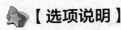。

【操作步骤】

(1)执行上述操作后,打开图4-34所示的"交点"对话框。
(2)选择要相交的曲线。
(3)单击"确定"按钮,创建交点。

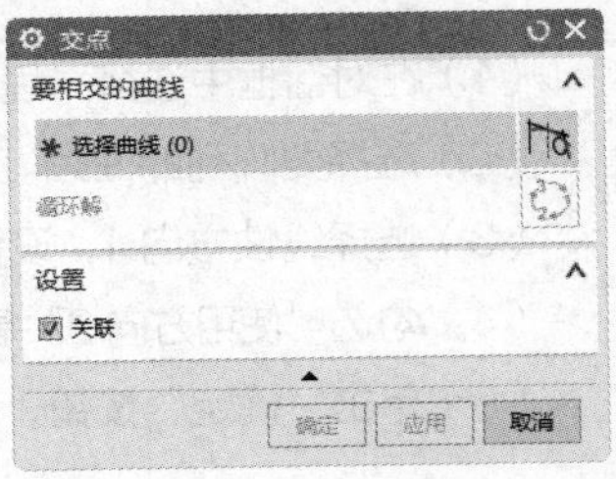

【选项说明】

"要相交的曲线"选项组

(1)选择曲线:选择要在上面创建交点的曲线。
(2)循环解:当路径与草图平面有一个以上的交点或路径为开环且不与草图平面相交时,循环浏览备选解。

图4-34 "交点"对话框

4.3.7 派生直线

使用此命令,在选择一条或几条直线后,系统将自动生成其平行线、中线或角平分线。

此处有视频

【执行方式】

● 菜单:选择"菜单"→"插入"→"来自曲线集的曲线"→"派生直线"命令。
● 功能区:单击"主页"选项卡"曲线"面板中的"派生直线"按钮。

【操作步骤】

(1)执行上述操作后,选择要偏置的直线。
(2)在适当位置单击或输入偏置距离值,创建派生直线,如图4-35所示。

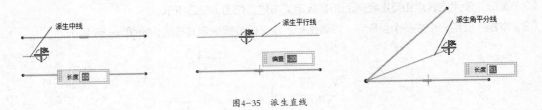

图4-35 派生直线

4.3.8 添加现有曲线

该命令用于将绝大多数已有的曲线和点,以及椭圆、抛物线和双曲线等二次曲线添加到当前草图。该命令只是简单地将曲线添加到草图,而不会将约束应用于添加的曲线,几何体之间的间隙没

此处有视频

第04章 草图设计

有闭合。要使系统应用某些几何约束，可使用"自动约束"功能。

【执行方式】

● 菜单：选择"菜单"→"插入"→"来自曲线集的曲线"→"现有曲线"命令。
● 功能区：单击"主页"选项卡"曲线"面板中的"添加现有曲线"按钮㗊。

4.3.9 投影曲线

该命令用于将选中的对象沿草图平面的法向投影到草图的平面上。通过选择草图外部的对象，可以生成抽取的曲线或线串。能够抽取的对象包括曲线（关联或非关联的）、边、面、其他草图或草图内的曲线、点。

【执行方式】

● 菜单：选择"菜单"→"插入"→"配方曲线"→"投影曲线"命令。
● 功能区：单击"主页"选项卡"曲线"面板中的"投影曲线"按钮㗊。

此处有视频

【操作步骤】

（1）执行上述操作后，打开图 4-36 所示的"投影曲线"对话框。
（2）选择要投影的曲线或点。
（3）设置相关参数。
（4）单击"确定"按钮，创建投影曲线。

【选项说明】

（1）要投影的对象：选择要投影的曲线或点。
（2）关联：勾选此复选框后，如果原始几何体发生更改，投影曲线也发生改变。
（3）"输出曲线类型"下拉列表。
① 原先：使用其原始几何体类型创建抽取曲线。
② 样条段：使用单个样条表示抽取曲线。

图4-36 "投影曲线"对话框

4.3.10 相交曲线

该命令用于创建一个平滑的曲线链，其中的一组切线连续面与草图平面相交。

此处有视频

【执行方式】

● 菜单：选择"菜单"→"插入"→"配方曲线"→"相交曲线"命令。
● 功能区：单击"主页"选项卡"曲线"面板中的"相交曲线"按钮㗊。

【操作步骤】

（1）执行上述操作后，打开图 4-37 所示的"相交曲线"对话框。
（2）选择一个与目标面相交的平面。

图4-37 "相交曲线"对话框

（3）单击"确定"按钮，创建相交曲线。

【选项说明】

（1）要相交的面：选择要在其上创建相交曲线的面。

（2）忽略孔：勾选此复选框，将在该面中创建通过任意修剪孔的相交曲线。

（3）连结曲线：勾选此复选框，多个面上的曲线将合并成单个样条曲线。

4.4 草图约束

约束能够用于精确控制草图中的对象。草图约束有两种类型：尺寸约束（也称为草图尺寸）和几何约束。

尺寸约束建立起草图对象的大小（如直线的长度、圆弧的半径等）或两个对象之间的关系（如两点之间的距离）。尺寸约束看上去更像是图纸上的尺寸标注。

几何约束建立起草图对象的几何特性（如要求某一直线具有固定长度）、两个或多个草图对象的关系类型（如要求两条直线垂直或平行，或者几条弧具有相同的半径）。在图形工作区无法看到几何约束，但是用户可以使用"显示草图约束"命令显示有关信息，并显示代表这些约束的直观标记。

4.4.1 建立尺寸约束

建立尺寸约束是限制草图几何对象的大小和形状，也就是在草图上标注草图尺寸，并设置尺寸标注线，与此同时再建立相应的表达式，以便在后续的编辑工作中实现尺寸的参数化驱动。

此处有视频

【执行方式】

● 菜单栏：选择"菜单"→"插入"→"尺寸"子菜单中的命令。

● 功能区：选择"主页"选项卡"约束"面板的尺寸下拉列表中的选项，如图4-38所示。

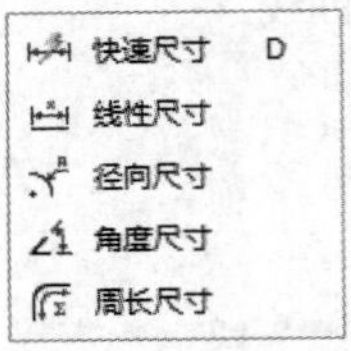

图4-38　尺寸下拉列表

【操作步骤】

（1）执行上述操作后，打开相应的尺寸对话框。

（2）选择要标注的对象，将尺寸放置到适当位置。

【选项说明】

（1）快速尺寸：选择该选项，打开"快速尺寸"对话框，如图4-39所示，在选择几何体后，系统会自动根据所选择的对象搜寻合适的尺寸类型进行匹配。

（2）线性尺寸：选择该选项，打开"线性尺寸"对话框，在其中可约束两对象或两点间的距离，线性尺寸标注如图4-40所示。

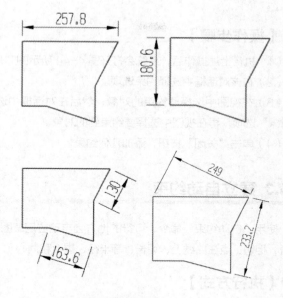

图4-39　"快速尺寸"对话框　　　　　　图4-40　线性尺寸标注

（3）角度尺寸：选择该选项，打开"角度尺寸"对话框，在其中可指定两条线之间的角度尺寸，相对于工作坐标系按逆时针方向测量角度，角度尺寸标注如图 4-41 所示。

（4）径向尺寸：选择该选项，打开"径向尺寸"对话框，在其中可为草图的弧 / 圆指定直径或半径尺寸，径向尺寸标注如图 4-42 所示。

（5）周长尺寸：该选项用于将所选的草图轮廓曲线的总长度限制为一个需要的值，可以对周长尺寸进行约束的曲线有直线和弧。选择该选项后，打开图 4-43 所示的"周长尺寸"对话框，选择曲线后，该曲线的周长尺寸将显示在"距离"文本框中。

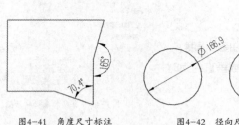

图4-41　角度尺寸标注　　　图4-42　径向尺寸标注　　　图4-43　"周长尺寸"对话框

4.4.2　建立几何约束

使用"几何约束"命令，可以指定草图对象必须遵守的条件，或草图对象之间必须维持的关系。

【执行方式】

● 菜单：选择"菜单"→"插入"→"几何约束"命令。

此处有视频

● 功能区：单击"主页"选项卡"约束"面板中的"几何约束"按钮 ⊥。

图4-44 "几何约束"对话框

【操作步骤】

（1）执行上述操作后，系统会打开图4-44所示的"几何约束"对话框。

（2）在该对话框中选择约束选项。

（3）在视图中选择要约束的对象，然后在对话框中选择"选择要约束到的对象"选项，再在视图中选择要约束到的对象。

（4）单击"关闭"按钮，添加几何约束。

4.4.3 建立自动约束

使用"自动约束"命令，可行的地方会自动应用草图的几何约束类型（如水平、竖直、平行、垂直、相切、点在曲线上、等长、等半径、重合和同心）。

此处有视频

【执行方式】

● 菜单：选择"菜单"→"工具"→"约束"→"自动约束"命令。

● 功能区：单击"主页"选项卡"约束"面板中的"自动约束"按钮 ⊥。

图4-45 "自动约束"对话框

【操作步骤】

（1）执行上述操作后，系统打开图4-45所示的"自动约束"对话框。

（2）选择要约束的曲线。

（3）选择要应用的约束，单击"确定"按钮，创建约束。

【选项说明】

（1）全部设置：选中所有约束类型。

（2）全部清除：清除所有约束类型。

（3）距离公差：用于控制对象端点为了重合而必须达到的接近程度。

（4）角度公差：用于控制系统要应用水平、竖直、平行或垂直约束时，直线必须达到的接近程度。

4.4.4 动画演示尺寸

该命令用于在一个指定的范围中，动态显示给定尺寸发生变化的效果。受这一选定尺寸影响的几何体也将以动画显示。

此处有视频

【执行方式】

● 菜单：选择"菜单"→"工具"→"约束"→"动画演示尺寸"命令。

● 功能区：单击"主页"选项卡"约束"面板中的"动画演示尺寸"按钮 ⊢。

【操作步骤】

（1）执行上述操作后，打开图 4-46 所示的"动画演示尺寸"对话框。

（2）选择要进行动画演示的尺寸（可以在对话框中选择尺寸）。

（3）输入上限和下限，并输入循环步数。

（4）单击"确定"按钮，创建动画尺寸。

【选项说明】

（1）尺寸列表框：列出可以动画演示的尺寸。

（2）值：当前所选尺寸的值（动画演示过程中不会发生变化）。

（3）下限：动画演示过程中该尺寸的最小值。

（4）上限：动画演示过程中该尺寸的最大值。

（5）步数 / 循环：当尺寸值由上限移动到下限（或者由下限移动到上限）时所变化（等于大小 / 增量）的次数。

（6）显示尺寸：勾选该复选框，在动画演示过程中将显示原先的草图尺寸。

图4-46　"动画演示尺寸"对话框

4.4.5　转换至/自参考对象

在给草图添加几何约束或尺寸约束的过程中，有时会引起约束冲突，一种解决方法是删除多余的几何约束或尺寸约束，另一种解决方法是将草图几何对象或尺寸对象转换为参考对象。

此处有视频

"转换至 / 自参考对象"命令用于将草图曲线（但不是点）或草图尺寸由激活状态转换为参考状态，或由参考状态转换回激活状态。参考尺寸显示在用户的草图中，虽然其值被更新，但是它不能控制草图几何体。草图中虽然显示参考曲线，但它的显示已变灰，并且采用双点画线线型。在拉伸或回转草图对象时，不会用到它的参考曲线。

【执行方式】

● 菜单：选择"菜单"→"工具"→"约束"→"转换至/自参考对象"命令。

● 功能区：单击"主页"选项卡"约束"面板中的"转换至/自参考对象"按钮。

【操作步骤】

（1）执行上述操作后，打开图 4-47 所示的"转换至 / 自参考对象"对话框。

（2）选择要转换的草图曲线或草图尺寸。

（3）单击"确定"按钮，转换曲线或尺寸。

【选项说明】

1. 要转换的对象

（1）选择对象：选择要转换的草图曲线或草图尺寸。

（2）选择投影曲线：转换草图曲线投影的所有输出曲线。

2. 转换为

（1）参考曲线或尺寸：用于将激活对象转换为参考状态。

图4-47　"转换至/自参考对象"对话框

（2）活动曲线或驱动尺寸：用于将参考对象转换为激活状态。

4.5 综合实例——拨叉草图

👉 【制作思路】

本例绘制拨叉草图，如图 4-48 所示。首先绘制构造线，然后绘制大概轮廓并修剪曲线和倒圆角，最后标注尺寸，完成草图的绘制。

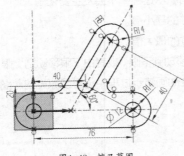

此处有视频

图4-48 拨叉草图

🗂 【绘制步骤】

1. 创建新文件

选择"菜单"→"文件"→"新建"命令或单击快速访问工具栏中的"新建"按钮 📄，打开"新建"对话框。在"模板"列表框中选择"模型"，输入名称为"bacha"，单击"确定"按钮，进入建模环境。

2. 草图首选项

（1）选择"菜单"→"首选项"→"草图"命令，打开图 4-49 所示的"草图首选项"对话框。

（2）在"尺寸标签"下拉列表中选择"值"选项，勾选"屏幕上固定文本高度"和"创建自动判断约束"复选框，单击"确定"按钮，草图预设置完毕。

3. 进入草图环境

（1）选择"菜单"→"插入"→"在任务环境中绘制草图"命令，打开"创建草图"对话框。

（2）选择 XC-YC 平面作为工作平面，单击"确定"按钮，进入草图环境。

4. 绘制构造线

（1）选择"菜单"→"插入"→"曲线"→"直线"命令，或单击"主页"选项卡"曲线"面板中的"直线"按钮 ✐，打开"直线"对话框，如图 4-50 所示。

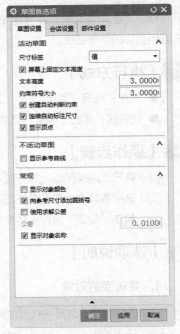

图4-49 "草图首选项"对话框

（2）选择"坐标模式"按钮 **XY**，绘制直线，在"XC"和"YC"文本框中分别输入 -15 和 0，在"长度"和"角度"文本框中分别输入 110 和 0，结果如图 4-51 所示。

（3）同理，按照 XC、YC、长度和角度的顺序，分别输入"0、80、100、270""76、80、100、270"，绘制另外两条直线。

5. 创建基准点

（1）选择"菜单"→"插入"→"基准/点"→"点"命令，打开"草图点"对话框，如图 4-52 所示。

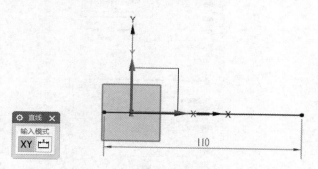

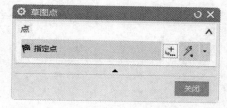

图4-50 "直线"对话框　　　　图4-51 绘制直线　　　　图4-52 "草图点"对话框

（2）单击"点对话框"按钮 ，打开图 4-53 所示的"点"对话框，输入点坐标（40，20，0），单击"确定"按钮，完成基准点的创建。

6. 绘制直线

（1）选择"菜单"→"插入"→"曲线"→"直线"命令，或单击"主页"选项卡"曲线"面板中的"直线"按钮 ，打开"直线"对话框。

（2）绘制通过基准点且与水平直线成 60° 的直线，并将直线延伸到水平线上，如图 4-54 所示。

7. 添加约束

（1）选择"菜单"→"插入"→"几何约束"命令，或单击"主页"选项卡"约束"面板中的"几何约束"按钮 ，打开"几何约束"对话框。

（2）选择适当的约束，为图 4-54 所示的草图中的所有直线添加约束，结果如图 4-55 所示。

图4-53 "点"对话框

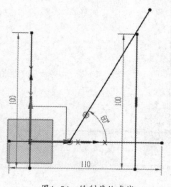

图4-54 绘制其他直线

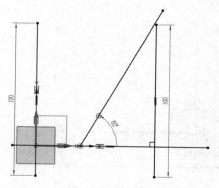

图4-55 添加约束

8. 更改对象显示

（1）依次选择所有的草图对象。把鼠标指针放在其中一个草图对象上，单击鼠标右键，打开图4-56所示的快捷菜单。在快捷菜单中单击"编辑显示"按钮 🐾 ，打开图4-57所示的"编辑对象显示"对话框。

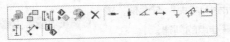

图4-56 快捷菜单

图4-57 "编辑对象显示"对话框

（2）在该对话框的"线型"下拉列表中选择"中心线"，在"宽度"下拉列表中选择"0.13mm"。单击"确定"按钮，所选草图对象发生变化，如图4-58所示。

9. 绘制圆

（1）选择"菜单"→"插入"→"曲线"→"圆"命令，或单击"主页"选项卡"曲线"面板中的"圆"按钮◯，打开"圆"对话框。

（2）单击"圆心和直径定圆"按钮 ⊙ ，绘制圆。在上边框条单击"相交"按钮 ✖ 。分别捕捉两条竖直直线和水平直线的交点为圆心，绘制直径为12的圆，如图4-59所示。

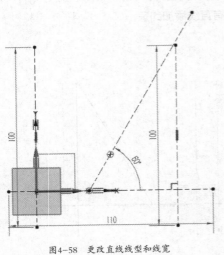

图4-58 更改直线线型和线宽

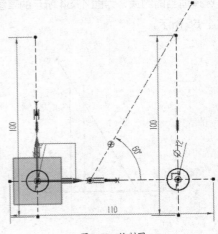

图4-59 绘制圆

10. 绘制圆弧

（1）选择"菜单"→"插入"→"曲线"→"圆弧"命令，或单击"主页"选项卡"曲线"面板中的"圆弧"按钮，打开"圆弧"对话框。

（2）分别创建以步骤9中所绘的圆心为圆心、半径为14、扫掠角度为180°的两条圆弧，如图4-60所示。

11. 派生直线

（1）选择"菜单"→"插入"→"来自曲线集的曲线"→"派生直线"命令，或单击"主页"选项卡"曲线"面板中的"派生直线"按钮。

（2）将斜中心线分别向左右各偏移6，结果如图4-61所示。

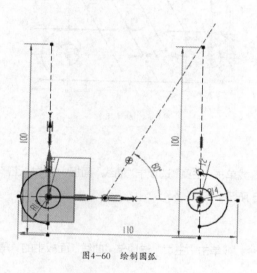

图4-60 绘制圆弧

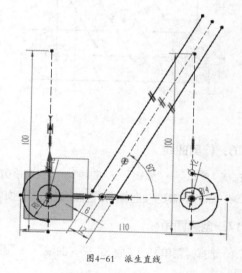

图4-61 派生直线

12. 绘制圆

（1）选择"菜单"→"插入"→"曲线"→"圆"命令，或单击"主页"选项卡"曲线"面板中的"圆"按钮，打开"圆"对话框。

（2）以先前创建的基准点为圆心，绘制直径为12的圆，然后在适当的位置绘制直径为12和28的同心圆。

13. 绘制直线

（1）选择"菜单"→"插入"→"曲线"→"直线"命令，打开"直线"对话框。

（2）绘制两条直线，如图4-62所示。

14. 草图约束

选择"菜单"→"插入"→"几何约束"命令，或单击"主页"选项卡"约束"面板中的"几何约束"按钮，创建所需的约束，结果如图4-63所示。

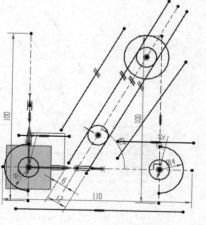

图4-62 绘制直线

15. 标注尺寸

单击"主页"选项卡"约束"面板中的"快速尺寸"按钮⌇，对两小圆之间的距离进行修改，使两圆之间的距离为 40，如图 4-64 所示。

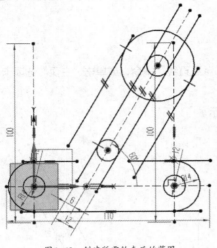

图4-63 创建所需约束后的草图

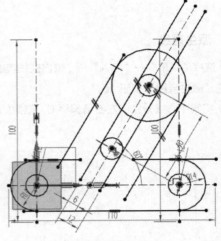

图4-64 标注尺寸

16. 修剪曲线

选择"菜单"→"编辑"→"曲线"→"快速修剪"命令，或单击"主页"选项卡"曲线"面板中的"快速修剪"按钮⌇，修剪不需要的曲线。修剪曲线后的草图如图 4-65 所示。

17. 创建圆角

（1）选择"菜单"→"插入"→"曲线"→"圆角"命令，或单击"主页"选项卡"曲线"面板中的"角焊"按钮⌇。

（2）对左边的斜直线和直线进行倒圆角，圆角半径为 10，然后对右边的斜直线和直线进行倒圆角，圆角半径为 5，结果如图 4-66 所示。

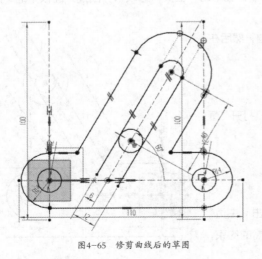

图4-65 修剪曲线后的草图

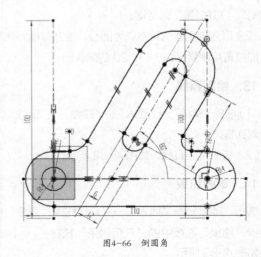

图4-66 倒圆角

18. 标注尺寸

单击"主页"选项卡"约束"面板中的"快速尺寸"按钮，对图中的各个尺寸进行标注，如图 4-67 所示。

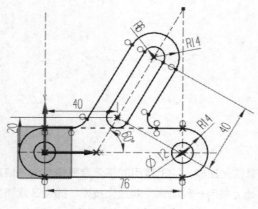

图4-67　标注尺寸后的草图

第 **05** 章

特征建模

相对于单纯的实体建模和参数化建模，UG 采用的是复合建模方法。该方法是基于特征的实体建模方法，是在参数化建模方法的基础上采用一种所谓"变量化技术"的设计建模方法，对参数化建模技术进行了改进。

本章主要讲解 UG NX12 中基础三维建模工具的用法。

/ 重点与难点

- 通过草图创建特征
- 创建简单特征
- 创建设计特征

5.1 通过草图创建特征

5.1.1 拉伸

该命令用于在指定方向上将截面曲线扫掠一段线性距离来生成体。

此处有视频

【执行方式】

- 菜单：选择"菜单"→"插入"→"设计特征"→"拉伸"命令。
- 功能区：单击"主页"选项卡"特征"面板中的"拉伸"按钮▥。

【操作步骤】

（1）执行上述操作后，打开图 5-1 所示的"拉伸"对话框。

（2）选择封闭曲线串或边为截面。

（3）直接拖动起点手柄来更改拉伸特征的大小，也可以选择开始 / 结束方式，然后确定拉伸大小。

（4）单击"确定"按钮，创建拉伸体。

【选项说明】

1. 表区域驱动

（1）选择曲线：用于选择被拉伸的曲线，如果选择的是面，则自动进入草图绘制模式。

（2）绘制截面：用户可以通过该按钮先绘制拉伸的轮廓，然后进行拉伸。

2. 方向

（1）指定矢量：右侧的两个按钮用于指定拉伸的矢量方向，也可以在按钮旁边的下拉列表中选择矢量方向。

（2）反向：如果在生成拉伸体之后，更改了作为方向轴的几何体，那么拉伸也会相应地更新，以实现匹配；显示的默认方向矢量指向选中几何体平面的法向；如果选择了面或片体，默认方向是沿着选中面端点的面法向；如果选中曲线构成了封闭环，选中曲线的中心处将显示方向矢量；如果选中曲线没有构成封闭环，开放环的端点将以系统颜色显示为星号。

3. 限制

开始/结束：用于沿着方向矢量输入生成几何体的起始位置和结束位置，可以通过动态箭头调整。其中有 6 个选项。

（1）值：由用户输入拉伸的起始位置和结束位置的数值，如图 5-2 所示。

（2）对称值：用于约束生成的几何体与选取的对象对称，如图 5-3 所示。

图5-1 "拉伸"对话框

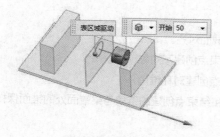

图5-2 开始条件为"值"

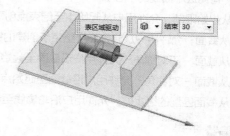

图5-3 开始条件为"对称值"

（3）直至下一个：沿矢量方向拉伸至下一个对象，如图 5-4 所示。

（4）直至选定：拉伸至选定的表面、基准面或实体，如图 5-5 所示。

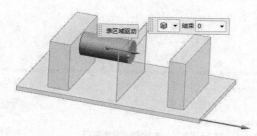

图5-4 开始条件为"直至下一个"

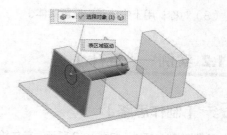

图5-5 开始条件为"直至选定"

（5）直至延伸部分：允许用户裁剪拉伸体至一选中表面，如图 5-6 所示。

（6）贯通：允许用户沿拉伸矢量完全通过所有可选实体生成拉伸体，如图 5-7 所示。

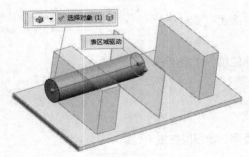 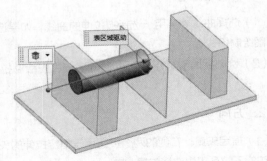

图5-6　开始条件为"直至延伸部分"　　　　　　图5-7　开始条件为"贯通"

4．布尔

该选项用于指定生成的几何体与其他对象的布尔运算，包括无、合并、减去、相交和自动判断几种方式。

（1）无：创建独立的拉伸实体。

（2）合并：将拉伸体与目标体合并为单个实体。

（3）减去：从目标体移除拉伸体。

（4）相交：创建拉伸特征和与它相交的现有体共享的实体。

（5）自动判断：根据拉伸的方向矢量及正在拉伸的对象位置来确定概率最高的布尔运算。

5．拔模

该选项用于对面进行拔模。正角使得特征的侧面向内拔模（朝向选中曲线的中心），负角使得特征的侧面向外拔模（背离选中曲线的中心）。

（1）从起始限制：允许用户从起始点至结束点创建拔模。

（2）从截面：允许用户从起始点至结束点创建的锥角与截面对齐。

（3）从截面－不对称角：允许用户沿截面至起始点和结束点创建不对称锥角。

（4）从截面－对称角：允许用户沿截面至起始点和结束点创建对称锥角。

（5）从截面匹配的终止处：允许用户沿轮廓线至起始点和结束点创建的锥角与梁端面处的锥面保持一致。

6．偏置

该选项用于生成特征，该特征由曲线或边的基本设置偏置一个常数值。

（1）单侧：用于生成单侧偏置实体。

（2）两侧：用于生成两侧偏置实体。

（3）对称：用于生成对称偏置实体。

5.1.2　实例——连杆 1

☞ 【制作思路】

本例绘制连杆 1，如图 5-8 所示。首先绘制连杆轮廓草图，然后通过拉伸操作创建连杆。

此处有视频

【绘制步骤】

1. 创建新文件

选择"菜单"→"文件"→"新建"命令或单击快速访问工具栏中的"新建"按钮 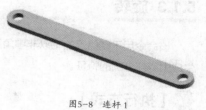，打开"新建"对话框。在"模板"列表框中选择"模型"，输入名称为"link01"，单击"确定"按钮，进入建模环境。

图5-8 连杆1

2. 绘制草图

（1）选择"菜单"→"插入"→"草图"命令，或单击"主页"选项卡"直接草图"面板中的"草图"按钮，打开图5-9所示的"创建草图"对话框。

（2）选择 XC-YC 平面为草图绘制平面，单击"确定"按钮，进入草图绘制环境。

（3）绘制图5-10所示的草图。

图5-9 "创建草图"对话框

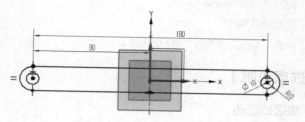

图5-10 绘制草图

3. 拉伸操作

（1）选择"菜单"→"插入"→"设计特征"→"拉伸"命令，或单击"主页"选项卡"特征"面板中的"拉伸"按钮，打开"拉伸"对话框。

（2）选择步骤2中绘制的草图为拉伸曲线。

（3）在"指定矢量"下拉列表中选择 ZC 轴为拉伸方向。

（4）在开始"距离"和结束"距离"文本框中分别输入 0 和 5，如图5-11所示。单击"确定"按钮，结果如图5-12所示。

图5-11 "拉伸"对话框

图5-12 创建的拉伸体

5.1.3 旋转

　　该命令用于绕给定的轴以非零角度旋转截面曲线来生成一个特征，因此可以从基本横截面开始生成圆或部分圆的特征。

此处有视频

【执行方式】

● 菜单：选择"菜单"→"插入"→"设计特征"→"旋转"命令。
● 功能区：单击"主页"选项卡"特征"面板中的"旋转"按钮 。

【操作步骤】

（1）执行上述操作后，打开图 5-13 所示的"旋转"对话框。
（2）选择曲线、边、草图或面来定义截面。
（3）指定旋转轴和旋转点。
（4）设置旋转角度。
（5）单击"确定"按钮，创建旋转体。

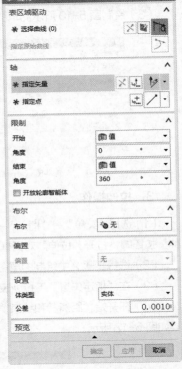
图5-13 "旋转"对话框

【选项说明】

1. 表区域驱动

（1）选择曲线 ：用于选择旋转的曲线，如果选择的是面，则自动进入草图绘制模式。
（2）绘制截面 ：用户可以通过该按钮先绘制回转的轮廓，然后进行旋转操作。

2. 轴

（1）指定矢量：指定旋转轴的矢量方向，也可以通过下拉列表调出矢量构成选项。
（2）指定点：指定旋转轴上的一点，该点用于确定旋转轴的具体位置。
（3）反向 ：反转轴与旋转的方向。

3. 限制

开始 / 结束：指定旋转的开始 / 结束角度。

4. 布尔

该选项用于指定生成的几何体与其他对象的布尔运算，包括无、相交、合并、减去几个选项。

5. 偏置

该选项让用户指定偏置形式，分为"无"和"两侧"两种方式。
（1）无：直接以截面曲线生成旋转特征，如图 5-14 所示。
（2）两侧：指在截面曲线两侧生成旋转特征，以结束值和开始值之差为实体的厚度，如图 5-15 所示。

图5-14 "无"偏置

图5-15 "两侧"偏置

5.1.4 沿引导线扫掠

该命令用于沿着由一条（个）或一系列曲线、边或面构成的引导线串（路径）拉伸开放的或封闭的边界草图、曲线、边或面来生成单个体。

【执行方式】

此处有视频

● 菜单：选择"菜单"→"插入"→"扫掠"→"沿引导线扫掠"命令。

【操作步骤】

（1）执行上述操作后，打开图5-16所示的"沿引导线扫掠"对话框。

（2）选择截面曲线。

（3）选择引导曲线。

（4）输入偏置值。

（5）单击"确定"按钮，创建引导扫掠体。

图5-16 "沿引导线扫掠"对话框

【选项说明】

（1）截面：选择曲线、边、曲线链或截面的边。

（2）引导：选择曲线、边、曲线链或引导线的边，引导线串中的所有曲线都必须是连续的。

（3）"偏置"选项组。

① 第一偏置：增加扫掠特征的厚度。

② 第二偏置：使扫掠特征的基础偏离截面线串。

注意 （1）如果截面对象有多个环，则引导线串必须由线/圆弧构成。

（2）如果沿着具有封闭的、尖锐拐角的引导线串扫掠，建议把截面线串放置到远离尖锐拐角的位置。

（3）如果引导路径上两条相邻的线以锐角相交，或如果引导路径中的圆弧半径对截面曲线来说太小，则不会发生扫掠面操作。换言之，路径必须是光滑的、切向连续的。

5.1.5 管

该命令用于沿着由一条或一系列曲线构成的引导线串（路径）扫掠出简单的管对象。

此处有视频

【执行方式】

● 菜单：选择"菜单"→"插入"→"扫掠"→"管"命令。

【操作步骤】

（1）执行上述操作后，打开图 5-17 所示的"管"对话框。

（2）选择管道中心线路径。

（3）指定管道的外径和内径。

（4）单击"确定"按钮，创建管。

【选项说明】

（1）路径：指定管道的中心线路径，可以选择多条曲线或边，但必须是光滑且切向连续的。

（2）"横截面"选项组。

① 外径：用于输入管的外直径的值，注意不能为零。

② 内径：用于输入管的内直径的值。

（3）"输出"下拉列表。

① 单段：只具有一个或两个侧面，此侧面为 B 曲面，如图 5-18 所示。如果内径值是零，那么管具有一个侧面。

② 多段：沿着引导线串扫掠成一系列侧面，这些侧面可以是柱面或环面，如图 5-19 所示。

图5-17 "管"对话框

图5-18 单段管

图5-19 多段管

5.2 创建简单特征

5.2.1 长方体

此处有视频

【执行方式】

● 菜单：选择"菜单"→"插入"→"设计特征"→"长方体"命令。

● 功能区：单击"主页"选项卡"特征"面板中的"长方体"按钮。

【操作步骤】

执行上述操作后，打开图 5-20 所示的"长方体"对话框。

1. 用原点和边长创建长方体

（1）在对话框的"类型"下拉列表中选择"原点和边长"选项。

图5-20 "长方体"对话框

（2）选择或创建一个点为原点。

（3）输入长方体的长、宽、高尺寸值。

（4）单击"确定"按钮，创建长方体。

2. 用两点和高度创建长方体

（1）在对话框的"类型"下拉列表中选择"两点和高度"选项。

（2）选择或创建一个点为原点。

（3）选择或创建另一个点为对角点。

（4）输入长方体的高度值。

（5）单击"确定"按钮，创建长方体。

3. 用两个对角点创建长方体

（1）在对话框的"类型"下拉列表中选择"两个对角点"选项。

（2）指定一个点为原点。

（3）选择或创建与第一个点相对的对角点。

（4）单击"确定"按钮，创建长方体。

【选项说明】

1. 原点和边长

该方式允许用户通过原点和3边长度来创建长方体，如图5-21所示。

（1）原点：利用捕捉点选项或"点"对话框来定义长方体的原点。

（2）"尺寸"选项组。

① 长度：指定长方体长度的值。

② 宽度：指定长方体宽度的值。

③ 高度：指定长方体高度的值。

（3）"布尔"下拉列表。

① 无：新建与任何现有实体无关的长方体。

② 合并：将新建的长方体与目标体进行合并操作。

③ 减去：将新建的长方体从目标体中减去。

④ 相交：利用长方体与相交目标体共用的体积创建新块。

（4）关联原点：勾选此复选框，将使长方体原点和任何偏置点与定位几何体相关联。

2. 两点和高度

该方式允许用户通过高度和底面的两对角点来创建长方体，如图 5-22 所示。

从原点出发的点 XC，YC：用于将基于原点的相对拐角指定为长方体的第二点。

3. 两个对角点

该方式允许用户通过两个对角顶点来创建长方体，如图 5-23 所示。

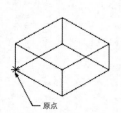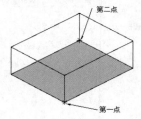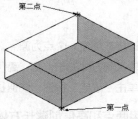

图5-21 "原点和边长"示意图　　图5-22 "两点和高度"示意图　　图5-23 "两个对角点"示意图

从原点出发的点 XC，YC，ZC：用于指定长方体的 3D 对角相对点。

5.2.2 圆柱

【执行方式】

● 菜单：选择"菜单"→"插入"→"设计特征"→"圆柱"命令。

● 功能区：单击"主页"选项卡"特征"面板中的"圆柱"按钮。

此处有视频

【操作步骤】

执行上述操作后，打开图 5-24 所示的"圆柱"对话框。

1. 使用轴、直径和高度创建圆柱

（1）在对话框的"类型"下拉列表中选择"轴、直径和高度"选项。

（2）选择一个对象来自动判断矢量或在"矢量"对话框中指定矢量。

（3）选择或新建点来作为圆柱的底面圆心。

（4）输入圆柱的直径和高度值。

（5）单击"确定"按钮，创建圆柱。

2. 使用圆弧和高度创建圆柱

（1）在对话框的"类型"下拉列表中选择"圆

图5-24 "圆柱"对话框

弧和高度"选项。

（2）选择已创建好的圆弧。

（3）输入圆柱的高度值。

（4）单击"确定"按钮，创建圆柱。

 【选项说明】

1. 轴、直径和高度

该方式允许用户通过定义直径和圆柱的高度，以及底面圆心来创建圆柱，如图 5-25 所示。

（1）"轴"选项组。

① 指定矢量：在"指定矢量"下拉列表或"矢量"对话框中指定圆柱轴的矢量。

② 指定点：用于指定圆柱的原点。

（2）"尺寸"选项组。

① 直径：指定圆柱的直径。

② 高度：指定圆柱的高度。

（3）"布尔"下拉列表。

① 无：新建与任何现有实体无关的圆柱。

② 合并：组合新圆柱与相交目标体的体积。

③ 减去：将新圆柱的体积从相交目标体中减去。

④ 相交：利用圆柱与相交目标体共用的体积创建新实体。

（4）关联轴：使圆柱轴原点及其方向与定位几何体相关联。

2. 圆弧和高度

该方式允许用户通过定义圆柱高度值，选择一段已有的圆弧并定义创建矢量方向来创建圆柱。用户选取的圆弧不一定要是完整的圆，且生成的圆柱与弧不关联，方向可以选择是否反向，如图 5-26 所示。

选择圆弧：用于选择圆弧或圆。圆柱的轴垂直于圆弧的平面，且穿过圆弧中心点。

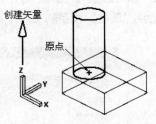

图5-25　"轴、直径和高度"示意图

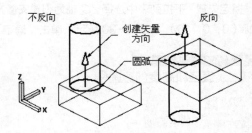

图5-26　"圆弧和高度"示意图

5.2.3 实例——滑块

👉 【制作思路】

本例绘制滑块，如图 5-27 所示。首先利用"长方体"命令创建滑块基体，然后利用"圆柱"命令创建凸台。

此处有视频

图5-27 滑块

【绘制步骤】

1. 创建新文件

选择"菜单"→"文件"→"新建"命令或单击快速访问工具栏中的"新建"按钮 🗋，打开"新建"对话框。在"模板"列表框中选择"模型"，输入名称为"huakuai"，单击"确定"按钮，进入建模环境。

2. 创建长方体

（1）选择"菜单"→"插入"→"设计特征"→"长方体"命令，或单击"主页"选项卡"特征"面板中的"长方体"按钮 🔲，打开"长方体"对话框。

（2）在对话框的"类型"下拉列表中选择"原点和边长"选项。

（3）单击"点对话框"按钮 ⬆️，打开"点"对话框，输入原点坐标（-10，-10，0），单击"确定"按钮，返回"长方体"对话框。

（4）在"长度""宽度""高度"文本框中分别输入 20、20 和 15，如图 5-28 所示。单击"确定"按钮，创建长方体，如图 5-29 所示。

3. 创建凸台

（1）选择"菜单"→"插入"→"设计特征"→"圆柱"命令，或单击"主页"选项卡"特征"面板中的"圆柱"按钮 🛢️，打开"圆柱"对话框。

（2）在对话框的"类型"下拉列表中选择"轴、直径和高度"选项。

（3）在"指定矢量"下拉列表中选择 ZC 轴为创建矢量方向。单击"点对话框"按钮 ⬆️，打开"点"对话框，输入原点坐标（0，0，15），如图 5-30 所示。单击"确定"按钮，返回"圆柱"对话框。

图5-28 "长方体"对话框

图5-29 创建长方体

图5-30 "点"对话框

（4）在"直径"和"高度"文本框中分别输入 10 和 10，如图 5-31 所示。单击"确定"按钮，创建圆柱，即凸台，如图 5-32 所示。

图5-31 "圆柱"对话框　　　　　　　　　　　图5-32 创建凸台

5.2.4 圆锥

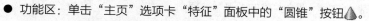

🔧 【执行方式】

● 菜单：选择"菜单"→"插入"→"设计特征"→"圆锥"命令。

● 功能区：单击"主页"选项卡"特征"面板中的"圆锥"按钮🔺。

此处有视频

✏️ 【操作步骤】

执行上述操作后，打开图 5-33 所示的"圆锥"对话框。

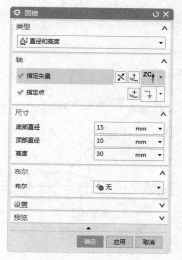

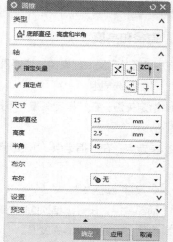

图5-33 "圆锥"对话框

图5-33 "圆锥"对话框（续）

1. 使用直径、高度和半角创建圆锥

（1）在对话框的"类型"下拉列表中选择前 4 个选项中的任意一个。

（2）在"指定矢量"下拉列表或"矢量"对话框中指定矢量。

（3）在"指定点"下拉列表或"点"对话框中指定圆锥的原点。

（4）在"尺寸"选项组中输入相应的值。

（5）单击"确定"按钮，创建圆锥。

2. 便用两个共轴的圆弧创建圆锥

（1）在对话框的"类型"下拉列表中选择"两个共轴的圆弧"选项。

（2）选择圆锥的底部圆弧。

（3）选择圆锥的顶部圆弧。

（4）单击"确定"按钮，创建圆锥。

【选项说明】

1. 直径和高度

该方式通过定义底部直径、顶部直径和高度值生成圆锥，如图 5-34 所示。

（1）"轴"选项组。

① 指定矢量：在"指定矢量"下拉列表或"矢量"对话框中指定圆锥的轴。

② 指定点：在"指定点"下拉列表或"点"对话框中指定圆锥的原点。

（2）"尺寸"选项组。

① 顶部直径：设置圆锥顶面圆的直径值。

② 高度：设置圆锥的高度值。

③ 底部直径：设置圆锥底面圆的直径值。

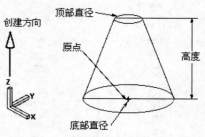

图5-34 "直径和高度"示意图

2. 直径和半角

该方式通过定义底部直径、顶部直径和半角值生成圆锥。

半角：设置圆锥轴顶点与其边之间的半角值。

3. 底部直径、高度和半角

该方式通过定义底部直径、高度和半角值生成圆锥。

4. 顶部直径、高度和半角

该方式通过定义顶部直径、高度和半角值生成圆锥。在生成圆锥的过程中，有一个经过原点的圆形平表面，其直径由顶部直径值给出。底部直径值必须大于顶部直径值。

5. 两个共轴的圆弧

该方式通过选择两条圆弧生成圆锥，两条圆弧不一定是共轴的，如图 5-35 所示。

（1）基圆弧：选择一条现有圆弧作为底部圆弧，即基圆弧。

（2）顶圆弧：选择一条现有圆弧作为顶部圆弧，即顶圆弧。

选择了基圆弧和顶圆弧之后，就会生成完整的圆锥。所定义的圆锥轴通过圆弧的中心点，并且处于基圆弧的法向轴上。圆锥的底部直径和顶部直径取自两条圆弧。圆锥的高度是顶圆弧的中心点与基圆弧所在的平面的距离。

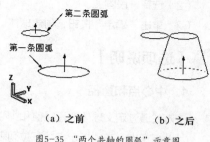

图5-35 "两个共轴的圆弧"示意图

如果选中的圆弧不是共轴的，系统会将选中的第二条圆弧（顶圆弧）进行平行移动，直到两个圆弧共轴为止。另外，圆锥不与圆弧相关联。

5.2.5 球

【执行方式】

● 菜单：选择"菜单"→"插入"→"设计特征"→"球"命令。

● 功能区：单击"主页"选项卡"特征"面板中的"球"按钮 。

此处有视频

【操作步骤】

执行上述操作后，打开图 5-36 所示的"球"对话框。

1. 使用中心点和直径创建球

（1）在对话框的"类型"下拉列表中选择"中心点和直径"选项。

（2）选择现有点或新建点作为球体的中心点。

（3）输入球体的直径值。

（4）单击"确定"按钮，创建球体。

2. 使用圆弧创建球

（1）在对话框的"类型"下拉列表中选择"圆弧"选项。

图5-36 "球"对话框

（2）选择一段圆弧。

（3）单击"确定"按钮，创建球体。

 【选项说明】

1. 中心点和直径

该方式通过定义球体的直径值和中心生成球体。

（1）指定点：在"指定点"下拉列表或"点"对话框中指定球体的中心点。

（2）直径：输入球的直径值。

2. 圆弧

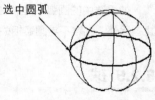

选中圆弧

该方式通过选择圆弧来生成球体，如图 5-37 所示。所选的圆弧不必为完整的圆弧，系统能基于任何圆弧对象生成完整的球体。选定的圆弧用于定义球体的中心和直径。另外，球体不与圆弧相关联，这意味着如果编辑圆弧的大小，球体不会随之更新。

图5-37 "圆弧"示意图

5.2.6 实例——球摆

 【制作思路】

本例绘制球摆，如图 5-38 所示。首先利用"圆柱"命令绘制球摆的杆，然后利用"球"命令创建下方的球体，再利用"长方体"命令和"圆柱"命令创建杆上的孔。

图5-38 球摆

此处有视频

🖍️【绘制步骤】

1．创建新文件

选择"菜单"→"文件"→"新建"命令或单击快速访问工具栏中的"新建"按钮 📄，打开"新建"对话框。在"模板"列表框中选择"模型"，输入名称为"bai"，单击"确定"按钮，进入建模环境。

2．创建圆柱

（1）选择"菜单"→"插入"→"设计特征"→"圆柱"命令，或单击"主页"选项卡"特征"面板中的"圆柱"按钮 🛢️，打开"圆柱"对话框。

（2）在对话框的"类型"下拉列表中选择"轴、直径和高度"选项。

（3）在"指定矢量"下拉列表中选择 $-ZC$ 轴为创建矢量方向。单击"点对话框"按钮 📌，打开"点"对话框，输入原点坐标（0，0，0），单击"确定"按钮，返回"圆柱"对话框。

（4）在"直径"和"高度"文本框中分别输入 20 和 500，如图 5-39 所示。单击"确定"按钮，创建圆柱，如图 5-40 所示。

图5-39　"圆柱"对话框　　　　　　　　图5-40　创建圆柱

3．创建球体

（1）选择"菜单"→"插入"→"设计特征"→"球"命令，或单击"主页"选项卡"特征"面板中的"球"按钮 🔵，打开"球"对话框。

（2）在对话框的"类型"下拉列表中选择"中心点和直径"选项。

（3）单击"点对话框"按钮 📌，在打开的"点"对话框中输入坐标（0，0，-500），单击"确定"按钮，返回"球"对话框。

（4）在"直径"文本框中输入 150，在"布尔"下拉列表中选择"合并"选项，如图 5-41 所示。单击"确定"按钮，创建球体，如图 5-42 所示。

4．创建长方体

（1）选择"菜单"→"插入"→"设计特征"→"长方体"命令，或单击"主页"选项卡"特征"面板中的"长方体"按钮 ，打开"长方体"对话框。

图5-41 "球"对话框

图5-42 创建球体

（2）在对话框的"类型"下拉列表中选择"原点和边长"选项。

（3）单击"点对话框"按钮 ，打开"点"对话框，输入原点坐标（-4，-9，0），单击"确定"按钮，返回"长方体"对话框。

（4）在"长度""宽度""高度"文本框中分别输入 8、18 和 25，在"布尔"下拉列表中选择"合并"选项，如图 5-43 所示。单击"确定"按钮，创建长方体，如图 5-44 所示。

图5-43 "长方体"对话框

图5-44 创建长方体

5. 创建圆柱

（1）选择"菜单"→"插入"→"设计特征"→"圆柱"命令，或单击"主页"选项卡"特征"面板中的"圆柱"按钮 ，打开"圆柱"对话框。

（2）在对话框的"类型"下拉列表中选择"轴、直径和高度"选项。

（3）在"指定矢量"下拉列表中选择 XC 轴为创建矢量方向。单击"点对话框"按钮 ，打开"点"对话框，输入原点坐标（-10，0，12.5），单击"确定"按钮，返回"圆柱"对话框。

（4）在"直径"和"高度"文本框中分别输入 15 和 20，在"布尔"下拉列表中选择"减去"选项，如图 5-45 所示。单击"确定"按钮，创建圆柱，即孔，如图 5-46 所示。

图5-45 "圆柱"对话框

图5-46 创建孔

5.3 创建设计特征

5.3.1 孔

【执行方式】

- 菜单：选择"菜单"→"插入"→"设计特征"→"孔"命令。
- 功能区：单击"主页"选项卡"特征"面板中的"孔"按钮 。

此处有视频

【操作步骤】

执行上述操作后，打开图 5-47 所示的"孔"对话框。

1. 创建常规孔

（1）在对话框的"类型"下拉列表中选择"常规孔"选项。

（2）创建点或捕捉现有点为孔位置。

（3）选择形状，并输入相应参数。

（4）单击"确定"按钮，创建孔。

2. 创建钻形孔、螺钉间隙孔、螺纹孔

（1）在对话框的"类型"下拉列表中选择"钻形孔""螺钉间隙孔""螺纹孔"3 个选项中的一个。

（2）创建点或捕捉现有点为孔位置。

图5-47 "孔"对话框

（3）为形状和尺寸设置参数。

（4）单击"确定"按钮，创建相应的孔。

3. 创建孔系列

（1）在对话框的"类型"下拉列表中选择"孔系列"类型。

（2）创建点或捕捉现有点为孔位置。

（3）在"规格"选项组中指定起始孔、中间孔和终止孔的尺寸。

（4）单击"确定"按钮，创建孔系列。

【选项说明】

1. 常规孔

该方式用于创建指定尺寸的简单孔、沉头孔、埋头孔或锥孔特征。

（1）位置：选择现有点或创建草图点来指定孔的中心。

（2）方向：指定孔方向。

① 垂直于面：沿着与公差范围内每个指定点最近的面法向的反向定义孔方向。

② 沿矢量：沿指定的矢量定义孔方向。

（3）"形状和尺寸"选项组。

① 成形：指定孔特征的形状。

a. 简单孔：创建具有指定直径、深度和顶锥角的简单孔，如图 5-48
所示。

b. 沉头：创建具有指定孔直径、孔深度、顶锥角、沉头直径和沉头深
度的沉头孔，如图 5-49 所示。

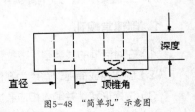

图5-48 "简单孔"示意图

c. 埋头：创建具有指定孔直径、孔深度、顶锥角、埋头直径和埋头角度的埋头孔，如图 5-50 所示。

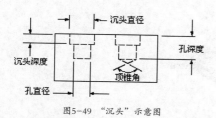

图5-49 "沉头"示意图

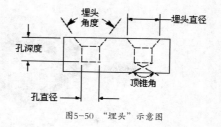

图5-50 "埋头"示意图

d. 锥孔：创建具有指定锥角和直径的锥孔。

② 尺寸：用于设置相关参数。

2．钻形孔

该方式使用 ANSI 或 ISO 标准创建简单钻形孔特征。

（1）大小：用于指定钻形孔特征的钻孔尺寸。

（2）等尺寸配对：指定孔所需的等尺寸配对。

（3）起始倒斜角：将起始倒斜角添加到孔特征。

（4）终止倒斜角：将终止倒斜角添加到孔特征。

3．螺钉间隙孔

该方式用于创建简单、沉头或埋头通孔，这些孔是为具体应用而设计的，如螺钉的间隙孔。

（1）螺钉类型："螺钉类型"下拉列表中可用的选项取决于将形状设置为简单孔、沉头孔还是埋头孔。

（2）螺丝规格：为用于创建螺钉间隙孔特征的选定螺钉类型指定螺丝规格。

（3）等尺寸配对：指定孔所需的等尺寸配对。

4．螺纹孔

该方式用于创建螺纹孔，其尺寸标注由标准、螺纹尺寸和径向进刀定义。

（1）大小：指定螺纹尺寸的大小。

（2）径向进刀：选择径向进刀百分比，用于计算丝锥直径值的近似百分比。

（3）攻丝直径：指定丝锥的直径。

（4）旋向：指定螺纹为右旋（顺时针方向）或左旋（逆时针方向）。

5．孔系列

该方式用于创建起始孔、中间孔和结束孔尺寸一致的多形状、多目标体的对齐孔。

（1）"起始"选项卡：用于指定起始孔的参数。起始孔是在指定中心处开始的，具有简单、沉头或埋头孔形状的螺钉间隙通孔。

（2）"中间"选项卡：用于指定中间孔的参数。中间孔是与起始孔对齐的螺钉间隙通孔。

（3）"端点"选项卡：用于指定终止孔的参数。结束孔可以是螺钉间隙孔或螺纹孔。

5.3.2 实例——法兰盘

【制作思路】

本例绘制法兰盘，如图 5-51 所示。首先绘制长方体作为基体，然后创建中间的简单孔，最后创建沉头孔。

图5-51 法兰盘

此处有视频

【绘制步骤】

1. 创建新文件

选择"菜单"→"文件"→"新建"命令或单击快速访问工具栏中的"新建"按钮 ，打开"新建"对话框。在"模板"列表框中选择"模型"，输入名称为"falanpan"，单击"确定"按钮，进入建模环境。

2. 创建长方体

（1）选择"菜单"→"插入"→"设计特征"→"长方体"命令，或单击"主页"选项卡"特征"面板中的"长方体"按钮 ，打开"长方体"对话框。

（2）在"长度""宽度""高度"文本框中分别输入 30、30、6，如图 5-52 所示。单击"点对话框"按钮 ，打开"点"对话框，输入坐标点为（0，0，0），单击"确定"按钮，返回"长方体"对话框。单击"确定"按钮，创建长方体，如图 5-53 所示。

图5-52 "长方体"对话框

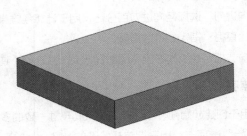

图5-53 创建长方体

3. 创建简单孔

（1）选择"菜单"→"插入"→"设计特征"→"孔"命令，或单击"主页"选项卡"特征"面板中的"孔"按钮 ，打开"孔"对话框。

（2）在"类型"下拉列表中选择"常规孔"选项，在"成形"下拉列表中选择"简单孔"选项，在"直径""深度""顶锥角"文本框中分别输入 20、6、0，如图 5-54 所示。

（3）单击"绘制截面"按钮 ，打开"创建草图"对话框，选择长方体的上表面作为孔放置面，进入草图绘制环境。打开"草图点"对话框，创建点。单击"完成"按钮 ，草图绘制完毕，如图 5-55 所示。

（4）返回"孔"对话框，单击"确定"按钮，完成简单孔的创建，如图 5-56 所示。

图5-54 "孔"对话框1

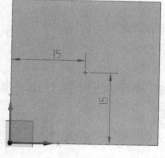

图5-55 绘制草图1

图5-56 创建简单孔

4. 创建沉头孔

（1）选择"菜单"→"插入"→"设计特征"→"孔"命令，或单击"主页"选项卡"特征"面板中的"孔"按钮 ，打开"孔"对话框。

（2）在"类型"下拉列表中选择"常规孔"选项，在"成形"下拉列表中选择"沉头"选项，在"沉头直径""沉头深度""直径""深度""顶锥角"文本框中分别输入 5、2、3、4、0，如图 5-57 所示。

（3）单击"绘制截面"按钮 ，打开"创建草图"对话框，选择长方体的上表面作为孔放置面，进入草图绘制环境。打开"草图点"对话框，创建点。单击"完成"按钮 ，草图绘制完毕，如图 5-58 所示。

（4）返回"孔"对话框，捕捉绘制的 4 个点，单击"确定"按钮，完成沉头孔的创建，如图 5-59 所示。

图5-57 "孔"对话框2

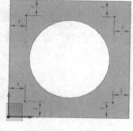

图5-58 绘制草图2

图5-59 创建沉头孔

5.3.3 凸台

该命令用于在平面或基准面上创建一个简单的凸台。

此处有视频

【执行方式】

● 菜单：选择"菜单"→"插入"→"设计特征"→"凸台"命令。

【操作步骤】

（1）执行上述操作后，打开图 5-60 所示的"支管"对话框。

（2）选择要定位凸台的平放置面或基准平面。

（3）输入各参数值。

（4）单击"确定"按钮，完成凸台的创建，创建的凸台如图 5-61 所示。

图5-60 "支管"对话框

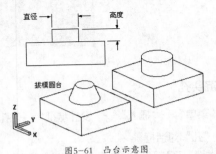

图5-61 凸台示意图

【选项说明】

（1）选择步骤 - 放置面：用于指定一个平放置面或基准平面，以在其上定位凸台。

（2）过滤：用于限制可用的对象类型以帮助选择需要的对象，其中的选项包括"任意""面""基准平面"。

（3）直径：用于指定凸台直径的值。

（4）高度：用于指定凸台高度的值。

（5）锥角：用于指定凸台的柱面壁向内倾斜的角度。该值可正可负，零值产生没有锥度的垂直圆柱壁。

（6）反侧：如果选择了基准平面作为放置平面，则此按钮为"可用"；单击此按钮，可使当前方向矢量反向，同时重新生成凸台的预览。

5.3.4 实例——支架

【制作思路】

本例绘制支架，如图 5-62 所示。首先绘制支架主体草图，然后使用"拉伸"命令创建支架主体；再绘制草图，并使用"拉伸"命令切除多余部分；最后利用"凸台"命令创建凸台。

【绘制步骤】

1. 创建新文件

选择"菜单"→"文件"→"新建"命令或单击快速访问工具栏中的"新建"按钮 ，打开"新建"对话框。

在"模板"列表框中选择"模型",输入名称为"zhijia",单击"确定"按钮,进入建模环境。

2. 绘制草图

(1)选择"菜单"→"插入"→"草图"命令,或单击"主页"选项卡"直接草图"面板中的"草图"按钮，打开"创建草图"对话框。

(2)选择 XC-YC 平面为草图绘制平面,单击"确定"按钮,进入草图绘制环境。

(3)绘制图 5-63 所示的草图。

图5-62 支架

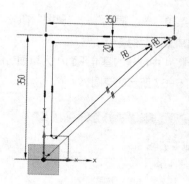

图5-63 绘制草图1

3. 拉伸实体

(1)选择"菜单"→"插入"→"设计特征"→"拉伸"命令,或单击"主页"选项卡"特征"面板中的"拉伸"按钮，打开"拉伸"对话框。

(2)选择步骤 2 中绘制的草图为拉伸曲线。

(3)在"指定矢量"下拉列表中选择 ZC 轴为拉伸方向。

(4)在开始"距离"和结束"距离"文本框中分别输入 0 和 25,如图 5-64 所示。单击"确定"按钮,结果如图 5-65 所示。

图5-64 "拉伸"对话框1

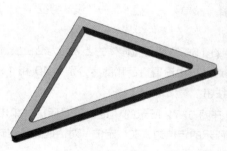

图5-65 拉伸实体

4．创建基准面

（1）选择"菜单"→"插入"→"基准／点"→"基准平面"命令，或单击"主页"选项卡"特征"面板中的"基准平面"按钮 ，打开"基准平面"对话框。

（2）在"类型"下拉列表中选择 XC-YC 平面选项，在"距离"文本框中输入 5，如图 5-66 所示。单击"确定"按钮，创建基准平面 1。

5．绘制草图

（1）选择"菜单"→"插入"→"草图"命令，或单击"主页"选项卡"直接草图"面板中的"草图"按钮 ，打开"创建草图"对话框。

（2）选择步骤 4 中创建的基准平面 1 为草图绘制平面，单击"确定"按钮，进入草图绘制环境。

（3）绘制图 5-67 所示的草图。

图5-66　"基准平面"对话框

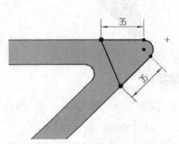

图5-67　绘制草图2

6．拉伸操作

（1）选择"菜单"→"插入"→"设计特征"→"拉伸"命令，或单击"主页"选项卡"特征"面板中的"拉伸"按钮 ，打开"拉伸"对话框。

（2）选择步骤 5 中绘制的草图为拉伸曲线。

（3）在"指定矢量"下拉列表中选择 ZC 轴为拉伸方向。

（4）在开始"距离"和结束"距离"文本框中分别输入 0 和 15，在"布尔"下拉列表中选择"减去"选项，如图 5-68 所示。单击"确定"按钮，结果如图 5-69 所示。

7．创建凸台

（1）选择"菜单"→"插入"→"设计特征"→"凸台"命令，打开"支管"对话框。

（2）选择图 5-70 所示拉伸体的上表面为凸台放置面。

（3）在对话框中设置直径和高度分别为 10 和 15，如图 5-71 所示，单击"应用"按钮。

（4）打开图 5-72 所示的"定位"对话框，单击"垂直"按钮 ，选择图 5-73 所示的定位边，在"定位"对话框的表达式中输入距离为 12，单击"应用"按钮。

图5-68　"拉伸"对话框2

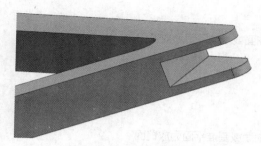

图5-69 拉伸切除

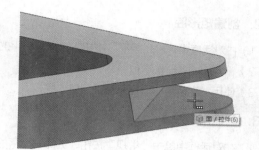

图5-70 选择放置面

图5-71 "支管"对话框

图5-72 "定位"对话框

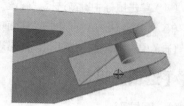

图5-73 选择定位边1

（5）选择图 5-74 所示的定位边，在"定位"对话框的表达式中输入距离为 12，单击"应用"按钮，创建凸台，结果如图 5-75 所示。

图5-74 选择定位边2

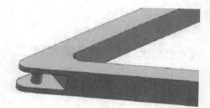

图5-75 创建凸台

5.3.5 腔

 【执行方式】

● 菜单：选择"菜单"→"插入"→"设计特征"→"腔"命令。

 此处有视频

【操作步骤】

执行上述操作后，打开图 5-76 所示的"腔"对话框。

1. 创建圆柱腔

（1）在对话框中单击"圆柱形"按钮，选择一个平的曲面或基准平面为放置面。

（2）输入腔的各个参数值。

（3）使用"定位"对话框来精确定位"腔"。

图5-76 "腔"对话框

2. 创建矩形腔

（1）在对话框中单击"矩形"按钮，选择一个平的曲面或基准平面为放置面。

（2）输入腔的各个参数值。

（3）使用"定位"对话框来精确定位"腔"。

3. 创建常规腔

（1）在对话框中单击"常规"按钮，选择一个平的曲面或基准平面为放置面。

（2）单击鼠标中键（三键式鼠标）或单击"放置面轮廓"按钮，选择放置面轮廓曲线。

（3）单击鼠标中键或单击"底面"按钮，选择底面。

（4）单击鼠标中键或选择"偏置"选项，并输入偏置距离。

（5）单击鼠标中键或单击"底面轮廓曲线"按钮，选择底面轮廓。

（6）单击"确定"按钮，创建常规腔体。

【选项说明】

1. 圆柱形

单击该按钮，在选定放置平面后，将打开图 5-77 所示的"圆柱腔"对话框，用户可以定义一个有一定的深度，有或没有锥角的底面，具有直面或斜面的圆柱腔体，如图 5-78 所示。

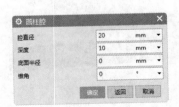

图5-77 "圆柱腔"对话框

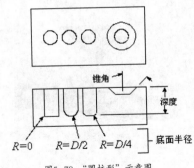

图5-78 "圆柱形"示意图

（1）腔直径：指定腔体的直径。

（2）深度：沿指定方向矢量从原点测量的腔体深度。

（3）底面半径：指定腔体底边的圆形半径，此值必须等于或大于零。

（4）锥角：应用到腔壁的拔模角，此值必须等于或大于零。

需要注意的是，深度值必须大于底面半径。

2. 矩形

单击该按钮，在选定放置平面和水平参考面后，系统会自动打开图 5-79 所示的"矩形腔"对话框。用户可以定义一个具有指定的长度、宽度和深度，具有拐角处和底面上的指定的半径，以及具有直边或锥边的矩形腔体，如图 5-80 所示。

（1）长度/宽度/深度：指定腔体的长度/宽度/深度。

（2）角半径：腔体竖直边的圆半径（大于或等于零）。

（3）底面半径：腔体底边的圆半径（大于或等于零）。

（4）锥角：腔体的四壁以这个角度向内倾斜，该值不能为负，若为零，则形成竖直的壁。

需要注意的是，拐角半径必须大于或等于底面半径。

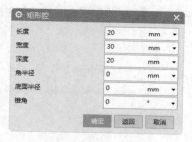

图5-79　"矩形腔"对话框

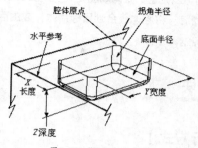

图5-80　"矩形"示意图

3．常规

该方式所定义的腔体具有更大的灵活性。单击"常规"按钮后，打开"常规腔"对话框，如图 5-81 所示。

（1）"选择步骤"选项组。

① 放置面 ：用于选择腔的放置面。腔体的顶面会遵循放置面的轮廓。必要时，会将放置面轮廓曲线投影到放置面上。如果没有指定可选的目标体，第一个选中的面或相关的基准平面会标识出要放置腔体的实体或片体。（如果选择了固定的基准平面，则必须指定目标。）面的其余部分可以来自部件中的任何体。

② 放置面轮廓 ：用于在放置面上构成腔体顶部轮廓的曲线。放置面轮廓曲线必须是连续的（即端到端相连）。

③ 底面 ：选择一个或多个面，也可是单个平面或基准平面，用于确定腔体的底部。选择底面的步骤是可选的，腔体的底部可以由放置面偏置而来。

④ 底面轮廓曲线 ：用于选择底面上腔体底部的轮廓线。与放置面轮廓曲线一样，底面轮廓曲线（或边）必须是连续的。

⑤ 目标体 ：如果希望腔体所在的体与第一个选中放置面所属的体不同，则选择"目标体"。这是一个可选的选项，如果没有选择目标体，则将由放置面进行定义。

图5-81　"常规腔"对话框

⑥ 放置面轮廓曲线投影矢量 ：如果放置面轮廓曲线已经不在放置面上，则该选项用于指定如何将它们投影到放置面上。

⑦ 底面平移矢量 ：该选项用于指定放置面或选中底面将平移的方向。

⑧ 底面轮廓曲线投影矢量 ：如果底面轮廓曲线已经不在底面上，则该选项用于指定如何将它们投影到底面上。

⑨ 放置面上的对齐点 ：该选项用于在放置面轮廓曲线上选择对齐点。

⑩ 底面对齐点 ：该选项用于在底面轮廓曲线上选择对齐点。

（2）轮廓对齐方法：如果选择了放置面轮廓曲线和底面轮廓曲线，则可以指定对齐放置面轮廓曲线和底面轮廓曲线的方式。

（3）放置面半径：用于定义腔体放置面（腔体顶部）与侧面之间的圆角半径。

① 恒定：为放置面半径指定恒定值。

② 规律控制：为底部轮廓定义规律，以控制放置面半径。

（4）底面半径：用于定义腔体底面（腔体底部）与侧面之间的圆角半径。

（5）角半径：用于定义放置在腔体拐角处的圆角半径。拐角位于两条轮廓曲线/边之间的运动副处，这两条曲线/边的切线偏差的变化范围要大于角度公差。

（6）附着腔：将腔体缝合到目标片体，或由目标实体减去腔体。如果没有勾选该复选框，则生成的腔体将成为独立的实体。

5.3.6 垫块

【执行方式】

● 菜单：选择"菜单"→"插入"→"设计特征"→"垫块"命令。

此处有视频

【操作步骤】

执行上述操作后，打开图 5-82 所示的"垫块"对话框。

1. 创建矩形垫块

（1）在对话框中单击"矩形"按钮。

（2）选择一个平的放置面。

（3）从目标体中选择水平参考面。

（4）设置各参数的值。

（5）利用"定位"对话框定位垫块。

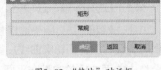

图5-82 "垫块"对话框

2. 创建常规垫块

（1）在对话框中单击"常规"按钮。

（2）指定放置面。

（3）指定放置面轮廓。

（4）指定放置面轮廓投影矢量。

（5）指定顶面。

（6）指定顶部轮廓曲线。

（7）指定顶部轮廓投影矢量。

（8）指定轮廓对齐方法。

（9）指定垫块放置面、顶部或拐角处的半径。

（10）指定可选的目标体。

（11）单击"确定"按钮，创建垫块。

【选项说明】

1. 矩形

单击该按钮，在选定放置平面和水平参考面后，打开图 5-83 所示的"矩形垫块"对话框。用户可以定义一个有指定长度、宽度和高度，在拐角处有指定半径，具有直面或斜面的垫块。

（1）长度：指定垫块的长度。

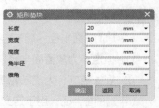

图5-83 "矩形垫块"对话框

（2）宽度：指定垫块的宽度。

（3）高度：指定垫块的高度。

（4）角半径：指定垫块竖直边的圆角半径。

（5）锥角：指定垫块的四壁向里倾斜的角度。

2. 常规

单击该按钮，打开图 5-84 所示的"常规垫块"对话框。与矩形垫块相比，该方式所定义的垫块具有更大的灵活性。该对话框中的各选项的功能与"常规腔"对话框类似。

图5-84 "常规垫块"对话框

5.3.7 键槽

该命令用于生成一个直槽的通道，该通道通过实体或通到实体里面。在生成时，会在当前目标实体上自动执行减去操作。所有键槽类型的深度值按垂直于平面放置面的方向测量。

此处有视频

【执行方式】

● 菜单：选择"菜单"→"插入"→"设计特征"→"键槽"命令。

【操作步骤】

（1）执行上述操作后，打开图 5-85 所示的"槽"对话框。

（2）选择要创建的键槽类型。

（3）选择放置平面。

（4）选择水平参考面。

（5）设置各参数的值。

（6）使用"定位"对话框精确定位键槽。

图5-85 "槽"对话框

【选项说明】

（1）矩形槽：选择该单选项，在选定放置平面和水平参考面后，会打开图 5-86 所示的"矩形槽"对话框，使用该方式可以沿着底边生成带有尖锐边缘的槽，如图 5-87 所示。

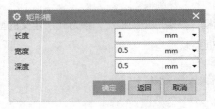

图5-86 "矩形槽"对话框

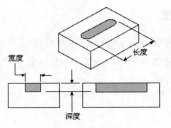

图5-87 "矩形槽"示意图

① 长度：槽的长度，按照平行于水平参考面的方向测量，此值必须为正。

② 宽度：槽的宽度。

③ 深度：槽的深度，按照和槽的轴相反的方向测量，是从原点到槽底面的距离，此值必须为正。

（2）球形端槽：选择该单选项，在选定放置平面和水平参考面后，会打开图 5-88 所示的"球形槽"对话框，使用该方式可以生成一个有完整半径底面和拐角的槽，如图 5-89 所示。

图5-88 "球形槽"对话框

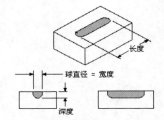

图5-89 "球形槽"示意图

（3）U 形槽：选择该单选项，在选定放置平面和水平参考面后，会打开图 5-90 所示的"U 形键槽"对话框，使用此方式可以生成"U"形槽，这种槽形成圆的转角和底面半径，如图 5-91 所示。

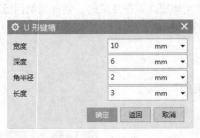

图5-90 "U 形键槽"对话框

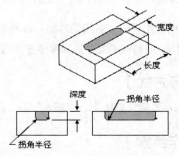

图5-91 "U 形键槽"示意图

① 宽度：槽的宽度（即切削工具的直径）。

② 深度：槽的深度，在槽轴的反方向上测量，即从原点到槽底面的距离，这个值必须为正。

③ 角半径：槽的底面半径（即切削工具边半径）。

④ 长度：槽的长度，在平行于水平参考面的方向上测量，这个值必须为正。

（4）T 形槽：选择该单选项，在选定放置平面和水平参考面后，会打开图 5-92 所示的"T 形槽"对话框，使用此方式能够生成横截面为倒 T 形的槽，如图 5-93 所示。

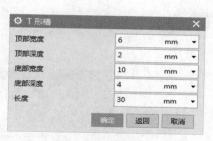

图5-92　"T 形槽"对话框

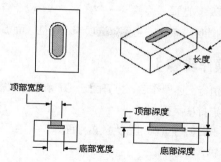

图5-93　"T 形槽"示意图

① 顶部宽度：槽的较窄的上部宽度。

② 顶部深度：槽顶部的深度，在槽轴的反方向上测量，即从槽原点到底部深度值顶端的距离。

③ 底部宽度：槽的较宽的下部宽度。

④ 底部深度：槽底部的深度，在槽轴的反方向上测量，即从顶部深度值的底部到槽底面的距离。

⑤ 长度：槽的长度，在平行于水平参考面的方向上测量，这个值必须为正。

> **提示**　槽的底部宽度要大于顶部宽度。

（5）燕尾槽：选择该单选项，在选定放置平面和水平参考面后，会打开图 5-94 所示的"燕尾槽"对话框，使用该方式可以生成"燕尾"形的槽，这种槽形成尖锐的角和有角度的壁，如图 5-95 所示。

① 宽度：实体表面上槽的开口宽度，在垂直于槽路径的方向上测量，以槽的原点为中心。

② 深度：槽的深度，在槽轴的反方向上测量，也就是从原点到槽底面的距离。

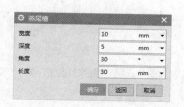

图5-94　"燕尾槽"对话框

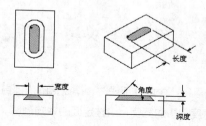

图5-95　"燕尾槽"示意图

③ 角度：槽底面与侧壁的夹角。

④ 长度：槽的长度，在平行于水平参考面的方向上测量，这个值必须为正。

（6）通槽：勾选该复选框后，可以生成一个完全通过两个选定面的槽，如图 5-96 所示。有时，如果在生成特殊的槽时碰到麻烦，可以尝试按相反的顺序选择通过面。槽可能会多次通过选定的面，这取决于选定面的形状。

图5-96　"通槽"示意图

5.3.8 槽

该命令用于在实体上生成一个槽，就好像一个成形刀具在旋转部件上向内（从外部定位面）或向外（从内部定位面）移动，如同车削操作。

【执行方式】

● 菜单：选择"菜单"→"插入"→"设计特征"→"槽"命令。

● 功能区：单击"主页"选项卡"特征"面板中的"槽"按钮 。

此处有视频

【操作步骤】

（1）执行上述操作后，打开图 5-97 所示的"槽"对话框。

（2）选择槽类型。

（3）选择圆柱或圆锥面为放置平面。

（4）输入参数值。

（5）选择目标边，选择工具边，并输入所选边之间的距离。

（6）单击"确定"按钮，创建槽。

图5-97 "槽"对话框

【选项说明】

1. 矩形

单击该按钮，在选定放置平面后，系统会打开图 5-98 所示的"矩形槽"对话框。该方式用于生成一个周围为尖角的槽，如图 5-99 所示。

图5-98 "矩形槽"对话框

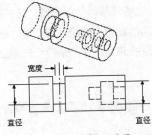

图5-99 "矩形槽"示意图

（1）槽直径：生成外部槽时，指定槽的内部直径；而当生成内部槽时，指定槽的外部直径。

（2）宽度：槽的宽度，沿选定面的轴向测量。

2. 球形端槽

单击该按钮，在选定放置平面后，系统会打开图 5-100 所示的"球形端槽"对话框。该方式用于生成底部有完整半径的槽，如图 5-101 所示。

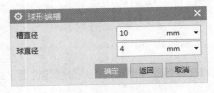

图5-100 "球形端槽"对话框

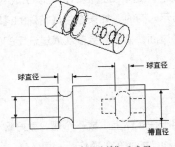

图5-101 "球形端槽"示意图

（1）槽直径：生成外部槽时，指定槽的内部直径；而当生成内部槽时，指定槽的外部直径。

（2）球直径：槽的宽度。

3．U形槽

单击该按钮，在选定放置平面后，系统会打开图 5-102 所示的"U 形槽"对话框。该方式用于生成在拐角有半径的槽，如图 5-103 所示。

（1）槽直径：生成外部槽时，指定槽的内部直径；而当生成内部槽时，指定槽的外部直径。

（2）宽度：槽的宽度，沿选定面的轴向测量。

（3）角半径：槽的内部圆角半径。

图5-102　"U形槽"对话框

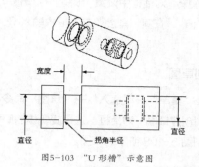

图5-103　"U形槽"示意图

5.3.9　实例——顶杆帽

【制作思路】

本例绘制顶杆帽，如图 5-104 所示。顶杆帽分 3 步完成，首先头部由草图曲线旋转生成，其次利用凸台和孔创建杆部，最后创建杆部的开槽部分。

图5-104　顶杆帽

此处有视频

【绘制步骤】

1．创建新文件

选择"菜单"→"文件"→"新建"命令或单击快速访问工具栏中的"新建"按钮，打开"新建"对话框。在"模板"列表框中选择"模型"，输入名称为"dingganmao"，单击"确定"按钮，进入建模环境。

2．绘制草图

（1）选择"菜单"→"插入"→"草图"命令，或单击"主页"选项卡"直接草图"面板中的"草图"按钮，在打开的"创建草图"对话框中设置 *XC-YC* 平面为草图绘制平面，单击"确定"按钮，进入草图绘制环境。

（2）绘制图 5-105 所示的草图。

3. 创建旋转体

（1）选择"菜单"→"插入"→"设计特征"→"旋转"命令，或单击"主页"选项卡"特征"面板中的"旋转"按钮 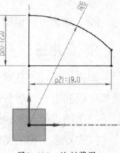，打开"旋转"对话框。

（2）选择步骤 2 中绘制的草图为旋转截面。

（3）在"指定矢量"下拉列表中单击 图标，在视图区选择原点为基准点，或单击"点对话框"按钮，打开"点"对话框，输入坐标点为（0，0，0），单击"确定"按钮，返回"旋转"对话框。

图5-105 绘制草图1

（4）在"旋转"对话框中设置"限制"的"开始"选项为"值"，在其"角度"文本框中输入 0。同样设置"结束"选项为"值"，在其"角度"文本框中输入 360，如图 5-106 所示。单击"确定"按钮，创建旋转体，如图 5-107 所示。

4. 绘制草图

（1）选择"菜单"→"插入"→"草图"命令，或单击"主页"选项卡"直接草图"面板中的"草图"按钮 ，打开"创建草图"对话框。选择旋转体的底面为草图绘制平面，单击"确定"按钮，进入草图绘制环境。

（2）绘制图 5-108 所示的草图。

图5-106 "旋转"对话框

图5-107 创建旋转体

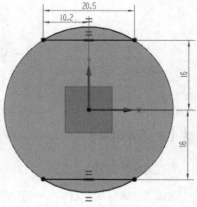

图5-108 绘制草图2

5. 创建拉伸特征

（1）选择"菜单"→"插入"→"设计特征"→"拉伸"命令，或单击"主页"选项卡"特征"面板中的"拉伸"按钮 ，打开"拉伸"对话框。选择步骤 4 中绘制的草图作为拉伸截面，在"指定矢量"下拉列表中选择 YC 轴为拉伸方向。

（2）在开始"距离"和结束"距离"文本框中分别输入 0 和 30，在"布尔"下拉列表中选择"减去"选项，如图 5-109 所示，系统将自动选择视图中的实体。

（3）单击"确定"按钮，创建拉伸特征，如图 5-110 所示。

6. 创建凸台

（1）选择"菜单"→"插入"→"设计特征"→"凸台"命令，打开"支管"对话框。

（2）选择旋转体的底面为凸台放置面，在"直径""高度""锥角"文本框中分别输入 19、80、0，如图 5-111 所示。单击"确定"按钮，打开"定位"对话框，如图 5-112 所示，单击"点落在点上"按钮，打开"点落在点上"对话框，如图 5-113 所示。

图5-109 "拉伸"对话框

图5-110 创建拉伸特征

图5-111 "支管"对话框

图5-112 "定位"对话框

图5-113 "点落在点上"对话框

（3）选择旋转体的圆弧边为目标对象，打开"设置圆弧的位置"对话框，如图 5-114 所示。单击"圆弧中心"按钮，生成的凸台将定位于旋转体顶面圆弧中心，如图 5-115 所示。

7. 创建简单孔

（1）选择"菜单"→"插入"→"设计特征"→"孔"命令，或单击"主页"选项卡"特征"面板中的"孔"按钮，打开"孔"对话框。

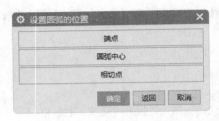

图5-114 "设置圆弧的位置"对话框

图5-115 创建凸台

（2）在"类型"下拉列表中选择"常规孔"类型，在"形状和尺寸"选项组的"成形"下拉列表中选择"简单孔"选项。

（3）单击"点"按钮 ⁺₊，拾取凸台的边线，捕捉圆心为孔位置。

（4）在"孔"对话框中输入孔的直径、深度和顶锥角分别为10、77、120，如图 5-116 所示。单击"确定"按钮，完成简单孔的创建，如图 5-117 所示。

8. 创建基准平面

（1）选择"菜单"→"插入"→"基准/点"→"基准平面"命令，或单击"主页"选项卡"特征"面板中的"基准平面"按钮，打开"基准平面"对话框。

（2）在"类型"下拉列表中选择"YC-ZC 平面"选项，单击"应用"按钮，创建基准平面1。

（3）在"类型"下拉列表中选择"XC-YC 平面"选项，单击"应用"按钮，创建基准平面2。

（4）在"类型"下拉列表中选择"XC-ZC 平面"选项，单击"应用"按钮，创建基准平面3。

（5）在"类型"下拉列表中选择"YC-ZC 平面"选项，输入距离为9.5，单击"确定"按钮，创建基准平面4，如图 5-118 所示。

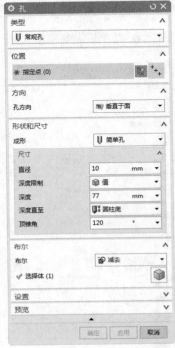

图5-116 "孔"对话框

9. 创建简单孔

（1）选择"菜单"→"插入"→"设计特征"→"孔"命令，或单击"主页"选项卡"特征"面板中的"孔"按钮，打开"孔"对话框。

（2）在"类型"下拉列表中选择"常规孔"类型，在"形状和尺寸"选项组的"成形"下拉列表中选择"简单孔"选项。

（3）单击"绘制截面"按钮，在打开的对话框中选择步骤8中创建的基准平面4为草图绘制平面，绘制基准点，如图 5-119 所示。单击"完成"按钮，草图绘制完毕。

图5-117 创建孔1

图5-118 创建基准平面

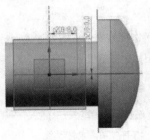

图5-119 绘制草图3

（4）在"孔"对话框中输入孔的直径、深度和顶锥角分别为 4、20、0，单击"确定"按钮，完成简单孔的创建，如图 5-120 所示。

10. 创建键槽

（1）选择"菜单"→"插入"→"设计特征"→"键槽"命令，打开"槽"对话框。

（2）在"槽"对话框中选择"矩形槽"单选项，不勾选"通槽"复选框。

（3）单击"确定"按钮，打开放置面选择对话框。

（4）选择基准平面 4 为键槽放置面，打开矩形键槽深度方向选择对话框。

（5）单击"接受默认边"按钮或直接单击"确定"按钮，打开"水平参考"对话框。

（6）在实体中选择圆柱面为水平参考面，打开"矩形槽"对话框。在"长度""宽度""深度"文本框中分别输入 14、5.5 和 20，如图 5-121 所示。

（7）单击"确定"按钮，打开"定位"对话框。

（8）单击"垂直"按钮 ⬚，选择 XC-YC 基准平面和矩形槽的长中心线，输入距离为 0；选择 XC-ZC 基准平面和矩形槽的短中心线，输入距离为 -28。

（9）单击"确定"按钮，完成垂直定位和矩形键槽 1 的创建。

（10）使用上述步骤，创建矩形槽短中心线距离 XC-ZC 基准平面为 -54 的矩形键槽 2，如图 5-122 所示。

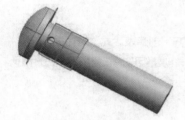
图5-120 创建孔 2

图5-121 "矩形槽"对话框1

图5-122 创建键槽

11. 创建槽

（1）选择"菜单"→"插入"→"设计特征"→"槽"命令，或单击"主页"选项卡"特征"面板中的"槽"按钮 ⬚，打开"槽"对话框，如图 5-123 所示。

（2）在"槽"对话框中单击"矩形"按钮，打开"矩形槽"对话框。

（3）在视图区选择圆柱面为槽的放置面，打开"矩形槽"对话框。

（4）在"槽直径"和"宽度"文本框中分别输入 18、2，如图 5-124 所示。

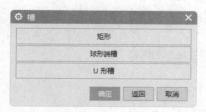
图5-123 "槽"对话框

图5-124 "矩形槽"对话框2

（5）单击"确定"按钮，打开"定位槽"对话框。

（6）在视图区依次选择弧 1 和弧 2 为定位边缘，如图 5-125 所示。打开"创建表达式"对话框。

（7）在"创建表达式"对话框的文本框中输入 0，单击"确定"按钮，创建矩形槽，如图 5-126 所示。

图5-125　选择弧 1 和弧 2

图5-126　创建槽 1

12. 创建槽

（1）选择"菜单"→"插入"→"设计特征"→"槽"命令，或单击"主页"选项卡"特征"面板中的"槽"按钮，打开"槽"对话框。

（2）在"槽"对话框中单击"矩形"按钮，打开"矩形槽"对话框。

（3）在视图区选择第一孔表面为槽的放置面，打开"矩形槽"对话框。

（4）在"槽直径"和"宽度"文本框中分别输入 11、2，如图 5-127 所示。

（5）单击"确定"按钮，打开"定位槽"对话框。

（6）在视图区依次选择弧 3 和弧 4 为定位边缘，如图 5-128 所示。打开"创建表达式"对话框。

（7）在"创建表达式"对话框的文本框中输入 62，单击"确定"按钮，创建矩形槽，如图 5-129 所示。

图5-127　"矩形槽"对话框3

图5-128　选择弧3和弧4

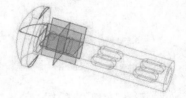

图5-129　创建槽 2

5.3.10　三角形加强筋

该命令用于沿着两个相交面的交线创建一个三角形加强筋特征。

此处有视频

【执行方式】

● 菜单：选择"菜单"→"插入"→"设计特征"→"三角形加强筋"命令。

【操作步骤】

（1）执行上述操作后，打开图 5-130 所示的"三角形加强筋"对话框。

（2）单击"第一组"按钮，选择定位三角形加强筋的第一组面。

（3）单击"第二组"按钮，选择定位三角形加强筋的第二组面。

（4）选择定位三角形加强筋的方法。

（5）指定所需三角形加强筋的尺寸。

（6）单击"确定"按钮，创建三角形加强筋特征。

 【选项说明】

1. 选择步骤

（1）第一组 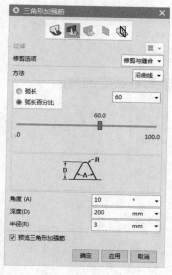：用于在视图区选择三角形加强筋的第一组放置面。

（2）第二组 ：用于在视图区选择三角形加强筋的第二组放置面，如图 5-131 所示。

（3）位置曲线 ：当选择的第二组放置面有超过两个曲面时，该按钮被激活，用于选择两组面多条交线中的一条交线作为三角形加强筋的位置曲线。

图5-130　"三角形加强筋"对话框

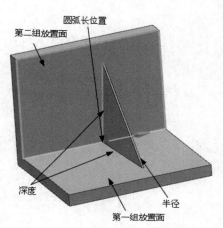

图5-131　三角形加强筋示意图

（4）位置平面 ：用于指定与工作坐标系或绝对坐标系相关的平行平面或在视图区指定一个已存在的平面来定位三角形加强筋。

（5）方位平面 ：用于指定三角形加强筋倾斜方向的平面，该方向平面可以是已存在的平面或基准平面，默认是已选两组平面的法向平面。

2. 方法

该选项组用于设置三角形加强筋的定位方法，包括"沿曲线"和"位置"两种定位方法。

（1）沿曲线：用于通过两组曲面交线的位置来定位，可通过指定"弧长"或"弧长百分比"的值来定位。

（2）位置：选择该选项后，对话框的变化如图 5-132 所示，此时可单击"位置平面"按钮 来选择定位方式。

（3）弧长：用于为相交曲线上的基点输入参数值或表达式。

图5-132　"位置"选项

（4）弧长百分比：用于切换相交处的点的参数，即从弧长切换到弧长百分比。

（5）角度/深度/半径：用于指定三角形加强筋特征的尺寸。

5.3.11 螺纹

此处有视频

【执行方式】

● 菜单栏：选择"菜单"→"插入"→"设计特征"→"螺纹"命令。
● 功能区：单击"主页"选项卡"特征"面板中的"螺纹刀"按钮 。

【操作步骤】

（1）执行上述操作后，打开图 5-133 所示的"螺纹切削"对话框。

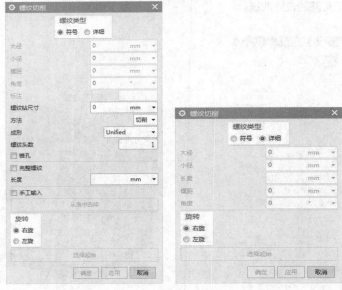

图5-133 "螺纹切削"对话框

（2）选择螺纹类型。
（3）选择一个或多个圆柱为螺纹放置面。
（4）根据需要修改参数。
（5）确定螺纹的旋转方向。
（6）选择一个平的面或基准平面为起始平面。
（7）单击"确定"按钮，创建螺纹。

【选项说明】

（1）螺纹类型。

① 符号：该类型螺纹以虚线圆的形式显示在待攻螺纹的一个或几个面上，如图 5-134 所示。符号螺纹使用外部螺纹表文件（可以根据特殊螺纹要求来定制这些文件），以确定默认参数。符号螺纹一旦生成就不能复制或阵列，但在生成时可以生成多个复制符号螺纹或可阵列复制符号螺纹。

② 详细：该类型螺纹看起来更易实现，如图 5-135 所示，但由于其几何形状及显示的复杂性，生成和更新都需要更多的时间。详细螺纹使用内嵌的默认参数表，可以在生成后复制或引用。详细螺纹是完全关联的，如果特征被修改，螺纹也会相应更新。

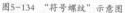

图5-134 "符号螺纹"示意图

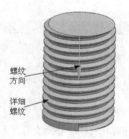

图5-135 "详细螺纹"示意图

（2）大径：螺纹的最大直径。对于符号螺纹，提供默认值的是查找表。对于符号螺纹，这个直径必须大于圆柱面直径。只有当勾选"手工输入"复选框时，才能在这个文本框中为符号螺纹输入值。

（3）小径：螺纹的最小直径。

（4）螺距：从螺纹上某一点到下一螺纹的相应点之间的距离，且平行于轴测量。

（5）角度：螺纹的两个面之间的夹角，在通过螺纹轴的平面内测量。

（6）标注：引用为符号螺纹提供默认值的螺纹表条目。当"螺纹类型"是"详细"，或对于符号螺纹而言勾选"手工输入"复选框时，该选项不出现。

（7）螺纹钻尺寸：轴尺寸出现于外部符号螺纹；丝锥尺寸出现于内部符号螺纹。

（8）方法：用于定义螺纹的加工方法，如轧制、切削、研磨和铣削。可以由用户在用户默认值中进行定义，也可以不同于这些例子。该选项只在"螺纹类型"为"符号"时出现。

（9）螺纹头数：用于指定是要生成单头螺纹还是多头螺纹。

（10）锥孔：勾选此复选框，符号螺纹将带锥度。

（11）完整螺纹：勾选此复选框，当圆柱面的长度改变时，符号螺纹将更新。

（12）长度：从选中的起始面到螺纹终端的距离，平行于轴测量。对于符号螺纹，提供默认值的是查找表。

（13）手工输入：勾选此复选框后，可以为某些选项输入值，否则这些值要由查找表提供。勾选此复选框后，"从表中选择"按钮不能用。

（14）从表中选择：对于符号螺纹，该按钮可以从查找表中选择标准螺纹表条目。

（15）旋转：用于指定螺纹应该是"右旋"的（顺时针）还是"左旋"的（逆时针），示意图如图5-136所示。

（16）选择起始：该按钮通过选择实体上的一个平面或基准平面来为符号螺纹或详细螺纹指定新的起始位置，如图5-137所示。单击此按钮，打开图5-138所示的"螺纹切削"对话框，在视图中选择起始面，打开图5-139所示的"螺纹切削"对话框。

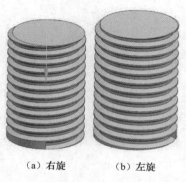

（a）右旋　　　（b）左旋

图5-136 "旋转"示意图

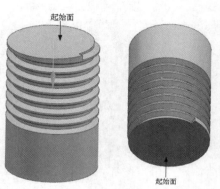

图5-137 选择起始面

127

图5-138 "螺纹切削"对话框1

图5-139 "螺纹切削"对话框2

① 螺纹轴反向：指定相对于起始面螺纹的方向。

② 延伸通过起点：使系统生成详细螺纹直至起始面以外。

③ 不延伸：使系统从起始面起生成螺纹。

第06章

特征操作

特征操作是在特征建模基础上的进一步细化。其中大部分命令可以在菜单中找到，只是 UG NX12 将其分散在很多子菜单中。

/ 重点与难点

● 偏置/缩放特征
● 细节特征
● 关联复制特征
● 修剪

6.1 偏置/缩放特征

6.1.1 抽壳

使用此命令，可通过抽壳来挖空实体或在实体周围建立薄壳。

【执行方式】

● 菜单：选择"菜单"→"插入"→"偏置/缩放"→"抽壳"命令。
● 功能区：单击"主页"选项卡"特征"面板中的"抽壳"按钮 。

此处有视频

【操作步骤】

（1）执行上述操作后，系统打开"抽壳"对话框，如图 6-1 所示。
（2）若需要的话，选择要抽壳的实体。
（3）选择要抽壳的表面。
（4）若各表面的厚度值不同，设置各表面厚度。
（5）设置其他相应的参数。
（6）单击"确定"按钮，创建抽壳特征。

图6-1 "抽壳"对话框

【选项说明】

（1）"类型"下拉列表。

① 移除面，然后抽壳：选择该选项后，所选目标面在抽壳操作后将被移除，如图6-2所示。

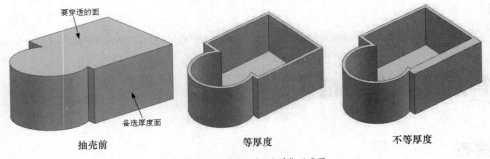

图6-2 "移除面，然后抽壳"示意图

② 对所有面抽壳：选择该选项后，需要选择一个实体，系统将按照设置的厚度进行抽壳，抽壳后原实体变成一个空心实体，如图6-3所示。

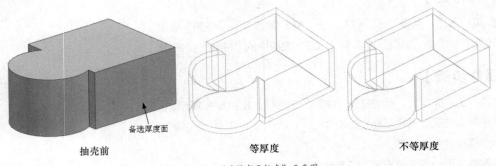

图6-3 "对所有面抽壳"示意图

（2）要穿透的面：从要抽壳的实体中选择一个或多个面移除。

130

（3）要抽壳的体：选择要抽壳的实体。

（4）厚度：设置壁的厚度。

6.1.2 实例——漏斗

👉【制作思路】

本例绘制漏斗，如图 6-4 所示。先通过拉伸操作形成拉伸体，再创建孔和大小两个圆台，最后通过抽壳操作完成漏斗的创建。

👉

此处有视频

图6-4　漏斗

🔧【绘制步骤】

1. 创建新文件

选择"菜单"→"文件"→"新建"命令或单击快速访问工具栏中的"新建"按钮❑，打开"新建"对话框。在"模板"列表框中选择"模型"，输入名称为"loudou"，单击"确定"按钮，进入建模环境。

2. 绘制草图

（1）选择"菜单"→"插入"→"草图"命令，或单击"主页"选项卡"直接草图"面板中的"草图"按钮🖉，打开"创建草图"对话框。

（2）选择 *XC-YC* 平面为草图绘制平面，单击"确定"按钮，进入草图绘制环境。

（3）绘制图 6-5 所示的草图。

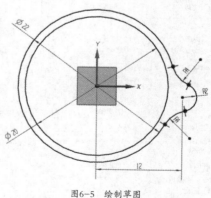

图6-5　绘制草图

3. 拉伸操作

（1）选择"菜单"→"插入"→"设计特征"→"拉伸"命令，或单击"主页"选项卡"特征"面板中的"拉伸"按钮🗐，打开"拉伸"对话框。

（2）选择步骤 2 中绘制的草图为拉伸曲线。

（3）在"指定矢量"下拉列表中选择 *ZC* 轴为拉伸方向。

（4）在开始"距离"和结束"距离"文本框中分别输入 0、3，如图 6-6 所示。单击"确定"按钮，结果如图 6-7 所示。

图6-6 "拉伸"对话框

图6-7 创建拉伸体

4．创建孔

（1）选择"菜单"→"插入"→"设计特征"→"孔"命令，或单击"主页"选项卡"特征"面板中的"孔"按钮，打开"孔"对话框。

（2）在"类型"下拉列表中选择"常规孔"选项，在"成形"下拉列表中选择"简单孔"选项，在"直径""深度""顶锥角"文本框中分别输入 1.5、3、0，如图 6-8 所示。

（3）捕捉图 6-9 所示的圆弧中心为孔放置位置。单击"确定"按钮，完成孔的创建，如图 6-10 所示。

图6-8 "孔"对话框

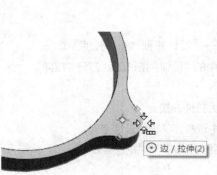

图6-9 捕捉圆弧中心

图6-10 创建孔

5. 创建圆台

（1）选择"菜单"→"插入"→"设计特征"→"圆锥"命令，或单击"主页"选项卡"特征"面板中的"圆锥"按钮 🔺，打开"圆锥"对话框。

（2）在"类型"下拉列表中选择"直径和高度"选项，在"指定矢量"下拉列表中选择 $-ZC$ 轴为创建方向。

（3）单击"点对话框"按钮 📍，在打开的"点"对话框中输入圆锥原点为（0，0，0），单击"确定"按钮。

（4）返回"圆锥"对话框，在"底部直径""顶部直径""高度"文本框中分别输入 20.5、3 和 10，如图 6-11所示。单击"应用"按钮，创建圆台 1，如图 6-12 所示。

（5）使用相同的方法在坐标点（0，0，-10）处创建底部直径、顶部直径和高度分别为 3、2.5、15 的圆台 2，如图 6-13 所示。

图6-11 "圆锥"对话框

图6-12 创建圆台 1

图6-13 创建圆台 2

6. 抽壳处理

（1）选择"菜单"→"插入"→"偏置/缩放"→"抽壳"命令，或单击"主页"选项卡"特征"面板中的"抽壳"按钮 🔲，打开"抽壳"对话框。

（2）在"类型"下拉列表中选择"移除面，然后抽壳"选项，分别选择图 6-14 所示的大圆台顶面和小圆台底面为移除面。

（3）输入厚度为 0.3，如图 6-15 所示。单击"确定"按钮，完成抽壳处理，如图 6-16 所示。

7. 隐藏操作

（1）选择"菜单"→"编辑"→"显示和隐藏"→"隐藏"命令，打开"类选择"对话框。

（2）单击"类型过滤器"按钮 🔽，打开"按类型选择"对话框，选择"草图"和"基准"选项，如图 6-17 所示。

（3）单击"确定"按钮，返回"类选择"对话框，单击"全选"按钮 ⊞，再单击"确定"按钮，完成隐藏草图和基准的操作。

图6-14 选择移除面

图6-15 "抽壳"对话框

图6-16 抽壳处理

图6-17 "按类型选择"对话框

6.1.3 偏置面

使用此命令，可沿面的法向偏置一个或多个面。

【执行方式】

● 菜单：选择"菜单"→"插入"→"偏置/缩放"→"偏置面"命令。

● 功能区：单击"主页"选项卡"特征"面板"更多"库下的"偏置面"按钮。

此处有视频

【操作步骤】

（1）执行上述操作后，系统打开图6-18所示的"偏置面"对话框。

（2）选择要偏置的一个或多个面。

（3）输入偏置距离。

（4）单击"确定"按钮，创建偏置面特征，如图6-19所示。

图6-18 "偏置面"对话框

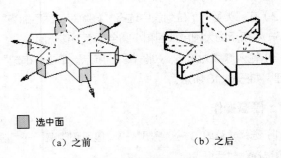

□ 选中面

（a）之前　　　　　（b）之后

图6-19 "偏置面"示意图

【选项说明】

（1）要偏置的面：选择要偏置的面。

（2）偏置：指定偏置距离。

6.1.4　缩放体

　　该命令用于按比例缩放实体和片体，其中可以使用均匀、轴对称或不均匀的比例方式。需要注意的是，按比例操作应用于几何体，而不用于组成该体的独立特征。

【执行方式】

● 菜单：选择"菜单"→"插入"→"偏置/缩放"→"缩放体"命令。
● 功能区：单击"主页"选项卡"特征"面板"更多"库下的"缩放体"按钮。

此处有视频

【操作步骤】

　　（1）执行上述操作后，打开图6-20所示的"缩放体"对话框。

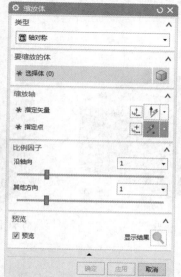

图6-20　"缩放体"对话框

　　（2）选择要缩放的实体。
　　（3）选择一个参考点。
　　（4）设置比例因子。
　　（5）单击"确定"按钮，创建缩放体。

【选项说明】

　　（1）均匀：在所有方向上均匀地按比例缩放。
　　① 要缩放的体：用于为比例操作选择一个或多个实体或片体。
　　② 缩放点：用于指定一个参考点，比例操作将以它为中心。默认的参考点是当前工作坐标系的原点，可以通过"点"对话框重新指定一个参考点。该选项只在"均匀"和"轴对称"类型中可用。
　　③ 比例因子：让用户指定比例因子（乘数），比例操作将以此改变当前实体的大小。均匀缩放如图6-21所示。
　　（2）轴对称：以指定的比例因子沿指定的轴对称缩放。这包括沿指定的轴指定一个比例因子，并指定另一个比例因子用在另外两个轴方向。

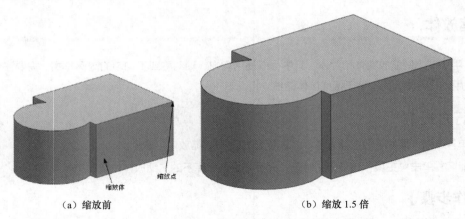

（a）缩放前　　　　　　　　　　　　（b）缩放 1.5 倍

图6-21　均匀缩放示意图

缩放轴：用于为比例操作指定一个参考轴，只可用在"轴对称"类型中。默认值是工作坐标系的 Z 轴，可以通过"指定矢量"下拉列表来改变它。

轴对称缩放如图 6-22 所示。

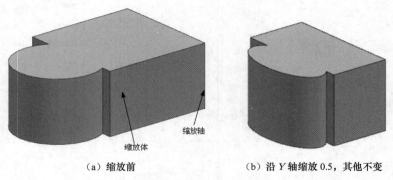

（a）缩放前　　　　　　　　　（b）沿 Y 轴缩放 0.5，其他不变

图6-22　轴对称缩放示意图

（3）不均匀：在 X、Y、Z 这 3 个方向上以不同的比例因子缩放。

缩放坐标系：让用户指定一个参考坐标系。可以单击"坐标系对话框"按钮，打开"坐标系"对话框，在其中指定一个参考坐标系。

不均匀缩放如图 6-23 所示。

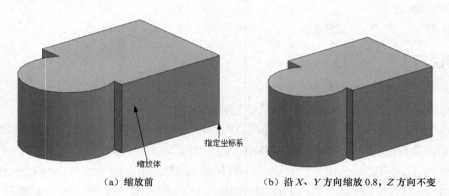

（a）缩放前　　　　　　　　　（b）沿 X、Y 方向缩放 0.8，Z 方向不变

图6-23　不均匀缩放示意图

6.2 细节特征

6.2.1 边倒圆

该命令用于在实体沿边缘去除材料或添加材料，使实体上的尖锐边缘变成圆滑表面（圆角面）。可以沿一条边或同时沿多条边进行倒圆操作。沿边的长度方向，倒圆半径可以不变，也可以是变化的。

此处有视频

【执行方式】

- 菜单：选择"菜单"→"插入"→"细节特征"→"边倒圆"命令。
- 功能区：单击"主页"选项卡"特征"面板中的"边倒圆"按钮 。

【操作步骤】

执行上述操作后，打开图 6-24 所示的"边倒圆"对话框，"边倒圆"示意图如图 6-25 所示。

图6-24 "边倒圆"对话框

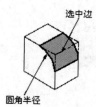 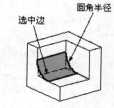

图6-25 "边倒圆"示意图

1. 创建恒定半径倒圆

（1）选择倒圆边。

（2）指定倒圆半径。

（3）设置其他相应的选项。

（4）单击"确定"按钮，创建恒定半径倒圆。

2. 创建变半径倒圆

（1）选择倒圆边。

（2）指定半径点。

（3）在倒圆边上定义各点的倒圆半径。

（4）设置其他相应的选项。

（5）单击"确定"按钮，创建变半径倒圆。

【选项说明】

1. "边" 选项组

（1）选择边：用于为边倒圆集选择边。

（2）"连续性"下拉列表。

① 相切：生成的圆角与选定的面切线斜率连续。

② 曲率：生成的圆角与选定的面曲率连续。

（3）形状：用于指定圆角横截面的基础形状。

① 圆形：创建圆形倒圆。在半径文本框中输入半径值。

② 二次曲线：控制对称边界半径、中心半径和 Rho 值的组合，创建二次曲线倒圆。

（4）二次曲线法：允许使用高级方法控制圆角形状，创建对称二次曲线倒圆。

① 边界和中心：指定边界半径和中心半径来定义二次曲线倒圆截面。

② 边界和 Rho：指定对称边界半径和 Rho 值来定义二次曲线倒圆截面。

③ 中心和 Rho：指定中心半径和 Rho 值来定义二次曲线倒圆截面。

2. "变半径" 选项组

"变半径"选项组如图 6-26 所示，该选项组用于沿着选中的边缘指定多个点并输入每一个点上的半径，从而生成一个半径沿着其边缘变化的圆角，如图 6-27 所示。

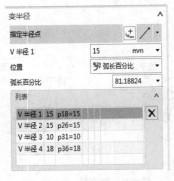

图6-26 "变半径"选项组

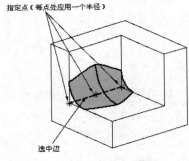

图6-27 "变半径"示意图

（1）指定半径点：用于在"点"对话框或"点"下拉列表中添加新的点。

（2）V 半径 1：指定选定点的半径值。

（3）"位置"下拉列表。

① 弧长：设置弧长的指定值。

② 弧长百分比：将可变半径点设置为边的总弧长的百分比。

③ 通过点：指定可变半径点。

3. "拐角倒角" 选项组

该选项组用于生成一个拐角圆角，业内称为球状圆角。指定所有圆角的偏置值（这些圆角一起形成拐角），可以控制拐角的形状。"拐角倒角"选项组如图 6-28 所示。

（1）选择端点：在边集中选择拐角终点。

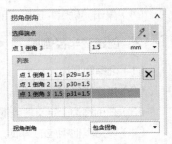

图6-28 "拐角倒角"选项组

（2）点1倒角3：在列表中选择倒角，并在文本框中输入倒角值。

4."拐角突然停止"选项组

该选项组通过添加终止倒角点来限制边上的倒角范围，其中具体的选项如图6-29所示，示意图如图6-30所示。

图6-29 "拐角突然停止"选项组

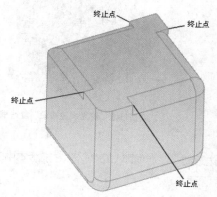

图6-30 "拐角突然停止"示意图

（1）选择端点：选择要倒圆的边上的倒圆终点及停止位置。

（2）"限制"下拉列表。

① 距离：在终点处停止倒圆。

② 倒圆相交：在多个倒圆相交的选定顶点处停止倒圆。

（3）"位置"下拉列表。

① 弧长：用于指定弧长值，以在该处选择终止点。

② 弧长百分比：用于指定弧长的百分比，以在该处选择终止点。

③ 通过点：用于选择模型上的终止点。

5."长度限制"选项组

"长度限制"选项组如图6-31所示。

（1）启用长度限制：勾选此复选框后，可以指定用于修剪圆角面的对象和位置。

（2）限制对象：列出使用指定的对象修剪边倒圆的方法。

① 平面：使用面集中的一个或多个平面修剪边倒圆。

② 面：使用面集中的一个或多个面修剪边倒圆。

③ 边：使用边集中的一条或多条边修剪边倒圆。

（3）指定平面－使用限制平面截断倒圆／使用限制面截断倒圆：使用平面或面来截断圆角。

（4）指定修剪位置点：在"点"对话框或"指定点"下拉列表中指定离待截断倒圆的交点最近的点。

6."溢出"选项组

"溢出"选项组如图6-32所示。

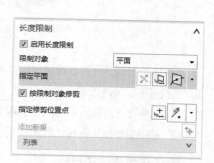

图6-31 "长度限制"选项组

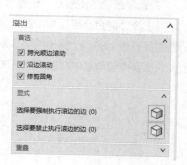

图6-32 "溢出"选项组

（1）"首选"选项组。

① 跨光顺边滚动：允许倒角遇到另一表面时，实现光滑倒角过渡，如图 6-33 所示。

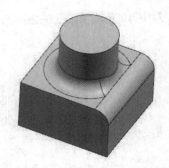

（a）取消勾选"跨光顺边滚动"复选框　　　　　（b）勾选"跨光顺边滚动"复选框

图6-33　"跨光顺边滚动"复选框

② 沿边滚动：该选项即 UG NXR 之前版本中的"允许陡峭边缘溢出"，用于在溢出区域保留尖锐的边缘，如图 6-34 所示。

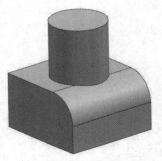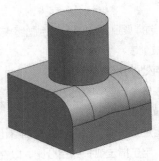

（a）取消勾选"沿边滚动"复选框　　　　　　（b）勾选"沿边滚动"复选框

图6-34　"沿边滚动"复选框

③ 修剪圆角：允许在倒角过程中与定义倒角边的面保持相切，并移除阻碍的边。

（2）"显式"选项组。

① 选择要强制执行滚边的边：用于选择边以对其强制应用在边上滚动（光顺或尖锐）选项。

② 选择要禁止执行滚边的边：用于选择边以不对其强制应用在边上滚动（光顺或尖锐）选项。

7. "设置"选项组

"设置"选项组如图 6-35 所示。

（1）修补混合凸度拐角：在连续性 = $G1$（相切）时显示，同时应用凸度相反的圆角时修补拐角。当相对凸面的邻近边上的两个圆角相交 3 次或更多次时，边缘顶点和圆角的默认外形将从一个圆角滚动到另一个圆角上，Y 形顶点圆角提供在顶点处可选的圆角形状，如图 6-36 所示。

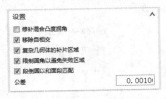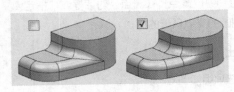

图6-35　"设置"选项组　　　　　　　　图6-36　"修补混合凸度拐角"示意图

（2）移除自相交：圆角的创建精度等会导致自相交面，该选项允许系统自动利用多边形曲面来替换自相交曲面。

（3）复杂几何体的补片区域：勾选此复选框后，不必手动创建小的圆角分段和桥接补片，以混合不能正常支持边倒圆的复杂区域。

（4）限制圆角以避免失败区域：勾选此复选框，将限制圆角以避免出现无法进行圆角处理的区域。

（5）段倒圆以和面段匹配：勾选此复选框，可创建分段的面，以与拥有定义边的面中的各段相匹配，否则相邻的面会合并。

6.2.2　实例——连杆 2

【制作思路】

本例绘制连杆 2，如图 6-37 所示。首先绘制长方体作为基体，然后对其倒圆角完成基体创建，最后在两端分别创建凸台。

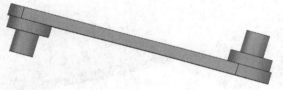

图6-37　连杆 2

此处有视频

【绘制步骤】

1. 创建新文件

选择"菜单"→"文件"→"新建"命令或单击快速访问工具栏中的"新建"按钮 ，打开"新建"对话框。在"模板"列表框中选择"模型"，输入名称为"link02"，单击"确定"按钮，进入建模环境。

2. 创建长方体

（1）选择"菜单"→"插入"→"设计特征"→"长方体"命令，或单击"主页"选项卡"特征"面板中的"长方体"按钮 ，打开"长方体"对话框。

（2）在"类型"下拉列表中选择"原点和边长"选项。

（3）单击"点对话框"按钮 ，打开"点"对话框，输入原点坐标（0，0，0），单击"确定"按钮，返回"长方体"对话框。

（4）在"长度""宽度""高度"文本框中分别输入 120、20、5，如图 6-38 所示。单击"确定"按钮，生成长方体，如图 6-39 所示。

3. 倒圆角操作

（1）选择"菜单"→"插入"→"细节特征"→"边倒圆"命令，或单击"主页"选项卡"特征"面板中的"边倒圆"按钮 ，打开"边倒圆"对话框。

（2）在视图区中选择图 6-40 所示的边为圆角边。

图6-38　"长方体"对话框

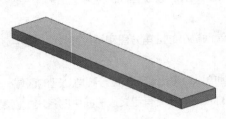

图6-39 创建长方体

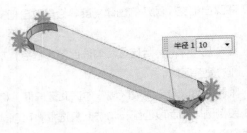

图6-40 选择圆角边

（3）输入圆角半径为 10，如图 6-41 所示。单击"确定"按钮，完成倒圆角操作，如图 6-42 所示。

图6-41 "边倒圆"对话框

图6-42 创建圆角

4．创建凸台

（1）选择"菜单"→"插入"→"设计特征"→"凸台"命令，打开"支管"对话框。

（2）选择长方体的顶面为凸台放置面。

（3）在对话框中输入直径和高度分别为 18 和 5，如图 6-43 所示，单击"应用"按钮。

（4）打开"定位"对话框，单击"点落在点上"按钮，选择圆角的圆弧边。

（5）打开图 6-44 所示的"设置圆弧的位置"对话框，单击"圆弧中心"按钮，创建凸台 1。

图6-43 "支管"对话框

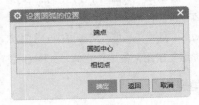

图6-44 "设置圆弧的位置"对话框

（6）在凸台 1 上创建直径和高度分别为 10 和 10 的凸台 2，结果如图 6-45 所示。

（7）在长方体的另一侧创建和凸台 1、凸台 2 尺寸相同的凸台 3、凸台 4，如图 6-46 所示。

图6-45 创建凸台1和凸台2

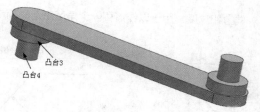
图6-46 创建凸台3和凸台4

6.2.3 倒斜角

使用该命令，可通过定义所需的倒角尺寸来在实体的边上形成斜角。

【执行方式】

此处有视频

● 菜单：选择"菜单"→"插入"→"细节特征"→"倒斜角"命令。
● 功能区：单击"主页"选项卡"特征"面板中的"倒斜角"按钮。

【操作步骤】

（1）执行上述操作后，打开图6-47所示的"倒斜角"对话框。
（2）选择倒角边。
（3）指定倒角类型。
（4）设置倒角形状参数。
（5）设置其他相应的参数。
（6）单击"确定"按钮，创建倒角，如图6-48所示。

图6-47 "倒斜角"对话框

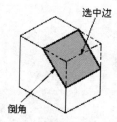
图6-48 "倒斜角"示意图

【选项说明】

（1）选择边：选择要倒斜角的一条或多条边。
（2）"横截面"下拉列表。

① 对称：用于生成一个简单的倒角，它沿着两个面的偏置是相同的，如图6-49所示。注意必须输入一个正的偏置值。

② 非对称：用于与倒角边邻接的两个面分别采用不同的偏置值来创建倒角，如图6-50所示。注意必须输入"距离1"值和"距离2"值，且这两个值都必须是正值，这些偏置值是从选择的边沿着面测量的。在生成倒角后，如果倒角的偏置和想要的方向相反，可以选择"反向"。

③ 偏置和角度：用于以偏置和一个角度来定义简单的倒角，如图 6-51 所示。

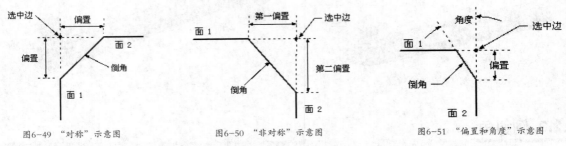

图6-49 "对称"示意图　　　　　图6-50 "非对称"示意图　　　　图6-51 "偏置和角度"示意图

（3）偏置法：指定一种方法以使用偏置值来定义新倒斜角面的边。

① 沿面偏置边：沿所选边的邻近面测量偏置值，定义新倒斜角面的边。

② 偏置面并修剪：偏置相邻面，以及将偏置面的相交处垂直投影到原始面，定义新倒斜角面的边。

6.2.4 实例——M12 螺栓

【 制作思路 】

本例绘制 M12 螺栓，如图 6-52 所示，主要操作包括创建圆柱特征、圆台特征、倒斜角特征、拉伸体特征和螺纹特征。

此处有视频

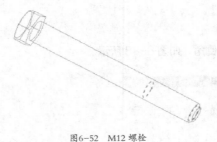

图6-52　M12 螺栓

【 绘制步骤 】

1. 创建新文件

选择"菜单"→"文件"→"新建"命令或单击快速访问工具栏中的"新建"按钮 ⬚，打开"新建"对话框。在"模板"列表框中选择"模型"，输入名称为"M12luoshuan"，单击"确定"按钮，进入建模环境。

2. 创建圆柱

（1）选择"菜单"→"插入"→"设计特征"→"圆柱"命令，或单击"主页"选项卡"特征"面板中的"圆柱"按钮 ⬚，打开"圆柱"对话框。

（2）在"指定矢量"下拉列表中选择 ZC 轴作为圆柱中心轴方向，在"直径"和"高度"文本框中分别输入 20.03、6.5，如图 6-53 所示。

（3）单击"点对话框"按钮 ⬚，在"点"对话框中，保持默认的坐标点（0，0，0）作为圆柱底面圆心的坐标，单击"确定"按钮，返回"圆柱"对话框。单击"确定"按钮，创建圆柱，如图 6-54 所示。

图6-53　"圆柱"对话框　　　　　　　　　　图6-54　创建圆柱

3. 创建倒角

（1）选择"菜单"→"插入"→"细节特征"→"倒斜角"命令，或单击"主页"选项卡"特征"面板中的"倒斜角"按钮，打开"倒斜角"对话框。

（2）在"横截面"下拉列表中选择"非对称"选项，选择圆柱上底面的圆周为倒斜角边，如图6-55所示。将"距离1"设为0.6，将"距离2"设为1.715，如图6-56所示。单击"确定"按钮，创建倒角，如图6-57所示。

图6-55　选择倒斜角边　　　　　图6-56　"倒斜角"对话框1　　　　　图6-57　创建倒角1

4. 绘制草图

（1）选择"菜单"→"插入"→"草图"命令，或单击"主页"选项卡"直接草图"面板中的"草图"按钮，打开"创建草图"对话框。

（2）选择 XC-YC 平面为草图绘制平面，单击"确定"按钮，进入草图绘制环境。

（3）单击"主页"选项卡"直接草图"面板中的"多边形"按钮，打开"多边形"对话框，设置创建方式为外接圆半径、半径为10.15、旋转角度为0，如图6-58所示。捕捉坐标原点为中心点，绘制图6-59所示的草图。

5. 创建拉伸

（1）选择"菜单"→"插入"→"设计特征"→"拉伸"命令，或单击"主页"选项卡"特征"面板中的"拉伸"按钮，打开"拉伸"对话框。

（2）选择正六边形草图作为拉伸曲线。

图6-58 "多边形"对话框

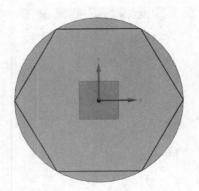

图6-59 绘制草图

（3）在"指定矢量"下拉列表中选择 ZC 轴作为拉伸方向。输入开始距离为 0，结束距离为 7.5。

（4）在"布尔"下拉列表中选择"相交"选项，如图 6-60 所示。单击"确定"按钮，生成六棱柱拉伸体，并生成螺栓六角头，如图 6-61 所示。

图6-60 "拉伸"对话框

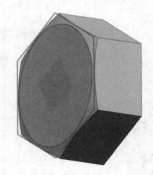

图6-61 生成的螺栓六角头

6. 创建圆台

（1）选择"菜单"→"插入"→"设计特征"→"凸台"命令，打开"支管"对话框。

（2）在"直径""高度""锥角"文本框中分别输入 12、100、0，如图 6-62 所示。选择螺栓六角头上端面作为圆台的放置面。单击"确定"按钮，打开图 6-63 所示的"定位"对话框。

图6-62 "支管"对话框

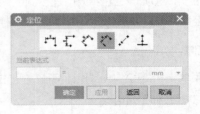

图6-63 "定位"对话框

（3）单击"点落在点上"按钮 ↗，打开"点落在点上"对话框，选择螺栓六角头上端面边缘，打开图6-64所示的"设置圆弧的位置"对话框。单击"圆弧中心"按钮，使圆台与所选的边缘同心，创建最终的圆台，如图6-65所示。

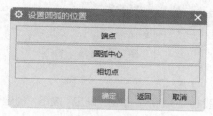

图6-64 "设置圆弧的位置"对话框

图6-65 创建圆台

7. 创建倒角

（1）选择"菜单"→"插入"→"细节特征"→"倒斜角"命令，或单击"主页"选项卡"特征"面板中的"倒斜角"按钮 ，打开图6-66所示的"倒斜角"对话框。

（2）在"横截面"下拉列表中选择"对称"选项，选择图6-67所示的圆台底边为倒角边，将距离设为1.5。

图6-66 "倒斜角"对话框2

图6-67 选择倒角边

（3）单击"确定"按钮，创建倒角，如图6-68所示。

8. 创建螺纹

（1）选择"菜单"→"插入"→"设计特征"→"螺纹"命令，或单击"主页"选项卡"特征"面板中的"螺纹刀"按钮 ，打开"螺纹切削"对话框。

（2）选择"符号"单选项，勾选"手工输入"复选框。选择圆台柱面为螺纹放置面，如图6-69所示。

（3）打开图6-70所示的"螺纹切削"对话框，选择圆台的底面为螺纹起始面，螺纹方向如图6-71所示。

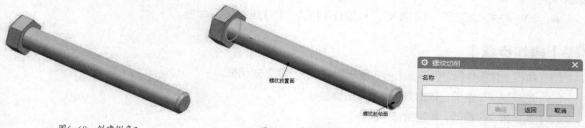

图6-68 创建倒角2

图6-69 选择圆台柱面

图6-70 "螺纹切削"对话框1

（4）打开图6-72所示的"螺纹切削"对话框，单击"螺纹轴反向"按钮，调整螺纹方向。

图6-71　螺纹方向

图6-72　"螺纹切削"对话框2

（5）将对话框中的长度改为30，其他参数保持默认值，如图6-73所示。单击"确定"按钮，创建"符号"类型的M12螺纹，结果如图6-74所示。

图6-73　"螺纹切削"对话框3

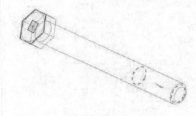

图6-74　创建符号螺纹

6.2.5　球形拐角

该命令用于通过选择3个面创建一个球形角落相切曲面。3个面可以是曲面，也可以不相互接触，生成的曲面分别与3个面相切。

【执行方式】

● 菜单：选择"菜单"→"插入"→"细节特征"→"球形拐角"命令。

此处有视频

【操作步骤】

（1）执行上述操作后，打开图6-75所示的"球形拐角"对话框。

（2）选择第一个壁面，单击鼠标中键（三键鼠标）。

（3）选择第二个壁面，单击鼠标中键。

（4）选择第三个壁面，输入半径值。

（5）单击"确定"按钮，创建球形拐角，如图6-76所示。

图6-75 "球形拐角"对话框

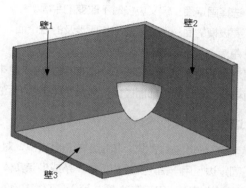

图6-76 "球形拐角"示意图

【选项说明】

（1）"壁面"选项组。

① 选择面作为壁1：用于设置球形拐角的第一个相切曲面。

② 选择面作为壁2：用于设置球形拐角的第二个相切曲面。

③ 选择面作为壁3：用于设置球形拐角的第三个相切曲面。

（2）半径：用于设置球形拐角的半径值。

6.2.6 拔模

使用该命令，可相对于指定矢量和可选的参考点将拔模应用于面或边。

【执行方式】

此处有视频

● 菜单：选择"菜单"→"插入"→"细节特征"→"拔模"命令。

● 工具栏：单击"主页"选项卡"特征"面板中的"拔模"按钮。

【操作步骤】

（1）执行上述操作后，打开图6-77所示的"拔模"对话框。

（2）指定拔模角的类型。

（3）指定拔模方向。

（4）选择参考面。对于"边"类型，选择参考边。对于"与面相切"类型，没有这步操作。

（5）选择要拔模的面。对于"分型边"类型，选择分割边。

（6）设置要拔模的角度。

（7）单击"确定"按钮，创建拔模角。

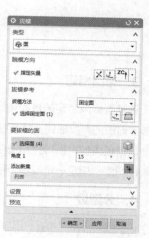

图6-77 类型为"面"时的"拔模"对话框

149

【 选项说明 】

1. 面

该类型能将选中的面倾斜，如图 6-78 所示。

（1）脱模方向：定义拔模方向矢量。

（2）选择固定面：定义拔模时不改变的平面。

（3）要拔模的面：选择拔模操作所涉及的各个面。

（4）角度 1：定义拔模的角度。

需要注意的是，如果用同样的固定面和方向矢量来拔模内部面和外部面，则内部面拔模和外部面拔模是相反的。

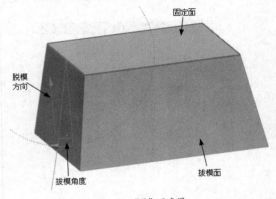

图6-78 "面"示意图

2. 边

该类型能沿一组选中的边，按指定的角度拔模，对话框如图 6-79 所示。

（1）固定边：用于指定实体拔模的一条或多条实体边作为拔模的参考边。

（2）可变拔模点：用于在参考边上设置实体拔模的一个或多个控制点，再为各控制点设置相应的角度和位置，从而实现沿参考边对实体进行变角度的拔模。其控制点的定义可通过"捕捉点"工具栏来实现。

如果选择的边是平滑的，则被拔模的面是在拔模方向矢量所指一侧的面，如图 6-80 所示。

图6-79 类型为"边"时的"拔模"对话框

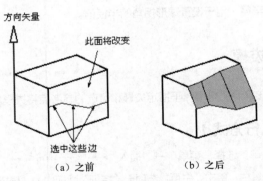

图6-80 "边"示意图

3. 与面相切

该类型能以给定的拔模角进行拔模，开模方向与所选面相切，对话框如图 6-81 所示。此角度用于决定用作参考对象的斜度曲线，然后在离开方向矢量的一侧生成拔模面，如图 6-82 所示。

该拔模类型对模铸件和浇注件特别有用，可以弥补任何可能的拔模不足。

相切面：指定一个或多个相切表面作为拔模表面。

4. 分型边

该类型能沿选中的一组边用指定的角度和一个固定面生成拔模，对话框如图 6-83 所示。分割线拔模生成垂直于参考方向和边的扫掠面，如图 6-84 所示。在这种类型的拔模中，改变了面但不改变分割线。当处理模铸塑料部件时，这是一个常用的操作。

图6-81 类型为"与面相切"时的"拔模"对话框

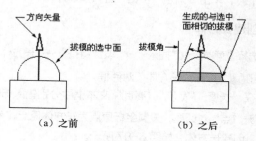

图6-82 "与面相切"示意图

图6-83 类型为"分型边"时的"拔模"对话框

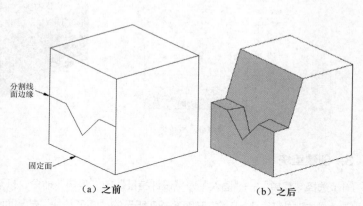

图6-84 "分型边"示意图

（1）固定面：用于指定实体拔模的参考面。在拔模过程中，实体在该参考面上的截面曲线不发生变化。

（2）Parting Edges：用于选择一条或多条分割边作为拔模的参考边。其使用方法和通过边拔模实体的方法相同。

6.2.7 实例——剃须刀盖

【制作思路】

本例绘制剃须刀盖，如图 6-85 所示。首先在长方体上创建矩形垫块完成整体的造型，然后进

 此处有视频

行拔模锥角操作和抽壳操作。

【绘制步骤】

1. 创建新文件

选择"菜单"→"文件"→"新建"命令或单击快速访问工具栏中的"新建"按钮 □ ，打开"新建"对话框。在"模板"列表框中选择"模型"，输入名称为"tixudaogai"，单击"确定"按钮，进入建模环境。

图6-85 剃须刀盖

2. 创建长方体

（1）选择"菜单"→"插入"→"设计特征"→"长方体"命令，或单击"主页"选项卡"特征"面板中的"长方体"按钮 ▨ ，打开"长方体"对话框。

（2）在"长度""宽度""高度"文本框中分别输入 55、30、18，如图 6-86 所示。单击"点对话框"按钮 ⬚ ，打开"点"对话框，设置坐标原点为长方体原点，单击"确定"按钮，返回"长方体"对话框。单击"确定"按钮，创建长方体，如图 6-87 所示。

图6-86 "长方体"对话框

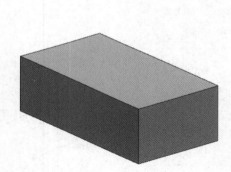

图6-87 创建长方体

3. 创建垫块

（1）选择"菜单"→"插入"→"设计特征"→"垫块"命令，打开图 6-88 所示的"垫块"对话框。

（2）单击"矩形"按钮，打开图 6-89 所示的"矩形垫块"放置面选择对话框，选择长方体上端面为垫块放置面，打开图 6-90 所示的"水平参考"对话框，选择与 XC 轴平行的边为水平参考边。

图6-88 "垫块"对话框

图6-89 "矩形垫块"放置面选择对话框

图6-90 "水平参考"对话框

（3）打开"矩形垫块"参数对话框，在"长度""宽度""高度"文本框中分别输入 48、25、2，如图 6-91 所示，单击"确定"按钮。

（4）打开图 6-92 所示的"定位"对话框，单击"垂直"按钮，选择短中心线和垫块长边，输入距离为 26.5；选择长中心线和垫块长边，输入距离为 15。单击"确定"按钮，完成垫块的创建，结果如图 6-93 所示。

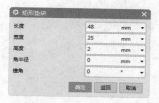

图6-91 "矩形垫块"参数对话框1

图6-92 "定位"对话框

图6-93 创建垫块

4．创建锥角

（1）选择"菜单"→"插入"→"细节特征"→"拔模"命令，或单击"主页"选项卡"特征"面板中的"拔模"按钮，打开"拔模"对话框，如图 6-94 所示。

（2）在"指定矢量"下拉列表中选择 ZC 轴，选择长方体的上端面为固定面，选择长方体 4 个侧面为要拔模的面，并在"角度1"文本框中输入 2，如图 6-95 所示；单击"确定"按钮，完成拔模操作，如图 6-96 所示。

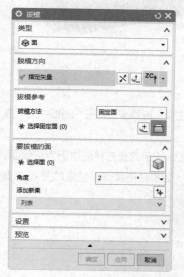
图6-94 "拔模"对话框

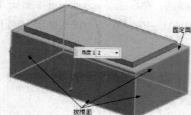
图6-95 拔模示意图

图6-96 拔模操作

5．边倒圆

（1）选择"菜单"→"插入"→"细节特征"→"边倒圆"命令，或单击"主页"选项卡"特征"面板中的"边倒圆"按钮 ，打开图 6-97 所示的"边倒圆"对话框。

（2）输入圆角半径为 12.5，选择图 6-98 所示的垫块的 4 条棱边，单击"应用"按钮。

（3）输入圆角半径为 2，选择图 6-99 所示的垫块的上端面边线，单击"应用"按钮。

（4）输入圆角半径为 10，选择图 6-100 所示的长方体的 4 条棱边，单击"应用"按钮。

（5）输入圆角半径为 3，选择图 6-101 所示的长方体的上端面 4 边，单击"确定"按钮，完成圆角操作，结果如图 6-102 所示。

图6-97 "边倒圆"对话框

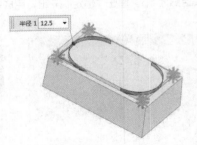

图6-98 选择圆角边1

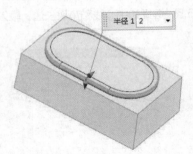

图6-99 选择圆角边2

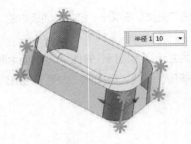

图6-100 选择圆角边3

图6-101 选择圆角边4

图6-102 圆角操作1

6. 抽壳操作

（1）选择"菜单"→"插入"→"偏置/缩放"→"抽壳"命令，或单击"主页"选项卡"特征"面板中的"抽壳"按钮 ，打开"抽壳"对话框。

（2）在"类型"下拉列表中选择"移除面，然后抽壳"选项，选择图6-103所示的长方体底端面为移除面。

（3）在"厚度"文本框中输入0.5，如图6-104所示。单击"确定"按钮，完成抽壳操作，结果如图6-105所示。

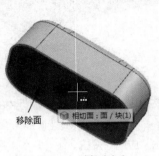

图6-103 选择移除面

图6-104 "抽壳"对话框

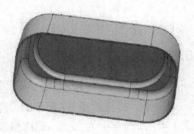

图6-105 抽壳操作

7. 创建基准平面

（1）选择"菜单"→"插入"→"基准/点"→"基准平面"命令，或单击"主页"选项卡"特征"面板中的"基准平面"按钮 ,打开图 6-106 所示的"基准平面"对话框。

（2）在"类型"下拉列表中选择"曲线和点"选项，选择图 6-107 所示的 3 个点，单击"确定"按钮，完成基准平面的创建，结果如图 6-108 所示。

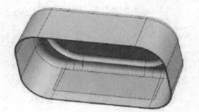

图6-106 "基准平面"对话框　　图6-107 选择3个点　　图6-108 创建基准平面

8. 创建垫块

（1）选择"菜单"→"插入"→"设计特征"→"垫块"命令，打开"垫块"对话框。

（2）单击"矩形"按钮，打开"矩形垫块"放置面选择对话框，选择基准平面为垫块放置面，打开"水平参考"对话框，选择与 XC 轴平行的边为水平参考边。

（3）打开"矩形垫块"参数对话框，在"长度""宽度""高度"文本框中分别输入 22、48、8，如图 6-109 所示，单击"确定"按钮。

（4）打开"定位"对话框，单击"垂直"按钮 ，选择图 6-110 所示的定位边 1，输入距离为 28.5，选择图 6-110 所示的定位边 2，输入距离为 -15。单击"确定"按钮，完成垫块的创建，结果如图 6-111 所示。

矩形垫块		×
长度	22	mm ▼
宽度	48	mm ▼
高度	8	mm ▼
角半径	0	mm ▼
锥角	0	° ▼
	确定	返回 取消

图6-109 "矩形垫块"参数对话框2

9. 边倒圆

（1）选择"菜单"→"插入"→"细节特征"→"边倒圆"命令，或单击"主页"选项卡"特征"面板中的"边倒圆"按钮 ，打开"边倒圆"对话框。

（2）输入圆角半径为 11，选择图 6-112 所示的垫块的 4 条棱边，单击"应用"按钮。

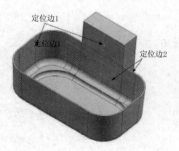

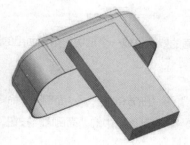

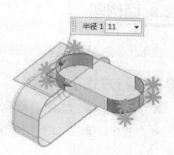

图6-110 定位示意图1　　图6-111 创建垫块1　　图6-112 选择圆角边 5

（3）输入圆角半径为 7，选择图 6-113 所示的上边线，单击"应用"按钮。

（4）输入圆角半径为 6，选择图 6-114 所示的垫块与长方体的连接处边线，单击"确定"按钮，完成圆角操作，结果如图 6-115 所示。

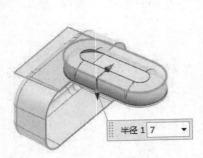
图6-113　选择圆角边6

图6-114　选择圆角边7

图6-115　圆角操作2

10. 创建垫块

（1）选择"菜单"→"插入"→"设计特征"→"垫块"命令，打开"垫块"对话框。

（2）单击"矩形"按钮，打开"矩形垫块"放置面选择对话框，选择基准平面为垫块放置面，打开"水平参考"对话框，选择与 *XC* 轴平行的边为水平参考边。

（3）打开"矩形垫块"参数对话框，在"长度""宽度""高度"文本框中分别输入 10、1、1，如图 6-116 所示，单击"确定"按钮。

（4）打开"定位"对话框，单击"垂直"按钮，选择图 6-117 所示的定位边 1，输入距离为 18，选择图 6-117 所示的定位边 2，输入距离为 2。单击"确定"按钮，完成垫块的创建，结果如图 6-118 所示。

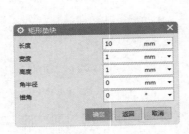
图6-116　"矩形垫块"参数对话框3

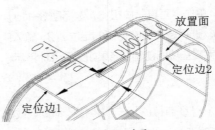
图6-117　定位示意图2

图6-118　创建垫块2

6.2.8　面倒圆

使用此命令，可通过可选的圆角面的修剪生成一个相切于指定面组的圆角。

【执行方式】

● 菜单：选择"菜单"→"插入"→"细节特征"→"面倒圆"命令。

● 功能区：单击"主页"选项卡"特征"面板中的"面倒圆"按钮 。

此处有视频

【操作步骤】

执行上述操作后，打开图 6-119 所示的"面倒圆"对话框。

（1）指定面倒圆类型。

（2）选择第一个面。

（3）选择第二个面。

（4）若"方位"选择为"扫掠圆盘"选项，则需要选择脊线。

（5）可根据需要选择陡边。

（6）可根据需要选择相切曲线。

（7）指定截面类型。

（8）设置截面形状参数。

（9）设置其他相应的选项。

（10）单击"确定"按钮，创建面倒圆角。

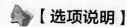 【选项说明】

1. 类型

（1）双面：选择两个面链和指定半径来创建圆角，如图 6-120 所示。

（2）三面：选择两个面链和中间面来完全倒圆角，如图 6-121 所示。

2. 面

（1）选择面 1：用于选择面倒圆的第一个面链。

（2）选择面 2：用于选择面倒圆的第二个面链。

3. 横截面

（1）"方位"下拉列表。

① 滚球：滚球的横截面位于垂直于选定的两组面的平面上。

② 扫掠圆盘：和滚球不同的是，倒圆横截面中多了脊曲线。

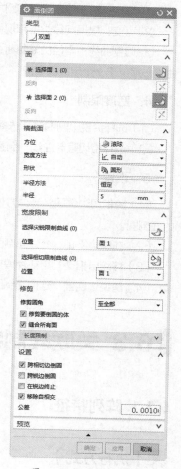

图6-119　"面倒圆"对话框

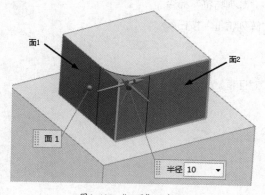

图6-120　"双面"示意图

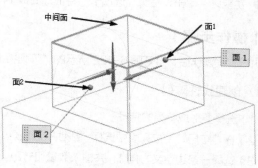

图6-121　"三面"示意图

（2）"形状"下拉列表。

① 圆形：用定义好的圆盘与倒角面相切来进行倒角。

② 对称相切：二次曲线面圆角具有二次曲线横截面。

③ 非对称相切：用两个偏置和一个 Rho 值来控制横截面，此外还必须定义一个脊线线串来定义二次曲线截面的平面。

（3）"半径方法"下拉列表。

① 恒定：对于恒定半径的圆角，只允许使用正值。

② 可变：根据规律类型和规律值，基于脊线上两个或多个个体点改变圆角半径。

③ 限制曲线：半径由限制曲线定义，该限制曲线始终与倒圆保持接触，并且始终与选定曲线或边相切。该曲线必须位于一个定义面链内。

4．宽度限制

（1）选择尖锐限制曲线：选择一条约束曲线。

（2）选择相切限制曲线：倒圆与选择的曲线和面集保持相切。

5．设置

（1）跨相切边倒圆：当"方位"设置为"滚球"时可用，勾选此复选框后，系统会沿着倒圆路径，跨相邻的面倒圆。

（2）在锐边终止：允许面倒圆延伸穿过倒圆中间或端部的凹口。

（3）移除自相交：用补片替换倒圆中导致自相交的面链。

（4）跨锐边倒圆：延伸面倒圆，以跨过不相切的边。

6.3 关联复制特征

6.3.1 阵列特征

【执行方式】

● 菜单：选择"菜单"→"插入"→"关联复制"→"阵列特征"命令。

● 功能区：单击"主页"选项卡"特征"面板中的"阵列特征"按钮 。

此处有视频

【操作步骤】

执行上述操作后，打开图 6-122 所示的"阵列特征"对话框。

1．创建线性阵列

（1）选择要形成阵列的特征。

（2）在"布局"下拉列表中选择"线性"选项。

（3）选择一条边定义方向 1，并输入数量和节距。

（4）勾选"使用方向 2"复选框，选择矢量方向来定义方向 2，并输入数量和节距。

（5）单击"确定"按钮，创建线性阵列。

2．创建圆形阵列

（1）选择要形成阵列的特征。

（2）在"布局"下拉列表中选择"圆形"选项。

（3）指定矢量为旋转轴。

（4）指定旋转点。

（5）输入数量和间隔。

（6）单击"确定"按钮，创建圆形阵列。

3. 创建多边形阵列

（1）选择要形成阵列的特征。

（2）在"布局"下拉列表中选择"多边形"选项。

（3）指定矢量为旋转轴。

（4）指定旋转点。

（5）输入边数、数量和跨距。

（6）单击"确定"按钮，创建多边形阵列。

4. 创建螺旋阵列

（1）选择要形成阵列的特征。

（2）在"布局"下拉列表中选择"螺旋"选项。

（3）指定参考矢量。

（4）选择方向和阵列增量方式。

（5）输入相关参数。

（6）单击"确定"按钮，创建螺旋阵列。

5. 创建沿阵列

（1）选择要形成阵列的特征。

（2）在"布局"下拉列表中选择"沿"选项。

（3）选择曲线作为阵列路径。

（4）输入相关参数。

（5）单击"确定"按钮，创建沿阵列。

6. 创建常规阵列

（1）选择要形成阵列的特征。

（2）选择两点确定阵列距离和方向。

（3）单击"确定"按钮，创建常规阵列。

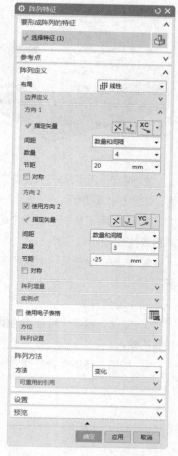

图6-122 "阵列特征"对话框

【选项说明】

（1）要形成阵列的特征：选择一个或多个要形成阵列的特征。

（2）参考点：在"点"对话框或"点"下拉列表中选择点，为输入特征指定位置参考点。

（3）阵列定义 - 布局。

① 线性：用于从一个或多个选定特征生成图样的线性阵列，如图 6-123 所示。线性阵列既可以是二维的（在 XC 和 YC 方向上，即几行特征），也可以是一维的（在 XC 或 YC 方向上，即一行特征）。

② 圆形：用于从一个或多个选定特征生成图样的圆形阵列，如图 6-124 所示。

③ 多边形：用于从一个或多个选定特征按照绘制好的多边形生成图样的阵列，如图 6-125 所示。

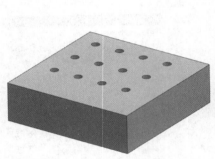

图6-123 "线性"示意图

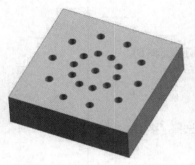

图6-124 "圆形"示意图

图6-125 "多边形"示意图

④ 螺旋：用于从一个或多个选定特征按照绘制好的螺旋线生成图样的阵列，如图 6-126 所示。

⑤ 沿：用于从一个或多个选定特征按照绘制好的曲线生成图样的阵列，如图 6-127 所示。

⑥ 常规：用于从一个或多个选定特征在指定点处生成图样，如图 6-128 所示。

（4）阵列方法。

① 变化：将多个特征作为输入，以创建阵列特征对象，并评估每个实例位置的输入。

② 简单：将单个特征作为输入，以创建阵列特征对象，只对输入特征进行有限评估。

图6-126 "螺旋"示意图

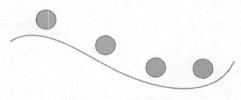

图6-127 "沿"示意图

图6-128 "常规"示意图

6.3.2 镜像特征

使用该命令，可通过基准平面或平面镜像选定特征的方法来生成对称的模型，可以在体内镜像特征。

【执行方式】

● 菜单栏：选择"菜单"→"插入"→"关联复制"→"镜像特征"命令。

● 功能区：单击"主页"选项卡"特征"面板"更多"库下的"镜像特征"按钮。

此处有视频

【操作步骤】

（1）执行上述操作后，打开图 6-129 所示的"镜像特征"对话框。

（2）从视图区直接选取要镜像的特征。

（3）选择镜像平面。

（4）单击"确定"按钮，创建镜像特征，如图 6-130 所示。

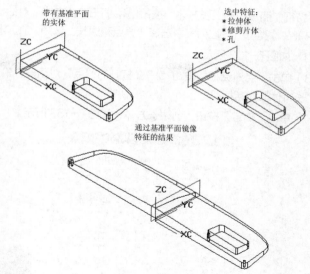

带有基准平面的实体

选中特征：
*拉伸体
*修剪片体
*孔

通过基准平面镜像特征的结果

图6-129 "镜像特征"对话框

图6-130 "镜像特征"示意图

【选项说明】

（1）选择特征：用于选择想要进行镜像的部件中的特征。

（2）参考点：用于指定源参考点。如果不想使用在选择源特征时系统默认的参考点，则使用此选项。

（3）镜像平面：用于指定镜像选定特征所用的平面或基准平面。

（4）"设置"选项组。

① 坐标系镜像方法：选择坐标系特征时可用，用于指定要镜像坐标系的哪两条轴；为产生右旋的坐标系，系统将派生第三条轴。

② 保持螺纹旋向：选择螺纹特征时可用，用于指定镜像螺纹是否与源特征具有相同的旋向。

③ 保持螺旋旋向：选择螺旋特征时可用，用于指定镜像螺旋是否与源特征具有相同的旋向。

6.3.3 实例——剃须刀

 【制作思路】

本例绘制剃须刀，如图 6-131 所示，主要操作包括创建长方体、拔模、倒圆角、创建孔、创建垫块、创建键槽、镜像特征、阵列特征。

此处有视频

【绘制步骤】

1. 创建新文件

选择"菜单"→"文件"→"新建"命令或单击快速访问工具栏中的"新建"按钮 □，打开"新建"对话框。在"模板"列表框中选择"模型"，输入名称为"tixudao"，单击"确定"按钮，进入建模环境。

2. 创建长方体

（1）选择"菜单"→"插入"→"设计特征"→"长方体"命令，或单击"主页"选

图6-131 剃须刀

项卡"特征"面板中的"长方体"按钮 ，打开"长方体"对话框。

（2）在"类型"下拉列表中选择"原点和边长"选项，在"长度""宽度""高度"文本框中分别输入 50、28、21，如图 6-132 所示。

（3）单击"点对话框"按钮 ，在打开的"点"对话框中输入坐标点为（0，0，0），单击"确定"按钮，返回"长方体"对话框。

（4）单击"确定"按钮，创建长方体，如图 6-133 所示。

图6-132 "长方体"对话框

图6-133 创建长方体

3. 拔模操作

（1）选择"菜单"→"插入"→"细节特征"→"拔模"命令，或单击"主页"选项卡"特征"面板中的"拔模"按钮 ，打开"拔模"对话框，如图 6-134 所示。

（2）在"指定矢量"下拉列表中选择 ZC 轴，选择长方体下端面为固定平面，选择长方体的 4 个侧面为要拔模的面，并在"角度"文本框中输入 3，拔模示意图如图 6-135 所示。单击"确定"按钮，完成拔模操作，如图 6-136 所示。

图6-134 "拔模"对话框

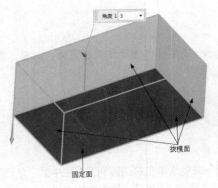

图6-135 拔模示意图

图6-136 拔模操作

4. 边倒圆

（1）选择"菜单"→"插入"→"细节特征"→"边倒圆"命令，或单击"主页"选项卡"特征"面板中的"边倒圆"按钮，打开图 6-137 所示的"边倒圆"对话框。

（2）选择图 6-138 所示的长方体的 4 条棱边，输入圆角半径为 14，单击"确定"按钮，结果如图 6-139 所示。

图6-137　"边倒圆"对话框1

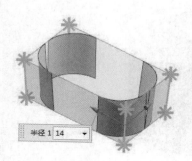

图6-138　选择圆角边1

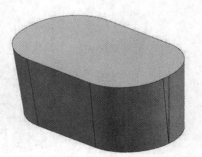

图6-139　圆角处理1

5. 创建基准平面

（1）选择"菜单"→"插入"→"基准/点"→"基准平面"命令，或单击"主页"选项卡"特征"面板中的"基准平面"按钮，打开图 6-140 所示的"基准平面"对话框。

（2）在"类型"下拉列表中选择"曲线和点"选项，选择图 6-141 所示的 3 边的中点，单击"应用"按钮，完成基准平面 1 的创建。

图6-140　"基准平面"对话框

图6-141　选择3边的中点

（3）使用相同的方法创建基准平面 2，结果如图 6-142 所示。

6. 创建简单孔

（1）选择"菜单"→"插入"→"设计特征"→"孔"命令，或单击"主页"选项卡"特征"面板中的"孔"按钮，打开"孔"对话框。

（2）在"类型"下拉列表中选择"常规孔"选项，在"成形"下拉列表中选择"简单孔"选项，在"直径""深度""顶锥角"文本框中分别输入 16、0.5、160，如图 6-143 所示。

（3）单击"绘制截面"按钮，打开"创建草图"对话框，选择图 6-142 所示的面 A 为孔放置面，进入草图绘制环境。打开"草图点"对话框，创建点，如图 6-144 所示。单击"完成"按钮 ，草图绘制完毕。

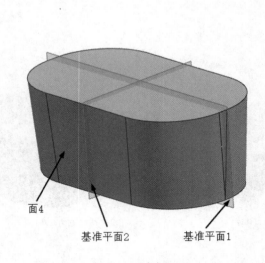

面4

基准平面2　　　　　基准平面1

图6-142　创建基准平面

图6-143　"孔"对话框1

（4）返回"孔"对话框，单击"确定"按钮，完成孔的创建，如图 6-145 所示。

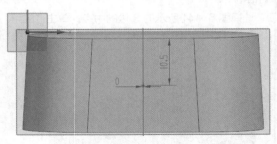

图6-144　绘制草图

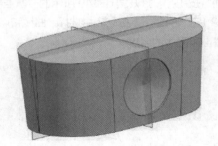

图6-145　创建简单孔1

7. 创建垫块

（1）选择"菜单"→"插入"→"设计特征"→"垫块"命令，打开"垫块"对话框。

（2）单击"矩形"按钮，打开"矩形垫块"放置面选择对话框，选择长方体的上表面为垫块放置面，打开"水平参考"对话框，选择基准平面 1 为水平参考面。

（3）打开"矩形垫块"参数对话框，在"长度""宽度""高度"文本框中分别输入 58、38、47，如图 6-146 所示，单击"确定"按钮。

（4）打开"定位"对话框，单击"垂直"按钮 ，选择基准平面和垫块的中心线，输入距离为 0，单击"确定"按钮，完成垫块 1 的创建，如图 6-147 所示。

（5）在垫块 1 的上端面创建垫块 2，长度、宽度和高度分别为 52、30、17，定位方式同上，生成的模型如图 6-148 所示。

8. 边倒圆

（1）选择"菜单"→"插入"→"细节特征"→"边倒圆"命令，或单击"主页"选项卡"特征"面板中的"边倒圆"按钮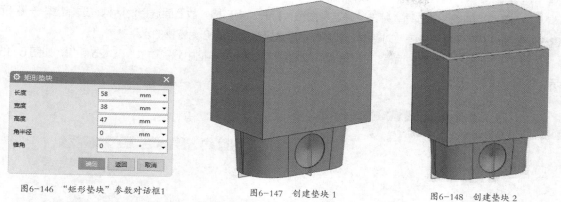，打开图 6-149 所示的"边倒圆"对话框。

图6-146　"矩形垫块"参数对话框1　　　　图6-147　创建垫块 1　　　　图6-148　创建垫块 2

（2）输入圆角半径为 15，选择图 6-150 所示的 4 条棱边，单击"应用"按钮。

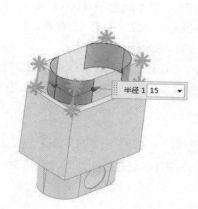

图6-149　"边倒圆"对话框2　　　　　　　图6-150　选择圆角边 2

（3）输入圆角半径为 16.5，选择图 6-151 所示的 4 条棱边，单击"应用"按钮。

（4）输入圆角半径为 3，选择图 6-152 所示的凸台上边，单击"确定"按钮，完成圆角创建，如图 6-153 所示。

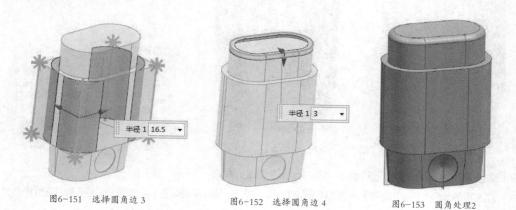

图6-151　选择圆角边 3　　　　　　图6-152　选择圆角边 4　　　　　　图6-153　圆角处理2

9. 创建键槽

（1）选择"菜单"→"插入"→"设计特征"→"键槽"命令，打开"槽"对话框，如图 6-154 所示。

（2）选择"矩形槽"单选项，单击"确定"按钮，打开"矩形槽"放置面选择对话框，选择垫块一侧平面为键槽放置面，打开"水平参考"对话框，按系统提示选择基准平面 2 为键槽的水平参考面。

（3）打开"矩形槽"参数对话框，在"长度""宽度""深度"文本框中分别输入 55、25 和 2，如图 6-155 所示，单击"确定"按钮。

图6-154 "槽"对话框

图6-155 "矩形槽"参数对话框

（4）打开"定位"对话框，单击"垂直"按钮 ，按系统提示选择基准平面 2 为基准，选择矩形键槽长中心线为工具边，打开"创建表达式"对话框，输入 0，单击"确定"按钮；选择垫块 1 底面的一边为基准，选择矩形键槽短中心线为工具边，打开"创建表达式"对话框，输入 30，单击"确定"按钮，完成垂直定位并完成矩形键槽 1 的创建，如图 6-156 所示。

（5）在键槽 1 的底面上创建键槽 2，长度、宽度和深度分别为 30、12、3，采用"垂直"定位方式，键槽长中心线与基准平面 1 距离 0，键槽短中心线与垫块 1 的底面边距离 26。生成的模型如图 6-157 所示。

10. 边倒圆

（1）选择"菜单"→"插入"→"细节特征"→"边倒圆"命令，或单击"主页"选项卡"特征"面板中的"边倒圆"按钮 ，打开图 6-158 所示的"边倒圆"对话框。

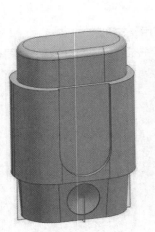

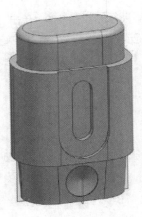

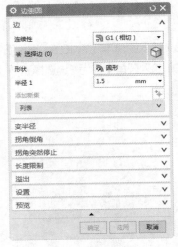

图6-156 创建键槽 1　　　图6-157 创建键槽 2　　　图6-158 "边倒圆"对话框3

（2）输入圆角半径为 1.5，选择图 6-159 所示的边线，单击"应用"按钮。

（3）输入圆角半径为 2，选择图 6-160 所示的边线，单击"确定"按钮，完成圆角的创建，如图 6-161 所示。

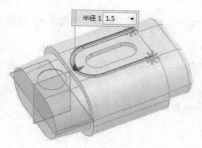

图6-159　选择圆角边5

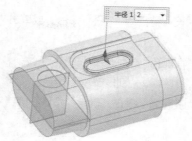

图6-160　选择圆角边6

图6-161　圆角处理3

11. 创建垫块

（1）选择"菜单"→"插入"→"设计特征"→"垫块"命令，打开"垫块"对话框。

（2）单击"矩形"按钮，打开"矩形垫块"放置面选择对话框，选择键槽2的底面为垫块放置面，打开"水平参考"对话框，选择基准平面2为水平参考面。

（3）打开"矩形垫块"参数对话框。在"长度""宽度""高度"文本框中分别输入20、8、4，如图6-162所示，单击"确定"按钮。

（4）打开"定位"对话框，单击"垂直"按钮，选择基准平面2和垫块的长中心线，输入距离为0；选择垫块1的下边线和垫块的短中心线，输入距离为24，单击"确定"按钮，完成垫块的创建，如图6-163所示。

图6-162　"矩形垫块"参数对话框2

12. 创建凸台

（1）选择"菜单"→"插入"→"设计特征"→"凸台"命令，打开"支管"对话框。

（2）在"直径""高度""锥角"文本框中分别输入20、2、0，如图6-164所示，选择垫块2的顶面为放置面，单击"确定"按钮。

（3）打开"定位"对话框，单击"点落在点上"按钮，打开"点落在点上"对话框。

（4）选择垫块2的圆弧面为目标对象，打开"设置圆弧的位置"对话框。单击"圆弧中心"按钮，创建的凸台将定位于圆弧中心，如图6-165所示。

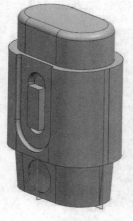

图6-163　创建垫块3

图6-164　"支管"对话框

图6-165　创建凸台

13. 创建简单孔

（1）选择"菜单"→"插入"→"设计特征"→"孔"命令，或单击"主页"选项卡"特征"面板中的"孔"按钮 ⬡，打开"孔"对话框。

（2）在"类型"下拉列表中选择"常规孔"选项，在"成形"下拉列表中选择"简单孔"选项，在"直径""深度""顶锥角"文本框中分别输入 12、1、170，如图 6-166 所示。

（3）捕捉图 6-167 所示的圆心为孔位置。单击"确定"按钮，创建简单孔，如图 6-168 所示。

图6-166 "孔"对话框2

图6-167 捕捉圆心

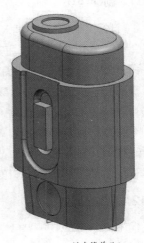

图6-168 创建简单孔2

14. 镜像特征

（1）选择"菜单"→"插入"→"关联复制"→"镜像特征"命令，或单击"主页"选项卡"特征"面板"更多"库下的"镜像特征"按钮 🔩，打开图 6-169 所示的"镜像特征"对话框。

（2）在视图区或设计树中选择凸台和孔为镜像特征。

（3）选择基准平面 2 为镜像平面，单击"确定"按钮，完成镜像特征的创建，如图 6-170 所示。

图6-169 "镜像特征"对话框

图6-170 镜像特征

15. 创建腔体

（1）选择"菜单"→"插入"→"设计特征"→"腔"命令，打开图6-171所示的"腔"对话框。

（2）单击"矩形"按钮，打开"矩形腔"放置面选择对话框，选择垫块1的另一侧面为腔体放置面。

（3）打开"水平参考"对话框，按系统提示选择与ZC轴方向一致的直段边为水平参考边。

（4）打开"矩形腔"参数对话框，在"长度""宽度""深度"文本框中分别输入47、30和2，如图6-172所示，单击"确定"按钮。

（5）打开"定位"对话框，单击"垂直"按钮，按系统提示选择基准平面2为基准，选择腔体长中心线为工具边，打开"创建表达式"对话框，输入0，单击"应用"按钮；选择垫块1底面的一边为基准，选择腔体短中心线为工具边，在打开的"创建表达式"对话框中输入23.5，单击"确定"按钮，完成定位和腔体的创建，如图6-173所示。

图6-171　"腔"对话框

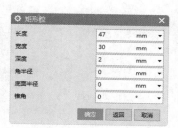

图6-172　"矩形腔"参数对话框

图6-173　创建腔体

16. 创建垫块

（1）选择"菜单"→"插入"→"设计特征"→"垫块"命令，打开"垫块"对话框。

（2）单击"矩形"按钮，打开"矩形垫块"放置面选择对话框，选择腔体的底面为垫块放置面，打开"水平参考"对话框，选择与XC轴平行的边线为水平参考边。

（3）打开"矩形垫块"参数对话框，在"长度""宽度""高度"文本框中分别输入15、2、2.5，如图6-174所示，单击"确定"按钮。

（4）打开"定位"对话框，单击"垂直"按钮，选择基准平面2和垫块的短中心线，输入距离为0；选择垫块1的下边线和垫块的长中心线，输入距离为47，单击"确定"按钮，完成垫块的创建，如图6-175所示。

图6-174　"矩形垫块"参数对话框3

图6-175　创建垫块4

17. 创建管道

（1）选择"菜单"→"插入"→"扫掠"→"管"命令，打开"管"对话框。

（2）选择垫块 2 底面的边线为软管引导线，如图 6-176 所示。

（3）在"外径"和"内径"文本框中分别输入 1、0，在"输出"下拉列表中选择"多段"选项，在"布尔"下拉列表中选择"减去"选项，如图 6-177 所示。单击"确定"按钮，生成图 6-178 所示的模型。

图6-176　选择边线　　　　图6-177　"管"对话框　　　　图6-178　创建管道

18．阵列特征

（1）选择"菜单"→"插入"→"关联复制"→"阵列特征"命令，或单击"主页"选项卡"特征"面板中的"阵列特征"按钮，打开"阵列特征"对话框。

（2）选择步骤 17 中创建的管道为要形成阵列的特征。

（3）在"布局"下拉列表中选择"线性"选项，在"指定矢量"下拉列表中选择 ZC 轴为阵列方向，输入"数量"为 4、"节距"为 4，如图 6-179 所示。单击"确定"按钮生成模型，结果如图 6-180 所示。

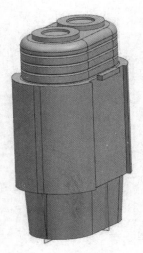

图6-179　"阵列特征"对话框　　　　图6-180　阵列管道

19. 边倒圆

（1）选择"菜单"→"插入"→"细节特征"→"边倒圆"命令，或单击"主页"选项卡"特征"面板中的"边倒圆"按钮![按钮]，打开"边倒圆"对话框。

（2）输入圆角半径为 4，选择图 6-181 所示的边线，单击"应用"按钮。

（3）输入圆角半径为 3，选择图 6-182 所示的边线，单击"应用"按钮。

（4）输入圆角半径为 1，选择图 6-183 所示的边线，单击"确定"按钮，完成圆角的创建。最后生成的模型如图 6-131 所示。

图6-181　选择圆角边7

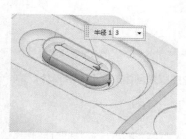
图6-182　选择圆角边8

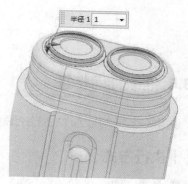
图6-183　选择圆角边9

6.3.4 镜像几何体

该命令用于以基准平面来镜像所选的实体，镜像后的实体或片体和原实体或片体相关联，但本身没有可编辑的特征参数。

🔧【执行方式】

此处有视频

● 菜单：选择"菜单"→"插入"→"关联复制"→"镜像几何体"命令。

🗃️【操作步骤】

（1）执行上述操作后，打开图 6-184 所示的"镜像几何体"对话框。

（2）选择要镜像的几何体。

（3）选择平面或基准平面为镜像平面。

（4）单击"确定"按钮，创建镜像几何体，如图 6-185 所示。

🗂️【选项说明】

（1）要镜像的几何体：用于选择想要进行镜像的部件中的特征。

（2）镜像平面：用于指定镜像选定特征所用的平面或基准平面。

（3）"设置"选项组。

① 关联：勾选此复选框，镜像几何体将与父几何体相关联，对父几何体的任何编辑都将反映在镜像几何体中。

② 复制螺纹：用于复制符号螺纹，勾选此复选框后，不需要重新创建与源体外观相同的其他符号螺纹。

图6-184　"镜像几何体"对话框

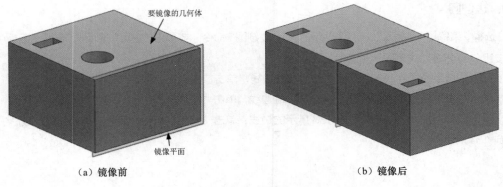

要镜像的几何体

镜像平面

（a）镜像前　　　　　　　　　（b）镜像后

图6-185　"镜像几何体"示意图

6.3.5 抽取几何特征

使用该命令，可以通过从现有对象中抽取来创建关联或非关联体、点、曲线和基准。

 【执行方式】

此处有视频

● 菜单：选择"菜单"→"插入"→"关联复制"→"抽取几何特征"命令。

 【操作步骤】

（1）执行上述操作后，打开图 6-186 所示的"抽取几何特征"对话框。

（2）在"类型"下拉列表中选择一种类型。这里以"面"类型为例。

（3）根据指定的"面选项"选择体或面。

（4）进行其他选项的设置。

（5）单击"确定"按钮，创建被抽取的几何特征。

图6-186　"抽取几何特征"对话框

 【选项说明】

1. 面

该类型用于抽取体的选定面的副本。

（1）单个面：只有选中的面才会被抽取，如图 6-187 所示。

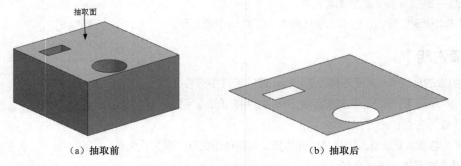

抽取面

（a）抽取前　　　　　　　　　（b）抽取后

图6-187　"单个面"示意图

（2）面与相邻面：选中的面和与该面直接相邻的面都会被抽取，如图 6-188 所示。

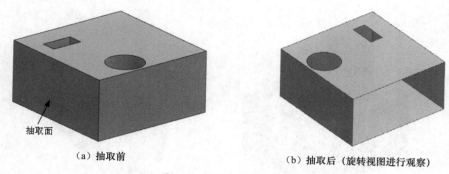

　　　　（a）抽取前　　　　　　　　　　　（b）抽取后（旋转视图进行观察）

图6-188　"面与相邻面"示意图

（3）体的面：与选中的面位于同一体的所有面都会被抽取，如图 6-189 所示。

（4）面链：抽取体的多个面。

2. 面区域

　　该类型用于生成一个片体，该片体是一组和种子面相关的且被边界面限制的面。在确定了种子面和边界面以后，系统从种子面开始，在行进过程中收集面，直到和任意的边界面相遇。一个片体（称为"抽取区域"特征）从这组面上生成。选择该类型后，对话框中显示的内容如图 6-190 所示。

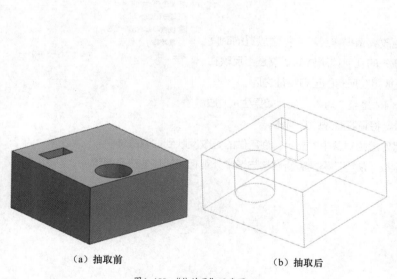

　　　（a）抽取前　　　　　　　　（b）抽取后

图6-189　"体的面"示意图

图6-190　"面区域"类型

（1）种子面：特征中所有其他的面都与种子面有关。

（2）边界面：用于确定"抽取区域"特征的边界，如图 6-191 所示。

（3）"区域选项"选项组。

① 遍历内部边：选择指定边界面内除边界面以外的所有面。

② 使用相切边角度：限制已遍历的内部边。

③ 角度公差：面法向超过指定角度的内部边将不会遍历。

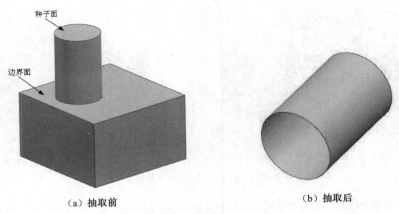

种子面

边界面

（a）抽取前　　　　　　　　　　　　　　　　（b）抽取后

图6-191 "面区域"示意图

3. 体

该类型用于生成整个体的关联副本。可以将各种特征添加到抽取体特征上，而不在原先的体上出现。当更改原先的体时，用户还可以决定"抽取体"特征要不要更新。

当用户想同时用一个原先的实体和一个简化形式的实体的时候（例如，放置在不同的参考集里），可以选择该类型。当选择该类型后，对话框中显示的内容如图 6-192 所示。

4. 设置

（1）固定于当前时间戳记：可更改编辑操作过程中特性放置的时间标记，允许用户控制更新过程中对原先的几何体所做的更改是否反映在抽取的特征中。默认是将抽取的特征放在所有的已有特征之后。

图6-192 "体"类型

（2）隐藏原先的：如果原先的几何体是整个对象，或者如果生成"抽取区域"特征，在生成抽取的特征时，将隐藏原先的几何体。

（3）使用父对象的显示属性：将对原始对象中的显示属性所做的更改反映到抽取的体中。

（4）复制螺纹：用于复制符号螺纹，从而不需要重新创建与源体外观相同的其他符号螺纹。

6.4 修剪

6.4.1 修剪体

使用该命令，可以使用一个面、基准平面或其他几何体修剪一个或多个目标体。

【执行方式】

● 菜单：选择"菜单"→"插入"→"修剪"→"修剪体"命令。

● 功能区：单击"主页"选项卡"特征"面板中的"修剪体"按钮。

此处有视频

【操作步骤】

（1）执行上述操作后，打开图 6-193 所示的"修剪体"对话框。

（2）选择要修剪的目标体。

（3）选择片体面或平面。

（4）单击"确定"按钮，修剪体，如图 6-194 所示。

图6-193 "修剪体"对话框

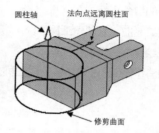

图6-194 "修剪体"示意图

【选项说明】

（1）选择体：选择要修剪的一个或多个目标体。

（2）工具：修剪工具的类型，可以从体或现有基准平面中选择一个或多个面以修剪目标体。

6.4.2 拆分体

使用此命令，可使用面、基准平面或其他几何体分割一个或多个目标体。

【执行方式】

此处有视频

● 菜单：选择"菜单"→"插入"→"修剪"→"拆分体"命令。

● 功能区：单击"主页"选项卡"特征"面板"更多"库下的"拆分体"按钮 。

【操作步骤】

（1）执行上述操作后，打开图 6-195 所示的"拆分体"对话框。

（2）选择一个或多个目标体。

（3）选择工具选项，其中可选择平面或创建体为工具。

（4）单击"确定"按钮，创建拆分体特征，如图 6-196 所示。

图6-195 "拆分体"对话框

【选项说明】

（1）选择体：选择要拆分的体。

（2）"工具选项"下拉列表。

① 面或平面：指定一个现有平面或面作为拆分平面。

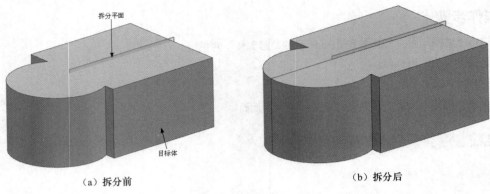

拆分平面

目标体

（a）拆分前　　　　　　　　　　　　　（b）拆分后

图6-196　"拆分体"示意图

② 新建平面：创建一个新的拆分平面。

③ 拉伸：拉伸现有曲线或绘制曲线来创建工具体。

④ 旋转：旋转现有曲线或绘制曲线来创建工具体。

（3）保留压印边：该复选框用于标记目标体与工具之间的交线。

6.4.3 分割面

使用此命令，可使用曲线、边、面、基准平面和实体之类的多个分割对象来分割某个现有体的一个或多个面。

此处有视频

【执行方式】

● 菜单：选择"菜单"→"插入"→"修剪"→"分割面"命令。

● 功能区：单击"曲面"选项卡"曲面操作"面板"更多"库下的"分割面"按钮 。

【操作步骤】

（1）执行上述操作后，打开图 6-197 所示的"分割面"对话框。

（2）选择一个或多个要分割的面。

（3）选择分割对象。

（4）单击"确定"按钮，创建分割面特征，如图 6-198 所示。

【选项说明】

（1）要分割的面：用于选择一个或多个要分割的面。

（2）分割对象：选择曲线、边缘、面或基准平面作为分割对象。

（3）投影方向：用于指定一个方向，以将所选对象投影到正在分割的曲面上。

① 垂直于面：使分割对象的投影方向垂直于要分割的一个或多个所选面。

② 垂直于曲线平面：将共面的曲线或边选作分割对象时，使投影方向垂直于曲线所在的平面。

③ 沿矢量：指定用于分割面操作的投影矢量。

（4）"设置"选项组。

① 隐藏分割对象：勾选此复选框，可在执行完分割面操作后隐藏分割对象。

② 不要对面上的曲线进行投影：用于控制位于面内并且被选为分割对象的任何曲线的投影。勾选此复选框

后，分割对象位于面内的部分不会投影到任何其他要进行分割的选定面上。

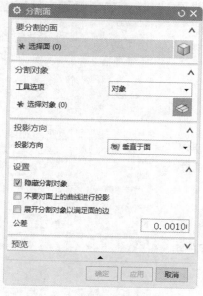

图6-197 "分割面"对话框

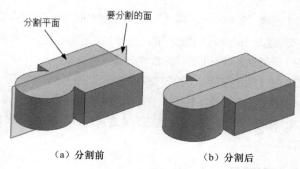

（a）分割前　　　　　　　（b）分割后

图6-198 "分割面"示意图

③ 展开分割对象以满足面的边：投射分割对象线串，以使不与所选面的边相交的线串与该边相交。

6.5 综合实例——机盖

👉【制作思路】

本例绘制机盖，如图6-199所示。减速器机盖是减速器零件中外形比较复杂的部件，其上分布着各种孔、凸台和拔模面。在草图模式中主要是绘制带有约束关系的二维图形。利用草图创建参数化的截面，对平面造型进行拉伸，得到相应的参数化实体模型。

此处有视频

图6-199 机盖

🛠【绘制步骤】

1. 创建新文件

选择"菜单"→"文件"→"新建"命令或单击快速访问工具栏中的"新建"按钮，打开"新建"对话框。在"模板"列表框中选择"模型"，输入名称为"jigai"，单击"确定"按钮，进入建模环境。

2．绘制草图

（1）选择"菜单"→"插入"→"草图"命令，或单击"主页"选项卡"直接草图"面板中的"草图"按钮，打开"创建草图"对话框。

（2）选择 XC-YC 平面为草图绘制平面，单击"确定"按钮，进入草图绘制环境。

（3）绘制图 6-200 所示的草图。

3．拉伸草图

（1）选择"菜单"→"插入"→"设计特征"→"拉伸"命令，或单击"主页"选项卡"特征"面板中的"拉伸"按钮，打开"拉伸"对话框。

（2）选择草图绘制的曲线为拉伸曲线。

（3）在"指定矢量"下拉列表中选择 ZC 轴作为拉伸方向。

（4）在开始"距离"和结束"距离"文本框中分别输入 0 和 51，如图 6-201 所示。单击"确定"按钮，完成拉伸，生成图 6-202 所示的实体模型。

4．绘制草图

（1）选择"菜单"→"插入"→"草图"命令，或单击"主页"选项卡"直接草图"面板中的"草图"按钮，打开"创建草图"对话框。

图6-201 "拉伸"对话框1

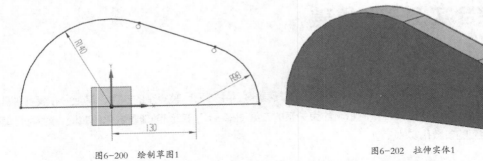

图6-200 绘制草图1

图6-202 拉伸实体1

（2）选择 XC-YC 平面为草图绘制平面，单击"确定"按钮，进入草图绘制环境。

（3）绘制图 6-203 所示的草图。单击"完成草图"按钮，草图绘制完毕。

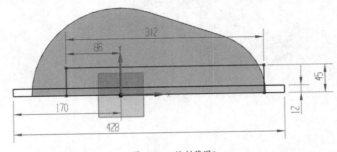

图6-203 绘制草图2

5．拉伸草图

（1）选择"菜单"→"插入"→"设计特征"→"拉伸"命令，或单击"主页"选项卡"特征"面板中的"拉伸"按钮，打开"拉伸"对话框。

（2）选择草图中高度为 45 的矩形为拉伸曲线。

（3）在"指定矢量"下拉列表中选择 *ZC* 轴作为拉伸方向。

（4）设置开始距离为 51、结束距离为 91，并在"布尔"下拉列表中选择"合并"选项，单击"应用"按钮，生成图 6-204 所示的实体模型。

（5）选择高度为 12 的矩形为拉伸曲线，设置开始距离为 0、结束距离为 91，并在"布尔"下拉列表中选择"合并"选项，单击"确定"按钮，得到图 6-205 所示的实体。

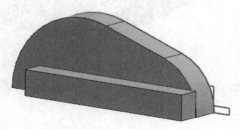

图6-204　拉伸实体2

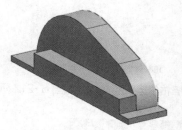

图6-205　拉伸实体3

6. 镜像实体

（1）选择"菜单"→"编辑"→"变换"命令，打开"变换"对话框，如图 6-206 所示。

（2）单击"全选"按钮，再单击"确定"按钮。

（3）系统打开"变换"对话框，如图 6-207 所示，单击"通过一平面镜像"按钮。

（4）系统打开"平面"对话框，在"类型"下拉列表中选择"XC-YC 平面"选项，如图 6-208 所示，单击"确定"按钮。

图6-206　"变换"对话框1

图6-207　"变换"对话框2

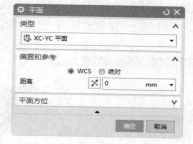

图6-208　"平面"对话框1

（5）系统打开"变换"对话框，如图 6-209 所示。单击"复制"按钮，再单击"确定"按钮，得到图 6-210 所示的镜像实体。

7. 合并操作

（1）选择"菜单"→"插入"→"组合"→"合并"命令，或单击"主页"选项卡"特征"面板中的"合并"

按钮，系统打开"合并"对话框，如图6-211所示。

图6-209 "变换"对话框3

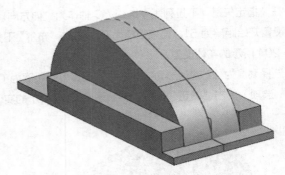

图6-210 镜像实体1

（2）选择布尔运算的实体，如图6-212所示。单击"确定"按钮，得到图6-213所示的布尔运算结果。

图6-211 "合并"对话框

图6-212 选择布尔运算的实体

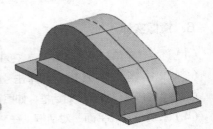

图6-213 布尔运算结果

8. 拆分

（1）选择"菜单"→"插入"→"修剪"→"拆分体"命令，或单击"主页"选项卡"特征"面板中的"拆分体"按钮，系统打开"拆分体"对话框，如图6-214所示。

（2）选择整个实体为拆分对象。

（3）单击"指定平面"按钮，选择机盖突起部分的一侧平面为基准平面，如图6-215中的阴影部分所示，将箱体中间部分分离出来。单击"确定"按钮，完成拆分。

（4）按上述方法选择另一对称平面拆分，得到图6-216所示的实体。

图6-214 "拆分体"对话框

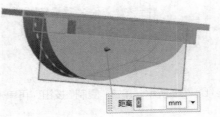

图6-215 设置基准平面1

图6-216 拆分结果

（5）选择图6-217所示的阴影部分进行拆分，基准平面选为图6-218所示的阴影平面，偏置距离设为 -30。

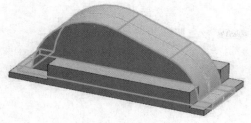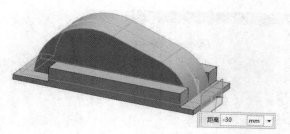

图6-217 选择分割体　　　　　　　　　　图6-218 设置基准平面2

（6）继续对图 6-217 所示的阴影部分进行拆分，选择图 6-219 所示的阴影平面为基准平面，偏置距离设为 -30。拆分后的实体如图 6-220 所示。

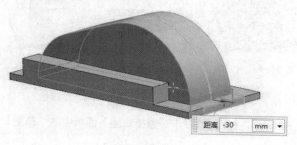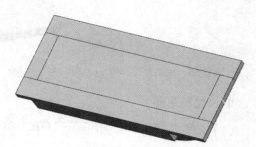

图6-219 设置基准平面3　　　　　　　　　图6-220 拆分后的实体

9. 抽壳

（1）选择"菜单"→"插入"→"偏置/缩放"→"抽壳"命令，或单击"主页"选项卡"特征"面板中的"抽壳"按钮，打开"抽壳"对话框。

（2）在"类型"下拉列表中选择"移除面，然后抽壳"类型选项，选择图 6-221 所示的端面作为抽壳面。

（3）在"厚度"文本框中输入参数值 8，如图 6-222 所示。单击"确定"按钮，得到图 6-223 所示的抽壳特征。

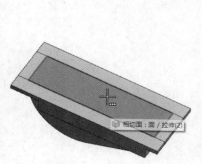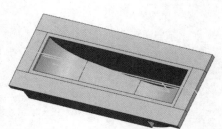

图6-221 选择端面　　　　图6-222 "抽壳"对话框　　　　图6-223 抽壳特征

10. 圆角

（1）选择"菜单"→"插入"→"细节特征"→"边倒圆"命令，或单击"主页"选项卡"特征"面板中的"边倒圆"按钮，打开"边倒圆"对话框，如图 6-224 所示。

（2）选择图 6-225 所示的边为圆角边。

（3）在"半径1"文本框中输入 6，单击"确定"按钮，系统将生成图 6-226 所示的圆角。

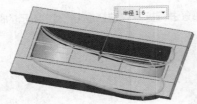

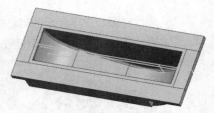

图6-224 "边倒圆"对话框　　　　图6-225 选择圆角边　　　　图6-226 生成圆角

11. 绘制草图

（1）选择"菜单"→"插入"→"草图"命令，或单击"主页"选项卡"直接草图"面板中的"草图"按钮，打开"创建草图"对话框。

（2）选择 XC-YC 平面为草图绘制平面，单击"确定"按钮，进入草图绘制环境。

（3）绘制图 6-227 所示的草图。

12. 拉伸凸台

（1）选择"菜单"→"插入"→"设计特征"→"拉伸"命令，或单击"主页"选项卡"特征"面板中的"拉伸"按钮，打开"拉伸"对话框。

（2）选择草图中的半圆环为拉伸曲线。

（3）在"指定矢量"下拉列表中选择 ZC 轴作为拉伸方向，设置开始距离为 51、结束距离为 98，如图 6-228 所示。单击"确定"按钮，得到图 6-229 所示的实体。

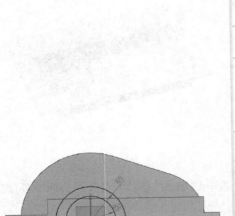

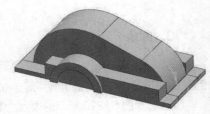

图6-227 绘制草图3　　　　图6-228 "拉伸"对话框2　　　　图6-229 拉伸凸台

13. 镜像凸台

（1）选择"菜单"→"编辑"→"变换"命令，打开"变换"对话框。

（2）选择拉伸得到的凸台为镜像对象。

（3）系统打开"变换"对话框，如图6-230所示，单击"通过一平面镜像"按钮。

（4）系统打开"平面"对话框，在"类型"下拉列表中选择"XC-YC平面"选项，如图6-231所示，单击"确定"按钮。

（5）系统打开"变换"对话框，如图6-232所示。单击"复制"按钮，再单击"确定"按钮，得到图6-233所示的实体。

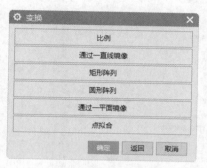

图6-230 "变换"对话框4

图6-231 "平面"对话框2

图6-232 "变换"对话框5

14. 合并操作

（1）选择"菜单"→"插入"→"组合"→"合并"命令，或单击"主页"选项卡"特征"面板中的"合并"按钮，系统打开"合并"对话框。

（2）选择视图中的所有实体，单击"确定"按钮，得到图6-234所示的实体。

图6-233 镜像结果1

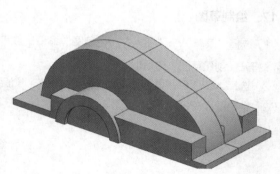

图6-234 合并实体

15. 绘制草图

（1）选择"菜单"→"插入"→"草图"命令，或单击"主页"选项卡"直接草图"面板中的"草图"按钮，打开"创建草图"对话框。

（2）选择XC-YC平面为草图绘制平面，单击"确定"按钮，进入草图绘制环境。

（3）绘制图6-235所示的草图。

16. 拉伸实体

（1）选择"菜单"→"插入"→"设计特征"→"拉伸"命令，或单击"主页"选项卡"特征"面板中的"拉伸"按钮 ⚏，打开"拉伸"对话框。

（2）选择上步骤中完成草图绘制的圆环为拉伸曲线。

（3）在"指定矢量"下拉列表中选择 –ZC 轴作为拉伸方向，设置开始距离为 100、结束距离为 –100，在"布尔"下拉列表中选择"减去"选项，如图 6-236 所示。单击"确定"按钮，得到图 6-237 所示的实体。

图6-236　"拉伸"对话框3

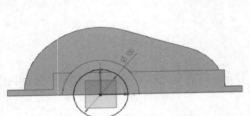

图6-235　绘制草图4

17. 绘制草图

（1）选择"菜单"→"插入"→"草图"命令，或单击"主页"选项卡"直接草图"面板中的"草图"按钮 ⚏，打开"创建草图"对话框。

（2）选择 XC-YC 平面为草图绘制平面，单击"确定"按钮，进入草图绘制环境。

（3）绘制图 6-238 所示的草图。

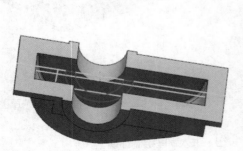

图6-237　拉伸实体4

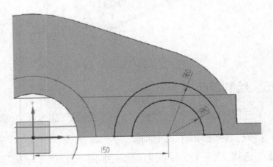

图6-238　绘制草图5

18. 拉伸实体

（1）选择"菜单"→"插入"→"设计特征"→"拉伸"命令，或单击"主页"选项卡"特征"面板中的"拉伸"按钮▥，打开"拉伸"对话框。

（2）选择拉伸曲线，如图6-239所示。

（3）在"指定矢量"下拉列表中选择ZC轴作为拉伸方向，设置开始距离为51、结束距离为98，如图6-240所示。单击"确定"按钮，结果如图6-241所示。

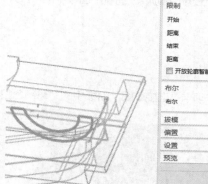
图6-239 选择拉伸曲线

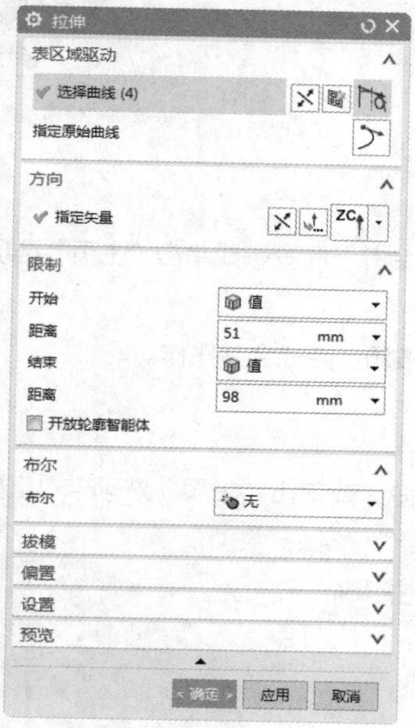

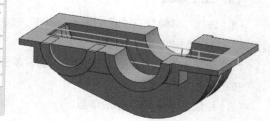
图6-240 "拉伸"对话框4

图6-241 拉伸实体5

19. 镜像特征

（1）选择"菜单"→"编辑"→"变换"命令，打开"变换"对话框。

（2）选择步骤18中拉伸得到的凸台为镜像对象。

（3）系统打开"变换"对话框，如图6-242所示，单击"通过一平面镜像"按钮。

（4）系统打开"平面"对话框，在"类型"下拉列表中选择"XC-YC平面"选项，如图6-243所示，单击"确定"按钮。

图6-242 "变换"对话框6

图6-243 "平面"对话框3

（5）系统打开"变换"对话框，如图6-244所示。单击"复制"按钮，再单击"确定"按钮，得到图6-245所示的实体。

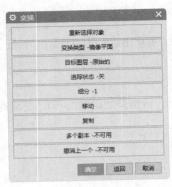

图6-244 "变换"对话框7

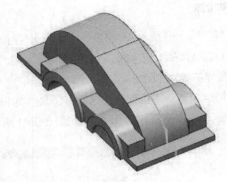

图6-245 镜像结果2

20. 合并操作

（1）选择"菜单"→"插入"→"组合"→"合并"命令，或单击"主页"选项卡"特征"面板中的"合并"按钮，系统打开"合并"对话框。

（2）选择视图中的所有实体，单击"确定"按钮，完成合并操作。

21. 绘制草图

（1）选择"菜单"→"插入"→"草图"命令，或单击"主页"选项卡"直接草图"面板中的"草图"按钮，打开"创建草图"对话框。

（2）选择 *XC-YC* 平面为草图绘制平面，单击"确定"按钮，进入草图绘制环境。

（3）绘制图 6-246 所示的草图。

22. 拉伸实体

（1）选择"菜单"→"插入"→"设计特征"→"拉伸"命令，或单击"主页"选项卡"特征"面板中的"拉伸"按钮，打开"拉伸"对话框。

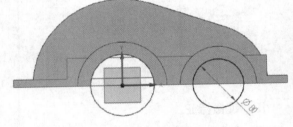

图6-246 绘制草图6

（2）选择前一步骤"草图绘制"所创建的圆环为要拉伸的曲线。

（3）在"指定矢量"下拉列表中选择 *ZC* 轴作为拉伸方向，设置开始距离为 -100、结束距离为 100，在"布尔"下拉列表中选择"减去"选项，如图 6-247 所示。单击"确定"按钮，得到图 6-248 所示的实体。

23. 创建拔模

（1）选择"菜单"→"插入"→"细节特征"→"拔模"命令，或单击"主页"选项卡"特征"面板中的"拔模"按钮，系统打开"拔模"对话框。

（2）在"类型"下拉列表中选择"面"选项。

（3）在"角度"文本框中输入参数 6，在"指定矢量"下拉列表中选择 *ZC* 轴作为拔模方向，如图 6-249 所示。选择图 6-250 所示的端面为固定面，选择图 6-250 所示的轴承孔为拔模面，单击"应用"按钮。

（4）按如上方法进行其他轴承面的拔模，角度也设置为6°。最后获得图 6-251 所示的实体。

24. 创建油标孔凸台

（1）选择"菜单"→"插入"→"设计特征"→"垫块"命令，打开"垫块"对话框，如图 6-252 所示。

图6-247 "拉伸"对话框5

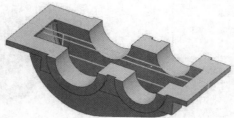

图6-248 拉伸实体6

图6-249 "拔模"对话框

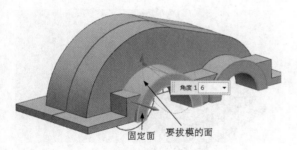

图6-250 拔模示意图

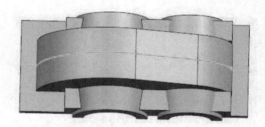

图6-251 拔模结果

（2）单击"矩形"按钮。

（3）系统打开"矩形垫块"对话框，如图6-253所示，单击"实体面"按钮。

图6-252 "垫块"对话框

图6-253 "矩形垫块"对话框1

（4）系统打开"选择对象"对话框，如图6-254所示，选择图6-255所示的平面。

（5）系统打开"水平参考"对话框，如图6-256所示，单击"端点"按钮。

（6）选择图6-257所示的端点，单击"确定"按钮。

（7）系统打开"矩形垫块"对话框，长度设置为100，宽度设置为65，高度设置为5，其他项设置为0，如图6-258所示。单击"确定"按钮，得到图6-259所示的垫块。

图6-254 "选择对象"对话框1

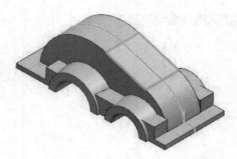

图6-255 选择平面1

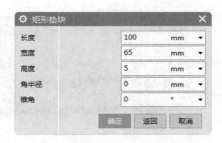

图6-256 "水平参考"对话框1

图6-257 选择端点

图6-258 "矩形垫块"对话框2

图6-259 创建垫块1

（8）系统打开"定位"对话框，如图 6-260 所示。单击"垂直"按钮，选择凸台的一边，并选择凸台相邻的一边，如图 6-261 所示。

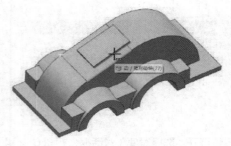

图6-260 "定位"对话框1

图6-261 选择定位边

（9）系统打开"创建表达式"对话框，在表达式的文本框中输入18.5，如图 6-262 所示，单击"确定"按钮。

（10）选择垫块的另一边，再选择垫块相邻的一边。

（11）系统打开"创建表达式"对话框，在表达式的文本框中输入10，如图 6-263 所示。单击"确定"按钮，得到的实体模型如图 6-264 所示。

图6-262 "创建表达式"对话框1

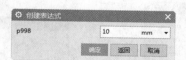

图6-263 "创建表达式"对话框2

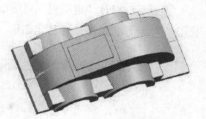

图6-264 创建垫块2

25. 创建油标孔

（1）选择"菜单"→"插入"→"设计特征"→"腔"命令，系统打开"腔"对话框，如图6-265所示。

（2）单击"矩形"按钮。

（3）系统打开"矩形腔"对话框，如图6-266所示，单击"实体面"按钮。

图6-265 "腔"对话框

图6-266 "矩形腔"对话框1

（4）系统打开"选择对象"对话框，如图6-267所示。选择图6-268所示的平面为放置面，单击"确定"按钮。

图6-267 "选择对象"对话框2

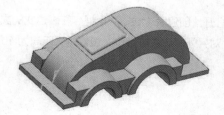

图6-268 选择平面2

（5）系统打开"水平参考"对话框，如图6-269所示。选择垫块的一个侧面为参考平面，在图6-270所示的位置单击。

图6-269 "水平参考"对话框2

图6-270 选择边1

（6）系统打开"矩形腔"对话框，设置长度、宽度和深度分别为 70、35、50，其他项设置为 0，如图 6-271 所示。单击"确定"按钮，系统打开"定位"对话框，如图 6-272 所示。

图6-271 "矩形腔"对话框2

图6-272 "定位"对话框2

（7）单击"垂直"按钮，选择凸台侧面一边，在图 6-273 所示的位置单击。

（8）选择孔的另一边，在图 6-274 所示的位置单击。

图6-273 选择边2

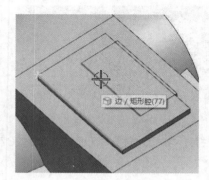

图6-274 选择边3

（9）打开"创建表达式"对话框，在表达式的文本框中输入 15，如图 6-275 所示。

（10）对另外一边进行定位，设置垂直距离为 15，结果如图 6-276 所示。

图6-275 "创建表达式"对话框3

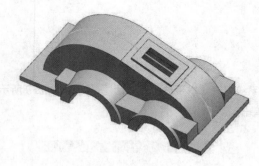

图6-276 创建油标孔

26. 绘制草图

（1）选择"菜单"→"插入"→"草图"命令，或单击"主页"选项卡"直接草图"面板中的"草图"按钮，打开"创建草图"对话框。

（2）选择 XC-YC 平面为草图绘制平面，单击"确定"按钮，进入草图绘制环境。

（3）绘制图 6-277 所示的草图。

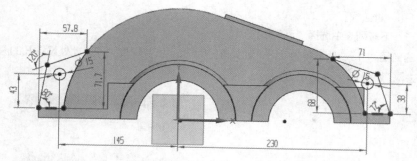

图6-277　绘制草图7

27. 拉伸实体

（1）选择"菜单"→"插入"→"设计特征"→"拉伸"命令，或单击"主页"选项卡"特征"面板中的"拉伸"按钮▥，打开"拉伸"对话框。

（2）选择绘制的曲线为拉伸曲线。

（3）在"指定矢量"下拉列表中选择 ZC 轴作为拉伸方向，设置开始距离为 −10、结束距离为 10，在"布尔"下拉列表中选择"合并"选项，如图 6-278 所示。单击"确定"按钮，得到图 6-279 所示的实体。

图6-278　"拉伸"对话框6

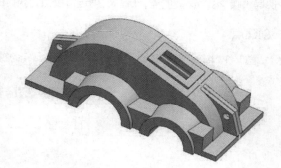

图6-279　拉伸实体7

28. 创建孔的圆心

（1）选择"菜单"→"插入"→"基准 / 点"→"点"命令，系统打开"点"对话框，如图 6-280 所示。

（2）定义 6 个点，坐标分别为（-70，45，-73）、（-70，45，73）、（80，45，73）、（80，45，-73）、（210，45，-73）、（210，45，73），创建 6 个孔的圆心。

29. 创建沉头孔

（1）选择"菜单"→"插入"→"设计特征"→"孔"命令，或单击"主页"选项卡"特征"面板中的"孔"

按钮 ，打开"孔"对话框。

（2）在"成形"下拉列表中选择"沉头"选项。

（3）设定孔的直径为 13、顶锥角为 118、沉头直径为 30、沉头深度为 2，此处设置孔的深度为 50，布尔运算设置为"减去"，如图 6-281 所示。

图6-280 "点"对话框1

图6-281 "孔"对话框1

（4）选择步骤 28 中创建的点，单击"确定"按钮，获得图 6-282 所示的沉头孔。

30. 创建点

选择"菜单"→"插入"→"基准/点"→"点"命令，系统打开"点"对话框，创建图 6-283 所示的两个点。

图6-282 创建沉头孔1

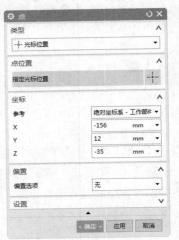

图6-283 创建点1

31．创建沉头孔

（1）选择"菜单"→"插入"→"设计特征"→"孔"命令，或单击"主页"选项卡"特征"面板中的"孔"按钮 ，系统打开"孔"对话框。

（2）在"成形"下拉列表中选择"沉头"选项。

（3）设定孔的直径为 11，顶锥角为 118，沉头直径为 24，沉头深度为 2。因为要建立一个通孔，此处设置孔的深度为 50，布尔运算设置为"减去"，如图 6-284 所示。

（4）选择步骤 30 中创建的点，单击"确定"按钮，获得图 6-285 所示的沉头孔。

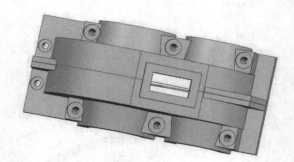

图6-284　"孔"对话框2

图6-285　创建沉头孔2

32．创建点

选择"菜单"→"插入"→"基准/点"→"点"命令，系统打开"点"对话框，创建图 6-286 所示的两个点。

图6-286　创建点2

193

33．创建简单孔

（1）选择"菜单"→"插入"→"设计特征"→"孔"命令，或单击"主页"选项卡"特征"面板中的"孔"按钮，系统打开"孔"对话框。

（2）在"成形"下拉列表中选择"简单孔"选项。

（3）设定孔的直径为8、顶锥角为118，此处设置孔的深度为50，如图6-287所示。

（4）选择步骤32中创建的点，单击"确定"按钮，获得图6-288所示的简单孔。

34．倒圆角

（1）选择"菜单"→"插入"→"细节特征"→"边倒圆"命令，或单击"主页"选项卡"特征"面板中的"边倒圆"按钮，系统打开"边倒圆"对话框，如图6-289所示。

 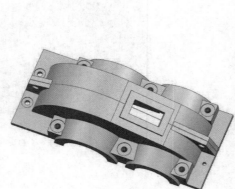 

图6-287 "孔"对话框3 　　　　图6-288 创建简单孔1 　　　　图6-289 "边倒圆"对话框

（2）设置圆角半径为44，选择底座的4条边，如图6-290所示，单击"应用"按钮。

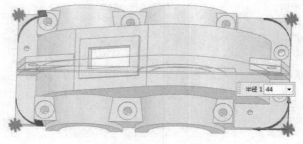

图6-290 选择边4

（3）选择图6-291所示的凸台的边倒圆角，设置圆角半径为5，单击"应用"按钮。

（4）选择图6-292所示的吊耳的边倒圆角，设置圆角半径为18，单击"应用"按钮。

（5）选择图6-293所示的油标孔的边倒圆角，设置圆角半径为15，单击"应用"按钮。

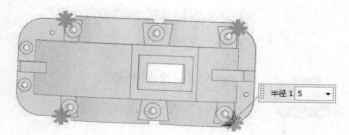

图6-291 选择边5

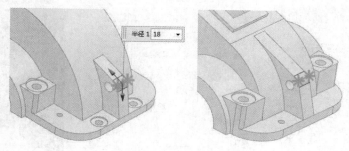

图6-292 选择边6

（6）选择图6-294所示的油标孔内孔的边倒圆角，设置圆角半径为5，单击"确定"按钮，获得图6-295所示的模型。

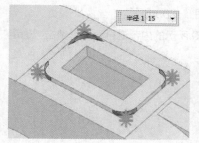

图6-293 选择边7

图6-294 选择边8

图6-295 生成模型

35. 创建点

选择"菜单"→"插入"→"基准/点"→"点"命令，系统打开"点"对话框，创建图6-296所示的点。

36. 创建简单孔

（1）选择"菜单"→"插入"→"设计特征"→"孔"命令，或单击"主页"选项卡"特征"面板中的"孔"按钮，系统打开"孔"对话框。

（2）在"成形"下拉列表中选择"简单孔"选项。

（3）设定孔的直径为8、顶锥角为118，此处设置孔的深度为15，如图6-297所示。

（4）选择步骤35中创建的点，单击"确定"按钮，获得图6-298所示的孔。

37. 阵列孔

（1）选择"菜单"→"插入"→"关联复制"→"阵列特征"命令，系统打开"阵列特征"对话框。

（2）在"布局"下拉列表中选择"圆形"选项。

（3）选择步骤36中创建的孔作为要形成阵列的特征。

图6-296 创建点3

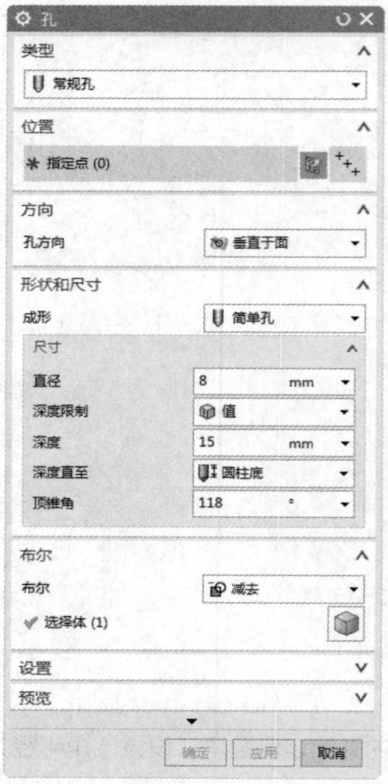

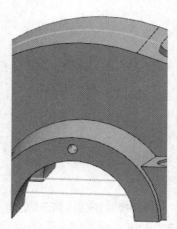

图6-297 "孔"对话框4

图6-298 创建简单孔2

（4）指定矢量选择为 *ZC* 轴，数量设置为 2，节距角设置为 60，如图 6-299 所示。

（5）单击"点对话框"按钮，系统打开"点"对话框，按图 6-300 所示的内容进行设置，单击"确定"按钮，返回"阵列特征"对话框。

图6-299 "阵列特征"对话框

图6-300 "点"对话框2

（6）单击"确定"按钮，获得图 6-301 所示的实体。

（7）选择图 6-298 中的孔继续阵列，节距角设置为 -60，其他参数与上面相同，获得图 6-302 所示的实体。

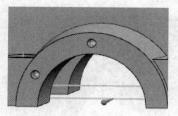

图6-301 创建阵列孔1

图6-302 创建阵列孔2

38. 创建点

选择"菜单"→"插入"→"基准/点"→"点"命令，系统打开"点"对话框，创建图 6-303 所示的点。

39. 创建孔

（1）选择"菜单"→"插入"→"设计特征"→"孔"命令，或单击"主页"选项卡"特征"面板中的"孔"按钮，系统打开"孔"对话框。

（2）在"成形"下拉列表中选择"简单孔"选项。

（3）设定孔的直径为 8、顶锥角为 118，此处设置孔的深度为 15，如图 6-304 所示。

（4）选择步骤 38 中创建的点为孔位置，单击"确定"按钮，获得图 6-305 所示的孔。

图6-303 创建点4

图6-304 "孔"对话框5

图6-305 创建简单孔3

（5）按步骤 37 中介绍的方法进行孔阵列，在图 6-306 所示的"点"对话框中选择基点为（150，0，0），其他参数与步骤 37 相同，获得图 6-307 所示的实体。

图6-306 "点"对话框3

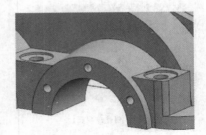

图6-307 创建阵列孔3

40. 创建孔

（1）选择"菜单"→"插入"→"设计特征"→"孔"命令，或单击"主页"选项卡"特征"面板中的"孔"按钮 ，系统打开"孔"对话框。

（2）在"成形"下拉列表中选择"简单孔"选项，设定孔的直径为 6、顶锥角为 118，此处设置孔的深度为 50，如图 6-308 所示。

（3）单击"绘制截面"按钮 ，打开"创建草图"对话框，选择垫块的上表面为孔放置面，如图 6-309 所示，进入草图绘制环境。打开"草图点"对话框，创建点，如图 6-310 所示。单击"完成"按钮 ，草图绘制完毕。

图6-308 "孔"对话框6

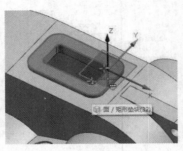

图6-309 选择平面3

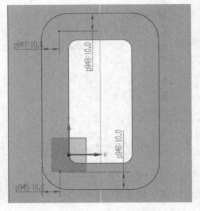

图6-310 孔的位置尺寸

（4）返回"孔"对话框，捕捉绘制的两个点，单击"确定"按钮，完成孔的创建，如图 6-311 所示。

41. 镜像特征

（1）选择"菜单"→"插入"→"关联复制"→"镜像特征"命令，或单击"主页"选项卡"特征"面板"更多"库下的"镜像特征"按钮 ，系统打开"镜像特征"对话框，如图 6-312 所示。

（2）在视图区或设计树中选择步骤 40 中创建的两个孔。

（3）将"平面"选项设置为"新平面"，指定 XC-YC 平面为镜像平面。单击"确定"按钮，获得图 6-313 所示的实体。

图6-311 创建简单孔4

图6-312 "镜像特征"对话框

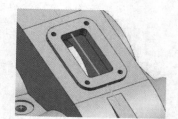

图6-313 镜像实体2

42. 创建螺纹

（1）选择"菜单"→"插入"→"设计特征"→"螺纹"命令，或单击"主页"选项卡"特征"面板中的"螺纹刀"按钮 ，系统打开"螺纹切削"对话框。

（2）在"螺纹类型"选项组中选择"详细"单选项，如图 6-314 所示。

（3）选择图 6-315 所示的孔的内表面，单击"确定"按钮，创建螺纹孔。

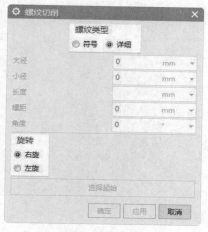

图6-314 "螺纹切削"对话框

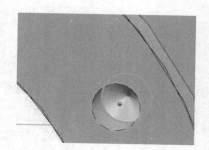

图6-315 选择内表面

（4）选择轴承孔端面和凸台上的孔的内表面，创建图 6-316 所示的螺纹孔。

（5）使用相同的方法，创建另一轴承端面的螺纹孔，结果如图 6-317 所示。

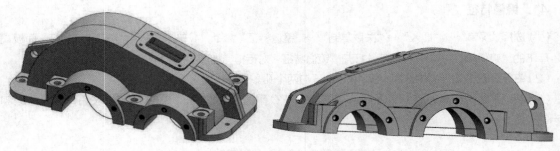

图6-316　创建螺纹孔1　　　　　　　　　　　图6-317　创建螺纹孔2

第 **07** 章

同步建模与GC工具箱

在不考虑模型的来源、关联或特征历史记录的情况下，用户可以使用"同步建模"子菜单中的命令来修改模型。

GC 工具箱是 Siemens PLM Software 为了更好地满足中国用户对图标的要求，缩短 NX 导入周期，专为中国用户开发的工具箱。本章主要讲解齿轮建模工具和弹簧建模工具。

/ 重点与难点

- 修改面
- 细节特征
- 重用
- GC 工具箱

7.1 修改面

7.1.1 拉出面

该命令可从面区域中派出体积，接着使用此体积修改模型。

【执行方式】

- 菜单：选择"菜单"→"插入"→"同步建模"→"拉出面"命令。

- 功能区：单击"主页"选项卡"同步建模"面板"更多"库下的"拉出面"按钮💠。

【操作步骤】

（1）执行上述操作后，系统会打开图 7-1 所示的"拉出面"对话框。

图7-1 "拉出面"对话框

（2）在实体上选择一个或多个面。

（3）拖动距离手柄或在"距离"文本框中输入值来拉出选定的面。

（4）单击"确定"按钮，将新空间体添加到实体。

【选项说明】

（1）选择面：选择要拉出的，并用于向实体添加新体积或从实体中减去部分体积的一个或多个面。

（2）运动：为选定要拉出的面指定线性和角度变换方法。

① 距离：按方向矢量的距离来变换面。

② 点之间的距离：按原点与某一轴的测量点之间的距离来变换面。

③ 径向距离：按测量点与方向轴之间的距离来变换面，该距离是垂直于轴测量的。

④ 点到点：将面从一点拉出到另一个点。

7.1.2 调整面大小

使用该命令，可以改变圆柱面或球面的直径，以及锥面的半角，还能重新生成相邻圆角面。

【执行方式】

● 菜单：选择"菜单"→"插入"→"同步建模"→"调整面大小"命令。

● 功能区：单击"主页"选项卡"同步建模"面板"更多"库下的"调整面大小"按钮。

【操作步骤】

（1）执行上述操作后，系统打开图7-2所示的"调整面大小"对话框。

（2）选择要调整大小的圆柱面、球面或锥面。

（3）在"直径"文本框中输入面直径的新值。如果选择的是锥面，则在"角度"文本框中输入角度值。

（4）单击"确定"按钮，完成调整面大小的操作，如图7-3所示。

图7-2 "调整面大小"对话框

（a）调整之前

（b）调整之后

图7-3 "调整面大小"示意图

【选项说明】

（1）选择面：选择要调整大小的圆柱面、球面或锥面。

（2）面查找器：用于根据面的几何形状与选定面的比较结果来选择面。

① 结果：列出已找到的面。

② 设置：列出用来选择相关面的几何条件。

③ 参考：列出可以参考的坐标系。

（3）"大小"选项组。

① 直径：显示或输入球或圆柱的直径值。

② 角度：如果选择的是锥面，则显示或输入锥面的角度值。

7.1.3 偏置区域

使用该命令，可以在单个步骤中偏置一组面或一个整体。相邻的圆角面可以有选择地重新生成。因为偏置区域会忽略模型的特征历史，所以这是一种修改模型的快速而直接的方法。使用该命令的另一个好处是能重新生成圆角。模具和铸模设计有可能使用到此命令，如使用面来进行非参数化部件的铸造。

【执行方式】

● 菜单：选择"菜单"→"插入"→"同步建模"→"偏置区域"命令。

● 功能区：单击"主页"选项卡"同步建模"面板中的"偏置区域"按钮 。

【操作步骤】

（1）执行上述操作后，系统打开图7-4所示的"偏置区域"对话框。

（2）选择一个或多个要偏置的面。

（3）在"面查找器"选项组中选择可用的设置选项。

（4）输入偏置距离，可以单击"反向"按钮来调整偏置方向。

（5）单击"确定"按钮，偏置选定的面。

图7-4 "偏置区域"对话框

【选项说明】

（1）选择面：选择用来偏置的面。

（2）面查找器：用于根据面的几何形状与选定面的比较结果来选择面。

① 结果：列出已找到的面。

② 设置：列出可以用来选择相关面的几何条件。

③ 参考：列出可以参考的坐标系。

（3）溢出行为：用于控制移动的面的溢出特性，以及它们与其他面的交互方式。

① 自动：拖动选定的面，使选定的面或入射面开始延伸，具体方式取决于哪种结果对体积和面积造成的更改最小。

② 延伸更改面：将移动面延伸到它所遇到的其他面中，或者将它移到其他面之后。

③ 延伸固定面：延伸移动面，直到遇到固定面。

④ 延伸端盖面：给移动面加上端盖（即产生延展边）。

7.1.4 替换面

使用该命令,能够用一个面或一组面替换另一个面或一组面,同时还能重新生成相邻的圆角面。当需要改变几何体的面时,如需要简化面或用一个复杂的曲面替换面时,就可以使用该命令。

【执行方式】

● 菜单:选择"菜单"→"插入"→"同步建模"→"替换面"命令。

● 功能区:单击"主页"选项卡"同步建模"面板中的"替换面"按钮 。

【操作步骤】

(1)执行上述操作后,系统打开图 7-5 所示的"替换面"对话框。

(2)选择要替换的原始面。

(3)在"替换面"选项组中单击"选择面"按钮 ,选择替换面,可以单击"反向"按钮来调整替换面的方向。

(4)单击"确定"按钮,用替换面替换原始面,如图 7-6 所示。

图7-5 "替换面"对话框

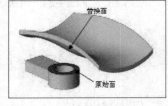
(a)替换之前

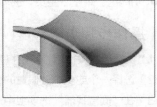
(b)替换之后

图7-6 "替换面"示意图

【选项说明】

(1)原始面:选择一个或多个要替换的面,允许选择任意面类型。

(2)替换面:选择一个或多个面来替换原始面。在某些情况下,一个替换面操作会出现多种可能的结果,可以单击"反向"按钮在这些结果之间进行切换。

(3)溢出行为:用于控制移动的面的溢出特性,以及它们与其他面的交互方式。

① 自动:拖动选定的面,使选定的面或入射面开始延伸,具体方式取决于哪种结果对体积和面积造成的更改最小。

② 延伸更改面:将移动面延伸到它所遇到的其他面中,或者将它移到其他面之后。

③ 延伸固定面:延伸移动面直到遇到固定面。

④ 延伸端盖面:给移动面加上端盖(即产生延展边)。

7.1.5 移动面

该命令提供了在体上局部地移动面的简单方式。对于一个需要调整的原模型来说,此命令很有用,快速且方便。该命令提供圆角的识别和重新生成，而且不依附建模历史，甚至可以用它移动体上所有的面。

【执行方式】

● 菜单：选择"菜单"→"插入"→"同步建模"→"移动面"命令。
● 功能区：单击"主页"选项卡"同步建模"面板中的"移动面"按钮 ⚙。

【操作步骤】

（1）执行上述操作后，系统打开图 7-7 所示的"移动面"对话框。
（2）在"变换"选项组中选择运动方法。
（3）选择要移动的面。
（4）设置相关参数。
（5）单击"确定"按钮，移动所选的面，如图 7-8 所示。

图7-7 "移动面"对话框

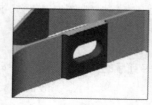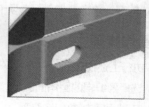

（a）移动之前 （b）移动之后

图7-8 "移动面"示意图

【选项说明】

（1）选择面：用于选择要移动的一个或多个面。
（2）面查找器：用于根据面的几何形状与选定面的比较结果来选择面。
（3）变换：为要移动的面提供线性和角度变换方法。

① ⚙ 距离 – 角度：按方向矢量，将选中的面移动一定的距离和角度。
② ⚙ 距离：按方向矢量和位移距离，移动选中的面。
③ ⚙ 角度：按方向矢量和角度值，移动选中的面。
④ ⚙ 点之间的距离：按方向矢量，把选中的面从指定点移动到测量点。
⑤ ⚙ 径向距离：按方向矢量，把选中的面从轴点移动到测量点。
⑥ ⚙ 点到点：把选中的面从一个点移动到另一个点。

⑦ ✔根据三点旋转：在 3 个点中旋转选中的面。

⑧ ✔将轴和矢量对齐：在两轴间旋转选中的面。

⑨ 坐标系到坐标系：把选中的面从一个坐标系移动到另一个坐标系。

⑩ 增量 XYZ：根据输入的 X、Y、Z 值移动选中的面。

（4）"移动行为"下拉列表。

① 移动和改动：移动一组面并修改相邻面。

② 剪切和粘贴：复制并移动一组面，然后将它们从原始位置删除。

7.2 细节特征

7.2.1 调整圆角大小

使用该命令，用户可编辑圆角面半径，而不用考虑特征的创建历史。该命令可用于数据转换文件和非参数化的实体。使用该命令，可以在保留相切属性的同时创建参数化特征。此外，该命令可以更为直接、更为高效地运用参数化设计。

【执行方式】

● 菜单：选择"菜单"→"插入"→"同步建模"→"细节特征"→"调整圆角大小"命令。

● 功能区：单击"主页"选项卡"同步建模"面板"更多"库下的"调整圆角大小"按钮。

【操作步骤】

（1）执行上述操作后，打开图 7-9 所示的"调整圆角大小"对话框。

（2）选择要编辑的圆角面。

（3）在对话框中输入半径值。

（4）单击"确定"按钮，更新圆角面。

【选项说明】

（1）选择圆角面：用于选择要编辑的圆角面。

（2）半径：用于为所有选定的面指定新的圆角半径。

图7-9 "调整圆角大小"对话框

7.2.2 圆角重新排序

使用此命令，可更改凸度相反的两个相交圆角的顺序。

【执行方式】

● 菜单：选择"菜单"→"插入"→"同步建模"→"细节特征"→"圆角重新排序"命令。

● 功能区：单击"主页"选项卡"同步建模"面板"更多"库下的"圆角重新排序"按钮。

【操作步骤】

（1）执行上述操作后，打开图 7-10 所示的"圆角重新排序"对话框。

（2）选择要重新排序的圆角面。

（3）单击"确定"按钮，重新排序圆角面。

【选项说明】

（1）选择圆角面 1：用于选择要重新排序的圆角面 1。

（2）选择圆角面 2：用于选择要重新排序的圆角面 2。

图7-10 "圆角重新排序"对话框

7.2.3 调整倒斜角大小

使用此命令，可更改倒斜角的大小、类型、对称、非对称、偏置和角度。

【执行方式】

● 菜单：选择"菜单"→"插入"→"同步建模"→"细节特征"→"调整倒斜角大小"命令。

● 功能区：单击"主页"选项卡"同步建模"面板"更多"库下的"调整倒斜角大小"按钮 。

【操作步骤】

（1）执行上述操作后，打开图 7-11 所示的"调整倒斜角大小"对话框。

（2）选择要调整大小的倒斜角面。

（3）在"横截面"下拉列表中选择横截面类型，并修改值。

（4）单击"确定"按钮，修改横截面大小。

【选项说明】

（1）选择面：选择要调整大小的成角度面。

（2）横截面：指定横截面类型，包括"对称偏置""非对称偏置""偏置和角度"3 种类型。

图7-11 "调整倒斜角大小"对话框

7.2.4 标记为倒斜角

使用此命令，可将斜角面标记为倒斜角。

【执行方式】

● 菜单：选择"菜单"→"插入"→"同步建模"→"细节特征"→"标记为倒斜角"命令。

● 功能区：单击"主页"选项卡"同步建模"面板"更多"库下的"标记为倒斜角"按钮 。

【操作步骤】

（1）执行上述操作后，打开图 7-12 所示的"标记为倒斜角"对话框。

图7-12 "标记为倒斜角"对话框

（2）选择要作为倒斜角标示的面和构造面。

（3）单击"确定"按钮，将斜角面标记为倒斜角。

【选项说明】

（1）面倒斜角：选择希望标识为倒斜角的斜角面。

（2）构造面：斜角面不存在时的相邻面，这两个相邻面相交后构成要倒斜角的边。

7.3 重用

7.3.1 复制面

使用此命令，可从实体中复制一组面。

【执行方式】

● 菜单：选择"菜单"→"插入"→"同步建模"→"重用"→"复制面"命令。

● 功能区：单击"主页"选项卡"同步建模"面板"更多"库下的"复制面"按钮。

【操作步骤】

（1）执行上述操作后，打开图 7-13 所示的"复制面"对话框。

（2）选择要复制的面。

（3）在"变换"选项组中选择运动方式，并输入所需的值。

（4）勾选"粘贴复制的面"复选框，单击"确定"按钮，创建复制面特征。

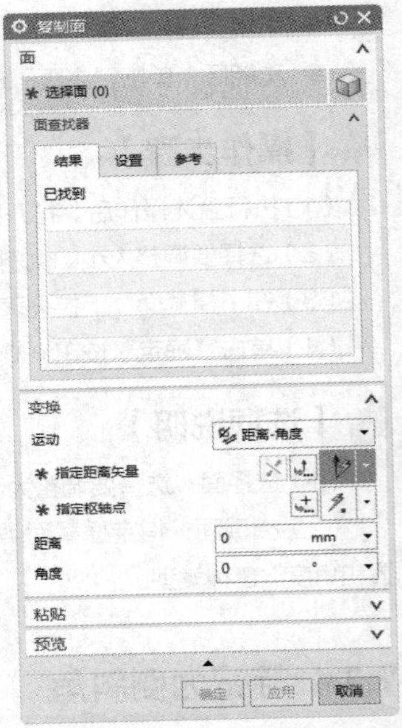

【选项说明】

（1）选择面：选择要复制的面。

（2）面查找器：根据附加面的几何形状与要复制的选定面的比较结果，指定要复制的附加面。

（3）变换：为要复制的选定面指定线性或角度变换方法。

（4）粘贴复制的面：根据设置好的运动选项来粘贴复制的面。

图7-13 "复制面"对话框

7.3.2 剪切面

使用此命令，可从体中复制一组面，然后从体中删除这些面。

【执行方式】

● 菜单：选择"菜单"→"插入"→"同步建模"→"重用"→"剪切面"命令。

● 功能区：单击"主页"选项卡"同步建模"面板"更多"库下的"剪切面"按钮。

【操作步骤】

（1）执行上述操作后，打开图 7-14 所示的"剪切面"对话框。

图7-14 "剪切面"对话框

（2）选择要剪切的面。

（3）在"变换"选项组中选择运动方式，并输入所需的值。

（4）勾选"粘贴剪切的面"复选框，单击"确定"按钮，创建剪切面特征。

【选项说明】

"剪切面"对话框中的选项与"复制面"对话框相似，此处从略。

7.3.3 镜像面

使用此命令，可复制面集，根据平面对其进行镜像，并将其粘贴到同一个实体或片体中。

【执行方式】

● 菜单：选择"菜单"→"插入"→"同步建模"→"重用"→"镜像面"命令。

● 功能区：单击"主页"选项卡"同步建模"面板"更多"库下的"镜像面"按钮。

【操作步骤】

（1）执行上述操作后，打开图 7-15 所示的"镜像面"对话框。

（2）选择要镜像的一组面。

（3）选择现有平面或创建新平面。

图7-15 "镜像面"对话框

（4）单击"确定"按钮，完成镜像面操作。

【选项说明】

（1）选择面：选择要复制并根据平面进行镜像的面。

（2）面查找器：根据面的几何体与所选面的比较结果来选择面。

（3）平面：选择镜像平面。镜像平面可以是平的面，也可以是基准平面。

① 现有平面：指定现有的基准平面或平的面作为镜像平面。

② 新平面：新建一个平面为镜像平面。

7.4 GC 工具箱

7.4.1 圆柱齿轮建模

 【执行方式】

此处有视频

● 菜单：选择"菜单"→"GC 工具箱"→"齿轮建模"→"柱齿轮"命令。

● 功能区：单击"主页"选项卡"齿轮建模 –GC 工具箱"面板中的"柱齿轮建模"按钮 。（单击"主页"选项卡右侧的"功能区选项"按钮 ，在打开的下拉列表中勾选"齿轮建模 –GC 工具箱组"选项，即可将"齿轮建模 –GC 工具箱"面板添加到"主页"选项卡中。）

【操作步骤】

（1）执行上述操作后，打开"渐开线圆柱齿轮建模"对话框，如图 7-16 所示。

（2）选择齿轮操作方式。

（3）选择齿轮类型和加工方法。

（4）输入齿轮参数。

（5）单击"确定"按钮，创建圆柱齿轮。

【选项说明】

（1）创建齿轮：创建新的齿轮。选择该单选项，单击"确定"按钮，打开图 7-17 所示的"渐开线圆柱齿轮类型"对话框。

① 直齿轮：轮齿平行于齿轮轴线的齿轮。

② 斜齿轮：轮齿与轴线成一角度的齿轮。

③ 外啮合齿轮：齿顶圆直径大于齿根圆直径的齿轮。

④ 内啮合齿轮：齿顶圆直径小于齿根圆直径的齿轮。

⑤ 滚齿：用齿轮滚刀按展成法加工齿轮的齿面。

⑥ 插齿：用插齿刀按展成法或成形法加工内、外齿轮或齿条等的齿面。

选择齿轮类型和加工方法后，单击"确定"按钮，打开图 7-18 所示的"渐开线圆柱齿轮参数"对话框。

图7-16　"渐开线圆柱齿轮建模"对话框　　图7-17　"渐开线圆柱齿轮类型"对话框　　图7-18　"渐开线圆柱齿轮参数"对话框

① 标准齿轮：根据标准的模数、齿宽和压力角创建的齿轮。

② 变位齿轮：改变刀具和轮坯的相对位置来切制的齿轮，"变位齿轮"选项卡如图 7-19 所示。

（2）修改齿轮参数：选择此单选项，单击"确定"按钮，打开"选择齿轮进行操作"对话框，选择要修改的齿轮，在"渐开线圆柱齿轮参数"对话框中修改齿轮参数。

（3）齿轮啮合：选择此单选项，单击"确定"按钮，打开图 7-20 所示的"选择齿轮啮合"对话框，选择要啮合的齿轮，分别设置为主动齿轮和从动齿轮。

（4）移动齿轮：选择要移动的齿轮，将其移动到适当位置。

（5）删除齿轮：删除视图中不要的齿轮。

（6）信息：显示选择的齿轮的信息。

图7-19 "变位齿轮"选项卡

图7-20 "选择齿轮啮合"对话框

7.4.2 实例——大齿轮

【制作思路】

本例绘制大齿轮，如图 7-21 所示。首先使用 GC 工具箱中的"柱齿轮"命令创建圆柱齿轮的主体，然后创建轴孔和减重孔，最后创建键槽。

图7-21 大齿轮

此处有视频

【绘制步骤】

1. 创建新文件

选择"菜单"→"文件"→"新建"命令或单击快速访问工具栏中的"新建"按钮 ⬜，打开"新建"对话框。在"模板"列表框中选择"模型"，输入名称为"dachilun"，单击"确定"按钮，进入建模环境。

2. 创建齿轮基体

（1）选择"菜单"→"GC 工具箱"→"齿轮建模"→"柱齿轮"命令，或单击"主页"选项卡"齿轮建模 -GC 工具箱"面板中的"柱齿轮建模"按钮 ，打开图 7-22 所示的"渐开线圆柱齿轮建模"对话框。

（2）选择"创建齿轮"单选项，单击"确定"按钮，打开图 7-23 所示的"渐开线圆柱齿轮类型"对话框。选择"直齿轮""外啮合齿轮""滚齿"单选项，单击"确定"按钮。

（3）打开"渐开线圆柱齿轮参数"对话框，在"标准齿轮"选项卡中输入名称为"dachilun"，输入模数、牙数、齿宽和压力角分别为 3、80、60 和 20，如图 7-24 所示。

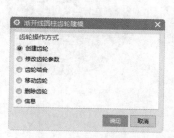

图7-22 "渐开线圆柱齿轮建模"对话框

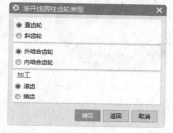

图7-23 "渐开线圆柱齿轮类型"对话框

图7-24 "渐开线圆柱齿轮参数"对话框

（4）单击"确定"按钮，打开图 7-25 所示的"矢量"对话框。在"类型"下拉列表中选择"ZC 轴"选项，单击"确定"按钮，打开图 7-26 所示的"点"对话框。输入坐标点为（0，0，0），单击"确定"按钮，创建圆柱直齿轮，如图 7-27 所示。

图7-25 "矢量"对话框

图7-26 "点"对话框

图7-27 创建圆柱直齿轮

3. 创建轴孔

（1）选择"菜单"→"插入"→"设计特征"→"孔"命令，或单击"主页"选项卡"特征"面板中的"孔"按钮 ，打开"孔"对话框。

（2）在"类型"下拉列表中选择"常规孔"选项，在"成形"下拉列表中选择"简单孔"选项，在"直径"文本框中输入 58，在"深度限制"下拉列表中选择"贯通体"选项，如图 7-28 所示。

（3）捕捉图 7-29 所示的齿根圆的圆心为孔的位置，单击"确定"按钮，完成轴孔的创建，如图 7-30 所示。

图7-28 "孔"对话框1

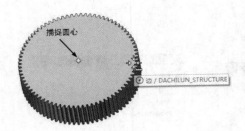

图7-29 捕捉圆心

图7-30 创建轴孔

4. 绘制草图

（1）选择"菜单"→"插入"→"草图"命令，或单击"主页"选项卡"直接草图"面板中的"草图"按钮，进入草图绘制环境，选择圆柱齿轮的外表面为草图绘制平面。

（2）绘制图 7-31 所示的草图。

5. 创建拉伸体

（1）选择"菜单"→"插入"→"设计特征"→"拉伸"命令，或单击"主页"选项卡"特征"面板中的"拉伸"按钮，打开"拉伸"对话框。

（2）选择步骤 4 中绘制的草图为拉伸曲线，在"指定矢量"下拉列表中选择 ZC 轴为拉伸方向，在开始"距离"和结束"距离"文本框中分别输入 0 和 22.5，在"布尔"下拉列表中选择"减去"选项，如图 7-32 所示。单击"确定"按钮，生成图 7-33 所示的拉伸体。

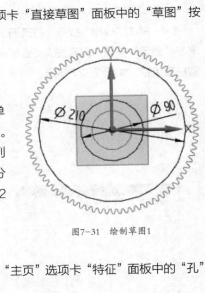

图7-31 绘制草图1

6. 创建减重孔

（1）选择"菜单"→"插入"→"设计特征"→"孔"命令，或单击"主页"选项卡"特征"面板中的"孔"按钮，打开"孔"对话框。

（2）在"类型"下拉列表中选择"常规孔"选项，在"成形"下拉列表中选择"简单孔"选项，在"直径"文本框中输入 35，在"深度限制"下拉列表中选择"贯通体"选项，如图 7-34 所示。

（3）单击"绘制截面"按钮，打开"创建草图"对话框，选择图 7-33 所示的表面 1 为孔放置面，进入草图绘制环境。打开"草图点"对话框，创建点，单击"完成"按钮，草图绘制完毕，如图 7-35 所示。

（4）返回"孔"对话框，单击"确定"按钮，完成减重孔的创建，如图 7-36 所示。

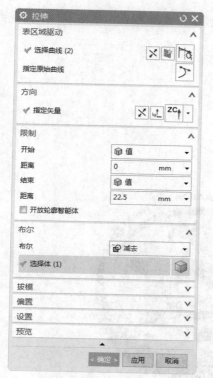

图7-32　"拉伸"对话框

图7-33　创建拉伸体

图7-34　"孔"对话框2

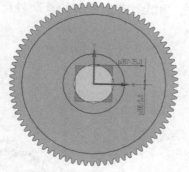

图7-35　绘制草图2

图7-36　创建减重孔

7. 阵列减重孔

（1）选择"菜单"→"插入"→"关联复制"→"阵列特征"命令，打开"阵列特征"对话框。

（2）选择步骤6中创建的减重孔为要阵列的特征。

（3）在"布局"下拉列表中选择"圆形"选项，在"指定矢量"下拉列表中选择 ZC 轴为旋转轴，指定坐标原点为旋转点。

（4）在"间距"下拉列表中选择"数量和间隔"选项，输入数量和节距角分别为6和60，如图7-37所示。单击"确定"按钮，阵列结果如图7-38所示。

8. 边倒圆

（1）选择"菜单"→"插入"→"细节特征"→"边倒圆"命令，或单击"主页"选项卡"特征"面板中的"边

215

倒圆"按钮 ，打开图 7-39 所示的"边倒圆"对话框。

图7-37 "阵列特征"对话框

图7-38 阵列减重孔

（2）输入圆角半径为 3，选择图 7-40 所示的边线，单击"确定"按钮，结果如图 7-41 所示。

图7-39 "边倒圆"对话框

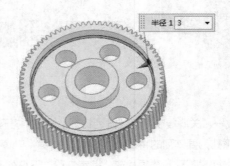

图7-40 选择边线

图7-41 边倒圆

9. 创建倒角

（1）选择"菜单"→"插入"→"细节特征"→"倒斜角"命令，或单击"主页"选项卡"特征"面板中的"倒斜角"按钮 ，打开图 7-42 所示的"倒斜角"对话框。

（2）在"横截面"下拉列表中选择"对称"选项，选择图 7-43 所示的倒角边，将距离值设为 2.5。

（3）单击"确定"按钮，生成倒角特征，如图7-44所示。

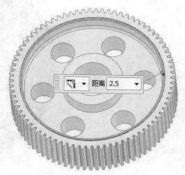

图7-42　"倒斜角"对话框　　　　　图7-43　选择倒角边　　　　　图7-44　生成倒角特征

10. 镜像特征

（1）选择"菜单"→"插入"→"关联复制"→"镜像特征"命令，或单击"主页"选项卡"特征"面板"更多"库下的"镜像特征"按钮，打开图7-45所示的"镜像特征"对话框。

（2）在设计树中选择拉伸特征、边倒圆和倒斜角为镜像特征。

（3）在"平面"下拉列表中选择"新平面"选项，在"指定平面"下拉列表中选择"XC-YC平面"选项，输入距离为30，如图7-46所示。单击"确定"按钮，镜像特征，如图7-47所示。

图7-45　"镜像特征"对话框　　　　　图7-46　选择平面　　　　　图7-47　镜像特征

11. 创建基准平面

（1）选择"菜单"→"插入"→"基准/点"→"基准平面"命令，或单击"主页"选项卡"特征"面板中的"基准平面"按钮，打开图7-48所示的"基准平面"对话框。

（2）选择"YC-ZC平面"选项，设置偏置距离为33.3，单击"应用"按钮，生成与所选基准平面平行的基准平面1。

（3）选择"YC-ZC平面"选项，设置偏置距离为0，单击"应用"按钮。

（4）选择"XC-ZC平面"选项，设置偏置距离为0，单击"应用"按钮。

（5）选择"XC-YC平面"选项，设置偏置距离为0，单击"确定"按钮，结果如图7-49所示。

12. 创建键槽

（1）选择"菜单"→"插入"→"设计特征"→"腔"命令，打开图7-50所示的"腔"对话框。

图7-48 "基准平面"对话框

图7-49 创建基准平面

（2）单击"矩形"按钮，打开"矩形腔"放置面选择对话框，选择步骤11中创建的基准平面1作为腔的放置面。单击"接受默认边"按钮，使腔的生成方向与默认方向相同。打开"水平参考"对话框，选择 XC-ZC 基准平面作为水平参考面。

（3）打开"矩形腔"参数对话框，设置腔长度为60、宽度为16、深度为30，如图 7-51 所示。

图7-50 "腔"对话框

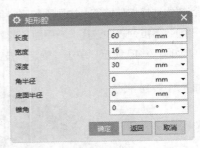

图7-51 "矩形腔"参数对话框

（4）单击"确定"按钮，打开"定位"对话框。单击"垂直"按钮，选择 XC-ZC 基准平面和腔的长中心线，输入距离为 0；选择 XC-YC 基准平面和腔的短中心线，输入距离为 30。最终生成的键槽如图 7-52 所示。

13. 隐藏基准平面和草图

（1）选择"菜单"→"编辑"→"显示和隐藏"→"隐藏"命令，打开"类选择"对话框，单击"类型过滤器"按钮。

（2）打开"按类型选择"对话框，选择"草图"和"基准"选项，单击"确定"按钮。

（3）返回"类选择"对话框，单击"全选"按钮，单击"确定"按钮，隐藏视图中所有的草图和基准平面，最终结果如图 7-21 所示。

图7-52 生成键槽

7.4.3 圆柱压缩弹簧

【执行方式】

此处有视频

● 菜单：选择"菜单"→"GC 工具箱"→"弹簧设计"→"圆柱压缩弹簧"命令。

● 功能区：单击"主页"选项卡"弹簧工具 –GC 工具箱"面板中的"圆柱压缩弹簧"按钮![icon]。（单击"主页"选项卡右侧的"功能区选项"按钮▾，在打开的下拉列表中勾选"弹簧工具 –GC 工具箱组"选项，即可将"弹簧工具 –GC 工具箱"面板添加到"主页"选项卡中。）

【操作步骤】

（1）执行上述操作后，打开"圆柱压缩弹簧"对话框，如图 7-53 所示。

（2）选择类型和创建方式，输入弹簧名称，指定弹簧方向和基点。

（3）单击"下一步"按钮，输入弹簧参数，如图 7-54 所示。

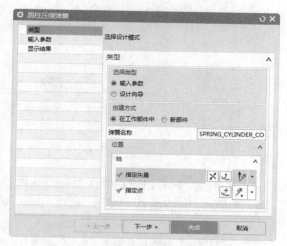

图7-53 "圆柱压缩弹簧"对话框 1

图7-54 "圆柱压缩弹簧"对话框 2

（4）单击"下一步"按钮，对话框中将显示设置的结果，如图 7-55 所示。单击"完成"按钮，创建圆柱压缩弹簧。

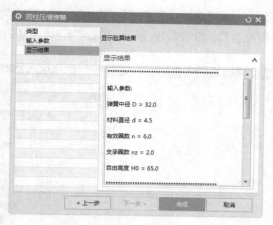

图7-55 "圆柱压缩弹簧"对话框 3

【选项说明】

（1）类型：在对话框中选择类型和创建方式。

（2）输入参数：输入弹簧的各个参数。

（3）显示结果：显示设置好的弹簧的各个参数。

7.4.4 实例——弹簧

【制作思路】

选择 GC 工具箱中的"圆柱压缩弹簧"命令,在对话框中设置弹簧的各个参数,创建弹簧,如图 7-56 所示。

图7-56 弹簧

此处有视频

【绘制步骤】

(1)创建新文件。选择"菜单"→"文件"→"新建"命令或单击快速访问工具栏中的"新建"按钮,打开"新建"对话框。在"模板"列表框中选择"模型",输入名称为"tanhuang",单击"确定"按钮,进入建模环境。

(2)选择"菜单"→"GC 工具箱"→"弹簧设计"→"圆柱压缩弹簧"命令,或单击"主页"选项卡"弹簧工具 -GC 工具箱"面板中的"圆柱压缩弹簧"按钮,打开图 7-57 所示的"圆柱压缩弹簧"对话框。

(3)设置"选择类型"为"输入参数"、"创建方式"为"在工作部件中"、"指定矢量"为 ZC 轴,指定坐标原点为弹簧起始点,采用默认名称,单击"下一步"按钮。

(4)设置"旋向"为"右旋"、"端部结构"为"并紧磨平",输入中间直径为 30、钢丝直径为 4、自由高度为 80、有效圈数为 8、支承圈数为 11,如图 7-58 所示。单击"下一步"按钮。

图7-57 "圆柱压缩弹簧"对话框1

图7-58 "圆柱压缩弹簧"对话框2

（5）此时对话框中显示了弹簧的各个参数，如图 7-59 所示。单击"完成"按钮，完成弹簧的创建，如图 7-60 所示。

图7-59　"圆柱压缩弹簧"对话框3

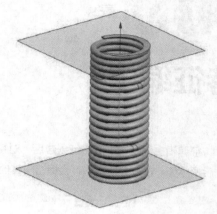

图7-60　创建弹簧

第**08**章

特征编辑

特征编辑主要是指完成特征创建后，对特征不满意的地方进行编辑的过程。用户可以重新调整尺寸、位置和先后顺序等。在多数情况下，会保留与其他对象建立起来的关联，以满足新的设计要求。

/ 重点与难点

- 编辑特征参数
- 特征尺寸
- 编辑位置
- 移动特征、特征重排序
- 抑制特征、由表达式抑制
- 移除参数、编辑实体密度
- 特征重播

8.1 编辑特征参数

【执行方式】

- 菜单：选择"菜单"→"编辑"→"特征"→"编辑参数"命令。
- 功能区：单击"主页"选项卡"编辑特征"面板中的"编辑特征参数"按钮 。（单击

"主页"选项卡右侧的"功能区选项"按钮 ▾，在打开的下拉列表中勾选"编辑特征组"选项，即

可将"编辑特征"面板添加到"主页"选项卡中。）

此处有视频

【操作步骤】

（1）执行上述操作后，打开图 8-1 所示的"编辑参数"对话框。

（2）如果选择的是通过草图创建的特征或简单特征，则会打开相应的特征对话框，直接修改参数即可。如果选择的是放置特征，则会打开图 8-2 所示的"编辑参数"对话框，可以在该对话框中修改特征参数和定位参数。

图8-1　"编辑参数"对话框 1　　　　　　　图8-2　"编辑参数"对话框 2

【选项说明】

（1）特征对话框：单击该按钮，打开相应的特征对话框，其中会列出选中特征的参数名和参数值，并可在其中输入新数值，所有特征都将出现在其中。

（2）重新附着：用于重新定义特征，可以改变特征的位置或方向。具有可以重新附着的特征才出现此按钮。其对话框如图 8-3 所示，部分选项的介绍如下。

① 指定目标放置面：给被编辑的特征指定一个新的附着面。

② 指定参考方向：给被编辑的特征指定新的水平参考。

③ 重新定义定位尺寸：选择定位尺寸并重新定义其位置。

④ 指定第一个通过面：重新定义被编辑的特征的第一个通过面／裁剪面。

⑤ 指定第二个通过面：重新定义被编辑的特征的第二个通过面／裁剪面。

⑥ 指定工具放置面：重新定义用户定义特征（UDF）的工具面。

⑦ 方向参考：选择定义一个新的水平特征参考还是竖直特征参考。

⑧ 反向：将特征的参考方向反向。

⑨ 反侧：将特征重新附着于基准平面时，该按钮用于将特征的法向反向。

⑩ 指定原点：将重新附着的特征移动到指定原点，可以快速重新定位原点。

图8-3　"重新附着"对话框

⑪ 删除定位尺寸：删除选择的定位尺寸。如果特征没有任何定位尺寸，则该按钮不可用。

8.2　实例——连杆 3

【制作思路】

本例绘制连杆 3，如图 8-4 所示，具体方法是在连杆 2 的基础上修改基体的长度。

此处有视频

图8-4　连杆 3

223

【绘制步骤】

1. 打开文件

选择"菜单"→"文件"→"打开"命令或单击快速访问工具栏中的"打开"按钮 ，打开"打开"对话框，选择"link02"文件，单击"OK"按钮，进入建模环境。

2. 另存文件

选择"菜单"→"文件"→"另存为"命令，打开"另存为"对话框，输入文件名为"link03"，单击"OK"按钮，保存文件。

3. 编辑参数

（1）选择"菜单"→"编辑"→"特征"→"编辑参数"命令，或单击"主页"选项卡"编辑特征"面板中的"编辑特征参数"按钮 ，打开"编辑参数"对话框，如图8-5所示。

（2）在对话框中选择"块"特征，单击"确定"按钮，打开"长方体"对话框，修改长度为220，如图8-6所示。

（3）依次单击"确定"按钮，最终生成的连杆如图8-7所示。

图8-5 "编辑参数"对话框 　　图8-6 "长方体"对话框 　　图8-7 生成连杆

8.3 特征尺寸

【执行方式】

此处有视频

- 菜单：选择"菜单"→"编辑"→"特征"→"特征尺寸"命令。
- 功能区：单击"主页"选项卡"编辑特征"面板中的"特征尺寸"按钮 。

【操作步骤】

（1）执行上述操作后，打开图8-8所示的"特征尺寸"对话框。

（2）选择一个要编辑的特征。

图8-8 "特征尺寸"对话框

（3）特征的尺寸将显示在窗口和列表框中。

（4）更改值后，单击"确定"按钮。

【选项说明】

（1）选择特征：选择要编辑的特征，以便进行特征尺寸的编辑。

（2）"尺寸"选项组。

① 选择尺寸：为选定的特征或草图选择单个尺寸。

② 特征尺寸列表：显示选定特征或草图的可选尺寸。

（3）显示为 PMI：用于将选定的特征尺寸转换为 PMI 尺寸。

8.4 实例——连杆 4

【制作思路】

本例绘制连杆 4，如图 8-9 所示，具体方法是在连杆 1 的基础上修改特征尺寸。

图8-9 连杆 4

此处有视频

【绘制步骤】

1. 打开文件

选择"菜单"→"文件"→"打开"命令或单击快速访问工具栏中的"打开"按钮 📂，打开"打开"对话框，选择"link01"文件，单击"OK"按钮，进入建模环境。

2. 另存文件

选择"菜单"→"文件"→"另存为"命令，打开"另存为"对话框，输入文件名为"link04"，单击"OK"按钮，保存文件。

3. 修改草图

（1）选择"菜单"→"编辑"→"特征"→"特征尺寸"命令，或单击"主页"选项卡"编辑特征"面板中的"特征尺寸"按钮 🔲，打开"特征尺寸"对话框。

（2）在特征列表中选择草图特征。

（3）尺寸列表中显示了特征的相关尺寸。

（4）选择 P7=180 的尺寸，输入新的尺寸值为 260，如图 8-10 所示。

（5）单击"应用"按钮，更新拉伸体，如图 8-11 所示。

（6）选择 P4=90 的尺寸，输入新的尺寸值为 130，单击"确定"按钮，完成连杆 4 的创建。

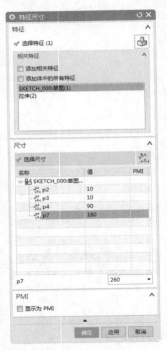

图8-10 "特征尺寸"对话框

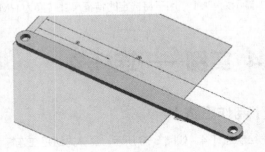

图8-11 更新拉伸体

8.5 编辑位置

使用此命令，可以通过编辑特征的定位尺寸来移动特征。

【执行方式】

● 菜单：选择"菜单"→"编辑"→"特征"→"编辑位置"命令。

● 功能区：单击"主页"选项卡"编辑特征"面板中的"编辑位置"按钮 。

此处有视频

● 快捷菜单：在左侧资源条的"部件导航器"相应对象上右击，在打开的快捷菜单中选择"编辑位置"命令，如图8-12所示。

【操作步骤】

（1）执行上述操作后，打开图8-13所示的"编辑位置"对话框。

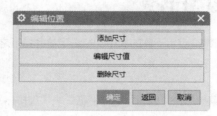

图8-12 快捷菜单   图8-13 "编辑位置"对话框

（2）选择编辑位置的类型。

（3）选择要编辑的尺寸。

（4）修改尺寸值。

（5）单击"确定"按钮，完成位置编辑。

【选项说明】

（1）添加尺寸：用于给特征增加定位尺寸。

（2）编辑尺寸值：允许通过改变选中的特征定位尺寸来移动特征。

（3）删除尺寸：用于从特征中删除选中的定位尺寸。

8.6 移动特征

使用此命令，可将非关联的特征和非参数化的体移到新位置。

【执行方式】

● 菜单：选择"菜单"→"编辑"→"特征"→"移动"命令。

● 功能区：单击"主页"选项卡"编辑特征"面板中的"移动特征"按钮 ☝。

此处有视频

【操作步骤】

（1）执行上述操作后，打开"移动特征"列表对话框。

（2）选择要移动的特征，单击"确定"按钮，打开图 8-14 所示的"移动特征"对话框。

（3）直接输入移动距离或选择移动方式，单击"确定"按钮，移动所选特征。

图8-14 "移动特征"对话框

【选项说明】

（1）DXC、DYC、DZC：用矩形（XC 增量、YC 增量、ZC 增量）坐标指定距离和方向，并以此移动特征，此时特征相对于工作坐标系做移动。

（2）至一点：用于将特征从参考点移动到目标点。

（3）在两轴间旋转：在参考轴和目标轴之间旋转特征来移动特征。

（4）坐标系到坐标系：将特征从参考坐标系中的位置重定位到目标坐标系中。

8.7 特征重排序

该命令用于更改将特征应用于体的次序。在选定参考特征之前或之后，可对所需要的特征重排序。

【执行方式】

● 菜单：选择"菜单"→"编辑"→"特征"→"重排序"命令。

● 功能区：单击"主页"选项卡"编辑特征"面板中的"特征重排序"按钮 。

此处有视频

【操作步骤】

（1）执行上述操作后，打开图 8-15 所示的"特征重排序"对话框。

（2）在"参考特征"列表框中选择特征。

（3）在"选择方法"选项组中选择"之前"或"之后"单选项。

（4）单击"确定"按钮，重新排序特征。

图8-15 "特征重排序"对话框

【选项说明】

（1）参考特征：列出部件中出现的特征，所有特征连同其圆括号中的时间标记一起出现于该列表框中。

（2）选择方法：用来指定如何重排序"重定位"特征，允许选择相对"参考"特征来放置"重定位"特征。

① 之前：选中的"重定位"特征将被移动到"参考"特征之前。

② 之后：选中的"重定位"特征将被移动到"参考"特征之后。

（3）重定位特征：允许选择相对于"参考"特征要移动的"重定位"特征。

8.8 抑制特征

该命令用于临时从目标体和显示中删除一个或多个特征，当抑制有关联的特征时，相关联的特征也会被抑制。抑制特征用于减小模型的大小，可加快创建、选择对象、编辑和显示的速度。抑制的特征依然存在于数据库中，只是从模型中删除了。

此处有视频

【执行方式】

● 菜单：选择"菜单"→"编辑"→"特征"→"抑制"命令。
● 功能区：单击"主页"选项卡"编辑特征"面板中的"抑制特征"按钮 🔧。

【操作步骤】

（1）执行上述操作后，打开图 8-16 所示的"抑制特征"对话框。
（2）在特征列表框中选择要抑制的特征。
（3）单击"确定"按钮，抑制特征。

【选项说明】

（1）列出相关对象：勾选此复选框，选择特征后，与该特征相关的特征都会显示到"选定的特征"列表框中。
（2）选定的特征：在特征列表框中选择的特征将添加到此列表框中。

图8-16 "抑制特征"对话框

8.9 由表达式抑制

使用该命令，可利用表达式编辑器来抑制特征，此表达式编辑器提供了一个可编辑的抑制表达式列表。

【执行方式】

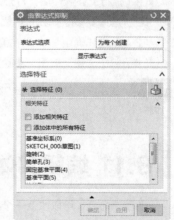
此处有视频

● 菜单：选择"菜单"→"编辑"→"特征"→"由表达式抑制"命令。
● 功能区：单击"主页"选项卡"编辑特征"面板中的"由表达式抑制"按钮 🔧。

【操作步骤】

（1）执行上述操作后，打开图 8-17 所示的"由表达式抑制"对话框。
（2）选择一个或多个要为其指定抑制表达式的特征。
（3）单击"确定"按钮，创建抑制表达式。

【选项说明】

1. "表达式选项"下拉列表

（1）为每个创建：允许为每一个选中的特征生成单个抑制表达式。对话框显示的所有特征可以是被抑制的、被释放的，以及无抑制表达式的特征。如果选中的特征被抑制，则其新的抑制表达式的值为 0，否则为 1。按升序自动生成抑制表达式（即 p22，p23，p24……）。

图8-17 "由表达式抑制"对话框

（2）创建共享的：允许生成被所有选中特征共用的单个抑制表达式。对话框显示的所有特征可以是被抑制的、被释放的，以及无抑制表达式的特征。所有选中的特征必须具有相同的状态，即都是被抑制的或者都是被释放的。如果它们是被抑制的，则其抑制表达式的值为 0，否则为 1。当编辑表达式时，如果任何特征被抑制或被释放，则其他有相同表达式的特征也被抑制或被释放。

（3）为每个删除：允许删除选中特征的抑制表达式。对话框显示具有抑制表达式的所有特征。

（4）删除共享的：允许删除选中特征共有的抑制表达式。对话框显示包含共有的抑制表达式的所有特征。如果选择特征，则对话框高亮显示共有该相同表达式的其他特征。

2. 显示表达式

在"信息"窗口中显示由抑制表达式控制的所有特征。

3. "选择特征"选项组

（1）选择特征：选择一个或多个要为其指定抑制表达式的特征。

（2）添加相关特征：选择相关特征和所选的父特征。父特征及其相关特征都由抑制表达式控制。

（3）添加体中的所有特征：选择所选体中的所有特征。体和体中的任何特征都由抑制表达式控制。

（4）特征列表：列出符合选择条件的所有特征。

8.10 移除参数

该命令允许从一个或多个实体和片体中删除所有参数。用户还可以使用该命令从与特征相关联的曲线和点中删除参数，使其成为非相关联。

【执行方式】

此处有视频

● 菜单：选择"菜单"→"编辑"→"特征"→"移除参数"命令。

● 功能区：单击"主页"选项卡"编辑特征"面板中的"移除参数"按钮 ⅩⅩ。

【操作步骤】

（1）执行上述操作后，打开图 8-18 所示的"移除参数"对话框。

（2）选择要移除参数的对象。

（3）单击"确定"按钮，打开"移除参数"警告对话框。

（4）单击"是"按钮，移除对象参数。

图8-18 "移除参数"对话框

> **提示** 当用户需要传送自己的文件，但不希望别人看到自己在建模过程中使用的具体参数时，可以使用该方法移除参数。

8.11 编辑实体密度

使用该命令，可以改变一个或多个已有实体的密度或密度单位。改变密度单位，系统会重新计算新单位的当前密度值，也可以根据需要改变密度值。

【执行方式】

此处有视频

● 菜单：选择"菜单"→"编辑"→"特征"→"实体密度"命令。

● 功能区：单击"主页"选项卡"编辑特征"面板中的"编辑实体密度"按钮 。

【操作步骤】

（1）执行上述操作后，打开图 8-19 所示的"指派实体密度"对话框。

（2）选择要编辑的实体。

（3）选择所需的单位。

（4）输入密度值。

（5）单击"确定"按钮。

【选项说明】

（1）体：选择要编辑的一个或多个实体。

（2）实体密度：指定实体密度的值。

（3）单位：指定实体密度的单位。

图8-19 "指派实体密度"对话框

8.12 特征重播

使用该命令，可查看是如何使用特征来构造模型的。当需要修改继承的模型时，这一命令特别有用。

用户可以进行以下操作。

（1）在特征重播过程中查看特征是否存在问题，并在必要时修复问题。重播停止时显示的特征自动成为当前特征。

此处有视频

（2）手动在模型的特征中步进。

（3）播放、暂停并选择起始特征以使用播放命令来进行模型重播。

（4）设置自动重播中每一步的时间间隔。

【执行方式】

● 菜单：选择"菜单"→"编辑"→"特征"→"重播"命令。

● 功能区：单击"主页"选项卡"编辑特征"面板中的"特征重播"按钮 。

【操作步骤】

（1）执行上述操作后，打开图 8-20 所示的"特征重播"对话框。

（2）选择开始时，将部件回放至其第一个特征。选择播放时，从当前选定特征开始重播。

【选项说明】

（1）时间戳记数：用于指定要开始重播的特征的时间戳记数，可以在文本框中输入数值或拖曳滑块。

（2）步骤之间的秒数：指定重播特征时每个步骤之间暂停的秒数。

图8-20 "特征重播"对话框

第**09**章

装配建模

UG 的装配模块不仅能快速地组合零部件成为产品。在装配过程中，可以参考其他部件进行部件关联设计，还可以对装配模型进行间隙分析和重量管理等相关操作。在完成装配后，还可以建立爆炸视图和动画。

/ 重点与难点

- 装配基础
- 装配导航器
- 引用集
- 组件装配
- 装配爆炸图
- 对象干涉检查
- 部件族
- 装配序列化

9.1 装配基础

9.1.1 进入装配环境

（1）选择"菜单"→"文件"→"新建"命令或单击快速访问工具栏中的"新建"按钮□，打开图 9-1 所示的"新建"对话框。

此处有视频

（2）选择"装配"模板，单击"确定"按钮，打开"添加组件"对话框。

（3）在"添加组件"对话框中单击"打开"按钮，打开装配零件后进入装配环境。

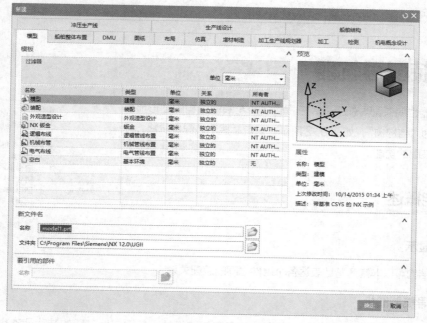

图9-1 "新建"对话框

9.1.2 相关术语和概念

下面介绍装配中的常用术语。

（1）装配：在装配过程中建立部件之间的连接功能，由装配部件和子装配组成。

（2）装配部件：由零件和子装配构成的部件。在 UG 中允许向任何一个 PRT 文件中添加部件 构成装配，因此任何一个 PRT 文件都可以作为装配部件。UG 中零件和部件不必严格区分。需要注意的是，当存储一个装配时，各部件的实际几何数据并不是存储在装配部件文件中，而是存储在相应的部件（即零件文件）中。

此处有视频

（3）子装配：在高一级装配中被用作组件的装配，子装配也可以拥有自己的组件。子装配是一个相对概念，任何一个装配都可在更高级的装配中作为子装配。

（4）组件对象：一个从装配部件链接到部件主模型的指针实体。一个组件对象记录的信息有部件名称、层、颜色、线型、线宽、引用集和配对条件等。

（5）组件部件：装配里组件对象所指的部件文件。组件部件可以是单个部件（即零件），也可以是子装配。需要注意的是，组件部件是装配体引用，而不是复制到装配体中的。

（6）单个零件：在装配外存在的零件几何模型，它可以添加到一个装配中去，但它本身不能含有下级组件。

（7）主模型：利用 Master Model 功能来创建的装配模型，它是由单个零件组成的装配组件，是供 UG 模块共同引用的部件模型。同一主模型，可同时被工程图、装配、加工、机构分析和有限元分析等模块引用，当主模型被修改时，相关引用会自动更新。

（8）自顶向下装配：在装配级中创建与其他部件相关的部件模型，是从装配部件的顶级向下生成子装配和部件（即零件）的装配方法。

（9）自底向上装配：先创建部件几何模型，再组合成子装配，最后生成装配部件的装配方法。

（10）混合装配：将自顶向下装配和自底向上装配结合在一起的装配方法。例如，先创建几个主要部件模型，再将其装配到一起，然后在装配中设计其他部件。

9.2 装配导航器

装配导航器也叫装配导航工具，它提供了一个装配结构的图形显示界面，也被称为"结构树"，如图 9-2 所示。只有掌握了装配导航器，才能灵活地运用装配的功能。

9.2.1 功能概述

1. 结点显示

装配树形结构可以非常清楚地表达各个组件之间的装配关系。

2. 装配导航器图标

装配结构树中用不同的图标来表示装配中的子装配和组件，各零部件不同的装载状态也用不同的图标表示。

（1）：表示装配或子装配。

① 如果是黄色图标，则此装配在工作部件内。

② 如果是黑色实线图标，则此装配不在工作部件内。

③ 如果是灰色虚线图标，则此装配已被关闭。

（2）：表示装配结构树组件。

① 如果是黄色图标，则此组件在工作部件内。

② 如果是黑色实线图标，则此组件不在工作部件内。

③ 如果是灰色虚线图标，则此组件已被关闭。

3. 检查盒

检查盒提供了快速确定部件工作状态的方法，允许用户用一个非常简单的方法装载并显示部件。部件工作状态用检查盒指示器表示。

（1）□：表示当前组件或子装配处于关闭状态。

（2）☑：表示当前组件或子装配处于隐藏状态，此时检查框显示为灰色。

（3）☑：表示当前组件或子装配处于显示状态，此时检查框显示为红色。

4. 快捷菜单

如果将鼠标指针移动到装配结构树的一个结点上或选择若干个结点并单击鼠标右键，则会打开快捷菜单，其中提供了很多便捷命令，以方便用户操作，如图 9-3 所示。

图9-3 快捷菜单

9.2.2 预览面板和依附性面板

"预览"面板是装配导航器的一个扩展区域，其中显示了装载或未装载的组件。在处理大装配时，该面板有助于用户根据需要打开组件，从而更好地掌握其装配性能。

"依附性"面板是装配导航器和部件导航器的一个特殊扩展。装配导航器的"依附性"面板用于查看部件或装配内选定对象的依附性，包括配对约束和 WAVE 依附性，可以用它来分析修改计划对部件或装配的潜在影响。

此处有视频

9.3 引用集

各部件含有草图、基准平面和其他辅助图形对象，如果在装配中显示所有对象，不但容易混淆图形，而且还会占用大量内存，不利于装配工作的进行。"引用集"命令则用于限制加载于装配图中的装配部件的不必要信息。

此处有视频

引用集是用户在零部件中定义的部分几何对象，它代表相应的零部件参与装配。引用集可以包含下列数据对象：零部件名称、原点、方向、几何体、坐标系、基准轴、基准平面和属性等。创建完引用集后，就可以单独装配到部件中。一个零部件可以有多个引用集。

【执行方式】

- 菜单：选择"菜单"→"格式"→"引用集"命令。

【操作步骤】

执行上述操作后，系统打开图 9-4 所示的"引用集"对话框。

【选项说明】

（1）添加新的引用集：创建新的引用集。单击该按钮后，输入引用集的名称，并选取对象。

（2）移除：已创建引用集的项目可以选择性地删除，删除引用集项目只是在目录中删除。

（3）设为当前的：把对话框中选取的引用集设定为当前的引用集。

（4）属性：编辑引用集的名称和属性。

（5）信息：显示工作部件的全部引用集的名称、属性和对象个数等信息。

图9-4 "引用集"对话框

9.4 组件

自底向上装配的设计方法是常用的装配方法，即先设计装配中的部件，再将部件添加到装配中，由底向上逐级进行装配。

9.4.1 添加组件

【执行方式】

- 菜单：选择"菜单"→"装配"→"组件"→"添加组件"命令。

此处有视频

● 功能区：单击"主页"选项卡"装配"面板中的"添加"按钮。

【操作步骤】

（1）执行上述操作后，打开图 9-5 所示的"添加组件"对话框。

（2）如果要进行装配的部件还没有打开，可以单击"打开"按钮，选择需装配的部件。已经打开的部件的名字会出现在"已加载的部件"列表框中，可以从中直接选择。

（3）设置相关选项后，单击"确定"按钮，添加组件。

【选项说明】

1. 要放置的部件

该选项组用于指定要添加到组件中的部件。

（1）选择部件：选择要添加到工作部件中的一个或多个部件。

（2）已加载的部件：列出当前已加载的部件。

（3）最近访问的部件：列出最近添加的部件。

（4）打开：单击此按钮，打开"部件名"对话框，选择要添加到工作部件中的一个或多个部件。

（5）保持选定：在单击"应用"按钮之后保持部件选择，从而可在下一个添加操作中快速添加这些部件。

（6）数量：为添加的部件设置要创建的实例数量。

图9-5 "添加组件"对话框

2. 位置

（1）装配位置：用于选择组件锚点在装配中的初始放置位置。

① 对齐：选择位置来定义坐标系。

② 绝对坐标系－工作部件：将组件放置于当前工作部件的绝对原点。

③ 绝对坐标系－显示部件：将组件放置于显示装配的绝对原点。

④ 工作坐标系：将组件放置于工作坐标系。

（2）循环定向：用于根据装配位置指定不同的组件方向。

3. 放置

（1）约束：按照几何对象之间的配对关系指定部件在装配图中的位置。

（2）移动：用于通过"点"对话框或坐标系操控器指定部件的方向。

4. 设置

（1）分散组件：可自动将组件放置在各个位置，以使组件不重叠。

（2）保持约束：创建用于放置组件的约束，可以在装配导航器和约束导航器中选择这些约束。

（3）预览：在图形窗口中显示组件的预览效果。

（4）启用预览窗口：在单独的组件预览窗口中显示组件的预览效果。

（5）名称：将当前所选组件的名称设置为指定的名称。

（6）引用集：设置已添加组件的引用集。

（7）图层选项：用于指定部件放置的目标层。

① 工作的：用于将指定部件放置到装配图的工作层中。

② 原始的：用于将部件放置到部件原来的层中。

③ 按指定的：用于将部件放置到指定的层中。选择该选项后，在其下方的指定"层"文本框中输入需要的层号即可。

9.4.2 新建组件

 【执行方式】

此处有视频

● 菜单：选择"菜单"→"装配"→"组件"→"新建组件"命令。

● 功能区：单击"主页"选项卡"装配"面板中的"新建"按钮。

【操作步骤】

（1）执行上述操作后，打开"新组件文件"对话框。设置相关参数后，单击"确定"按钮。

（2）打开图9-6所示的"新建组件"对话框。

（3）设置相关参数。

（4）单击"确定"按钮，新建组件。

图9-6 "新建组件"对话框

【选项说明】

1. 对象

（1）选择对象：允许选择对象，以创建包含几何体的新组件。

（2）添加定义对象：勾选此复选框后，可以在新组件部件文件中包含所有参数对象。

2. 设置

（1）组件名：指定新组件的名称。

（2）引用集：在要添加所有选定几何体的新组件中指定引用集。

（3）引用集名称：指定组件引用集的名称。

（4）组件原点：指定绝对坐标系在组件部件内的位置。

① WCS：指定绝对坐标系的位置和方向与显示部件的 WCS 相同。

② 绝对坐标系：指定保留对象的绝对坐标位置。

（5）删除原对象：勾选此复选框后，在删除原始对象时，会将选定对象移至新部件。

9.4.3 替换组件

使用此命令，可移除现有组件，并用另一个类型为 PRT 文件的组件将其替换。

【执行方式】

此处有视频

● 菜单：选择"菜单"→"装配"→"组件"→"替换组件"命令。

● 功能区：单击"主页"选项卡"装配"面板中的"替换组件"按钮。

【操作步骤】

（1）执行上述操作后，打开图 9-7 所示的"替换组件"对话框。

（2）选择一个或多个要替换的组件。

（3）选择替换件。

（4）单击"确定"按钮，替换组件。

【选项说明】

（1）要替换的组件：选择一个或多个要替换的组件。

（2）"替换件"选项组。

① 选择部件：在图形窗口、已加载列表或未加载列表中选择替换组件。

② 已加载的部件：显示所有加载的组件。

③ 未加载的部件：显示候选替换部件列表中的组件。

④ 浏览：浏览包含部件的目录。

（3）"设置"选项组。

① 保持关系：指定在替换组件后是否尝试维持关系。

② 替换装配中的所有事例：指定在替换组件时是否替换所有事例。

③ 组件属性：允许指定替换组件的名称、引用集和图层属性。

图9-7　"替换组件"对话框

9.4.4 阵列组件

使用此命令，可以为装配中的组件创建指定名称的关联阵列。

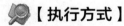

此处有视频

【执行方式】

● 菜单：选择"菜单"→"装配"→"组件"→"阵列组件"命令。

● 功能区：单击"主页"选项卡"装配"面板中的"阵列组件"按钮 。

【操作步骤】

（1）执行上述操作后，打开图 9-8 所示的"阵列组件"对话框。

（2）选择要阵列的组件，选择阵列定义类型，并设置阵列参数。

（3）单击"确定"按钮。

【选项说明】

"阵列组件"对话框的选项与 6.3.1 小节中"阵列特征"对话框的选项类似，这里就不具体讲述。

图9-8　"阵列组件"对话框

9.5 组件装配

9.5.1 移动组件

使用此命令，可在装配中移动并有选择地复制组件，可以选择并移动具有同一父项的多个组件。

此处有视频

【执行方式】

● 菜单：选择"菜单"→"装配"→"组件位置"→"移动组件"命令。
● 功能区：单击"主页"选项卡"装配"面板中的"移动组件"按钮 。

【操作步骤】

（1）执行上述操作后，打开图9-9所示的"移动组件"对话框。
（2）在对话框中选择运动类型。
（3）选择一个或多个要移动的组件。
（4）设置其他选项。
（5）单击"确定"按钮，移动组件。

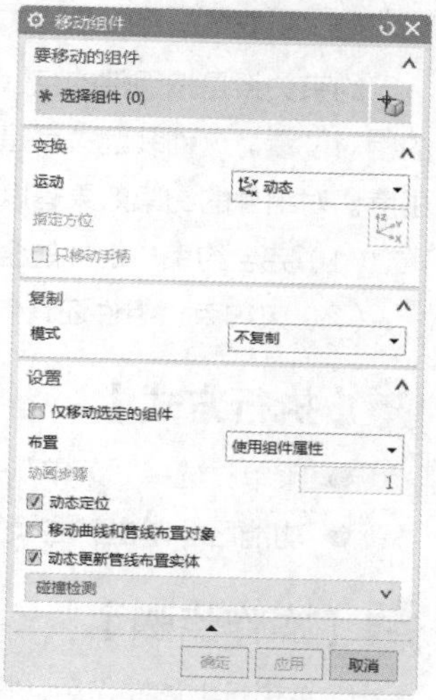

【选项说明】

1."运动"下拉列表

（1） 动态：用于通过拖动、使用图形窗口中的文本框或通过"点"对话框来移动组件。

（2） 根据约束：用于通过创建移动组件的约束来移动组件。

（3） 点到点：以点到点的方式移动组件。单击"点"对话框按钮，打开"点"对话框，根据提示先后选择两个点，系统根据这两点构成的矢量来移动组件。

（4） 增量XYZ：用于沿X、Y和Z坐标轴方向移动一定距离。如果输入的值为正，则沿坐标轴正向移动；反之，则沿负向移动。

（5） 角度：用于指定矢量和轴点来旋转组件，在"角度"文本框中输入要旋转的角度值。

（6） 距离：用于指定矢量和距离来移动组件，在"距离"文本框中输入要移动的距离值。

（7） 坐标系到坐标系：根据两个坐标系的关系移动所选组件。选择一种坐标定义方式定义参考坐标系和目标坐标系，则组件从参考坐标系的相对位置移动到目标坐标系的对应位置。

（8） 将轴与矢量对齐：使用两个指定矢量和一个枢轴点来移动所选的组件。

（9） 根据三点旋转：根据指定的3个点旋转所选的组件。单击"点对话框"按钮，打开"点"对话框，根据要求先后指定3个点，WCS将原点落到第一个点，同时计算1、2点构成的矢量和1、3点构成的矢量之间的夹角，并按照这个夹角旋转组件。

2."模式"下拉列表

（1）不复制：在移动过程中不复制组件。

图9-9 "移动组件"对话框

（2）复制：在移动过程中自动复制组件。

（3）手动复制：在移动过程中复制组件，并允许控制副本的创建时间。

3."设置"选项组

（1）仅移动选定的组件：用于移动选定的组件，约束到所选组件的其他组件不会移动。

（2）动画步骤：在图形窗口中设置组件移动的步数。

（3）动态定位：勾选此复选框，将对约束求解并移动组件。

（4）移动曲线和管线布置对象：勾选此复选框，将对对象和非关联曲线进行布置，使其在用于约束时进行移动。

（5）动态更新管线布置实体：勾选此复选框，可以在移动对象时动态更新管线布置对象位置。

9.5.2 组件的装配约束

约束关系是指组件的点、边、面等几何对象之间的配对关系。约束关系用于确定组件在装配中的相对位置。这种装配关系是由一个或多个关联约束组成的，关联约束用于限制组件在装配中的自由度。对组件的约束效果有以下两种。

此处有视频

（1）完全约束：组件的全部自由度都被约束，在图形窗口中看不到约束符号。

（2）欠约束：组件还有自由度没被限制。在装配中允许欠约束存在。

【执行方式】

● 菜单：选择"菜单"→"装配"→"组件位置"→"装配约束"命令。

● 功能区：单击"主页"选项卡"装配"面板中的"装配约束"按钮。

【操作步骤】

（1）执行上述操作后，打开图9-10所示的"装配约束"对话框。

（2）选择约束类型。

（3）在视图中选择装配对象。

（4）单击"确定"按钮，完成装配约束。

【选项说明】

（1）接触对齐：约束两个组件，使它们彼此接触或对齐。

① 首选接触：当接触和对齐都有可能时，显示接触约束；当接触约束过度约束装配时，显示对齐约束。

② 接触：约束对象，使其曲面法向在反方向上。

③ 对齐：约束对象，使其曲面法向在相同的方向上。

④ 自动判断中心/轴：使圆锥面、圆柱面、球面或圆环面的中心或轴线重合。

（2）同心：将相配组件中的一个对象定位到基础组件中的一个对象的中心上，其中一个对象必须是圆柱或轴对称实体。

（3）距离：用于指定两个相配对象间的最小距离。距离可以是正值，也可以是负值，正负号用于确定相配组件在基础组件的哪一侧。距离由"距离表达式"选项的数值确定。

（4）固定：将组件固定在其当前位置上。

图9-10 "装配约束"对话框

（5）⚞平行：约束两个对象的方向矢量彼此平行。

（6）⚞垂直：约束两个对象的方向矢量彼此垂直。

（7）⚞对齐/锁定：对齐不同对象中的两个轴，同时防止绕公共轴旋转。

（8）═适合窗口：将半径相等的两个对象结合在一起。

（9）⚞胶合：将对象约束在一起，以使它们作为刚体移动。

（10）⚞中心：用于约束两个对象的中心，使其中心对齐。有以下 3 个子类型。

① 1 对 2：将相配组件中的一个对象定位到基础组件中的两个对象的中心上。

② 2 对 1：将相配组件中的两个对象定位到基础组件中的一个对象的中心上，并与其对称。

③ 2 对 2：将相配组件中的两个对象定位到基础组件中的两个对象的中心上，并成对称布置。

（11）⚞角度：在两个对象之间定义角度，用于约束匹配组件，使其在正确的方向上。

9.5.3 显示和隐藏约束

使用此命令，可以控制选定的约束、与选定组件相关联的所有约束和选定组件之间的约束的可见性。

此处有视频

【执行方式】

● 菜单：选择"菜单"→"装配"→"组件位置"→"显示和隐藏约束"命令。
● 功能区：单击"装配"选项卡"组件位置"面板中的"显示和隐藏约束"按钮⚞。

【操作步骤】

（1）执行上述操作后，打开图 9-11 所示的"显示和隐藏约束"对话框。

（2）选择要显示或隐藏的约束所属的组件。

（3）在"设置"选项组中设置相关参数。

（4）单击"确定"按钮，完成约束的显示或隐藏。

图9-11 "显示和隐藏约束"对话框

【选项说明】

（1）选择组件或约束：选择操作中使用的约束所属的组件或各个约束。

（2）"设置"选项组。

① 可见约束：用于指定在操作之后进行可见约束的，是只有选定组件之间的约束，还是与选定组件相连接的所有约束。

② 更改组件可见性：用于指定是否仅操作结果中涉及的组件可见。

③ 过滤装配导航器：用于指定是否在装配导航器中过滤操作结果中未涉及的组件。

9.5.4 实例——装配球摆

【制作思路】

本例装配球摆，如图 9-12 所示。首先将支架装配到坐标原点，然后对球摆和支架进行接触、距离和角度装配。

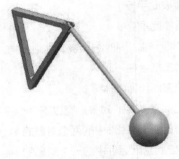

此处有视频

图9-12 装配球摆

【绘制步骤】

1. 新建文件

选择"菜单"→"文件"→"新建"命令，或单击快速访问工具栏中的"新建"按钮，打开"新建"对话框，选择"装配"模板，输入文件名为"qiubai"，如图 9-13 所示。单击"确定"按钮，进入装配环境。

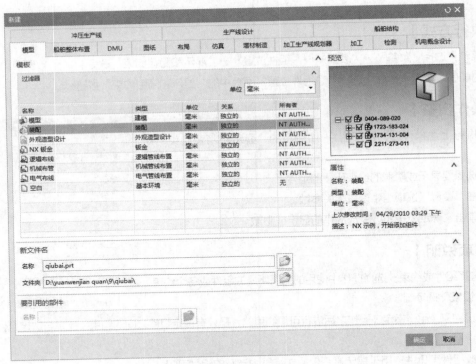

图9-13 "新建"对话框

2. 添加支架零件到坐标原点

（1）选择"菜单"→"装配"→"组件"→"添加组件"命令，或单击"主页"选项卡"装配"面板中的"添加"按钮，打开"添加组件"对话框，如图 9-14 所示。

在进行装配前，此对话框的"已加载的部件"列表框中是空的，但是随着装配的进行，该列表框中将显示所有加载进来的零部件文件的名称，以便管理和使用。单击"打开"按钮，打开"部件名"对话框，如图9-15 所示。

图9-14 "添加组件"对话框

图9-15 "部件名"对话框

（2）在"部件名"对话框中选择已有的零部件文件，勾选右侧的"预览"复选框可以预览零部件。这里选择"zhijia.prt"文件，右侧预览区域显示出该文件中保存的支架实体，单击"OK"按钮，打开"组件预览"窗口，如图9-16所示。

（3）在"添加组件"对话框的"引用集"下拉列表中选择"模型"选项，在"装配位置"下拉列表中选择"绝对坐标系–工作部件"选项，在"图层选项"下拉列表中选择"原始的"选项，单击"确定"按钮，按绝对坐标定位方法添加支架零件，结果如图9-17所示。

3. 添加球摆零件并装配

（1）选择"菜单"→"装配"→"组件"→"添加组件"命令，或单击"主页"选项卡"装配"面板中的"添加"按钮，打开"添加组件"对话框。单击"打开"按钮，打开"部件名"对话框，选择"bai.prt"文件，右侧预览区域显示出球摆实体的预览图。单击"OK"按钮，打开"组件预览"窗口，如图9-18所示。

图9-16 "组件预览"窗口1

图9-17 添加支架

图9-18 "组件预览"窗口2

（2）在"添加组件"对话框的"引用集"下拉列表中选择"模型"选项，在"放置"选项组中选择"约束"单选项，在"图层选项"下拉列表中选择"原始的"选项。

（3）在"约束类型"列表框中选择"距离"类型，选择支架端面和球摆端面，如图 9-19 所示，输入距离为 3.5，按 Enter 键。

（4）在"约束类型"列表框中选择"接触对齐"类型，在"方位"下拉列表中选择"自动判断中心 / 轴"选项，选择支架圆台的圆柱面和球摆孔的圆柱面，如图 9-20 所示。

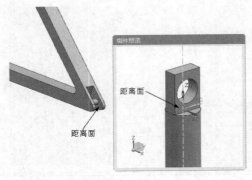

图9-19　距离约束

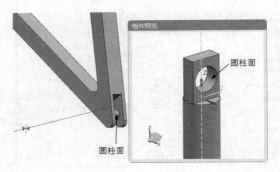

图9-20　中心约束

（5）在"约束类型"列表框中选择"角度"类型，选择支架的前端面和球摆的圆柱面，如图 9-21 所示，设置角度为 90°，单击"确定"按钮。

完成支架和球摆的装配，结果如图 9-22 所示。

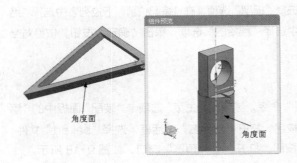

图9-21　角度约束

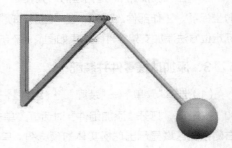

图9-22　支架和球摆的装配

9.6 装配爆炸图

生成爆炸图是在装配环境下把组成装配的组件拆分开，以更好地表达整个装配的组成情况，便于观察每个组件的一种方法。爆炸图是一个已经命名的视图，一个模型中可以有多张爆炸图。UG 默认的爆炸图名称为"Explosion"后加数字。用户也可根据需要指定爆炸图名称。

9.6.1 新建爆炸

使用此命令，可创建新的爆炸图，组件将在其中以可见方式重定位。

此处有视频

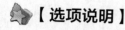【执行方式】

● 菜单：选择"菜单"→"装配"→"爆炸图"→"新建爆炸"命令。

【操作步骤】

（1）执行上述操作后，打开图9-23所示的"新建爆炸"对话框。

（2）在对话框中输入新名称。

（3）单击"确定"按钮，创建新的爆炸图。

图9-23　"新建爆炸"对话框

【选项说明】

名称：在文本框中指定爆炸图的名称，不指定则使用默认名称。

9.6.2 自动爆炸组件

使用此命令，可以定义爆炸图中一个或多个选定组件的位置。此命令可用于沿基于组件的装配约束的法向矢量偏置每个选定的组件。

此处有视频

【执行方式】

● 菜单：选择"菜单"→"装配"→"爆炸图"→"自动爆炸组件"命令。

【操作步骤】

（1）执行上述操作后，打开"类选择"对话框，选择要偏置的组件。

（2）打开图9-24所示的"自动爆炸组件"对话框。

（3）在对话框中输入距离值。

（4）单击"确定"按钮，创建新的爆炸图。

图9-24　"自动爆炸组件"对话框

【选项说明】

距离：用于设置自动爆炸组件之间的距离。

9.6.3 编辑爆炸

使用此命令，可以重新定位爆炸图中选定的一个或多个组件。

【执行方式】

此处有视频

● 菜单：选择"菜单"→"装配"→"爆炸图"→"编辑爆炸"命令。

【操作步骤】

（1）执行上述操作后，系统打开图9-25所示的"编辑爆炸"对话框。

（2）选择需要编辑的组件。

（3）选择移动对象和移动方式。

（4）单击"确定"按钮，编辑爆炸图。

图9-25　"编辑爆炸"对话框

【选项说明】

（1）选择对象：选择要编辑的组件。

（2）移动对象：用于移动选定的组件。

（3）只移动手柄：用于移动手柄而不移动任何其他对象。

（4）距离 / 角度：用于设置距离或角度，以重新定位所选组件。

（5）对齐增量：勾选此复选框后，可以在拖动手柄时为移动的距离或旋转的角度设置捕捉增量。

（6）取消爆炸：将选定的组件移回其未爆炸的位置。

（7）原始位置：将所选组件移回它在装配中的原始位置。

9.7 对象干涉检查

 【执行方式】

此处有视频

● 菜单：选择"菜单"→"分析"→"简单干涉"命令。

【操作步骤】

（1）执行上述操作后，打开图 9-26 所示的"简单干涉"对话框。

（2）选择第一体。

（3）选择第二体。

（4）在"干涉检查结果"选项组中设置参数。

（5）单击"确定"按钮，完成干涉检查。

【选项说明】

（1）选择体：用于以产生干涉体的方式显示发生干涉的对象。在选择了要检查的实体后，会在工作区中产生一个干涉实体，以便用户快速地找到发生干涉的对象。

（2）要高亮显示的面：主要用于以加亮表面的方式显示干涉的表面。选择要检查干涉的第一体和第二体后，系统将高亮显示发生干涉的面。

图9-26 "简单干涉"对话框

9.8 部件族

部件族提供通过一个模板零件快速定义一类部件（零件或装配）的方法。该命令主要用于建立一系列标准件，可以一次生成所有的相似组件。

此处有视频

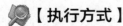 **【执行方式】**

● 菜单：选择"菜单"→"工具"→"部件族"命令。

 **【操作步骤】**

执行上述操作后，打开图 9-27 所示的"部件族"对话框。

【选项说明】

（1）可用的列：该下拉列表中列出了用来驱动系列组件的参数选项。

① 表达式：选择表达式作为模板，使用不同的表达式值来生成系列组件。

② 属性：将定义好的属性值设为模板，可以为系列组件生成不同的属性值。

③ 组件：选择装配中的组件作为模板，用以生成不同的装配。

④ 镜像：选择镜像体作为模板，同时可以选择是否生成镜像体。

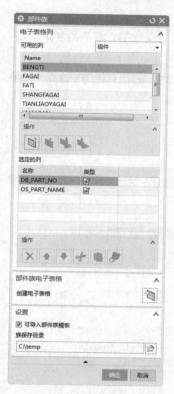

图9-27 "部件族"对话框

⑤ 密度：选择密度作为模板，可以为系列组件生成不同的密度值。

⑥ 特征：选择特征作为模板，同时可以选择是否生成指定的特征。

⑦ 赋予质量：选择质量作为模板，可以为系列组件生成不同的质量。

（2）可导入部件族模板：用于连接 UG/Manager 和 IMAN 以进行产品管理，一般情况下保持默认即可。

（3）族保存目录：可以单击"浏览"按钮来指定生成的系列组件的存放目录。

（4）创建电子表格：单击该按钮后，系统会自动调用 Excel 并创建表格，选中的条目会被列在其中，如图 9-28 所示。

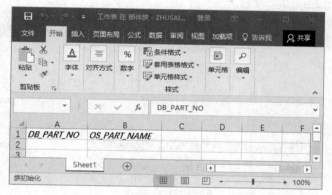

图9-28 创建Excel表格

9.9 装配序列化

装配序列化的作用主要有两个：一是规定一个装配的每个组件的时间与成本特性；二是演示装配顺序，指导一线的装配工人进行现场装配。

完成组件装配后，可建立序列化来表达装配各组件的装配顺序。

此处有视频

【执行方式】

● 菜单：选择"菜单"→"装配"→"序列"命令。

● 功能区：单击"装配"选项卡"常规"面板中的"序列"按钮。

【操作步骤】

执行上述操作后，打开图 9-29 所示的"主页"选项卡。

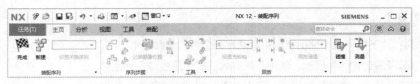

图9-29 "主页"选项卡

【选项说明】

（1）完成：退出序列化环境。

（2）新建：用于创建一个序列。系统会自动将这个序列命名为"序列_1"，此后新建的序列的名称为"序列_2""序列_3"，依此类推。用户也可以自己修改名称。

（3）插入运动：单击此按钮，打开图9-30所示的"录制组件运动"工具栏。该工具栏用于建立一段装配动画模拟。

① 选择对象：单击该按钮，选择需要移动的组件对象。

② 移动对象：单击该按钮，移动组件。

③ 只移动手柄：单击该按钮，移动坐标系。

④ 运动录制首选项：单击该按钮，打开图9-31所示的"首选项"对话框。该对话框用于指定步进的精确程度和运动动画的帧数。

图9-31 "首选项"对话框

图9-30 "录制组件运动"工具栏

⑤ 拆卸：单击该按钮，拆卸所选组件。

⑥ 摄像机：单击该按钮，捕捉当前的视角，以便回放的时候以合适的角度观察运动情况。

（4）装配：单击该按钮，打开"类选择"对话框，按照装配步骤选择需要添加的组件，选择的组件会自动出现在视图区右侧。用户可以依次选择要装配的组件，以生成装配序列。

（5）一起装配：用于在视图区选择多个组件，然后一次性全部装配。"装配"功能只能一次装配一个组件，该功能在"装配"功能启用之后可选。

（6）拆卸：在视图区选择要拆卸的组件，选择的组件会自动恢复到绘图区左侧。该功能主要是模拟反装配的拆卸序列。

（7）一起拆卸：一起装配的反过程。

（8）记录摄像位置：用于为序列的每一步生成一个独特的视角。当序列演变到该步时，系统会自动转换到定义的视角。

（9）插入暂停：单击该按钮，系统会自动插入暂停并分配固定的帧数。当回放的时候，系统看上去像暂停一样，直到播放完这些帧数。

（10）删除：用于删除一个序列步。

（11）在序列中查找：打开"类选择"对话框，可以选择一个组件，然后查找应用该组件的序列。

（12）显示所有序列：显示所有的序列。

（13）捕捉布置：用于把当前的运动状态捕捉下来，作为一个装配序列。用户可以为这个序列取一个名字，系统会自动记录这个序列。

序列定义完成以后，用户就可以通过图9-32所示的"回放"面板来播放装配序列。最左边的区域用于设置当前帧数，最右边的区域用于调节播放速度，从1至10，数字越大，播放的速度就越快。

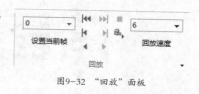

图9-32 "回放"面板

9.10 综合实例——装配连杆运动机构

【制作思路】

本例装配连杆运动机构，如图9-33所示。首先将连杆4装配到坐标原点，然后将连杆2和连杆4进行接触装配，将连杆1和连杆2进行接触装配，将连杆3和连杆1进行接触装配，最后将连杆3和连杆4进行装配。

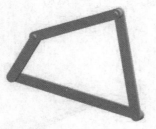

图9-33 装配连杆运动机构

此处有视频

【绘制步骤】

1. 新建文件

选择"菜单"→"文件"→"新建"命令，或单击快速访问工具栏中的"新建"按钮，打开"新建"对话框，选择"装配"模板，输入文件名为"link_link_assem"，单击"确定"按钮，进入装配环境。

2. 将连杆4零件装配到坐标原点

（1）选择"菜单"→"装配"→"组件"→"添加组件"命令，或单击"主页"选项卡"装配"面板中的"添加"按钮，打开"添加组件"对话框。

（2）单击"打开"按钮，打开"部件名"对话框，如图9-34所示。

（3）在"部件名"对话框中选择已有的零部件文件，勾选右侧的"预览"复选框，可以预览已有的零部件。这里选择"link04.prt"文件，右侧预览区域显示出该文件中保存的连杆4实体，单击"OK"按钮，打开"组件预览"窗口，如图9-35所示。

（4）在"添加组件"对话框的"引用集"下拉列表中选择"模型"选项，在"装配位置"下拉列表中选择"绝对坐标系－工作部件"选项，在"图层选项"下拉列表中选择"原始的"选项。单击"确定"按钮，完成按绝对坐标定位方法添加连杆4零件的操作，结果如图9-36所示。

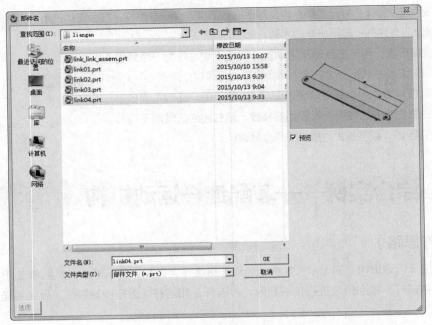

图9-34 "部件名"对话框

图9-35 "组件预览"窗口1

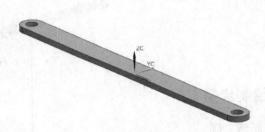

图9-36 添加连杆4

3. 添加连杆2零件并装配

（1）选择"菜单"→"装配"→"组件"→"添加组件"命令，或单击"主页"选项卡"装配"面板中的"添加"按钮，打开"添加组件"对话框。单击"打开"按钮，打开"部件名"对话框选择"link02.prt"文件，右侧预览区域显示出连杆2实体的预览图。单击"OK"按钮，打开"组件预览"窗口，如图9-37所示。

（2）在"添加组件"对话框的"引用集"下拉列表中选择"模型"选项，在"放置"选项组中选择"约束"单选项，在"图层选项"下拉列表中选择"原始的"选项。

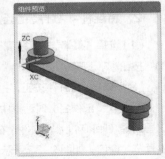

图9-37 "组件预览"窗口2

（3）在"约束类型"列表框中选择"接触对齐"类型，在"方位"下拉列表中选择"接触"选项，选择图9-38所示的连杆4的端面和连杆2的端面，单击"应用"按钮。

（4）在"方位"下拉列表中选择"自动判断中心/轴"选项，选择图9-39所示的连杆2圆台的圆柱面和连杆 4 孔的圆柱面，单击"确定"按钮，完成连杆 4 和连杆 2 的装配，结果如图 9-40 所示。

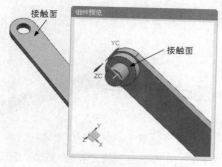

图9-38　接触约束1

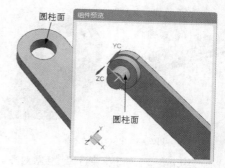

图9-39　中心对齐约束1

4. 添加连杆 1 零件并装配

（1）选择"菜单"→"装配"→"组件"→"添加组件"命令，或单击"主页"选项卡"装配"面板中的"添加"按钮，打开"添加组件"对话框。单击"打开"按钮，打开"部件名"对话框，选择"link01.prt"文件，右侧预览区域显示出连杆 1 实体的预览图。单击"OK"按钮，打开"组件预览"窗口，如图 9-41 所示。

图9-40　装配连杆4和连杆2

（2）在"添加组件"对话框的"引用集"下拉列表中选择"模型"选项，在"放置"选项组中选择"约束"单选项，在"图层选项"下拉列表中选择"原始的"选项。

（3）在"约束类型"列表框中选择"接触对齐"类型，在"方位"下拉列表中选择"接触"选项，选择图 9-42 所示的连杆 1 的端面和连杆 2 的端面，单击"应用"按钮。

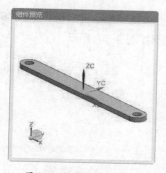

图9-41　"组件预览"窗口3

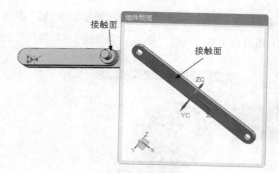

图9-42　接触约束2

（4）在"方位"下拉列表中选择"自动判断中心 / 轴"选项，选择图 9-43 所示的连杆 2 圆台的圆柱面和连杆 1 孔的圆柱面，单击"确定"按钮，完成连杆 1 和连杆 2 的装配，结果如图 9-44 所示。

5. 添加连杆 3 零件并装配

（1）选择"菜单"→"装配"→"组件"→"添加组件"命令，或单击"主页"选项卡"装配"面板中的"添加"按钮，打开"添加组件"对话框。单击"打开"按钮，打开"部件名"对话框，选择"link03.prt"文件，右侧预览区域显示出连杆 3 实体的预览图。单击"OK"按钮，打开"组件预览"窗口，如图 9-45 所示。

（2）在"添加组件"对话框的"引用集"下拉列表中选择"模型"选项，在"放置"选项组中选择"约束"单选项，在"图层选项"下拉列表中选择"原始的"选项。

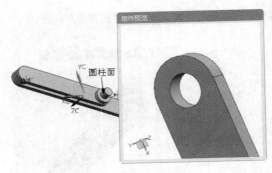

图9-43 中心对齐约束2

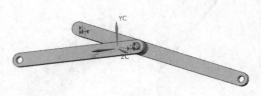

图9-44 装配连杆1和连杆2

（3）在"约束类型"列表框中选择"接触对齐"类型，在"方位"下拉列表中选择"接触"选项，选择图9-46
所示的连杆3的端面和连杆1的端面，单击"应用"按钮。

图9-45 "组件预览"窗口4

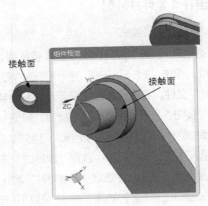

图9-46 接触约束3

（4）在"方位"下拉列表中选择"自动判断中心／轴"选项，选择连杆3圆台的圆柱面和连杆1孔的圆柱面，
如图9-47所示。单击"确定"按钮，完成连杆3和连杆1的装配，结果如图9-48所示。

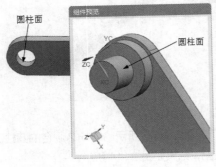

图9-47 中心对齐约束3

图9-48 装配连杆3和连杆1

6. 装配

（1）选择"菜单"→"装配"→"组件位置"→"装配约束"命令，或单击"主页"选项卡"装配"面板
中的"装配约束"按钮 ，打开"装配约束"对话框。

（2）在"约束类型"列表框中选择"接触对齐"类型，在"方位"下拉列表中选择"接触"选项，选择图9-49
所示的连杆3的端面和连杆4的端面，单击"应用"按钮。

（3）在"方位"下拉列表中选择"自动判断中心/轴"选项，选择连杆3圆台的圆柱面和连杆4孔的圆柱面，如图9-50所示。单击"确定"按钮，完成连杆3和连杆4的装配，结果如图9-51所示。

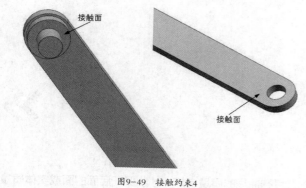

图9-49 接触约束4

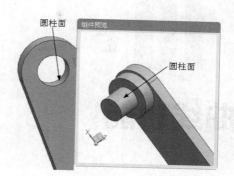

图9-50 中心对齐约束4

7. 移动连杆2

（1）选择"菜单"→"装配"→"组件位置"→"移动组件"命令，或单击"主页"选项卡"装配"面板中的"移动组件"按钮，打开图9-52所示的"移动组件"对话框。

图9-51 装配连杆3和连杆4

图9-52 "移动组件"对话框

（2）选择连杆2为要移动的组件，选择运动方式为"动态"，如图9-53所示。

（3）拖动连杆2绕ZC轴旋转，旋转到适当位置后单击"确定"按钮，如图9-54所示。

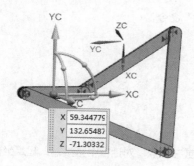

图9-53 动态坐标系

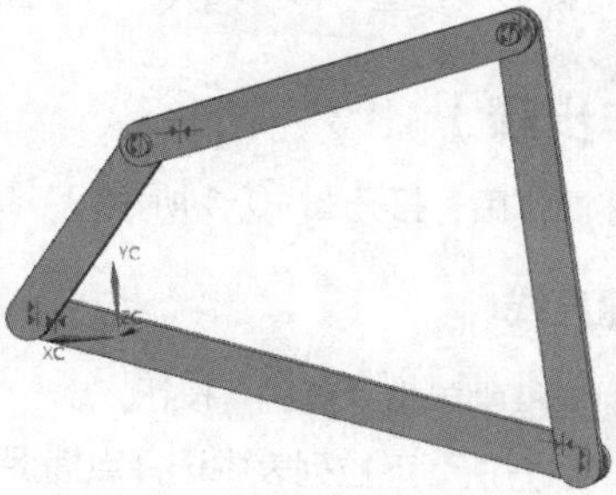

图9-54 连杆运动机构

读者也可以尝试将连杆和滑块装配为连杆滑块机构。

第10章

曲线功能

在所有的三维建模中，曲线都是构建模型的基础。只有曲线的质量良好，才能保证后面的面或实体质量好。本章主要介绍曲线的生成、编辑和操作方法。

/ 重点与难点

● 曲线
● 处理曲线
● 曲线编辑

10.1 曲线

10.1.1 基本曲线

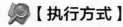【执行方式】

● 菜单：选择"菜单"→"插入"→"曲线"→"基本曲线"命令。

此处有视频

【操作步骤】

执行上述操作后，打开图 10-1 所示的"基本曲线"对话框。

1. 创建直线

（1）在对话框中单击"直线"按钮/。

（2）在"点方法"下拉列表中选择点捕捉方法，捕捉起点，或在"点"对话框中直接输入起点坐标。

（3）捕捉终点或输入终点坐标。

（4）单击"确定"按钮，创建直线。

2. 创建圆弧

（1）在对话框中单击"圆弧"按钮⌒。

（2）选择圆弧的创建方法。

（3）在"点方法"下拉列表中选择点捕捉方法，捕捉相应的点，或在"点"对话框中直接输入坐标。

（4）单击"确定"按钮，创建圆弧。

3. 创建圆

（1）在对话框中单击"圆"按钮○。

（2）在"点方法"下拉列表中选择点捕捉方法，捕捉点作为圆心，或在"点"对话框中直接输入圆心坐标。

（3）捕捉半径点或直接输入半径点坐标。

（4）单击"确定"按钮，创建圆。

4. 创建圆角

（1）在对话框中单击"圆角"按钮⌐。

（2）选择倒圆角的方法。

（3）选择要倒圆角的边。

（4）单击"确定"按钮，创建圆角。

图10-1 "基本曲线"对话框

【选项说明】

1. 直线

在"基本曲线"对话框中单击"直线"按钮╱，此时对话框如图 10-1 所示。

（1）无界：勾选该复选框时，不论生成方式如何，所生成的任何直线都会被限制在视图的范围内（"线串模式"变灰）。

（2）增量：用于以增量的方式生成直线，即在选定一点后，分别在绘图区下方跟踪条的 XC、YC 和 ZC 文本框中输入坐标值作为后一点相对于前一点的增量，如图 10-2 所示。

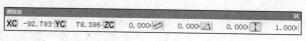

图10-2 跟踪条

大多数直线生成方式，可以通过在跟踪条的文本框中输入值并在生成直线后立即按 Enter 键建立精确的直线。

（3）点方法：能够相对于已有的几何体，通过指定鼠标指针位置或使用点构造器来指定点。该下拉列表中的选项与"点"对话框中选项的作用相似。

（4）线串模式：能够生成未打断的曲线串。

（5）打断线串：在选择的地方打断曲线串。

（6）锁定模式：当生成平行于、垂直于已有直线或与已有直线成一定角度的直线时，如果单击"锁定模式"按钮，则当前在图形窗口中以橡皮线显示的直线生成模式将被锁定。当下一步操作可能会导致直线生成模式发生改变，而又想避免这种改变时，可以使用该按钮。

当单击"锁定模式"按钮后，该按钮会变为"解锁模式"按钮。可单击"解锁模式"按钮来解除对正在生成的直线的锁定，使其能切换到另外的模式中。

（7）平行于 XC、YC、ZC：用于生成平行于 XC、YC 或 ZC 轴的直线。指定一个点，单击所需轴的按钮，并指定直线的终点。

（8）原始的：选择该单选项后，新创建的平行线的距离由原先选择线算起。

（9）新的：选择该单选项后，新创建的平行线的距离由新选择线算起。

（10）角度增量：如果指定了第一点，然后在图形窗口中拖动鼠标指针，则该直线就会捕捉至该字段中指定的每个增量度数处。

2. 圆

在"基本曲线"对话框中单击"圆"按钮〇，此时对话框如图 10-3 所示。

多个位置：勾选此复选框，每定义一个点，都会生成先前生成的圆的一个副本，其圆心位于指定点。

3. 圆弧

在"基本曲线"对话框中单击"圆弧"按钮⟍，此时对话框如图 10-4 所示。

图10-3　"基本曲线"圆创建对话框

图10-4　"基本曲线"圆弧创建对话框

（1）整圆：勾选该复选框后，不论生成方式如何，所生成的任何圆弧都是完整的圆。

（2）备选解：生成当前所预览的圆弧的补弧。该按钮只能在预览圆弧的时候使用。

（3）创建方法：提供两种生成圆弧的方式。

① 起点，终点，圆弧上的点：利用这种方式，可以生成通过 3 个点的圆弧，或通过两个点并与选中对象相切的圆弧，如图 10-5 所示。选中的要与圆弧相切的对象不能是抛物线、双曲线或样条。

② 中心点，起点，终点：使用这种方式时，需要先定义中心点，然后定义圆弧的起始点和终止点，如图 10-6 所示。

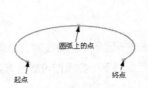

图10-5　"起点，终点，圆弧上的点"示意图

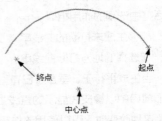

图10-6　"中心点，起点，终点"示意图

（4）跟踪条：在圆弧的生成和编辑期间，跟踪条中有以下字段可用，如图10-7所示。

图10-7 跟踪条

XC、YC和ZC文本框各显示圆弧的起始点的位置。第4项"半径"字段显示圆弧的半径；第5项"直径"字段显示圆弧的直径；第6项"起始角"字段显示圆弧的起始角度，从XC轴开始测量，按逆时针方向移动；第7项"终止角"字段显示圆弧的终止角度，从XC轴开始测量，按逆时针方向移动。

需要注意的是，在使用"起点，终点，圆弧上的点"生成方式时，后两项"起始角"和"终止角"字段将变灰。

4．圆角

在"基本曲线"对话框中单击"圆角"按钮，此时对话框如图10-8所示。

（1）简单圆角：在两条共面非平行直线之间生成圆角。输入半径值以确定圆角的大小。直线将被自动修剪至与圆弧的相切点，如图10-9所示。生成的圆角与直线的选择位置直接相关，必须以同时包括两条直线的方式放置选择球。

图10-8 "曲线倒圆"对话框

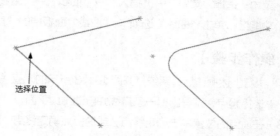

图10-9 "简单圆角"示意图

指定一个点以选择两条直线。该点用于确定如何生成圆角，并指示圆弧的中心。将选择球的中心放置到最靠近要生成圆角的交点处。各条线将延长或修剪到圆弧处，如图10-10所示。

（2）2曲线圆角：在两条曲线（包括点、线、圆、二次曲线或样条）之间构造一个圆角。两条曲线间的圆角是沿逆时针方向从第一条曲线到第二条曲线生成的一段弧，通过这种方式生成的圆角同时与两条曲线相切，如图10-11所示。

图10-10 "简单圆角"生成圆角示意图

图10-11 "2曲线圆角"示意图

（3）3曲线圆角：在3条曲线间生成圆角，这3条曲线可以是点、线、圆弧、二次曲线和样条的任意组合。

3条曲线倒出的圆角是沿逆时针方向从第一条曲线到第三条曲线生成的一段圆弧，如图10-12所示。该圆角是按圆弧的中心到 3 条曲线的距离相等的方式生成的。3 条曲线不必位于同一个平面内。

（4）半径：定义倒圆角的半径。

（5）继承：能够通过选择已有的圆角来定义新圆角的值。

（6）修剪选项：如果选择两条或 3 条曲线倒圆，则需要选择一个修剪选项。修剪可缩短或延伸选中的曲线，以便与圆角连接起来。根据选择的圆角选项的不同，某些修剪选项可能会发生改变或不可用。点是不能进行修剪的。如果修剪后的曲线长度等于 0，并且没有与该曲线关联的连接，则该曲线会被删除。

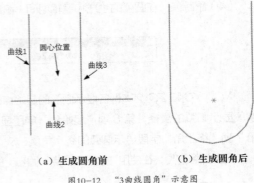

（a）生成圆角前　　　（b）生成圆角后

图10-12　"3曲线圆角"示意图

10.1.2 直线

该命令用于创建直线段。

此处有视频

【执行方式】

● 菜单：选择"菜单"→"插入"→"曲线"→"直线"命令。

● 功能区：单击"曲线"选项卡 "曲线"面板中的"直线"按钮 ∕。

【操作步骤】

（1）执行上述操作后，系统打开图 10-13 所示的"直线"对话框。

（2）选择起点，系统出现一条直线并自动生成平面。

（3）在适当的位置单击确定终点，或捕捉点确定终点。

（4）单击"确定"按钮，创建直线。

图10-13　"直线"对话框

【选项说明】

1．起点 / 终点选项

（1） ∕ 自动判断：根据选择的对象来确定要使用的起点和终点选项。

（2） ✛ 点：根据一个或多个点来创建直线。

（3） ◌ 相切：用于创建与弯曲对象相切的直线。

2．平面选项

（1） 自动平面：根据指定的起点和终点来自动判断临时平面。

（2） 锁定平面：选择此选项后，如果更改起点或终点，自动平面将不可移动。锁定的平面以基准平面对象的颜色显示。

（3） 选择平面：利用"指定平面"下拉列表或"平面"对话框来创建平面。

3．起始 / 终止限制

（1）值：用于为直线的起始或终止限制指定数值。

（2）在点上：利用"捕捉点"选项为直线的起始或终止限制指定点。

（3）直至选定：用于在所选对象的限制处开始或结束直线。

10.1.3　圆弧/圆

该命令用于创建关联的圆弧和圆特征。

此处有视频

【执行方式】

● 菜单：选择"菜单"→"插入"→"曲线"→"圆弧/圆"命令。
● 功能区：单击"曲线"选项卡"曲线"面板中的"圆弧/圆"按钮﹁。

【操作步骤】

执行上述操作后，系统会打开图 10-14 所示的"圆弧 / 圆"对话框。

1. 三点画圆弧

（1）在"类型"下拉列表中选择"三点画圆弧"选项。

（2）选择圆弧的起点。

（3）选择圆弧的终点。

（4）选择圆弧的中点。

（5）单击"确定"按钮，创建圆弧。

2. 从中心开始的圆弧 / 圆

（1）在"类型"下拉列表中选择"从中心开始的圆弧 / 圆"选项。

（2）选择圆弧的中心点。

（3）指定圆弧的半径。

（4）选择对象以限制圆弧的终点。

（5）单击"确定"按钮，创建圆弧。

图 10-14　"圆弧 / 圆"对话框

【选项说明】

1. 类型

（1）三点画圆弧：利用指定的 3 个点或指定的两个点和半径来创建圆弧。

（2）从中心开始的圆弧 / 圆：利用圆弧中心及第二点或半径来创建圆弧。

2. 起点 / 终点 / 中点选项

（1）自动判断：根据选择的对象来确定要使用的起点 / 终点 / 中点选项。

（2）十点：用于指定圆弧的起点 / 终点 / 中点。

（3）相切：用于选择曲线对象（如线、圆弧、二次曲线或样条），以从其派生与所选对象相切的点。

3. 支持平面

（1）自动平面：根据圆弧或圆的起点和终点来自动判断临时平面。

（2）锁定平面：选择此选项后，如果更改起点或终点，自动平面将不可移动。可以双击解锁或锁定自动平面。

（3）选择平面：用于选择现有平面或新建平面。

4．限制

（1）起始 / 终止限制。

① 值：用于为圆弧的起始或终止限制指定数值。

② 在点上：利用"捕捉点"选项为圆弧的起始或终止限制指定点。

③ 直至选定：用于在所选对象的限制处开始或结束圆弧。

（2）整圆：创建的圆弧为完整的圆。

（3）补弧：用于创建圆弧的补弧。

10.1.4 倒斜角

该命令用于在两条共面的直线或曲线之间生成倒斜角。

此处有视频

【执行方式】

● 菜单：选择"菜单"→"插入"→"曲线"→"倒斜角"命令。

【操作步骤】

（1）执行上述操作后，打开图 10-15 所示的"倒斜角"对话框。

（2）选择倒斜角方式。

（3）选择要倒斜角的曲线。

（4）单击"确定"按钮，创建倒斜角。

图10-15 "倒斜角"对话框1

【选项说明】

（1）简单倒斜角：用于建立简单斜角，其产生的两边偏置值必须相同，角度为 45°，并且该按钮只能用于在两共面的直线间倒角。单击该按钮后，系统会要求输入倒角尺寸，然后选择两直线交点即可完成倒角，如图 10-16 所示。

（2）用户定义倒斜角：用于在两条共面曲线（包括直线、圆弧、样条和二次曲线）之间生成斜角。该按钮比生成简单倒角时具有更多的修剪控制。单击此按钮，会打开图 10-17 所示的"倒斜角"对话框。

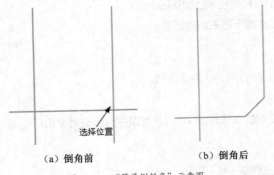

（a）倒角前　　　　　（b）倒角后

图10-16 "简单倒斜角"示意图

图10-17 "倒斜角"对话框2

① 自动修剪：用于自动延长或缩短两条曲线以连接倒角曲线，如图 10-18 所示。

如果原有曲线未能如愿修剪，可恢复原有曲线（选择快捷菜单中的"取消"命令，或按快捷键 Ctrl+Z）并单击"手工修剪"按钮。

② 手工修剪：可以选择想要修剪的倒角曲线，然后指定是否修剪曲线，并指定要修剪倒角的哪一侧，选取的倒角侧将被从几何体中切除，如图 10-19 所示。

③ 不修剪：用于保留原有曲线不变。

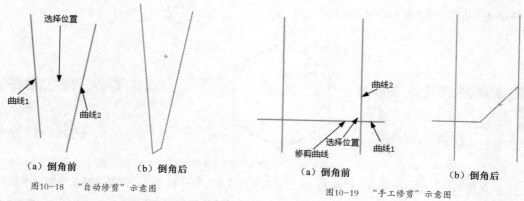

图10-18　"自动修剪"示意图　　　　　　　图10-19　"手工修剪"示意图

当用户选定某一倒角方式后，系统会打开图 10-20 所示的"倒斜角"对话框，要求用户输入偏置值和角度值（该角度是从第二条曲线测量的）或全部输入偏置值来确定倒角范围，以上两种方式可以通过"偏置值"和"偏置和角度"按钮来进行切换。

图10-20　"倒斜角"对话框3

偏置值是两曲线交点与倒角线起点之间的距离。对于简单倒角，沿两条曲线的偏置值相等。对于线性倒角偏置而言，偏置值是直线距离；但对于非线性倒角偏置而言，偏置值不一定是直线距离。

10.1.5　多边形

【执行方式】

● 菜单：选择"菜单"→"插入"→"曲线"→"多边形"命令。

此处有视频

【操作步骤】

（1）执行上述操作后，系统打开"多边形"对话框。

（2）输入多边形的边数目后，将打开图 10-21 所示的对话框，在其中选择创建方式。

（3）输入相应的参数，单击"确定"按钮。

（4）打开"点"对话框，确定多边形的中心点，创建多边形。

图10-21　"多边形"创建方式选择对话框

【选项说明】

（1）内切圆半径：单击此按钮，打开图 10-22 所示的"多边形"对话框，在其中输入内切圆的半径及方位角来创建多边形，如图 10-23 所示。

① 内切圆半径：中心点到多边形边的中点的距离。

② 方位角：多边形从 XC 轴逆时针旋转的角度。

（2）多边形边：单击此按钮，打开图 10-24 所示的"多边形"对话框，在其中输入多边形一边的边长及方位角来创建多边形。该长度将应用到所有边。

图10-22 "多边形"对话框1

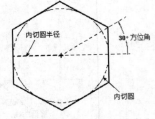

图10-23 "内切圆半径"示意图

图10-24 "多边形"对话框2

（3）外接圆半径：单击此按钮，打开图 10-25 所示的"多边形"对话框，在其中输入外接圆半径及方位角来创建多边形，如图 10-26 所示。外接圆半径是指中心点到多边形顶点的距离。

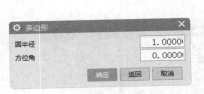

图10-25 "多边形"对话框3

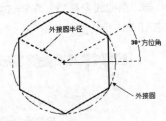

图10-26 "外接圆半径"示意图

10.1.6 椭圆

【执行方式】

● 菜单：选择"菜单"→"插入"→"曲线"→"椭圆"命令。

此处有视频

【操作步骤】

（1）执行上述操作后，打开"点"对话框，输入椭圆原点。

（2）单击"确定"按钮，打开图 10-27 所示的"椭圆"对话框。

（3）输入椭圆相应的参数。

（4）单击"确定"按钮，创建椭圆，如图 10-28 所示。

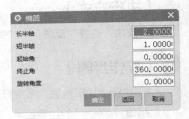

图10-27 "椭圆"对话框

【选项说明】

（1）长半轴和短半轴：椭圆有长轴和短轴两根轴（即主轴和副轴，每根轴的中点都是椭圆的中心）。椭圆的最长直径就是主轴，最短直径就是副轴。长半轴和短半轴的值指的是主轴和副轴长度的一半，如图 10-28 所示。

（2）起始角和终止角：椭圆是绕 ZC 轴正向沿着逆时针方向生成的，起始角和终止角用于确定椭圆的起始和终止位置，它们都是相对于主轴测算的，如图 10-29 所示。

（3）旋转角度：椭圆的旋转角度是主轴相对于 XC 轴，沿逆时针方向倾斜的角度，如图 10-30 所示。除非改变旋转角度，否则主轴一般是与 XC 轴平行的。

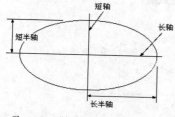
图10-28　"长半轴和短半轴"示意图

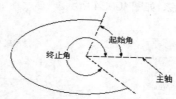
图10-29　"起始角和终止角"示意图

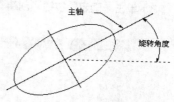
图10-30　"旋转角度"示意图

10.1.7　抛物线

【执行方式】

- 菜单：选择"菜单"→"插入"→"曲线"→"抛物线"命令。
- 功能区：单击"曲线"选项卡"更多"库下的"抛物线"按钮。

此处有视频

【操作步骤】

（1）执行上述操作后，打开"点"对话框，输入抛物线顶点，单击"确定"按钮。

（2）打开图 10-31 所示的"抛物线"对话框，在该对话框中输入所需的数值。

（3）单击"确定"按钮，创建抛物线，如图 10-32 所示。

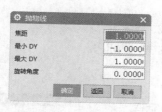
图10-31　"抛物线"对话框

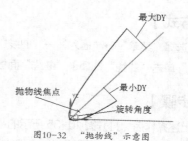
图10-32　"抛物线"示意图

【选项说明】

（1）焦距：从顶点到焦点的距离，该值必须大于 0。

（2）最小 DY/ 最大 DY：限制抛物线的显示宽度来确定该曲线的长度。

（3）旋转角度：对称轴与 XC 轴之间的角度。

10.1.8　双曲线

【执行方式】

- 菜单：选择"菜单"→"插入"→"曲线"→"双曲线"命令。

此处有视频

● 功能区：单击"曲线"选项卡"更多"库下的"双曲线"按钮⫽。

【操作步骤】

（1）执行上述操作后，打开"点"对话框，输入双曲线中心点，单击"确定"按钮。

（2）打开图 10-33 所示的"双曲线"对话框，在该对话框中输入所需的数值。

（3）单击"确定"按钮，创建双曲线，如图 10-34 所示。

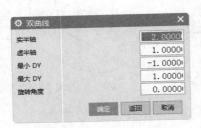

图10-33　"双曲线"对话框

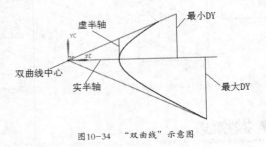

图10-34　"双曲线"示意图

【选项说明】

（1）实半轴 / 虚半轴：实轴 / 虚轴长度的一半，这两个轴之间的关系确定了曲线的斜率。

（2）最小 DY/ 最大 DY：DY 值决定了曲线的长度，最大 DY/ 最小 DY 用于限制双曲线在对称轴两侧的扫掠范围。

（3）旋转角度：由实半轴与 XC 轴组成的角度，旋转角度从 XC 轴正向开始计算。

10.1.9　规律曲线

【执行方式】

此处有视频

● 菜单：选择"菜单"→"插入"→"曲线"→"规律曲线"命令。

● 功能区：单击"曲线"选项卡"曲线"面板中的"规律曲线"按钮⫽ᴬᴮᶜ。

【操作步骤】

（1）执行上述操作后，打开图 10-35 所示的"规律曲线"对话框。

（2）为 X、Y、Z 各分量选择并定义一个规律类型。

（3）定义方位、基点或指定一个参考坐标系来控制曲线的方位。

（4）单击"确定"按钮，创建规律曲线，如图 10-36 所示。

【选项说明】

1．X/Y/Z 规律类型

（1）恒定：用于给整个规律功能定义一个常数值，系统会提示用户只输入一个规律值（即该常数）。

（2）线性：用于定义从起始点到终止点的线性变化率。

（3）三次：用于定义从起始点到终止点的三次变化率。

图10-35　"规律曲线"对话框

（4）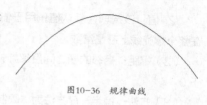沿脊线的线性：用两个或多个沿着脊线的点来定义线性规律函数。选择一条脊线曲线后，可以沿该曲线指出多个点，系统会提示用户在每个点处输入一个值。

（5）沿脊线的三次：用两个或多个沿着脊线的点定义三次规律函数。选择一条脊线曲线后，可以沿该脊线指出多个点，系统会提示用户在每个点处输入一个值。

图10-36 规律曲线

（6）根据方程：用表达式和"参数表达式变量"来定义规律。必须事先定义所有变量（变量可以选择"工具"→"表达式"命令来定义），并且公式必须使用参数表达式变量"t"。

（7）根据规律曲线：用已存在的规律曲线来控制坐标或参数的变化。选择该选项后，按照系统在提示栏中给出的提示，先选择一条存在的规律曲线，再选择一条基准线来辅助确定选定曲线的方向。如果没有定义基准线，默认的基准线方向为绝对坐标系的 X 轴方向。

2. 坐标系

在该选项组中指定坐标系来控制样条的方位。

提示 规律样条是根据"建模首选项"对话框中的距离公差和角度公差设置而近似生成的。另外，可以使用"对象信息"命令来显示关于规律样条的非参数信息或特征信息。

任何大于 360° 的规律曲线都必须使用"螺旋"命令或在"规律曲线"对话框中选择"根据方程"规律类型来构建。

10.1.10 螺旋线

使用"螺旋"命令，能够通过定义圈数、螺距、半径方式（规律或恒定）、旋转方向和适当的方向生成螺旋线。

此处有视频

【执行方式】

- 菜单：选择"菜单"→"插入"→"曲线"→"螺旋"命令。
- 功能区：单击"曲线"选项卡"曲线"面板中的"螺旋"按钮。

【操作步骤】

（1）执行上述操作后，系统打开图 10-37 所示的"螺旋"对话框。

（2）在"大小"选项组中选择规律类型，并输入直径或半径值。

（3）在"螺距"选项组中选择规律类型，并指定螺旋各圈之间的距离。

（4）在"长度"选项组中选择方法，若选择限制方法，则输入起始限制值和终止限制值；若选择圈数方法，则输入圈数值。

（5）在"旋转方向"下拉列表中选择螺旋线方向，单击"确定"按钮，创建螺旋线，如图 10-38 所示。

图10-37 "螺旋"对话框

【选项说明】

（1）大小：用于定义螺旋线的半径或直径值。

① 规律类型：使用规律函数来控制螺旋线的半径或直径变化。

② 值：该选项为默认值，用于输入螺旋线的半径或直径值，该值在整个螺旋线上都是常数。

（2）螺距：相邻的圈之间沿螺旋轴方向的距离，其值必须大于或等于 0。

（3）方法：指定长度方法为"限制"或"圈数"。

（4）圈数：用于指定螺旋线绕螺旋轴旋转的圈数。圈数必须大于 0，可以为小于 1 的值（例如输入 0.5 可生成半圈螺旋线）。

（5）旋转方向：用于控制旋转的方向。

① 右手：螺旋线起始于基点向右卷曲（逆时针方向）。

② 左手：螺旋线起始于基点向左卷曲（顺时针方向）。

（6）方位：用于指定坐标系和螺旋的起始角。

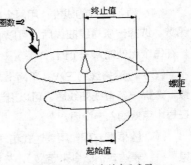

图10-38 螺旋线创建示意图

10.2 处理曲线

一般情况下，曲线创建完成后并不能完全满足用户需求，还需要做进一步处理。本节将继续介绍曲线的操作，如偏置曲线、在面上偏置曲线、简化曲线、桥接曲线、连接曲线等。

10.2.1 偏置曲线

使用此命令，能够通过从原先对象偏置的方法，生成直线、圆弧、二次曲线、样条和边。偏置曲线是通过垂直于选中曲线上的点来构建的。可以选择是否使偏置曲线与其输入曲线相关联。

此处有视频

【执行方式】

● 菜单：选择"菜单"→"插入"→"派生曲线"→"偏置"命令。

● 功能区：单击"曲线"选项卡"派生曲线"面板中的"偏置曲线"按钮 。

【操作步骤】

（1）执行上述操作后，系统打开图 10-39 所示的"偏置曲线"对话框。

（2）在"偏置类型"下拉列表中选择要创建的偏置曲线的类型。

（3）选择要偏置的曲线，输入相应的参数，单击"确定"按钮，创建偏置曲线特征，如图 10-40 所示。

【选项说明】

1. 偏置类型

（1）距离：在输入曲线的平面上的恒定距离处创建偏置曲线。

① 偏置平面上的点：指定偏置平面上的点。

② 距离：在箭头矢量指示的方向上与选中曲线之间的偏置距离。若距离值为负，将在反方向上偏置曲线。

图10-39 "偏置曲线"对话框

③ 副本数：构建多组偏置曲线。

④ 反向：用于反转箭头矢量标记的偏置方向。

（2）拔模：在平行于选取曲线平面，并与其相距指定距离的平面上偏置曲线。

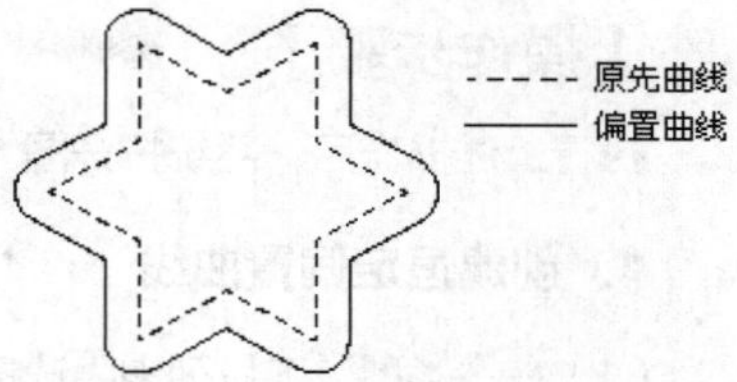

① 高度：输入曲线平面到生成的偏置曲线平面之间的距离。

② 角度：偏置方向与原曲线所在平面的法向的夹角。

③ 副本数：构建多组偏置曲线。

图10-40　"带圆角偏置"示意图

（3）规律控制：在输入曲线的平面上，在"规律类型"下拉列表中指定的规律所定义的距离处创建偏置曲线。

① 规律类型：在下拉列表中选择规律类型来创建偏置曲线。

② 副本数：构建多组偏置曲线。

③ 反向：用于反转箭头矢量标记的偏置方向。

（4）3D 轴向：在三维空间内指定矢量方向和偏置距离来偏置曲线。

① 距离：在箭头矢量指示的方向上与选中曲线之间的偏置距离。

② 指定方向：以在下拉列表中选择方向的创建方式或单击"矢量对话框"按钮来创建偏置方向矢量。

2. 曲线

在该选项组中选择要偏置的曲线。

3. 设置

（1）关联：勾选此复选框后，偏置曲线会与输入曲线和定义数据相关联。

（2）输入曲线：用于指定对原先曲线的处理情况。对于关联曲线，某些选项不可用。

① 保留：在生成偏置曲线时，保留输入曲线。

② 隐藏：在生成偏置曲线时，隐藏输入曲线。

③ 删除：在生成偏置曲线时，删除输入曲线。若取消"关联"复选框的勾选，则该选项能用。

④ 替换：该操作类似于移动操作，输入曲线被移至偏置曲线的位置。若取消"关联"复选框的勾选，则该选项能用。

（3）修剪：选择将偏置曲线修剪到它们的交点处的方式。

① 无：既不修剪偏置曲线，也不将偏置曲线倒成圆角。

② 相切延伸：将偏置曲线延伸到它们的交点处。

③ 圆角：构建与每条偏置曲线的终点相切的圆弧。

（4）距离公差：当输入曲线为样条或二次曲线时，可确定偏置曲线的精度。

10.2.2　在面上偏置曲线

该命令用于在一表面上由一存在曲线按指定的距离生成一条沿面的偏置曲线。

此处有视频

【执行方式】

● 菜单：选择"菜单"→"插入"→"派生曲线"→"在面上偏置"命令。

● 功能区：单击"曲线"选项卡"派生曲线"面板中的"在面上偏置曲线"按钮 。

【操作步骤】

执行上述操作后，系统打开图 10-41 所示的"在面上偏置曲线"对话框。

1. 创建恒定偏置曲线

（1）在"类型"下拉列表中选择"恒定"选项。

（2）选择要偏置的曲线，并设置偏置值。

（3）选择面，并设置其他参数。

（4）单击"确定"按钮，创建偏置曲线。

2. 创建可变偏置曲线

（1）在"类型"下拉列表中选择"可变"选项。

（2）选择一个面或平面。

（3）选择要偏置的曲线，并设置规律类型，输入相应的参数。

（4）单击"确定"按钮，创建偏置曲线，如图 10-42 所示。

【选项说明】

1. 类型

（1）恒定：生成具有面内原始曲线恒定偏置的曲线。

（2）可变：用于指定与原始曲线上点位置之间的不同距离，以在面中创建可变曲线。

2. 曲线

（1）选择曲线：用于选择要在指定面上偏置的曲线或边。

（2）"截面线 1：偏置 1"：用于指定偏置值。

3. 选择面或平面

该选项用于选择面或平面，以便在其上创建偏置曲线。

4. 方向和方法

（1）"偏置方向"下拉列表。

① 垂直于曲线：沿垂直于输入曲线相切矢量的方向创建偏置曲线。

② 垂直于矢量：用于指定一个矢量，以确定与偏置垂直的方向。

（2）"偏置法"下拉列表。

① 弦：使用线串曲线上各点之间的线段，基于弦距离创建偏置曲线。

② 弧长：沿曲线的圆弧创建偏置曲线。

③ 测地线：沿曲面上最小距离创建偏置曲线。

④ 相切：沿曲线最初所在面的切线，在一定距离处创建偏置曲线，并将其重新投影在该面上。

⑤ 投影距离：按指定的法向矢量在虚拟平面上指定偏置距离。

5. 圆角

（1）无：不添加任何倒圆。

图 10-41　"在面上偏置曲线"对话框

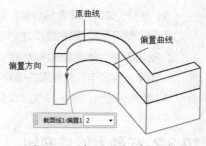

图 10-42　"在面上偏置曲线"示意图

（2）矢量：定义输入矢量作为虚拟倒圆圆柱的轴方向。

（3）最适合：根据垂直于圆柱和曲线之间最终接触点的曲面，确定虚拟倒圆圆柱的轴方向。

（4）投影矢量：将投影方向用作虚拟倒圆圆柱的轴方向。

6．修剪和延伸偏置曲线

（1）在截面内修剪至彼此：修剪同一截面内两条曲线之间的拐角，即延伸两条曲线的切线形成拐角，并对切线进行修剪。

（2）在截面内延伸至彼此：延伸同一截面内两条曲线之间的拐角，即延伸两条曲线的切线以形成拐角。

（3）修剪至面的边：将偏置曲线修剪至面的边。

（4）延伸至面的边：将偏置曲线延伸至面的边。

（5）移除偏置曲线内的自相交：修剪偏置曲线的相交区域。

7．设置

（1）关联：勾选此复选框后，新偏置的曲线将与偏置前的曲线相关。

（2）从曲线自动判断体的面：勾选此复选框后，偏置体的面由选择要偏置的曲线自动确定。

（3）高级曲线拟合：用于为要投影的曲线指定曲线拟合方法。勾选此复选框后，将显示创建曲线的拟合方法。

① 次数和段数：指定输出曲线的阶次和段数。

② 次数和公差：指定最大次数和公差来控制输出曲线的参数化。

③ 保持参数化：从输入曲线继承阶次、段数、极点结构和结点结构，并将其应用到输出曲线。

④ 自动拟合：指定最小阶次、最大阶次、最大段数和公差数，以控制输出曲线的参数化。

（4）连结曲线：连接多个面的曲线。

① 否：使跨多个面或平面创建的曲线在每个面或平面上均显示为单独的曲线。

② 常规：连接输出曲线以形成常规样条曲线。

（5）公差：用于设置偏置曲线公差，其默认值是在"建模首选项"对话框中设置的。公差值决定了偏置曲线与被偏置曲线的相似程度，选用默认值即可。

10.2.3　桥接曲线

该命令用于桥接两条位于不同位置的曲线，边也可以作为曲线来选择。

此处有视频

【执行方式】

● 菜单：选择"菜单"→"插入"→"派生曲线"→"桥接"命令。

● 功能区：单击"曲线"选项卡"派生曲线"面板中的"桥接曲线"按钮 。

【操作步骤】

（1）执行上述操作后，系统打开图 10-43 所示的"桥接曲线"对话框。

（2）定义起始对象和终止对象。

（3）设置其他参数。

（4）单击"确定"按钮，生成桥接曲线，如图 10-44 所示。

【选项说明】

1. 起始对象

（1）截面：选择一个可以定义曲线起点的截面。

（2）对象：选择一个对象用以定义曲线的起点。

（3）选择曲线／对象：选择曲线或对象来作为起始对象。

2. 终止对象

（1）基准：为曲线终点选择一个基准，使曲线与该基准垂直。

（2）矢量：选择一个矢量作为定义曲线终点的矢量。

（3）选择曲线：选择对象或矢量来定义曲线的终点。

3. 连接

（1）连续性。

① 相切：表示桥接曲线与第一条曲线、第二条曲线在连接点处相切连续，且为三阶样条曲线。

② 曲率：表示桥接曲线与第一条曲线、第二条曲线在连接点处曲率连续，且为五阶或七阶样条曲线。

（2）位置：确定点在曲线的百分比位置。

（3）方向：基于所选几何体定义曲线的方向。

4. 约束面

该选项组用于限制桥接曲线所在面。

5. 半径约束

该选项组用于限制桥接曲线的半径的类型和大小。输入的曲线必须共面。

6. 形状控制

方法：以交互方式对桥接曲线重新定型。

（1）相切幅值：改变桥接曲线与第一条曲线和第二条曲线连接点的切矢量值，来控制桥接曲线的形状。

（2）深度和歪斜度：当选择该控制方式时，"形状控制"选项组中的内容如图 10-45 所示。

① 深度：桥接曲线峰值点的深度，即影响桥接曲线形状的曲率的百分比，可拖动下面的滑块或直接在"深度"文本框中输入百分比来改变其值。

② 歪斜度：桥接曲线峰值点的倾斜度，即设定沿桥接曲线从第一条曲线向第二条曲线度量时峰值点位置的百分比。

（3）模板曲线：用于选择现有样条来控制桥接曲线的整体形状。

图10-43 "桥接曲线"对话框

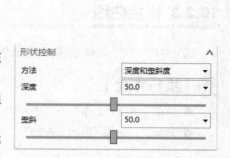

图10-44 "桥接曲线"示意图

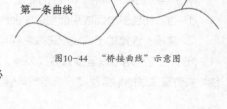

图10-45 "深度和歪斜度"选项

10.2.4 简化曲线

该命令用于以一条最合适的逼近曲线来简化一组选择的曲线（最多可选择512条曲线），这组
曲线将简化为圆弧或直线的组合，即高次方曲线降成二次或一次方曲线。

此处有视频

【执行方式】

● 菜单：选择"菜单"→"插入"→"派生曲线"→"简化"命令。
● 功能区：单击"曲线"选项卡"更多"库下的"简化曲线"按钮 。

【操作步骤】

（1）执行上述操作后，打开图10-46所示的"简化曲线"对话框。
（2）在对话框中选择简化类型。
（3）选择要简化的曲线。

图10-46 "简化曲线"对话框

【选项说明】

（1）保持：在生成直线和圆弧之后保留原有曲线。在选中曲线的上面
生成曲线。
（2）删除：简化之后删除选中曲线。删除选中曲线之后，不能再恢复。
（3）隐藏：生成简化曲线之后，将选中的原有曲线从屏幕上移除，但并不删除。

10.2.5 连接曲线

使用该命令，可将一连串曲线或边合并到一起生成一条样条曲线。其结果是与原先的曲线链近
似的多项式样条，或是完全表示原先的曲线链的一般样条。

此处有视频

【执行方式】

● 菜单：选择"菜单"→"插入"→"派生曲线"→"连接"命令。

【操作步骤】

（1）执行上述操作后，打开图10-47所示的"连结曲线（即将失效）"对话框。
（2）选择要连接的曲线。
（3）设置相关参数。
（4）单击"确定"按钮，连接曲线。

【选项说明】

1. 选择曲线

该选项用于选择一连串曲线、边和草图曲线。

2. 设置

（1）关联：勾选此复选框，输出样条将与其输入曲线关联，当修改

图10-47 "连结曲线（即将失效）"对话框

这些输入曲线时，输出样条会相应更新。

（2）输入曲线：用于处理原先的曲线。

① 保留：保留输入曲线。新曲线创建在输入曲线之上。

② 隐藏：隐藏输入曲线。

③ 删除：删除输入曲线。

④ 替换：将第一条输入曲线替换为输出样条，然后删除其他所有输入曲线。

（3）输出曲线类型：用于指定输出样条类型。

① 常规：创建可精确标示输入曲线的输出样条。

② 三次：使用 3 次多项式样条逼近输入曲线。

③ 五次：使用 5 次多项式样条逼近输入曲线。

④ 高阶：仅使用一个分段重新构建曲线，直至达到最高阶次参数所指定的阶次数。

（4）距离公差 / 角度公差：用于设置连接曲线的公差，其默认值是在"建模首选项"对话框中设置的。

10.2.6 投影曲线

该命令用于将曲线和点投影到片体、面、平面和基准面上。点和曲线可以沿着指定矢量方向、与指定矢量成某一角度的方向、指向特定点的方向或面法线的方向进行投影。所有投影曲线在孔或面边界处都要进行修剪。

此处有视频

【执行方式】

● 菜单：选择"菜单"→"插入"→"派生曲线"→"投影"命令。

● 功能区：单击"曲线"选项卡"派生曲线"面板中的"投影曲线"按钮 。

【操作步骤】

（1）执行上述操作后，打开图 10-48 所示的"投影曲线"对话框。

（2）选择要投影的曲线或点。

（3）选择目标曲面。

（4）选择投影方向，并设置相关参数。

（5）单击"确定"按钮，生成投影曲线。

【选项说明】

1. 要投影的曲线或点

该选项组用于确定要投影的曲线、点、边或草图。

2. 要投影的对象

（1）选择对象：用于选择面、小平面化的体或基准平面，以在其上投影。

（2）指定平面：在其下拉列表中或在"平面"对话框中选择平面构造方法来创建目标平面。

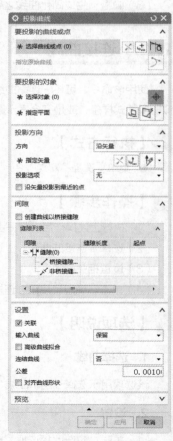
图10-48 "投影曲线"对话框

3. 方向

该选项用于指定将对象投影到片体、面和平面上时所使用的方向。

（1）沿面的法向：用于沿着面和平面的法向投影对象，如图10-49所示。

（2）朝向点：可向一个指定点投影对象。对于投影的点，可以在选中点与投影点之间的直线上获得交点。

（3）朝向直线：可沿垂直于一指定直线或基准轴的矢量投影对象。对于投影的点，可以在通过选中点垂直于指定直线的直线上获得交点。

（4）沿矢量：可沿指定矢量（该矢量是通过矢量构造器定义的）投影选中对象。可以在该矢量指示的单个方向上投影曲线，也可以在两个方向上（指示的方向和它的反方向）投影曲线。

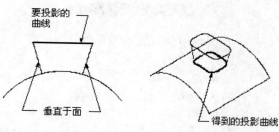

图10-49 "沿面的法向"示意图

（5）与矢量成角度：可将选中曲线按与指定矢量成指定角度的方向投影，该矢量是使用矢量构造器定义的。根据选择的角度值（向内的角度为负值），该投影可以相对于曲线的近似形心按向外或向内的角度生成。对于点的投影，该选项不可用。

4. 间隙

（1）创建曲线以桥接缝隙：桥接投影曲线中任何两个段之间的小缝隙，并将这些段连接为单条曲线。

（2）缝隙列表：列出缝隙数、桥接的缝隙数和非桥接的缝隙数等信息。

5. 设置

（1）高级曲线拟合：用于为要投影的曲线指定曲线拟合方法。勾选此复选框，将显示创建曲线的拟合方法。

① 次数和段数：指定输出曲线的阶次和段数。

② 次数和公差：指定最大次数和公差，以控制输出曲线的参数化。

③ 保持参数化：从输入曲线继承阶次、段数、极点结构和结点结构，并将其应用到输出曲线。

④ 自动拟合：指定最小阶次、最大阶次、最大段数和公差数，以控制输出曲线的参数化。

（2）对齐曲线形状：将输入曲线的极点分布应用到投影曲线，而不考虑已使用的曲线拟合方法。

10.2.7 组合投影

该命令用于组合两个已有曲线的投影，生成一条新的曲线。需要注意的是，这两条曲线投影必须相交。可以指定新曲线是否与输入曲线关联，以及将对输入曲线做哪些处理。

此处有视频

【执行方式】

- 菜单：选择"菜单"→"插入"→"派生曲线"→"组合投影"命令。
- 功能区：单击"曲线"选项卡"派生曲线"面板中的"组合投影"按钮。

【操作步骤】

（1）执行上述操作后，打开图10-50所示的"组合投影"对话框。

（2）选择要投影的曲线1。

（3）选择要投影的曲线2。

（4）在"投影方向1"和"投影方向2"选项组中设置所需的方向。

（5）单击"确定"按钮，创建曲线组合投影，如图10-51所示。

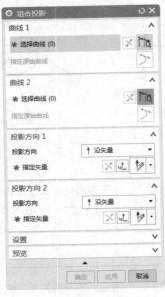

图10-50 "组合投影"对话框

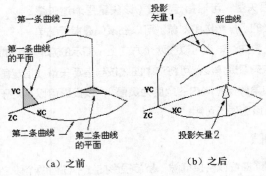

（a）之前 （b）之后

图10-51 "组合投影"示意图

 【选项说明】

1. 曲线1/曲线2

（1）选择曲线：用于选择第一个和第二个要投影的曲线链。

（2）反向：用于反转显示方向。

（3）指定原始曲线：用于指定选择曲线中的原始曲线。

2. 投影方向1/投影方向2

投影方向：分别为选择的曲线1和曲线2指定投影方向。

（1）垂直于曲线平面：设置曲线所在平面的法向。

（2）沿矢量：使用"矢量"对话框或"矢量"下拉列表中的选项来指定所需的方向。

10.2.8 缠绕/展开曲线

使用该命令，可以将曲线从平面缠绕到圆锥面或圆柱面上，或将曲线从圆锥面或圆柱面展开到平面上。输出曲线是3次B样条，并且与其输入曲线、定义面和定义平面相关。

此处有视频

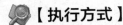 【执行方式】

● 菜单：选择"菜单"→"插入"→"派生曲线"→"缠绕/展开曲线"命令。

● 功能区：单击"曲线"选项卡"派生曲线"面板中的"缠绕/展开曲线"按钮 。

【操作步骤】

（1）执行上述操作后，打开图 10-52 所示的"缠绕/展开曲线"对话框。

（2）在"类型"下拉列表中选择"缠绕"或"展开"选项。这里以选择"缠绕"选项为例。

（3）选择需要缠绕的曲线。

（4）选择圆柱面或圆锥面。

（5）选择或新建平面。

（6）单击"确定"按钮，创建缠绕曲线，如图 10-53 所示。

图10-52 "缠绕/展开曲线"对话框

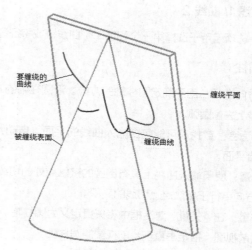

图10-53 "缠绕曲线"示意图

【选项说明】

（1）类型。

① 缠绕：将曲线从一个平面缠绕到圆柱面或圆锥面上。

② 展开：将曲线从圆柱面或圆锥面展开到平面上。

（2）曲线或点：选择要缠绕或展开的一条或多条曲线。

（3）面：选择曲线将缠绕到或从其上展开的圆锥面或圆柱面。

（4）平面：选择一个与圆柱面或圆锥面相切的基准平面或平面。

（5）设置：此选项组中的参数与其他对话框中的设置参数基本相同，下面主要介绍切割线角度。

切割线角度：指定切线绕圆锥或圆柱轴线旋转的角度（0°～360°）。

10.2.9 圆形圆角曲线

使用此命令，可以在两条 3D 曲线或边链之间创建光滑的圆角曲线。圆角曲线与两条输入曲线相切，且在投影到垂直于所选矢量方向的平面上时生成类似于圆角的投影。

【执行方式】

● 菜单：选择"菜单"→"插入"→"派生曲线"→"圆形圆角曲线"命令。

● 功能区：单击"曲线"选项卡"更多"库下的"圆形圆角曲线"按钮。

【操作步骤】

（1）执行上述操作后，打开图10-54所示的"圆形圆角曲线"对话框。

（2）选择曲线1和曲线2。

（3）设置圆柱参数。

（4）单击"确定"按钮，创建圆形圆角曲线。

【选项说明】

1. 曲线1/曲线2

这两个选项组用于选择第一个和第二个曲线链或特征边链。

2. 圆柱

（1）方向选项：用于确定圆柱轴的方向。沿圆柱轴的方向查看时，圆形圆角曲线看上去像圆弧。

① 最适合：查找最可能包含输入曲线的平面。自动判断的圆柱轴垂直于该最适合平面。

② 变量：使用输入曲线上具有倒圆的接触点处的切线来定义视图矢量。圆柱轴的方向平行于接触点上切线的叉积。

③ 矢量：在"矢量"对话框中将矢量定义为圆柱轴。

④ 当前视图：指定垂直于当前视图的圆柱轴。

（2）半径选项：用于指定圆柱半径的值。

① 曲线1上的点：用于在曲线1上选择一个点作为锚点，然后在曲线2上搜索该点。

② 曲线2上的点：用于在曲线2上选择一个点作为锚点，然后在曲线1上搜索该点。

（3）位置：用于指定曲线1上或曲线2上接触点的位置。

① 弧长：用于指定沿弧长方向的距离，从而确定接触点。

② 弧长百分比：用于指定弧长的百分比，从而确定接触点。

③ 通过点：用于选择一个点作为接触点。

④ 显示圆柱：显示或隐藏用于创建圆形圆角曲线的圆柱。

3. 形状控制

该选项组用于控制圆形圆角曲线的曲率及其与曲线1和曲线2的偏差。

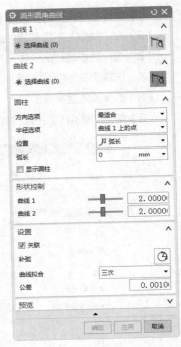

图10-54 "圆形圆角曲线"对话框

10.2.10 镜像曲线

使用该命令，可通过基准平面或平的曲面创建镜像曲线。

此处有视频

【执行方式】

● 菜单：选择"菜单"→"插入"→"派生曲线"→"镜像"命令。

● 功能区：单击"曲线"选项卡"派生曲线"面板中的"镜像曲线"按钮。

【操作步骤】

（1）执行上述操作后，打开图 10-55 所示的"镜像曲线"对话框。

（2）选择想要镜像的曲线或边。

（3）选择现有平面或新建平面作为镜像平面。

（4）单击"确定"按钮，创建镜像曲线，如图 10-56 所示。

图10-55 "镜像曲线"对话框

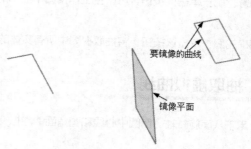

图10-56 "镜像曲线"示意图

【选项说明】

（1）曲线：选择要进行镜像的草图的曲线、边或曲线特征。

（2）镜像平面：用于确定镜像的面和基准平面。可以直接选择现有平面或新建平面。

10.2.11 抽取

使用该命令，可使用一个或多个已有体的边或面生成几何体（直线、圆弧、二次曲线和样条），体不发生变化。大多数抽取曲线是非关联的，但也可选择生成关联的等斜度曲线或阴影外形曲线。

此处有视频

【执行方式】

● 菜单：选择"菜单"→"插入"→"派生曲线"→"抽取"命令。

【操作步骤】

（1）执行上述操作后，打开图 10-57 所示的"抽取曲线"对话框。

（2）在对话框中选择不同的抽取方式来抽取曲线，单击"确定"按钮，如图 10-58 所示。

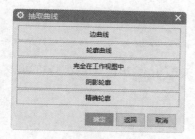

图10-57 "抽取曲线"对话框

图10-58 "抽取曲线"示意图

【选项说明】

（1）边曲线：用来沿一个或多个已有体的边生成曲线。每次选择一条所需的边，也可以使用菜单选择面上的所有边、体中的所有边，按名称或按成链选择边。

（2）轮廓曲线：用于从轮廓边缘生成曲线，生成体的外形（轮廓）曲线（直线，弯曲面在这些直线处从指向视点变为远离视点）。选择所需体后，系统会随即生成轮廓曲线，并提示选择其他体。生成的曲线是近似的，它由建模距离公差控制。工作视图中生成的轮廓曲线与视图相关。

（3）完全在工作视图中：用来生成所有的边曲线，包括工作视图中实体和片体可视边缘的任何轮廓。

（4）阴影轮廓：单击该按钮，可产生工作视图中显示的体与视图相关的曲线的外形。内部详细信息无法生成任何曲线。

（5）精确轮廓：单击该按钮，将抽取视图中所有实体的轮廓。

10.2.12 抽取虚拟曲线

该命令用于从面旋转轴、倒圆中心线和圆角面的虚拟交线创建曲线。

【执行方式】

● 菜单：选择"菜单"→"插入"→"派生曲线"→"抽取虚拟曲线"命令。

● 功能区：单击"曲线"选项卡"更多"库下的"抽取虚拟曲线"按钮 。

【操作步骤】

（1）执行上述操作后，打开图10-59所示的"抽取虚拟曲线"对话框。

（2）在"类型"下拉列表中选择类型。

（3）选择所需的面。

（4）单击"确定"按钮，创建虚拟曲线。

图10-59　"抽取虚拟曲线"对话框

【选项说明】

（1）类型：指定要创建虚拟曲线的类型。

① 旋转轴：用于抽取圆柱面、锥面、环形面或旋转面的轴来创建旋转轴虚拟曲线。

② 倒圆中心线：用于抽取圆角面的中心线来创建虚拟中心线。

③ 虚拟交线：用于抽取输入圆角面的两个构造面的曲面虚拟交线来创建虚拟相交曲线。

（2）面：用于选择旋转面或圆角面。

10.2.13 相交曲线

该命令用于在两组对象之间生成相交曲线。相交曲线是关联的，会根据其定义对象的更改而更新。

此处有视频

【执行方式】

● 菜单：选择"菜单"→"插入"→"派生曲线"→"相交"命令。

● 功能区：单击"曲线"选项卡"派生曲线"面板中的"相交曲线"按钮。

【操作步骤】

（1）执行上述操作后，系统打开图10-60所示的"相交曲线"对话框。

（2）选择第一组面或平面。

（3）选择第二组面或平面。

（4）单击"确定"按钮，创建相交曲线，如图10-61所示。

图10-60 "相交曲线"对话框

相交曲线

图10-61 "相交曲线"示意图

【选项说明】

（1）选择面：用于选择一个、多个面或基准平面，以生成相交曲线。

（2）指定平面：用于定义基准平面，以包含在一组要相交的对象中。

（3）保持选定：用于在创建相交曲线后重用为后续相交曲线而选定的一组对象。

10.2.14 等参数曲线

该命令用于沿着给定的 U 方向或 V 方向在面上生成曲线。

【执行方式】

此处有视频

● 菜单：选择"菜单"→"插入"→"派生曲线"→"等参数曲线"命令。

● 功能区：单击"曲线"选项卡"派生曲线"面板中的"等参数曲线"按钮。

【操作步骤】

（1）执行上述操作后，打开图10-62所示的"等参数曲线"对话框。

（2）选择要在上面创建等参数曲线的曲面。

（3）设置各选项。

（4）单击"确定"按钮，创建等参数曲线。

图10-62 "等参数曲线"对话框

【选项说明】

1. 选择面

该选项用于选择要在其上创建等参数曲线的面。

2. 等参数曲线

（1）方向：用于选择要沿其创建等参数曲线的 U 方向或 V 方向。

（2）位置：用于指定将等参数曲线放置在所选面上的位置方法。

① 均匀：将等参数曲线按相等的距离放置在所选面上。

② 通过点：将等参数曲线放置在所选面上，使其通过每个指定的点。

③ 在点之间：在两个指定的点之间按相等的距离放置等参数曲线。

（3）数量：指定要创建的等参数曲线的总数。

（4）间距：指定各等参数曲线之间的恒定距离。

10.2.15 截面曲线

该命令用于在指定平面与体、面、平面或曲线之间生成相交几何体。

此处有视频

【执行方式】

● 菜单：选择"菜单"→"插入"→"派生曲线"→"截面"命令。

● 功能区：单击"曲线"选项卡"派生曲线"面板中的"截面曲线"按钮。

【操作步骤】

执行上述操作后，打开图 10-63 所示的"截面曲线"对话框。

1. 创建选定的平面的截面曲线

（1）在"类型"下拉列表中选择"选定的平面"选项。

（2）选择要在其中创建截面曲线的一个或多个对象。

（3）选择现有平面或定义新平面。

（4）单击"确定"按钮，创建截面曲线。

2. 创建平行平面的截面曲线

（1）在"类型"下拉列表中选择"平行平面"选项。

（2）选择要在其中创建截面曲线的一个或多个对象。

（3）选择现有平面或定义新平面为基本平面。

（4）设置平面位置参数。

（5）单击"确定"按钮，创建截面曲线。

3. 创建径向平面的截面曲线

（1）在"类型"下拉列表中选择"径向平面"选项。

（2）选择要在其中创建截面曲线的一个或多个对象。

图10-63 "截面曲线"对话框

（3）指定一个矢量，所有径向平面都将绕此矢量旋转。

（4）选择现有点或定义新点，并输入限制角度。

（5）单击"确定"按钮，创建截面曲线。

4. 创建垂直于曲线的平面的截面曲线

（1）在"类型"下拉列表中选择"垂直于曲线的平面"选项。

（2）选择要在其中创建截面曲线的一个或多个对象。

（3）选择曲线或边沿其创建垂直平面。

（4）设置平面位置参数。

（5）单击"确定"按钮，创建截面曲线。

【选项说明】

（1）选定的平面：用于指定单独平面或基准平面为截面。

① 要剖切的对象：选择将被截取的对象。需要时，可以使用"过滤器"选项来辅助选择所需对象。可以将"过滤器"选项设置为任意、体、面、曲线、平面或基准平面。

② 剖切平面：选择已有平面或基准平面，或使用平面子功能定义临时平面。

（2）平行平面：用于设置一组等间距的平行平面作为截面。选择该类型后，对话框如图10-64所示。

① 步进：指定每个临时平行平面之间的相互距离。

② 起点/终点：从基本平面测量的距离，正距离为显示的矢量方向。系统将生成适合指定限制的平面数。这些输入的距离值不必恰好是步长距离的偶数倍。

（3）径向平面：从一条普通轴开始，以扇形展开生成按等角度间隔的平面，以用于选中体、面和曲线的截取。选择该类型后，对话框如图10-65所示。

图10-64　"平行平面"类型

图10-65　"径向平面"类型

① 径向轴：用来定义径向平面绕其旋转的轴矢量。

② 参考平面上的点：使用点方式或点构造器工具指定径向参考平面上的点。径向参考平面是包含该轴线和点的唯一平面。

③ 平面位置。

a. 起点：相对于基础平面的角度，径向面由此角度开始。按右手法则确定正方向。限制角不必是步长角度的偶数倍。

b. 终点：相对于基础平面的角度，径向面在此角度处结束。

c. 步进：径向平面之间所需的夹角。

（4）垂直于曲线的平面：用于设定一个或一组与所选定曲线垂直的平面作为截面。选择该类型后，对话框如图 10-66 所示。

① 曲线或边：用来选择沿其生成垂直平面的曲线或边。可以使用"过滤器"选项来辅助对象的选择，可以将"过滤器"选项设置为曲线或边。

② 间距。

a. 等弧长：沿曲线路径以等弧长方式间隔平面。

b. 等参数：根据曲线的参数化方法来间隔平面。

c. 几何级数：根据几何级数比间隔平面。

d. 弦公差：根据弦公差间隔平面。

e. 增量弧长：以沿曲线路径递增的方式间隔平面。

图10-66　"垂直于曲线的平面"类型

10.3 曲线编辑

当创建曲线之后，经常还需要对曲线进行修改和编辑，调整曲线的很多细节，本节主要介绍曲线编辑的操作，包括编辑曲线参数、修剪曲线、修剪拐角、分割曲线、编辑圆角、拉长曲线和光顺样条等。

10.3.1 编辑曲线参数

【执行方式】

此处有视频

● 菜单：选择"菜单"→"编辑"→"曲线"→"参数"命令。

● 功能区：单击"曲线"选项卡"更多"库下的"编辑曲线参数"按钮 。

● 对话框：单击"基本曲线"对话框中的"编辑曲线参数"按钮 。

【操作步骤】

（1）执行上述操作后，系统会打开图 10-67 所示的"编辑曲线参数"对话框。

（2）选择要编辑的曲线。

（3）打开相关的对话框，修改参数。

（4）单击"确定"按钮，完成曲线的编辑。

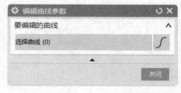

图10-67　"编辑曲线参数"对话框

【选项说明】

使用该命令可编辑大多数类型的曲线。在"编辑曲线参数"对话框中选择了不同的对象类型后，系统会打开相应的对话框。

10.3.2　修剪曲线

该命令用于根据边界实体和选中进行修剪的曲线的分段来调整曲线的端点。

此处有视频

【执行方式】

- 菜单：选择"菜单"→"编辑"→"曲线"→"修剪"命令。
- 功能区：单击"曲线"选项卡"编辑曲线"面板中的"修剪曲线"按钮。
- 对话框：单击"基本曲线"对话框中的"修剪曲线"按钮。

【操作步骤】

（1）执行上述操作后，系统打开图10-68所示的"修剪曲线"对话框。

（2）选择一条或多条要修剪的曲线。

（3）指定要修剪起点还是终点。

（4）指定第一个边界对象，或指定第二个边界对象。

（5）指定方向矢量。

（6）单击"确定"按钮，修剪曲线。

【选项说明】

图10-68　"修剪曲线"对话框

1. 要修剪的曲线

选择曲线：用于选择要修剪的一条或多条曲线。

2. 边界对象

（1）对象类型：用于选择对象或平面，用来修剪或分割选定要修剪的曲线。

（2）选择对象：当"对象类型"设为"选定的对象"时显示，用于选择曲线、边、体、面和点作为边界对象和与选定要修剪的曲线相交的对象。

（3）指定平面：当"对象类型"设为"平面"时显示，用于选择基准平面用作边界对象和与要修剪的选定曲线相交的对象。

3. 修剪或分割

（1）方向：指定查找对象交点时使用的方向。

① 最短的 3D 距离：将曲线修剪到与边界对象的相交处，并以三维尺寸标记最短距离。

② 沿方向：将曲线修剪到与边界对象的相交处，这些边界对象沿选中矢量的方向投影。

（2）操作：用于选择是修剪所选的曲线，还是将它们分割为单独的样条段。

4. 设置

（1）曲线延伸：如果正修剪一个要延伸到它的边界对象的样条，则可以选择延伸的形状。

① 自然：从样条的端点沿它的自然路径延伸。

② 线性：把样条从它的任一端点延伸到边界对象，样条的延伸部分是直线。

③ 圆形：把样条从它的端点延伸到边界对象，样条的延伸部分是圆弧形。

④ 无：对任何类型的曲线都不执行延伸。

（2）输入曲线：用于指定输入曲线的被修剪的部分处于何种状态。

① 隐藏：输入曲线被渲染成不可见。

② 保留：输入曲线不受修剪曲线操作的影响，被"保留"在它们的初始状态。

③ 删除：利用修剪曲线操作把输入曲线从模型中删除。

④ 替换：输入曲线被已修剪的曲线替换或"交换"。当使用"替换"时，原始曲线的子特征成为已修剪曲线的子特征。

（3）修剪边界曲线：每个边界对象所修剪的部分取决于边界对象与曲线相交的位置。

（4）扩展相交计算：勾选此复选框，可以设置计算以确定较宽松的相交有效性要求，从而允许计算的解超出默认距离公差。

（5）单选：勾选此复选框，将启用自动选择递进功能。

10.3.3 修剪拐角

该命令用于把两条曲线修剪到它们的交点，从而形成一个拐角。

此处有视频

【执行方式】

● 菜单：选择"菜单"→"编辑"→"曲线"→"修剪拐角"命令。

【操作步骤】

（1）执行上述操作后，打开图 10-69 所示的"修剪拐角"对话框。

（2）选择两条要修剪的曲线。

（3）在弹出的警告对话框中，单击"是"按钮，创建修剪拐角。

图10-69 "修剪拐角"
对话框

10.3.4 分割曲线

该命令用于把曲线分割成一组同样的段（即直线到直线、圆弧到圆弧）。每个生成的段是单独的实体，并具有和原先的曲线相同的线型。新的对象和原先的曲线放在同一层上。

此处有视频

【执行方式】

● 菜单：选择"菜单"→"编辑"→"曲线"→"分割"命令。

● 功能区：单击"曲线"选项卡"更多"库下的"分割曲线"按钮 ∫ 。

【操作步骤】

执行上述操作后，打开图 10-70 所示的"分割曲线"对话框。

1. 将曲线分割为等分段

（1）在"类型"下拉列表中选择"等分段"选项。

（2）选择要分割的曲线。

（3）设置"段长度"选项，并输入曲线参数。

（4）单击"确定"按钮，分割曲线。

图10-70 "分割曲线"对话框

2. 按边界对象分割曲线

（1）在"类型"下拉列表中选择"按边界对象"选项。

（2）选择要分割的曲线。

（3）选择要用于分割曲线的对象类型。

（4）选择要分割曲线的对象。

（5）单击"确定"按钮，分割曲线。

3. 将曲线分割为弧长段数

（1）在"类型"下拉列表中选择"弧长段数"选项。

（2）选择要分割的曲线。

（3）指定每个分段的长度。

（4）单击"确定"按钮，分割曲线。

4. 在结点处分割曲线

（1）在"类型"下拉列表中选择"在结点处"选项。

（2）选择要分割的曲线。

（3）选择所需的方法。

（4）单击"确定"按钮，分割曲线。

5. 在拐角上分割曲线

（1）在"类型"下拉列表中选择"在拐角上"选项。

（2）选择要分割的曲线。

（3）选择所需的方法。

（4）单击"确定"按钮，分割曲线。

【选项说明】

（1）等分段：使用曲线长度或特定的曲线参数把曲线分成相等的段。

① 等参数：根据曲线参数特征把曲线等分，曲线的参数随各种不同的曲线类型而变化。

② 等弧长：将选中的曲线分割成等长度的单独曲线，各段的长度是通过把实际的曲线长度分成要求的段数计算出来的。

（2）按边界对象：使用边界实体把曲线分成几段，边界实体可以是点、曲线、平面等。选择此类型后，对话框如图10-71所示。

① 现有曲线：用于选择现有曲线作为边界对象。

② 投影点：用于选择点作为边界对象。

③ 2点定直线：用于选择两点之间的直线作为边界对象。

④ 点和矢量：用于选择点和矢量作为边界对象。

⑤ 按平面：用于选择平面作为边界对象。

（3）弧长段数：按照各段定义的弧长分割曲线。选择该类型后，对话框如图10-72所示，系统会要求输入分段弧长值，其后会显示分段数目和剩余部分弧长值。

① 弧长：按照各段定义的弧长分割曲线。

图10-71　"按边界对象"类型

② 段数：根据曲线的总长度和为每段输入的弧长，显示所创建的完整分段的数目。

③ 部分长度：当所创建的完整分段的数目基于曲线的总长度和为每段输入的弧长时，显示曲线的任何剩余部分的长度。

（4）在结点处：使用选中的结点分割曲线，其中结点是指样条段的端点。选择该类型后，对话框如图 10-73 所示。

图10-72 "弧长段数"类型   图10-73 "在结点处"类型

① 按结点号：输入特定的结点号来分割样条。

② 选择结点：用鼠标在结点附近指定一个位置来选择分割结点。当选择样条时会显示结点。

③ 所有结点：自动选择样条上的所有结点来分割曲线。

（5）在拐角上：在角上分割样条，其中角是指样条折弯处（即某样条段的终止方向不同于下一段的起始方向）的结点。

① 按拐角号：根据指定的拐角号将样条分段。

② 选择拐角：用于选择分割曲线所依据的拐角。

③ 所有角：选择样条上的所有拐角以将曲线分段。

10.3.5 编辑圆角

该命令用于编辑已有的圆角。

此处有视频

【执行方式】

● 菜单：选择"菜单"→"编辑"→"曲线"→"圆角"命令。

【操作步骤】

（1）执行上述操作后，打开图 10-74 所示的"编辑圆角"对话框。

（2）选择一种编辑圆角的方式，依次选择对象 1、圆角、对象 2。

（3）打开图 10-75 所示的"编辑圆角"对话框，定义圆角的参数。

（4）单击"确定"按钮，编辑圆角，如图 10-76 所示。

图10-74 "编辑圆角"对话框1

【选项说明】

（1）半径：指定圆角新的半径值，半径值默认为被选圆角的半径或用户最近指定的半径。

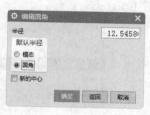

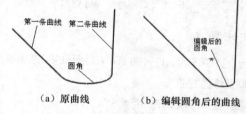

图10-75 "编辑圆角"对话框2

（a）原曲线　（b）编辑圆角后的曲线

图10-76 "编辑圆角"示意图

（2）默认半径。

① 圆角：每编辑一个圆角时，半径值就默认为它的半径。

② 模态：用于使半径值保持恒定，直到输入新的半径值或半径默认值被更改为"圆角"。

（3）新的中心：用于选择是否指定新的近似中心点。若不勾选此复选框，则当前圆角的圆弧中心用于计算修改的圆角。

10.3.6 拉长曲线

该命令用于移动几何对象，以及拉伸或缩短选中的直线。注意，可以移动大多数几何类型，但只能拉伸或缩短直线。

此处有视频

【执行方式】

● 菜单：选择"菜单"→"编辑"→"曲线"→"拉长"命令。

【操作步骤】

（1）执行上述操作后，打开图10-77所示的"拉长曲线（即将失效）"对话框。

（2）选择要拉长的几何体。

（3）指定用来拉长选中对象的方法。

（4）单击"确定"按钮，拉长曲线。

【选项说明】

（1）XC增量/YC增量/ZC增量：输入XC、YC和ZC的增量，系统按这些增量值移动或拉伸几何体。

（2）重置值：用于将增量值重设为零。

（3）点到点：用于打开"点"对话框，让用户定义参考点和目标点。

图10-77 "拉长曲线（即将失效）"对话框

（4）撤销：用于把几何体改变成先前的状态。

10.3.7 曲线长度

使用该命令，可以通过给定的曲线长度增量或曲线总长度来修剪曲线。

此处有视频

【执行方式】

● 菜单：选择"菜单"→"编辑"→"曲线"→"长度"命令。

● 功能区：单击"曲线"选项卡"编辑曲线"面板中的"曲线长度"按钮 。

【操作步骤】

（1）执行上述操作后，打开图10-78所示的"曲线长度"对话框。

（2）选择要修剪的曲线。

（3）指定要修剪的曲线的方向形状。

（4）输入所需的曲线长度增量值或曲线总长度。

（5）单击"确定"按钮，修剪曲线。

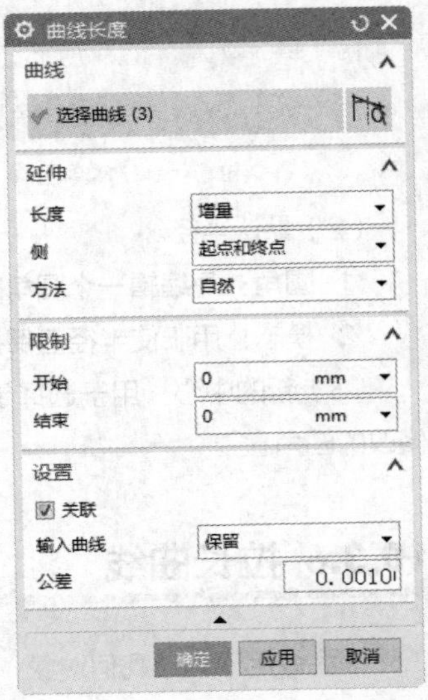

【选项说明】

（1）选择曲线：用于选择要修剪的曲线。

（2）"长度"下拉列表。

① 总数：利用曲线的总长度来修剪它。曲线总长度是指沿着曲线的精确路径，从曲线的起点到终点的距离。

② 增量：利用给定的曲线长度增量值来修剪曲线。曲线长度增量值是指用于从初始曲线上修剪的长度。

（3）"侧"下拉列表。

① 起点和终点：从曲线的起点和终点修剪它。

② 对称：从曲线的起点或终点，以距离两侧相等的长度修剪它。

（4）方法：用于确定所选曲线延伸的形状。

① 自然：从曲线的端点沿它的自然路径延伸。

② 线性：从任意一个端点延伸曲线，它的延伸部分是线性的。

③ 圆形：从曲线的端点延伸它，它的延伸部分为圆弧。

（5）限制：用于输入一个值作为修剪掉的曲线的长度。

① 开始：起始端修剪的曲线的长度。

② 结束：终端修剪的曲线的长度。

图10-78 "曲线长度"对话框

10.3.8 光顺样条

该命令用来光顺曲线的斜率，使得 B 样条曲线更加光顺。

【执行方式】

● 菜单：选择"菜单"→"编辑"→"曲线"→"光顺样条"命令。

● 功能区：单击"曲线"选项卡"编辑曲线"面板中的"光顺样条"按钮 。

此处有视频

【操作步骤】

（1）执行上述操作后，打开图10-79所示的"光顺样条"对话框。

（2）在对话框中选择类型。

（3）选择要光顺的样条。

（4）设置光顺的次数和光顺级别。

（5）单击"确定"按钮，光顺样条。

【选项说明】

（1）"类型"下拉列表。

① 曲率：根据最小化曲率值的大小来光顺曲线。

② 曲率变化：根据最小化整条曲线的曲率变化来光顺曲线。

（2）"要光顺的曲线"选项组。

① 选择曲线：指定要光顺的曲线。

② 光顺限制：指定部分样条或整个样条的光顺限制。

（3）"约束"选项组。

起点/终点：约束正在修改样条的任意一端。

（4）光顺因子：拖动滑块来决定光顺操作的次数。

（5）修改百分比：拖动滑块来决定样条的全局光顺的百分比。

（6）"结果"选项组。

最大偏差：显示原始样条和所得样条之间的偏差。

图10-79 "光顺样条"对话框

10.4 综合实例——花瓣

【制作思路】

本例绘制的花瓣如图10-80所示。首先创建多边形和圆弧轮廓，然后分割圆弧曲线，最后通过隐藏操作生成花瓣造型。

图10-80 花瓣

此处有视频

【绘制步骤】

1. 创建新文件

选择"菜单"→"文件"→"新建"命令或单击快速访问工具栏中的"新建"按钮，打开"新建"对话框。在"模板"列表框中选择"模型"，输入名称为"huaban"，单击"确定"按钮，进入建模环境。

2. 创建正方形

（1）选择"菜单"→"插入"→"曲线"→"多边形"命令，打开图10-81所示的"多边形"对话框，在"边数"文本框中输入4，单击"确定"按钮。

图10-81 "多边形"对话框

（2）打开"多边形"生成方式对话框，如图10-82所示，单击"内切圆半径"按钮。

（3）打开"多边形"参数对话框，如图10-83所示，在"内切圆半径"文本框中输入1，单击"确定"按钮。

（4）打开"点"对话框，输入坐标（0，0，0），将生成的多边形定位于原点上，单击"确定"按钮，完成多边形的创建，如图10-84所示。

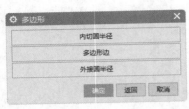

图10-82 "多边形"生成方式对话框

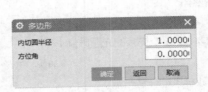

图10-83 "多边形"参数对话框

图10-84 创建多边形

3. 创建圆弧

（1）选择"菜单"→"插入"→"曲线"→"圆弧/圆"命令，或单击"曲线"选项卡"曲线"面板中的"圆弧/圆"按钮，打开图10-85所示的"圆弧/圆"对话框。

（2）在"类型"下拉列表中选择"从中心开始的圆弧/圆"选项，选择正方形右顶点为圆弧中心，选择上顶点为通过点，并在起始限制"角度"和终止限制"角度"文本框中分别输入0、45，单击"应用"按钮，生成图10-86所示的圆弧。

（3）使用同样的方法绘制其他3条圆弧，如图10-87所示。

图10-85 "圆弧/圆"对话框

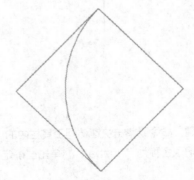

图10-86 绘制圆弧

图10-87 绘制多段圆弧

4. 分割曲线

（1）选择"菜单"→"编辑"→"曲线"→"分割"命令，打开图10-88所示的"分割曲线"对话框。

（2）在"类型"下拉列表中选择"等分段"选项，选择一段圆弧，弹出提示对话框，如图10-89所示，单击"是"按钮。

图10-88　"分割曲线"对话框

图10-89　提示对话框

（3）在"段长度"下拉列表中选择"等弧长"选项，并输入"段数"为3，单击"确定"按钮，完成分割曲线的操作。使用相同的方法，完成另外3条圆弧的分割操作。

5. 隐藏曲线

（1）选择"菜单"→"编辑"→"显示和隐藏"→"隐藏"命令，打开"类选择"对话框，如图10-90所示。

（2）分别选择正方形各边和圆弧中间各段圆弧，单击"确定"按钮，隐藏选择的曲线，完成花瓣造型的创建，如图10-91所示。

图10-90　"类选择"对话框

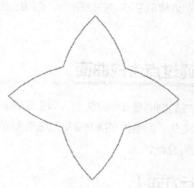

图10-91　花瓣造型

第 **11** 章

曲面功能

UG 不仅提供了基本的特征建模模块，同时还提供了强大的自由曲面特征建模模块。UG 提供了 20 多种自由曲面造型的创建方式，用户可以利用它们完成各种复杂曲面和非规则实体的创建。

/ 重点与难点

● 简单曲面
● 复杂曲面

11.1 简单曲面

本节主要讲解最基本的曲面命令。使用这些命令，可通过点和曲线构建曲面，从而掌握最基本的曲面造型方法。

11.1.1 通过点生成曲面

由点生成的曲面是非参数化的，即生成的曲面与原始构造点不关联，对构造点进行编辑后，曲面不会发生变化，但绝大多数命令所构造的曲面都具有参数化的特征。通过点构建的曲面包含全部用来构建曲面的点。

此处有视频

【执行方式】

● 菜单：选择"菜单"→"插入"→"曲面"→"通过点"命令。
● 功能区：单击"曲面"选项卡"曲面"面板"更多"库下的"通过点"按钮 。

【操作步骤】

（1）执行上述操作后，系统打开图 11-1 所示的"通过点"对话框。
（2）选择一种补片类型。
（3）选择一种封闭方式来创建片体。

图11-1 "通过点"对话框

（4）输入行/列的阶次。

（5）在"点"对话框中指定点的创建方式。

（6）单击"确定"按钮，创建曲面，如图11-2所示。

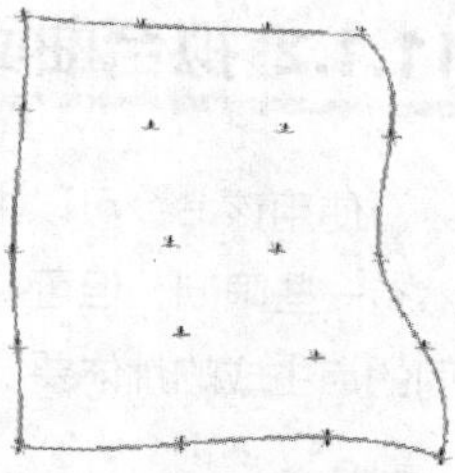

图11-2 "通过点"示意图

【选项说明】

（1）补片类型：样条曲线可以由单段或多段曲线构成，片体也可以由单个补片或多个补片构成。

① 单侧：所建立的片体只包含单一的补片。单个补片的片体是由一个曲面参数方程来表达的。

② 多个：所建立的片体是一系列单补片的阵列。多个补片的片体是由两个以上的曲面参数方程来表达的。一般构建较精密片体时采用多个补片的方法。

（2）沿以下方向封闭：设置一个或多个补片片体是否封闭及它的封闭方式，4个选项如下。

① 两者皆否：片体以指定的点开始和结束，列方向与行方向都不封闭。

② 行：点的第一列变成最后一列。

③ 列：点的第一行变成最后一行。

④ 两者皆是：在行方向和列方向上都封闭。如果选择在两个方向上都封闭，生成的将是实体。

（3）行次数：定义了片体 U 方向的阶数。

（4）列次数：大致垂直于片体行的纵向曲线方向 V 方向的阶数。

（5）文件中的点：可以通过选择包含点的文件来定义这些点。

单击"确定"按钮，打开图11-3所示的"过点"对话框，用户可利用该对话框选取定义点。

（1）全部成链：用于链接窗口中已存在的定义点。单击该按钮，打开图11-4所示的"指定点"对话框，在其中定义起点和终点，系统会自动快速获取起点与终点之间链接的点。

（2）在矩形内的对象成链：拖动鼠标指针形成矩形方框来选取所要定义的点，矩形方框内所包含的所有点都将被链接。

（3）在多边形内的对象成链：拖动鼠标指针定义多边形框来选取定义点，多边形框内的所有点都将被链接。

（4）点构造器：在"点"对话框中选取定义点的位置。单击该按钮，打开图11-5所示的"点"对话框，需要一个点一个点地选取，所要选取的点都要被选到。每指定一列点后，系统都会打开提示对话框，询问是否确定当前所定义的点。

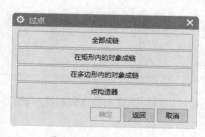

图11-3 "过点"对话框

图11-4 "指定点"对话框

图11-5 "点"对话框

11.1.2 拟合曲面

使用该命令可以生成一个片体，片体近似于一个大的点"云"，通常由扫描和数字化产生。虽然有一些限制，但可从很多点中用最少的交叉生成一个片体。得到的片体比用"通过点"方式从相同的点生成的片体要"光顺"得多，但不如后者更接近于原始点。

此处有视频

【执行方式】

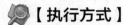

● 菜单：选择"菜单"→"插入"→"曲面"→"拟合曲面"命令。
● 功能区：单击"曲面"选项卡"曲面"面板"更多"库下的"拟合曲面"按钮 。

【操作步骤】

（1）执行上述操作后，打开图 11-6 所示的"拟合曲面"对话框。

（2）选择拟合的曲面类型。

（3）选择目标对象。

（4）指定曲面的 U 向和 V 向次数。

（5）指定拟合方向类型，并设置拟合方向。

（6）单击"确定"按钮，创建曲面。

【选项说明】

（1）类型：包括拟合自由曲面、拟合平面、拟合球、拟合圆柱和拟合圆锥 5 种类型。

（2）目标：用于为目标选择对象或颜色编码区域。

（3）拟合方向：由一条近似垂直于片体的矢量（对应于坐标系的 Z 轴）和两条指明片体的 U 向和 V 向的矢量（对应于坐标系的 X 轴和 Y 轴）组成。

（4）边界：用于定义正在生成片体的边界。片体的默认边界是通过把所有选择的数据点投影到 U–V 平面上产生的。

（5）参数化：改变 U 向和 V 向的次数和补片数，从而调节曲面。

① 次数：用于在 U 向和 V 向控制片体的阶次。默认的阶次为 3，用户可以改变为 1 ~ 24 的任何值（建议使用默认值 3）。

② 补片数：指定各个方向的补片的数目。各个方向的次数和补片数的结合控制着输入点和生成的片体之间的距离误差。

图 11-6 "拟合曲面"对话框

（6）光顺因子：在创建成曲面后，可调节光顺因子使曲面变得更加圆滑，但这也会改变最大误差和平均误差。

（7）结果：根据生成的曲面所计算出的最大误差和平均误差。

11.1.3 四点曲面

使用该命令，可通过指定 4 个点来创建一个曲面。可以提高阶次和补片数来得到更复杂的具有期望形状的曲面，使用这种方法可以很容易地修改这种曲面。

【执行方式】

- 菜单：选择"菜单"→"插入"→"曲面"→"四点曲面"命令。
- 功能区：单击"曲面"选项卡"曲面"面板中的"四点曲面"按钮▱。

【操作步骤】

（1）执行上述操作后，打开图 11-7 所示的"四点曲面"对话框。

（2）在视图中选择 4 个曲面拐角点或在"点"对话框中定义 4 个点。

（3）根据需要更改点的位置。

（4）单击"确定"按钮，创建曲面，如图 11-8 所示。

图11-7 "四点曲面"对话框

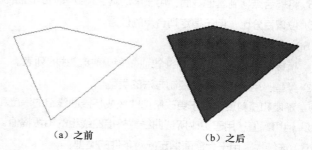

（a）之前　　　　　（b）之后

图11-8 "四点曲面"示意图

【选项说明】

指定点 1 ~ 4：用于为四点曲面选择第一、第二、第三和第四个点。

11.1.4 过渡

利用此命令，可以在两个或多个截面曲线相交的位置创建过渡特征。

【执行方式】

- 菜单：选择"菜单"→"插入"→"曲面"→"过渡"命令。
- 功能区：单击"曲面"选项卡"曲面"面板"更多"库下的"过渡"按钮▨。

【操作步骤】

（1）执行上述操作后，打开图 11-9 所示的"过渡"对话框。

（2）选择第一截面。

（3）继续添加其他截面，设置参数。

（4）单击"确定"按钮，创建过渡特征。

【选项说明】

（1）"截面"选项组。

图11-9 "过渡"对话框

① 选择曲线：用于选择样条、直线、圆弧、二次曲线、曲面边和草图为截面。

② 反向：反转截面方向，以便重新映射桥接曲线。

③ 指定原始曲线：用于在每个截面集中指定原始曲线。

④ 添加新集：用于添加新的截面曲线集。

（2）列表：显示所指定的所有截面的列表，以及它们的连续性和流动方向。

（3）约束面：用于选择面以指定约束曲面。

（4）"支持曲线"选项组。

① 显示截面上的所有点：显示所选截面曲线集中的所有截面点。

② 列表：显示所选截面曲线的耦合点。

③ 添加：向所选截面曲线添加耦合点，用于向截面添加新的耦合点和桥接曲线。

④ 移除：将所选耦合点从截面曲线中删除。

⑤ 将耦合点移到其他截面：用于移动耦合点到其他截面曲线。

⑥ 位置百分比：用于指定耦合点的位置。

（5）"形状控制"选项组。

① 桥接曲线：显示要编辑的个别曲线和桥接曲线的列表。

② 类型：用于指定形状控制方法的类型。

a. 深度和歪斜度：用于更改所选曲线或桥接曲线组的深度和歪斜度。

b. 相切幅值：用于更改所选曲线或桥接曲线组的相切幅值。

（6）连续性：用于为截面指定配对条件的类型。

（7）创建曲面：勾选此复选框，将创建为曲面；不勾选此复选框，将创建为桥接曲线。

11.1.5 修补开口

利用此命令可以创建片体，以封闭一组面中的开口。

【执行方式】

● 菜单：选择"菜单"→"插入"→"曲面"→"修补开口"命令。

● 功能区：单击"曲面"选项卡"曲面"面板"更多"库下的"修补开口"按钮 。

【操作步骤】

（1）执行上述操作后，打开图 11-10 所示的"修补开口"对话框。

（2）选择具有要修补的开口的面。

（3）选择要修补的开口的边。

（4）单击"确定"按钮，创建单独的补片。

【选项说明】

图11-10 "修补开口"对话框

（1）"类型"下拉列表。

① 已拼合的补片：逼近开口并使用一系列补片来填充它。

② N 边区域补片：使用不限数目的曲线或边来创建 N 边补片曲面。

③ 网格面：创建网格片体以填充缝隙。

④ 通过移除边：移除开口周围的边，并合并周围的面。

⑤ 仅延伸：按与周围相切的方向延伸开口的边。

⑥ 凹口：修补凹口或较大开口的除料区域。

⑦ 榫接：修补较大开口的区域，开口的边界位于多个平面。

⑧ 注塑模向导面补片：使用边缘修补的方法来创建特征集。

⑨ 通过抑制：识别与填补开口的边相关联的特征，并抑制它们的填充孔。

（2）要修补的面：用于选择具有要修补的开口的面。

（3）要修补的开口：用于选择想要修补的开口的边。

（4）分割曲线：用于指定所选边上两点之间的桥接曲线，以将开口分割成两个区域。

（5）限制：用于限制开口周围的区域，以创建部分修补片体。

① 限制点 1/ 限制点 2：设置起点与终点，以限制补片。

② 操作：提供选项来创建限制。

（6）"设置"选项组。

① 输出：指定输出的补片的类型。

a. 单个特征：创建包含所有开口的单个特征。

b. 多个特征：为每个修补的开口创建不同的特征。

c. 缝合：使用具有开口的片体来缝合所有补片，以创建一个片体。

② 忽略间隙和外部开口：忽略间隙并允许选择所有开口。

11.1.6 直纹面

【执行方式】

● 菜单：选择"菜单"→"插入"→"网格曲面"→"直纹"命令。
● 功能区：单击"曲面"选项卡"曲面"面板"更多"库下的"直纹"
按钮 。

此处有视频

【操作步骤】

（1）执行上述操作后，打开图 11-11 所示的"直纹"对话框。

（2）选择第一组截面曲线。

（3）选择第二组截面曲线。

（4）选择对齐方法，单击"确定"按钮，创建直纹面，如图 11-12 所示。

【选项说明】

（1）截面线串 1：选择第一组截面曲线。

（2）截面线串 2：选择第二组截面曲线。

（3）"对齐"下拉列表。

① 参数：在构建曲面特征时，两条截面曲线上所对应的点是根据截面曲线的参数方程进行计算的。所以两组截面曲线对应的直线部分，是根据等距离

图 11-11 "直纹"对话框

来划分连接点的；两组截面曲线对应的曲线部分，是根据等角度来划分连接点的。

② 根据点：在两组截面线串上选取对应的点（同一个点允许重复选取）作为强制的对应点，选取的顺序决定着片体的路径走向。一般截面线串中含有角点时选择应用"根据点"方式。

③ 弧长：沿截面以相等的弧长间隔来分隔等参数曲线连接点。

④ 距离：在指定方向上沿每个截面以相等的距离隔开点。

⑤ 角度：在指定的轴线周围沿每条曲线以相等的角度隔开点。

⑥ 脊线：将点放置在所选截面与垂直于所选脊线的平面的相交处。

⑦ 可扩展：创建可展平而不起皱、拉长或撕裂的曲面。填料曲面创建于平的或相切的可扩展组件之间，也可创建在输入曲线的起始端和结束端。

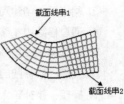

图11-12 "直纹面"示意图

11.1.7 通过曲线组

使用该命令，可以通过同一方向上的一组曲线轮廓线生成一个体。这些曲线轮廓称为截面线串。用户选择的截面线串用于定义体的行。截面线串可以由单个对象或多个对象组成，每个对象可以是曲线、实边或实面。

此处有视频

【执行方式】

● 菜单：选择"菜单"→"插入"→"网格曲面"→"通过曲线组"命令。

● 功能区：单击"曲面"选项卡"曲面"面板"更多"库下的"通过曲线组"按钮。

【操作步骤】

（1）执行上述操作后，打开图11-13所示的"通过曲线组"对话框。

（2）选择曲线并单击鼠标中键，以完成第一个截面的添加。

（3）选择其他曲线并添加为新截面。

（4）单击"确定"按钮，创建曲面，如图11-14所示。

图11-13 "通过曲线组"对话框

【选项说明】

1. 截面

（1）选择曲线或点：选取截面线串时，一定要注意选取次序，而且每选取一条截面线，都要单击鼠标中键一次，直到所选取线串出现在截面线串列表框中为止。可对该列表框中的所选截面线串进行删除、上移、下移等操作，以改变选取次序。

（2）指定原始曲线：用于更改闭环中的原始曲线。

（3）列表：向模型中添加截面集时，列出这些截面集。

2. 连续性

（1）全部应用：将为一个截面选定的连续性约束施加于第一个和最后一个截面。

（2）第一个截面：用于选择约束面并指定所选截面的连续性。

（3）最后一个截面：指定连续性。

（4）流向：指定与约束曲面相关的流动方向。

3. 对齐

定义沿截面隔开新曲面的等参数曲线的方式，以控制特征的形状。

（1）参数：沿截面以相等的参数间隔来隔开等参数曲线连接点。

（2）根据点：对齐不同形状的截面线串之间的点。

（3）弧长：沿截面以相等的弧长间隔来分隔等参数曲线连接点。

（4）距离：在指定方向上，沿每个截面以相等的距离隔开点。

（5）角度：在指定的轴线周围，沿每条曲线以相等的角度隔开点。

（6）脊线：将点放置在所选截面与垂直于所选脊线的平面的相交处。

4. 输出曲面选项

（1）补片类型：用于指定 V 方向的补片是单个还是多个。

（2）V 向封闭：沿 V 方向的各列封闭第一个与最后一个截面之间的特征。

（3）垂直于终止截面：使输出曲面垂直于两个终止截面。

（4）构造：用于指定创建曲面的方法。

① 法向：使用标准步骤创建曲线网格曲面。

② 样条点：使用输入曲线的点及这些点处的相切值来创建体。

③ 简单：创建尽可能简单的曲线网格曲面。

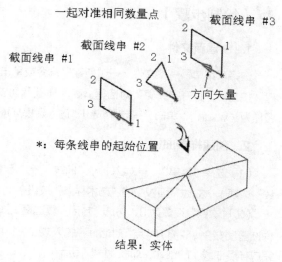

图11-14　"通过曲线组"示意图

11.1.8 实例——叶轮

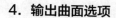【制作思路】

本例绘制叶轮，如图11-15所示。从图中可以看出叶片上的曲面非常复杂，进行造型之前要通过测量或读图获取曲面上的离散点数据，然后利用三维造型软件的曲面实体工具对这些数据进行拟合，生成所需要的曲面实体。离心叶轮的中心盘基体部分是典型的旋转体特征，这部分造型非常简单，利用旋转体工具即可完成。

图11-15　叶轮

此处有视频

【绘制步骤】

1. 创建新文件

选择"菜单"→"文件"→"新建"命令或单击快速访问工具栏中的"新建"按钮，打开"新建"对话框。在"模板"列表框中选择"模型"，输入名称为"yelun"，单击"确定"按钮，进入建模环境。

2. 创建样条曲线

（1）选择"菜单"→"插入"→"曲线"→"艺术样条"命令，或单击"曲线"选项卡"曲线"面板中的"艺术样条"按钮，打开"艺术样条"对话框。

（2）"次数"设置为3，勾选"封闭"复选框，如图11-16所示。单击"点构造器"按钮，打开"点"对话框，输入表11-1中的点，单击"确定"按钮，完成样条曲线1的创建，如图11-17所示。

（3）根据表11-2和表11-3创建样条曲线2和样条曲线3，生成的曲线模型如图11-18所示。

图11-16　"艺术样条"对话框

图11-17　样条曲线1

图11-18　曲线模型

表11-1　样条曲线1的坐标点

点	坐标	点	坐标
点1	56.017，6.787，25	点11	4.885，−10.943，25
点2	41.440，4.770，25	点12	10.365，−7.655，25
点3	29.828，2.983，25	点13	15.525，−5.003，25
点4	21.478，1.341，25	点14	20.576，−2.158，25
点5	18.541，0.412，25	点15	24.508，−1.577，25
点6	12.468，−2.665，25	点16	32.890，−0.243，25
点7	7.627，−5.834，25	点17	44.777，1.091，25
点8	3.988，−8.998，25	点18	60.110，2.378，25
点9	−0.271，−14.060，25	点19	58.0635，4.5825，25
点10	0.271，−14.357，25	点20	56.017，6.787，25

表11-2　样条曲线2的坐标点

点	坐标	点	坐标
点1	64.958，19.782，55	点3	40.967，11.282，55
点2	51.506，15.532，55	点4	31.507，6.732，55

点	坐标	点	坐标
点 5	26.506, 3.231, 55	点 15	14.899, −9.127, 55
点 6	21.480, 0.566, 55	点 16	19.93, −3.879, 55
点 7	18.175, −2.328, 55	点 17	23.194, −1.084, 55
点 8	13.097, −7.749, 55	点 18	28.195, 2.137, 55
点 9	8.173, −14.294, 55	点 19	34.682, 5.479, 55
点 10	3.429, −22.591, 55	点 20	43.068, 9.091, 55
点 11	−0.271, −31.110, 55	点 21	54.348, 12.733, 55
点 12	0.271, −31.408, 55	点 22	72.967, 16.563, 55
点 13	4.568, −23.262, 55	点 23	68.9625, 18.1725, 55
点 14	9.822, −15.391, 55	点 24	64.958, 19.782, 55

表 11-3　样条曲线 3 的坐标点

点	坐标	点	坐标
点 1	65.406, 61.695, 95	点 14	57.465, 57.664, 95
点 2	64.100, 61.362, 95	点 15	59.511, 57.806, 95
点 3	63.389, 61.028, 95	点 16	61.575, 57.945, 95
点 4	62.882, 60.862, 95	点 17	63.650, 58.082, 95
点 5	61.865, 60.529, 95	点 18	65.735, 58.217, 95
点 6	60.844, 60.196, 95	点 19	67.829, 58.350, 95
点 7	59.819, 59.863, 95	点 20	69.934, 58.480, 95
点 8	58.791, 59.531, 95	点 21	72.048, 58.609, 95
点 9	57.758, 59.198, 95	点 22	74.174, 58.735, 95
点 10	55.681, 58.533, 95	点 23	76.310, 58.859, 95
点 11	54.636, 58.200, 95	点 24	78.456, 58.981, 95
点 12	53.587, 57.867, 95	点 25	71.931, 60.338, 95
点 13	55.410, 57.521, 95	点 26	65.406, 61.695, 95

💡 提示　也可以采用下面的方法来创建样条曲线。

（1）打开 Windows 记事本，在记事本中输入叶片每个截面轮廓的数据点坐标，坐标格式为 "XC 空格 YC 空格 ZC"，换行后输入下一点坐标值。3 条样条曲线的数据分别如图 11-19、图 11-20 和图 11-21 所示，文件名分别为 data1.dat、data2.dat 和 data3.dat。

（2）选择"文件"→"导入"→"文件中的点"命令，将步骤（1）中创建的数据文件导入视图中。

（3）选择"菜单"→"插入"→"曲线"→"艺术样条"命令，打开"艺术样条"对话框后，直接在视图中选择步骤（2）中创建的点来创建样条曲线。

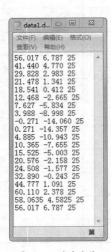

图11-19 文本文件1

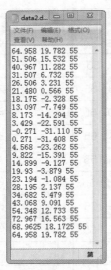

图11-20 文本文件2

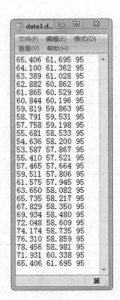

图11-21 文本文件3

3. 创建曲面

（1）选择"菜单"→"插入"→"网格曲面"→"通过曲线组"命令，或单击"曲面"选项卡"曲面"面板"更多"库下的"通过曲线组"按钮，打开图11-22所示的"通过曲线组"对话框，根据系统提示选择样条曲线1，完成后单击鼠标中键，如图11-23所示。

（2）根据系统提示选择样条曲线2，完成后单击鼠标中键，如图11-24所示。

图11-22 "通过曲线组"对话框

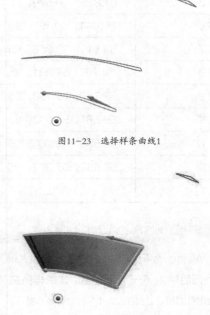

图11-23 选择样条曲线1

图11-24 选择样条曲线2

（3）根据系统提示选择样条曲线3，完成后单击鼠标中键。在选择时应保证选择的样条曲线方向矢量一致，如图11-25所示。单击"确定"按钮，完成曲面的创建，生成的叶片模型如图11-26所示。

图11-25 创建曲面示意图

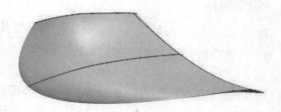

图11-26 叶片

4. 创建直线

（1）选择"菜单"→"插入"→"曲线"→"基本曲线"命令，打开图 11-27 所示的"基本曲线"对话框。

（2）单击"直线"按钮 ⁄，在"点方法"下拉列表中选择"点构造器"选项，打开图 11-28 所示的"点"对话框。

（3）按顺序输入直线端点坐标值，各点坐标值如表 11-4 所示。完成直线的创建后，单击"取消"按钮，关闭"点"对话框。生成的直线模型如图 11-29 所示。

图11-27 "基本曲线"对话框1

图11-28 "点"对话框

表 11-4 直线端点坐标值

	XC	YC	ZC
1	-2	29	0
2	67	29	0
3	67	105	0
4	70	105	0
5	75	35	0
6	100	35	0
7	100	32	0
8	81	32	0
9	81	6.5	0
10	-29.5	6.5	0
11	-29.5	9	0
12	-2	9	0
13	-2	29	0

5．创建旋转体

（1）选择"菜单"→"插入"→"设计特征"→"旋转"命令，或单击"主页"选项卡"特征"面板中的"旋转"按钮，打开"旋转"对话框。

（2）按系统提示依次选择屏幕中的曲线，并在"指定矢量"下拉列表中选择 XC 轴为旋转轴。单击"点对话框"按钮，打开"点"对话框，确定基点在坐标原点上。

（3）在"旋转"对话框的开始"角度"和结束"角度"文本框中分别输入 0 和 360，如图 11-30 所示。单击"确定"按钮，生成图 11-31 所示的模型。

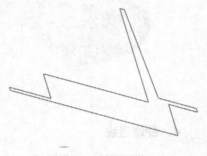

图11-29　直线模型

6．边倒圆

（1）选择"菜单"→"插入"→"细节特征"→"边倒圆"命令，或单击"主页"选项卡"特征"面板中的"边倒圆"按钮，打开图 11-32 所示的"边倒圆"对话框。

图11-30　"旋转"对话框1

图11-31　创建旋转体模型

图11-32　"边倒圆"对话框

（2）输入半径为 55，选择图 11-33 所示的边为圆角边，单击"确定"按钮，生成图 11-34 所示的模型。

7．创建直线和圆弧

（1）选择"菜单"→"插入"→"曲线"→"基本曲线"命令，打开图 11-35 所示的"基本曲线"对话框。

（2）单击"直线"按钮，在"点方法"下拉列表中选择"点构造器"选项，打开"点"对话框。

（3）在"点"对话框中分别输入坐标（80，105，0）、（60.5，105，0），单击"确定"按钮，创建直线1。

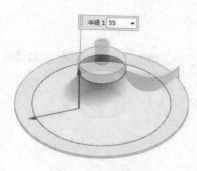

图11-33 选择圆角边 图11-34 倒圆角 图11-35 "基本曲线"对话框2

（4）单击"圆弧"按钮 ，在"创建方法"选项组中选择"中心点，起点，终点"单选项，在"点方法"下拉列表中选择"点构造器"选项，打开"点"对话框。

（5）输入圆弧中心坐标（20，105，0），输入圆弧起点坐标（20，64.5，0），终点选择图11-36所示直线1的左端点，单击"确定"按钮，创建圆弧。

（6）单击"直线"按钮 ，以圆弧起点为起点，创建与 XC 轴平行的直线2，如图11-36所示。

8. 创建旋转体

（1）选择"菜单"→"插入"→"设计特征"→"旋转"命令，或单击"主页"选项卡"特征"面板中的"旋转"按钮 ，打开"旋转"对话框。

（2）按系统提示依次选择图11-36所示的直线和圆弧，并在"指定矢量"下拉列表中选择 XC 轴为旋转轴。

（3）单击"点对话框"按钮，打开"点"对话框，确定基点在坐标原点上。在"旋转"对话框的"开始角度"和"结束角度"文本框中分别输入 0 和 330，如图11-37所示。

（4）单击"确定"按钮，生成图11-38所示的旋转体模型。

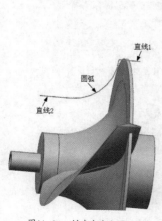

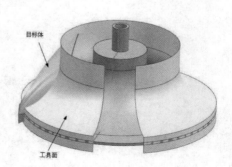

图11-36 创建直线和圆弧 图11-37 "旋转"对话框2 图11-38 旋转体模型

9. 修剪模型

（1）选择"菜单"→"插入"→"修剪"→"修剪体"命令，或单击"主页"选项卡"特征"面板中的"修剪体"按钮，打开图 11-39 所示的"修剪体"对话框。

（2）选择叶片为目标体，选择旋转片体为工具面，如图 11-38 所示。

（3）根据系统提示，单击"反向"按钮，使箭头方向指向旋转片体外侧。单击"确定"按钮，完成修剪操作，生成的模型如图 11-40 所示。

（4）对旋转片体和叶片下部进行修剪操作，生成图 11-41 所示的模型。

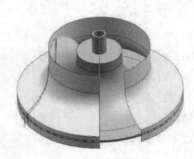

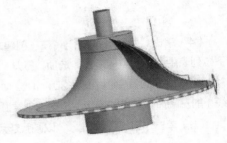

图11-39　"修剪体"对话框　　　　　图11-40　修剪模型1　　　　　图11-41　修剪模型2

10. 隐藏曲线和片体

（1）选择"菜单"→"编辑"→"显示和隐藏"→"隐藏"命令，打开图 11-42 所示的"类选择"对话框。

（2）单击"过滤器"选项组中的"类型过滤器"按钮，打开"按类型选择"对话框。

（3）选择"曲线"和"片体"选项，如图 11-43 所示，单击"确定"按钮，返回"类选择"对话框。单击"全选"按钮，再单击"确定"按钮，则屏幕中所有曲线和片体都被隐藏起来，结果如图 11-44 所示。

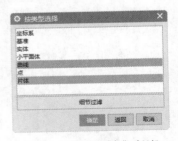

图11-43　"按类型选择"对话框

图11-42　"类选择"对话框　　　　　图11-44　隐藏曲线和片体

11. 创建变换

（1）选择"菜单"→"编辑"→"移动对象"命令，打开"移动对象"对话框。

（2）选择图 11-44 所示的叶片为移动对象。

（3）在"运动"下拉列表中选择"角度"选项，在"指定矢量"下拉列表中选择 XC 轴。在"指定轴点"选项中单击"点对话框"按钮，打开"点"对话框，确定基点在坐标原点上，单击"确定"按钮，返回"移动对象"对话框，在"角度"文本框中输入 30。

（4）选择"复制原先的"单选项，在"非关联副本数"文本框中输入 12，如图 11-45 所示。单击"确定"按钮，生成图 11-46 所示的叶轮。

图11-45 "移动对象"对话框

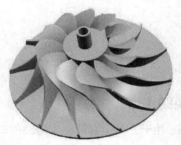

图11-46 叶轮

11.1.9 通过曲线网格

使用该命令，可以从沿着两个不同方向的一组现有的曲线轮廓（称为线串）中生成体。生成的曲线网格体是双三次多项式的。这意味着它在 U 向和 V 向都是三次的（阶次为 3）。该命令只在主线串对和交叉线串对不相交时才有意义。如果线串不相交，生成的体会通过主线串或交叉线串，或两者均分。

此处有视频

【执行方式】

● 菜单：选择"菜单"→"插入"→"网格曲面"→"通过曲线网格"命令。
● 功能区：单击"曲面"选项卡"曲面"面板"更多"库下的"通过曲线网格"按钮🔳。

【操作步骤】

（1）执行上述操作后，打开图 11-47 所示的"通过曲线网格"对话框。

（2）选择曲线作为第一个主集。

（3）选择曲线作为第二个主集。

（4）单击鼠标中键两次以完成对主曲线的选择。

（5）选择交叉曲线集，并在选择每个集之后单击鼠标中键。

（6）单击"确定"按钮，创建网格曲面，如图 11-48 所示。

图11-47　"通过曲线网格"对话框

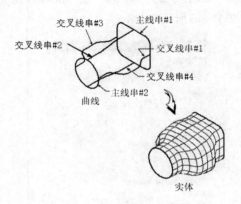

图11-48　"通过曲线网格"示意图

【选项说明】

（1）主曲线：用于选择包含曲线、边或点的主截面集。

（2）交叉曲线：用于选择包含曲线或边的横截面集。

（3）连续性：用于在第一主截面与最后主截面，以及第一横截面与最后横截面处选择约束面，并指定连续性。

① 全部应用：将相同的连续性设置应用于第一个及最后一个截面。

② 第一主线串：用于为第一个与最后一个主截面及横截面设置连续性约束，以控制与输入曲线有关的曲面的精度。

③ 最后主线串：用于约束该实体，使得它和一个或多个选定的面或片体在最后一条主线串处相切或曲率连续。

④ 第一交叉线串：用于约束该实体，使得它和一个或多个选定的面或片体在第一条交叉线串处相切或曲率连续。

⑤ 最后交叉线串：用于约束该实体，使得它和一个或多个选定的面或片体在最后一条交叉线串处相切或曲率连续。

（4）输出曲面选项。

① 着重：决定哪一组控制线串对曲线网格体的形状最有影响。

a. 两者皆是：主线串和交叉线串（即横向线串）有同样影响。

b. 主线串：主线串更有影响。

c. 交叉线串：交叉线串更有影响。

②"构造"下拉列表。

a. 法向：使用标准过程建立曲线网格曲面。

　　b.　样条点：为输入曲线使用点和这些点处的斜率值来生成体。对于此选项，选择的曲线必须是有相同数目定义点的单根 B 曲线。

　　这些曲线通过它们的定义点临时地重新参数化（保留所有用户定义的斜率值），然后这些临时的曲线用于生成体。这有助于用更少的补片生成更简单的体。

　　c.　简单：建立尽可能简单的曲线网格曲面。

　　（5）重新构建：重新定义主曲线或交叉曲线的阶次和结点数来帮助用户构建光滑曲面。仅当"构造"选项为"法向"时，该选项可用。

　　① 无：不需要重构主曲线或交叉曲线。

　　② 次数和公差：手动选取主曲线或交叉曲线来替换原来曲线，并为生成的曲面指定 U 向和 V 向阶次。结点数会依据 G0、G1、G2 的公差值按需求插入。

　　③ 自动拟合：指定最小阶次和分段数来重构曲面，系统会自动尝试先利用最小阶次来重构曲面，如果达不到要求，则会再利用分段数来重构曲面。

　　（6）G0/G1/G2：用来限制生成的曲面与初始曲线间的公差。G0 默认值为位置公差，G1 默认值为相切公差，G2 默认值为曲率公差。

11.1.10　截面曲面

　　使用该命令，可通过使用二次构造技巧定义的截面来构造体。截面自由形式特征作为位于预先描述平面内的截面曲线的无限族，开始和终止并且通过某些选定控制曲线。另外，系统从控制曲线直接获取二次端点切矢，并且使用连续的二维二次外形参数沿体改变截面的整个外形。

此处有视频

【执行方式】

● 菜单：选择"菜单"→"插入"→"扫掠"→"截面"命令。

● 功能区：单击"曲面"选项卡"曲面"面板"更多"库下的"截面曲面"按钮 。"更多"库下的"截面曲面"库中的命令如图11-49所示。

【操作步骤】

（1）执行上述操作后，打开图 11-50 所示的"截面曲面"对话框。

（2）在"类型"下拉列表中选择类型。

（3）分别选择曲线为起始引导线和终止引导线。

（4）从选定的起始引导线中选择曲线，以控制截面曲面的斜率。

（5）选择曲面必须穿过的内部曲线。

（6）选择脊线以定义剖切平面的方位。

（7）单击"确定"按钮，创建截面曲面，如图 11-51 所示。

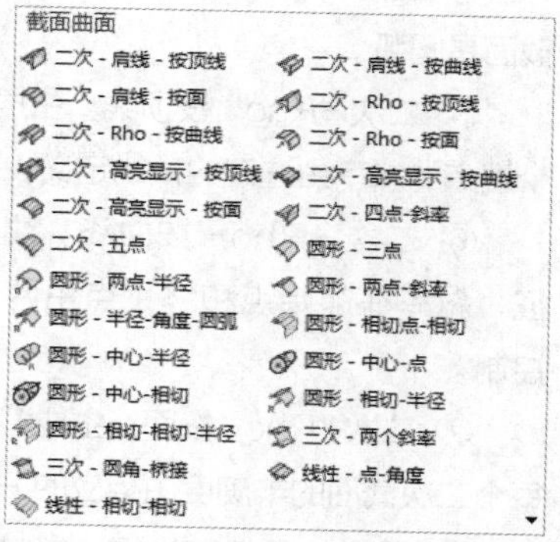

图11-49　"截面曲面"库中的命令

【选项说明】

（1）类型和模式组合。

　　① 二次 - 肩线 - 按顶线：生成起始于第一条选定曲线、通过一条称为肩曲线的内部曲线并且终止于第三条选定曲线的截面自由形式特征，每个端点的斜率由选定顶线定义。

　　② 二次 - 肩线 - 按曲线：生成起始于第一条选定曲线、通过一条称为肩曲线的内部曲线并且终止于第三

条曲线的截面自由形式特征，斜率在起始点和终止点由两个不相关的斜率控制曲线定义。

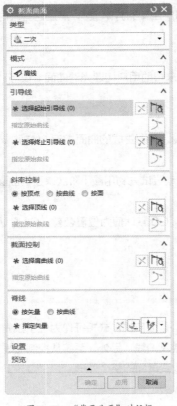

图11-50 "截面曲面"对话框

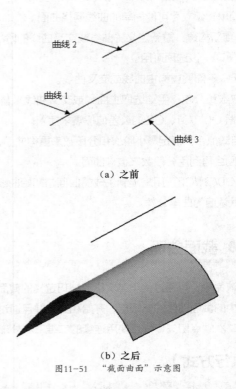

（a）之前

（b）之后

图11-51 "截面曲面"示意图

③ 二次－肩线－按面：创建的曲面可以在分别位于两个体上的两条曲线之间形成光顺圆角。该曲面开始于第一条引导曲线，并与第一个体相切。它终止于第二条引导曲线，与第二个体相切，并穿过肩曲线。

④ 圆形－三点：选择起始边曲线、内部曲线、终止边曲线和脊线曲线来生成截面自由形式特征，片体的截面是圆弧。

⑤ 二次－Rho－按顶线：生成起始于第一条选定曲线并且终止于第二条选定曲线的截面自由形式特征，每个端点的斜率由选定的顶线定义，每个二次截面的丰满度由相应的 Rho 值控制。

⑥ 二次－Rho－按曲线：生成起始于第一条选定曲线并且终止于第二条选定曲线的截面自由形式特征，斜率在起始点和终止点由两个不相关的斜率控制曲线定义，每个二次截面的丰满度由相应的 Rho 值控制。

⑦ 二次－Rho－按面：生成截面自由形式特征，该特征在分别位于两个体上的两条曲线间形成光顺的圆角，每个二次截面的丰满度由相应的 Rho 值控制。

⑧ 圆形－两点－半径：生成带有指定半径圆弧截面的曲面。相对于脊线方向，从第一条选定曲线到第二条选定曲线以逆时针方向生成曲面。半径必须至少是每个截面的起始边与终止边之间距离的一半。

⑨ 二次－高亮显示－按顶线：生成起始于第一条选定曲线、终止于第二条选定曲线，而且与根据高亮显示曲线计算的曲面相切的截面曲面，每个端点的斜率由选定顶线定义。

⑩ 二次－高亮显示－按曲线：生成起始于第一条选定边曲线、终止于第二条选定边曲线，而且与根据高亮显示曲线计算的曲面相切的截面曲面，斜率在起始点和终止点由两个不相关的斜率控制曲线定义。

⑪ 二次－高亮显示－按面：生成截面曲面，该曲面在分别位于两个体上的两条曲线之间构成光顺圆角并与根据高亮显示曲线计算的曲面相切。

⑫ 圆形－两点－斜率：生成起始于第一条选定曲线并且终止于第二条选定曲线的截面自由形式特征，斜率在起始处由选定的控制曲线决定，片体的截面是圆弧。

⑬ 二次－四点－斜率：生成起始于第一条选定曲线、通过两条内部曲线并且终止于第四条曲线的截面自由形式特征，一条斜率控制曲线定义起始斜率。

⑭ 三次－两个斜率：生成一个S形截面曲面，该曲面在两条选定曲线之间构成光顺的三次圆角，斜率在起始点和终止点由两个不相关的斜率控制曲线定义。

⑮ 三次－圆角－桥接：用于创建在两组面上的两条曲线之间形成桥接的截面曲面。

⑯ 圆形－半径－角度－圆弧：在选定边、相切面、体的曲率半径和体的张角上定义起始点来生成带有圆弧截面的曲面。角度可以在 –170° ～ 0° 或 0° ～ 170° 内变化，但是禁止通过零，半径必须大于零。曲面的默认位置的方向为面法向，可以将曲面反向到相切面的反方向。

⑰ 二次－五点：使用5条已有曲线作为控制曲线来生成截面自由形式特征。它起始于第一条选定曲线，通过3条选定的内部控制曲线，并且终止于第五条选定的曲线。5条控制曲线必须完全不同，但是脊线曲线可以为先前选定的控制曲线。

⑱ 线性－相切－相切：使用起始相切面和终止相切面来创建线性截面曲线。

⑲ 圆形－相切－半径：生成与面相切的圆弧截面曲面。选择其相切面、起始曲线和脊线并定义曲面的半径来生成这个曲面。

⑳ 圆形－中心－半径：生成整圆截面曲面。选择引导线串、可选方向线串和脊线来生成圆截面曲面，然后定义曲面的半径。

（2）引导线：指定剖切曲面的起始和终止几何体。

（3）斜率控制：控制来自起始边或终止边的任一者或两者、单一顶点曲线或者起始面或终止面的截面曲面的形状。

（4）截面控制：控制在截面曲面中定义截面的方式。

（5）脊线：控制已计算截面平面的方位。

11.1.11 艺术曲面

🔧【执行方式】

- 菜单：选择"菜单"→"插入"→"网格曲面"→"艺术曲面"命令。
- 功能区：单击"曲面"选项卡"曲面"面板"更多"库下的"艺术曲面"按钮 。

此处有视频

✏️【操作步骤】

（1）执行上述操作后，打开图11-52所示的"艺术曲面"对话框。

（2）选择曲线为截面曲线。

（3）选择引导曲线。

（4）设置其他参数。

（5）单击"确定"按钮，创建艺术曲面，如图11-53所示。

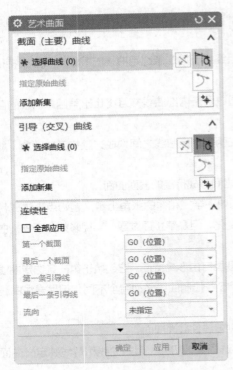

图11-52　"艺术曲面"对话框

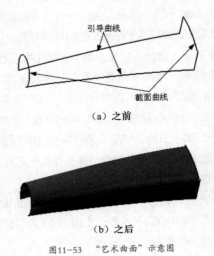

（a）之前

（b）之后

图11-53　"艺术曲面"示意图

【选项说明】

1. 截面（主要）曲线

每选择一组截面曲线都可以通过单击鼠标中键完成，如果方向相反，可以单击"反向"按钮。

2. 引导（交叉）曲线

在选择交叉线串的过程中，如果选择的交叉曲线方向与已经选择的交叉线串的曲线方向相反，可以通过单击"反向"按钮将交叉曲线的方向反向。如果选择多组引导曲线，那么该选项组的"列表"中能够将所有选择的曲线都显示出来。

3. 连续性

① G0（位置）：使用点连接方式和其他部分相连接。

② G1（相切）：通过该曲线的艺术曲面与其相连接的曲面通过相切方式进行连接。

③ G2（曲率）：通过相应曲线的艺术曲面与其相连接的曲面通过曲率方式进行连接，在公共边上具有相同的曲率半径，且通过相切连接，实现曲面的光滑过渡。

4. 输出曲面选项

（1）"对齐"下拉列表。

① 参数：截面曲线在生成艺术曲面时，系统将根据所设置的参数来完成各截面曲线之间的连接过渡。

② 弧长：截面曲线将根据各曲线的圆弧长度来计算曲面的连接过渡方式。

③ 根据点：可以在连接的几组截面曲线上指定若干点，两组截面曲线之间的曲面连接关系将会根据这些点来进行计算。

（2）"过渡控制"下拉列表。

① 垂直于终止截面：连接的平移曲线在终止截面处将垂直于此处截面。

② 垂直于所有截面：连接的平移曲线在每个截面处都将垂直于此处截面。

③ 三次：系统构造的这些平移曲线是三次曲线，所构造的艺术曲面即通过截面曲线组合这些平移曲线来连接和过渡。

④ 线性和圆角：按照线性分布使新曲面从一个截面过渡到下一个截面。但是，曲面形状将创建从一个段到下一个段的圆角，这样，连续的段仍是 G1 连续的。片体包含多个面。

11.1.12 N边曲面

使用此命令可以创建由一组端点相连的曲线封闭的曲面。

此处有视频

【执行方式】

● 菜单：选择"菜单"→"插入"→"网格曲面"→"N边曲面"命令。

● 功能区：单击"曲面"选项卡"曲面"面板"更多"库下的"N边曲面"按钮。

【操作步骤】

执行上述操作后，打开图 11-54 所示的"N 边曲面"对话框。

1. 创建修剪的 N 边曲面

（1）在"类型"下拉列表中选择"已修剪"选项。

（2）在视图中选择开口的边。

（3）在视图中选择与开口相邻的面。

（4）设置其他参数。

（5）单击"确定"按钮，创建修剪的 N 边曲面，如图 11-55 所示。

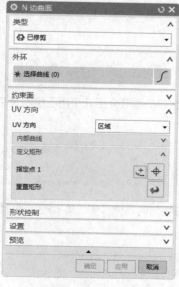

图11-54 "N边曲面"对话框

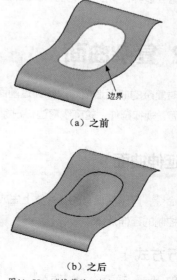

（a）之前

（b）之后

图11-55 "修剪的N边曲面"示意图

2. 创建三角形 N 边曲面

（1）在"类型"下拉列表中选择"三角形"选项。

（2）在视图中选择曲线为外环曲线。

（3）在视图中选择约束面。

（4）设置其他参数。

（5）单击"确定"按钮，创建三角形 N 边曲面。

【选项说明】

（1）"类型"下拉列表。

① 已修剪：在封闭的边界上生成一张曲面，它覆盖被选定曲面封闭环内的整个区域。

② 三角形：在已经选择的封闭曲线串中，构建一张由多个三角补片组成的曲面，其中的三角补片相交于一点。

（2）外环：用于选择曲线或边的闭环作为 N 边曲面的构造边界。

（3）约束面：用于选择面以将相切及曲率约束添加到新曲面中。

（4）UV 方向：用于指定构建新曲面的方向。

① 脊线：使用脊线定义新曲面的 V 方向。

② 矢量：使用矢量定义新曲面的 V 方向。

③ 区域：用于创建连接边界曲线的新曲面。

（5）"内部曲线"选项组。

① 选择曲线：用于指定边界曲线。创建所连接边界曲线之间的片体以创建新的曲面。

② 指定原曲线：用于在内部边界曲线集中指定原始曲线。

③ 添加新集：用于指定内部边界曲线集。

④ 列表：列出指定的内部曲线集。

（6）定义矩形：用于指定第一个和第二个对角点来定义新的 WCS 平面的矩形。

（7）形状控制：用于控制新曲面的连续性与平面度。

（8）修剪到边界：将曲面修剪到指定的边界曲线或边。

11.2 复杂曲面

有些相对复杂的曲面造型，仅仅通过前面介绍的命令很难创建。本节介绍几个用于绘制复杂曲面的命令，包括延伸曲面、规律延伸、轮廓线弯边、扫掠等命令。

11.2.1 延伸曲面

使用该命令，可以从现有的基片体上生成切向延伸片体、曲面法向延伸片体、角度控制的延伸片体或圆弧控制的延伸片体。

此处有视频

【执行方式】

● 菜单：选择"菜单"→"插入"→"弯边曲面"→"延伸"命令。

● 功能区：单击"曲面"选项卡"曲面"面板"更多"库下的"延伸曲面"按钮。

【操作步骤】

执行上述操作后，打开图 11-56 所示的"延伸曲面"对话框。

1. 创建边延伸曲面

（1）在"类型"下拉列表中选择"边"选项。

（2）在视图中选择靠近要延伸边的第一个面。

（3）设置延伸参数。

（4）单击"确定"按钮，创建延伸曲面，如图 11-57 所示。

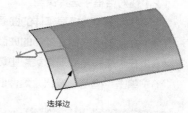

图11-56 "延伸曲面"对话框

图11-57 "延伸曲面"示意图

2. 创建拐角延伸曲面

（1）在"类型"下拉列表中选择"拐角"选项。

（2）在视图中选择靠近要延伸拐角的第一个面。

（3）设置延伸参数。

（4）单击"确定"按钮，创建延伸曲面。

【选项说明】

1. "边"类型

选择要延伸的边后，选择延伸方法并输入延伸的长度或百分比，延伸曲面如图 11-57 所示。

（1）要延伸的边：选择与要指定的边接近的面。

（2）"方法"下拉列表。

① 相切：生成相切于面、边或拐角的体。切向延伸通常是由相邻于现有基面的边或拐角生成的，这是一种扩展基面的方法。这两个体在相应的点处拥有公共的切面，因此它们之间的过渡是平滑的。

② 圆弧：从光顺曲面的边上生成一个圆弧的延伸。该延伸遵循选定边的曲率半径。要生成圆弧的边界延伸，选定的基曲线必须是面的未裁剪的边。延伸的曲面边的长度不能大于任何由原始曲面边的曲率确定半径的区域的整圆的长度。

2. "拐角"类型

（1）要延伸的拐角：选择与要指定的拐角接近的面。

（2）%U 长度 /%V 长度：设置 U 方向和 V 方向上的拐角延伸曲面的长度。

11.2.2 规律延伸

此命令用于根据距离规律及延伸的角度来延伸现有的曲面或片体。

此处有视频

【执行方式】

● 菜单：选择"菜单"→"插入"→"弯边曲面"→"规律延伸"命令。

● 功能区：单击"曲面"选项卡"曲面"面板"更多"库下的"规律延伸"按钮。

【操作步骤】

（1）执行上述操作后，打开图 11-58 所示的"规律延伸"对话框。

（2）在对话框中选择类型。

（3）在视图中选择要延伸的曲面的边。

（4）在视图中选择要延伸的曲面。

（5）在长度和角度规律类型中选择相应的类型，并设置相关参数。

（6）单击"确定"按钮，延伸曲面，如图 11-59 所示。

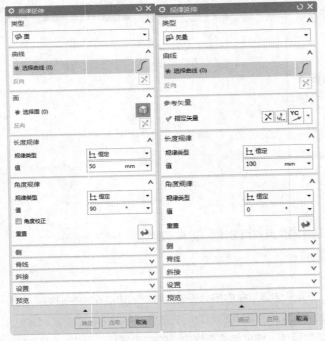

图11-58 "规律延伸"对话框

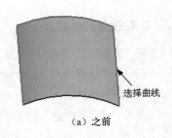

（a）之前

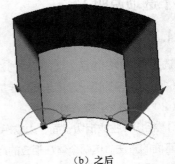

（b）之后

图11-59 "规律延伸"示意图

选择曲线

【选项说明】

（1）"类型"下拉列表。

① 面：使用一个或多个面来为延伸曲面组成一个参考坐标系。参考坐标系建立在"基本曲线串"的中点上。

② 矢量：在沿着基本曲线线串的每个点处计算和使用一个坐标系来定义延伸曲面。此坐标系方向的确定方法是，使 0°轴平行于矢量方向，使 90°轴垂直于由 0°轴和基本轮廓切线矢量定义的平面。此参考平面的计算是在"基本轮廓"的中点上进行的。

（2）曲线：选择一条基本曲线或边界线串，系统用它在它的基边上定义曲面轮廓。

（3）面：选择一个或多个面来定义用于构造延伸曲面的参考方向。

（4）参考矢量：使用标准的"矢量方式"或"矢量构造器"指定一个矢量，用它来定义构造延伸曲面时所用的参考方向。

（5）长度规律类型：指定用于延伸长度的规律方式，以及使用此方式的适当的值。

① 恒定：使用恒定的规则（规律），当系统计算延伸曲面时，它沿着基本曲线线串移动，截面曲线的长度保持恒定的值。

② 线性：使用线性的规则（规律），当系统计算延伸曲面时，它沿着基本曲线线串移动，截面曲线的长度从基本曲线线串起始点的起始值到基本曲线线串终点的终止值呈线性变化。

③ 三次：使用三次的规则（规律），当系统计算延伸曲面时，它沿着基本曲线线串移动，截面曲线的长度从基本曲线线串起始点的起始值到基本曲线线串终点的终止值呈非线性变化。

④ 根据方程：使用表达式和参数表达式变量来定义规律。

⑤ 根据规律曲线：选择一串光顺连接曲线来定义规律函数。

⑥ 多重过渡：根据所选基本轮廓的多个结点或点来定义规律。

（6）角度规律类型：指定用于延伸角度的规律方式，以及使用此方式的适当的值。

（7）延伸侧：指定生成规律延伸曲面的基本曲线串侧。

① 单侧：不创建相反侧延伸。

② 对称：使用相同的长度参数在基本轮廓的两侧延伸曲面。

③ 非对称：在基本轮廓线串的每个点处使用不同的长度，以在基本轮廓的两侧延伸曲面。

（8）脊线：指定可选的脊线线串会改变系统确定局部坐标系方向的方法。

（9）"设置"选项组。

① 尽可能合并面：将规律延伸作为单个片体进行创建。

② 锁定终止长度/角度手柄：锁定终止长度/角度手柄，以便针对所有端点和基点的长度和角度值。

③ 高级曲线拟合：重新定义基本轮廓的度数和结点，以构造与面连接的延伸。

a. 次数和公差：指定最大阶次和公差，以控制输出曲线的参数化。

b. 自动拟合：在指定的最小阶次、最大阶次、最大段数和公差数下重新构建最光顺的曲面，以控制输出曲线的参数化。

c. 保持参数化：可以继承输入面中的阶次、分段、极点结构和结点结构，并将其应用到输出曲面。

11.2.3 轮廓线弯边

使用此命令，可创建具备光顺边细节、最优美形状和斜率连续性的 A 类曲面。

【执行方式】

● 菜单：选择"菜单"→"插入"→"弯边曲面"→"轮廓线弯边"命令。

● 功能区：单击"曲面"选项卡"曲面"面板"更多"库下的"轮廓线弯边"按钮 。

【操作步骤】

执行上述操作后，打开图 11-60 所示的"轮廓线弯边"对话框。

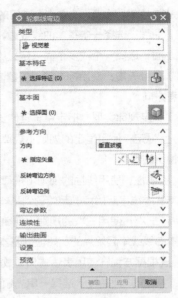

图11-60 "轮廓线弯边"对话框

1. 创建基本尺寸的轮廓线弯边

（1）在"类型"下拉列表中选择"基本尺寸"选项。

（2）选择要定义基本曲线的曲线或边。

（3）选择要定义基本面的面。

（4）指定参考矢量，沿管道中心线添加一个额外的弯边控制点。

（5）设置相关参数。

（6）单击"确定"按钮，创建轮廓线弯边特征。

2. 创建绝对差轮廓线弯边

（1）在"类型"下拉列表中选择"绝对差"选项。

（2）选择一个现有的轮廓线弯边。

（3）选择第二个曲面。

（4）指定参考矢量。

（5）设置相关参数。

（6）单击"确定"按钮，创建轮廓线弯边特征。

3. 创建视觉差轮廓线弯边

（1）在"类型"下拉列表中选择"视觉差"选项。

（2）选择一个现有的轮廓线弯边。

（3）选择第二个曲面。

（4）指定参考矢量。

（5）设置相关参数。

（6）单击"确定"按钮，创建轮廓线弯边特征。

【选项说明】

（1）"类型"下拉列表。

① 🔲 基本尺寸：创建第一条弯边和第一个圆角方向，而不需要现有的轮廓线弯边。

② 📄 绝对差：相对于现有弯边创建第一条弯边，但采用恒定缝隙来分隔弯边元素。

③ 📄 视觉差：相对于现有弯边创建第一条弯边，但通过视觉差属性来分隔弯边元素。

（2）基本曲线：选择曲面边、面上的曲线或修剪边界，以定义管道的附着点。

（3）基本面：选择要放置管道曲面的面。

（4）"参考方向"选项组。

① 方向：定义弯边相对于基本面的方向。

a．面法向：生成垂直于所选面的管道曲面和弯边延伸段。

b．矢量：根据指定的矢量生成管道曲面和弯边延伸段。

c．垂直拔模：沿基本面的法向在弯边和基本面之间创建管道，同时将指定的矢量用于弯边方向。

d．矢量拔模：根据指定的矢量确定管道的位置，并垂直于曲面构建管道。

② 反转弯边方向 🔁：将管道曲面和弯边延伸段切换到定义曲线的对侧。

③ 反转弯边侧 🔄：将弯边延伸段切换到管道的对侧，并指定要保存基本曲线的哪一侧。

（5）"弯边参数"选项组。

半径、长度和角度：这3个选项的功能类似，分别用于处理弯边的半径、长度和角度。

（6）连续性：指定基本曲面和管道或弯边和管道之间的连续性约束。

11.2.4 扫掠

使用该命令，可通过沿一条、两条或3条引导线扫掠一个或多个截面来创建实体或片体。

此处有视频

【执行方式】

● 菜单：选择"菜单"→"插入"→"扫掠"→"扫掠"命令。

● 功能区：单击"曲面"选项卡"曲面"面板中的"扫掠"按钮 🖌。

【操作步骤】

（1）执行上述操作后，打开图11-61所示的"扫掠"对话框。

（2）在视图中选择截面曲线，单击鼠标中键确认。

（3）在视图中选择引导线，单击鼠标中键确认。

（4）单击"确定"按钮，创建扫掠曲面，如图11-62所示。

【选项说明】

1. 截面

（1）选择曲线：用于选择截面线串，最多可选150条。

图11-61 "扫掠"对话框

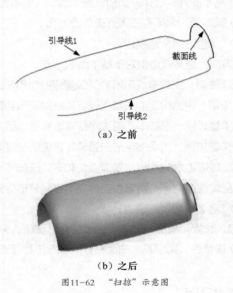

图11-62 "扫掠"示意图

（2）指定原始曲线：用于更改闭环中的原始曲线。

2．引导线

最多可以选择 3 条线串来引导扫掠操作。

3．脊线

脊线可以控制截面线串的方位，并避免在导线上不均匀分布的参数导致的变形。

4．截面选项

（1）方向：在截面引导线移动时控制该截面的方位。

① 固定：在截面线串沿引导线移动时保持固定的方位，且结果是平行的或平移的简单扫掠。

② 面的法向：将局部坐标系的第二根轴与一个或多个面的法向矢量对齐。

③ 矢量方向：将局部坐标系的第二根轴与在引导线串长度上指定的矢量对齐。

④ 另一曲线：使用通过连接引导线上相应的点和其他曲线获取的局部坐标系的第二根轴来定向截面。

⑤ 一个点：与"另一曲线"方式相似，不同之处在于获取第二根轴的方法是通过引导线串和点之间的三面直纹片体的等价物。

⑥ 强制方向：用于在截面线串沿引导线串扫掠时通过矢量来固定剖切平面的方位。

（2）缩放：在截面沿引导线进行扫掠时，可控制该截面的大小。

① 恒定：指定沿整条引导线保持恒定的比例因子。

② 倒圆功能：在指定的起始与终止比例因子之间允许线性或三次缩放。

③ 面积规律：利用规律子函数来控制扫掠体的横截面积。

11.2.5 实例——手柄

【制作思路】

本例绘制手柄，如图 11-63 所示。本小节采用基本曲线和样条曲线来构造手柄曲面的轮廓，然后使用扫掠操作创建曲面，生成模型。

图11-63　手柄

此处有视频

【绘制步骤】

1. 新建文件

选择"菜单"→"文件"→"新建"命令或单击快速访问工具栏中的"新建"按钮，打开"新建"对话框。在"模板"列表框中选择"模型"，输入名称为"shoubing"，单击"确定"按钮，进入建模环境。

2. 绘制椭圆曲线

（1）选择"菜单"→"插入"→"曲线"→"椭圆"命令，打开"点"对话框，如图 11-64 所示。以坐标原点为椭圆中心，单击"确定"按钮。

（2）打开"椭圆"对话框，在"长半轴""短半轴""起始角""终止角""旋转角度"文本框中分别输入 12.5、8、0、360、0，如图 11-65 所示。

（3）单击"确定"按钮，完成椭圆曲线的创建，如图 11-66 所示。

3. 移动坐标原点

选择"菜单"→"格式"→"WCS"→"原点"命令，打开"点"对话框，输入坐标（20，0，-90），如图 11-67 所示。单击"确定"按钮，移动坐标原点，如图 11-68 所示。

4. 绘制圆

（1）选择"菜单"→"插入"→"曲线"→"基本曲线"命令，打开"基本曲线"对话框，如图 11-69 所示。

图11-64 "点"对话框1

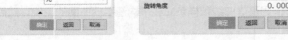

图11-65 "椭圆"对话框

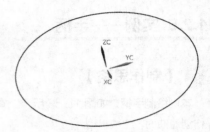

图11-66 绘制椭圆曲线

图11-67 "点"对话框2

图11-68 移动坐标原点1

图11-69 "基本曲线"对话框

（2）单击"圆"按钮○，在"点方法"下拉列表中选择"点构造器"选项，打开"点"对话框，选择参考坐标系为"WCS"，输入圆中心坐标（0，0，0），单击"确定"按钮。

（3）根据系统提示输入圆上一点坐标（5，0，0），单击"确定"按钮，完成圆的创建，如图11-70所示。

5. 绘制直线

（1）选择"菜单"→"插入"→"曲线"→"基本曲线"命令，打开"基本曲线"对话框。

（2）单击"直线"按钮╱，在"点方法"下拉列表中选择"点构造器"选项，打开"点"对话框。输入起点坐标（-20，12.5，0），单击"确定"按钮；输入终点坐标（-20，-12.5，0），单击"确定"按钮，完成直线1的创建，如图11-71所示。

（3）以直线1的起点为起点，圆的一象限点为终点创建直线2；以直线1的终点为起点，圆的另一象限点为终点创建直线3，如图11-72所示。

图11-70 绘制圆

6. 曲线倒圆

（1）选择"菜单"→"插入"→"曲线"→"基本曲线"命令，打开"基本曲线"对话框。

（2）单击"圆角"按钮╮，打开"曲线倒圆"对话框，单击"2曲线圆角"按钮╮，如图11-73所示。

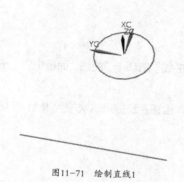

图11-71 绘制直线1

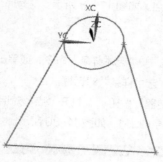

图11-72 创建直线2和直线3

图11-73 "曲线倒圆"对话框

（3）输入"半径"为2，分别选择相邻直线段进行倒圆，结果如图11-74所示。

7. 修剪曲线

（1）选择"菜单"→"编辑"→"曲线"→"修剪"命令，打开"修剪曲线"对话框，如图11-75所示，保持系统默认设置。

（2）根据系统提示，第一边界选择为直线2，第二边界选择为直线3，如图11-76所示。

（3）选择圆弧1为要修剪的曲线，如图11-76所示，单击"确定"按钮，生成的曲线如图11-77所示。

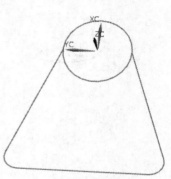

图11-74 曲线倒圆

图11-75 "修剪曲线"对话框

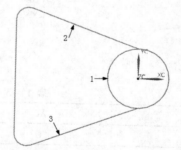

图11-76 选择边界对象和要修剪的曲线

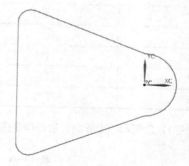

图11-77 修剪曲线

8. 移动坐标原点

（1）选择"菜单"→"格式"→"WCS"→"原点"命令，打开"点"对话框，输入坐标（-32.5，0，90）。

（2）单击"确定"按钮，移动坐标原点，如图 11-78 所示。

9. 绘制样条曲线

（1）选择"菜单"→"插入"→"曲线"→"艺术样条"命令，或单击"曲线"选项卡"曲线"面板中的"艺术样条"按钮 ，打开图 11-79 所示的"艺术样条"对话框。

（2）"次数"设置为 3，单击"点构造器"按钮 ，打开"点"对话框，根据系统提示依次输入表 11-5 所示的坐标点，单击"确定"按钮，生成样条曲线 1，如图 11-80 所示。

图11-78 移动坐标原点2　　　图11-79 "艺术样条"对话框　　　图11-80 绘制样条曲线1

表 11-5 样条曲线 1 的坐标值

	XC	YC	ZC
1	0	0	0
2	1	0	−9
3	2	0	−15
4	5	0	−25
5	9	0	−35
6	11	0	−50
7	12	0	−70
8	12.5	0	−90

（3）输入表 11-6 所示的坐标点，生成样条曲线 2，如图 11-81 所示。

表 11-6 样条曲线 2 的坐标值

	XC	YC	ZC
1	25	0	0
2	20	0	−5

续表

	XC	YC	ZC
3	30	0	-28
4	28	0	-35
5	33	0	-46
6	32	0	-55
7	37	0	-63
8	36	0	-73
9	37.5	0	-90

10. 创建扫掠曲面

（1）选择"菜单"→"插入"→"扫掠"→"扫掠"命令，或单击"曲面"选项卡"曲面"面板中的"扫掠"按钮 ，打开图 11-82 所示的"扫掠"对话框。

（2）选择视图中的椭圆曲线为截面线串 1，单击鼠标中键完成截面 1 的选取。

（3）选择视图中由直线和圆组成的封闭曲线为截面线串 2（截面线串上箭头方向应保持一致，符合右手法则），如图 11-83 所示。单击鼠标中键完成截面 2 的选取。

（4）单击"引导线"选项组中的"选择曲线"按钮，选择样条曲线 1 为第一引导线串，单击鼠标中键确认。

（5）选择样条曲线 2 为第二引导线串，如图 11-83 所示，单击鼠标中键确认。

（6）单击"确定"按钮，完成扫掠曲面的创建，结果如图 11-84 所示。

图11-81 绘制样条曲线2　　　图11-82 "扫掠"对话框　　　图11-83 选择截面和引导线　　　图11-84 创建扫掠曲面

11. 创建拉伸体

（1）选择"菜单"→"插入"→"设计特征"→"拉伸"命令，或单击"主页"选项卡"特征"面板中的"拉伸"按钮，打开"拉伸"对话框。

（2）选择椭圆曲线为拉伸曲线。

（3）在"指定矢量"下拉列表中选择 ZC 轴为拉伸方向，输入开始距离为 0、结束距离为 7。

（4）在"布尔"下拉列表中选择"合并"选项，如图 11-85 所示。单击"确定"按钮，完成拉伸操作，创建拉伸体 1，如图 11-86 所示。

（5）选择由直线和圆弧组成的封闭曲线，在开始"距离"和结束"距离"文本框中分别输入 0、7，设置拉伸方向为 -ZC 轴，创建拉伸体 2，如图 11-87 所示。

12. 隐藏曲线

（1）单击"菜单"→"编辑"→"显示和隐藏"→"隐藏"命令，打开图 11-88 所示的"类选择"对话框，单击"类型过滤器"按钮，打开"按类型选择"对话框。

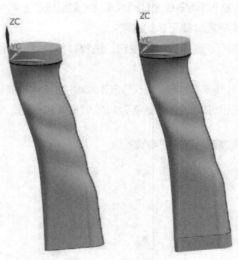

图11-85 "拉伸"对话框　　图11-86 创建拉伸体1　　图11-87 创建拉伸体2　　图11-88 "类选择"对话框

（2）选择"曲线"选项，如图 11-89 所示。单击"确定"按钮，返回"类选择"对话框，单击"全选"按钮，再单击"确定"按钮，则所有曲线都被隐藏起来，生成的模型如图 11-63 所示。

图11-89 "按类型选择"对话框

11.2.6 变化扫掠

利用此命令，可通过沿路径扫掠横截面来创建体。

【执行方式】

● 菜单：选择"菜单"→"插入"→"扫掠"→"变化扫掠"命令。
● 功能区：单击"曲面"选项卡"曲面"面板"更多"库下的"变化扫掠"按钮 。

【操作步骤】

（1）执行上述操作后，打开图 11-90 所示的"变化扫掠"对话框。

图11-90 "变化扫掠"对话框

（2）选择曲线或边以定义路径。
（3）输入参数。
（4）单击"确定"按钮。

【选项说明】

（1）表区域驱动：用于选择曲线或创建草图作为变化扫掠主截面。
（2）起始 / 终止。
① 弧长百分比：沿引导曲线长度的指定百分比开始或结束扫掠。
② 弧长：沿引导曲线的指定长度开始或结束扫掠。
③ 通过点：在引导曲线上的指定点处开始或结束扫掠。
（3）辅助截面：用于更改辅助截面的尺寸，但不能更改形状。

第 **12** 章

曲面操作和编辑

上一章讲解了曲面的创建方法，用户在创建一个曲面之后，还需要对其进行相关的操作和编辑。本章主要讲解部分曲面的操作和编辑，这些内容是曲面造型后期修整的常用技术。

/ 重点与难点

● 曲面操作
● 曲面编辑

12.1 曲面操作

12.1.1 偏置曲面

使用该命令，可用沿选定面的法向偏置点的方法来生成正确的偏置曲面。指定的距离称为偏置距离，已有面称为基面，可以选择任何类型的面作为基面。如果选择多个面进行偏置，则产生多个偏置体。

此处有视频

【执行方式】

● 菜单：选择"菜单"→"插入"→"偏置/缩放"→"偏置曲面"命令。
● 功能区：单击"曲面"选项卡"曲面操作"面板中的"偏置曲面"按钮🗇。

【操作步骤】

（1）执行上述操作后，打开图 12-1 所示的"偏置曲面"对话框。
（2）选择要偏置的面。
（3）输入偏置值。
（4）单击"确定"按钮，创建偏置曲面，如图 12-2 所示。

图12-1　"偏置曲面"对话框

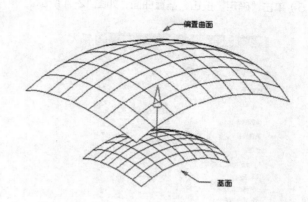

图12-2　"偏置曲面"示意图

【选项说明】

（1）面：选择要偏置的面。

（2）输出：确定输出特征的数量。

① 为所有面创建一个特征：为所有选定并相连的面创建单个偏置曲面特征。

② 为每个面创建一个特征：为每个选定的面创建偏置曲面特征。

（3）"部分结果"选项组。

① 启用部分偏置：无法从指定的几何体获取完整结果时，提供部分偏置结果。

② 动态更新排除列表：在偏置操作期间检测到问题对象会自动添加到排除列表中。

③ 要排除的最大对象数：在获取部分结果时控制要排除的问题对象的最大数量。

④ 局部移除问题顶点：使用具有球头刀具半径中指定半径的刀具球头从部件中减去问题顶点。

⑤ 球头刀具半径：控制用于切除问题顶点的球头的大小。

（4）相切边。

① 在相切边添加支撑面：在以有限距离偏置的面和以零距离偏置的相切面之间的相切边处创建步进面。

② 不添加支撑面：将不在相切边处创建任何支撑面。

12.1.2　大致偏置

使用该命令，可用较大的偏置距离从一组面或片体生成没有自相交、尖锐边界或拐角的偏置片体。当"偏置面"和"偏置曲面"命令不能实现该功能时可使用该命令。

此处有视频

【执行方式】

● 菜单：选择"菜单"→"插入"→"偏置/缩放"→"大致偏置"命令。

【操作步骤】

（1）执行上述操作后，系统打开图12-3所示的"大致偏置"对话框。

（2）选择要偏置的面或片体。

（3）利用坐标系构造器指定一个坐标系。

（4）设置其他参数。

（5）单击"确定"按钮，偏置曲面，如图12-4所示。

图12-3 "大致偏置"对话框

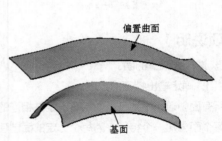

图12-4 "大致偏置"示意图

【选项说明】

（1）选择步骤。

① 偏置面 / 片体 ：选择要偏置的面或片体。如果选择多个面，则不会使它们重叠。相邻面之间的缝隙应该在指定的建模距离公差范围内。但是，此功能不检查重叠和缝隙，如果存在缝隙，则会将其忽略；如果存在重叠，则会偏置顶面。

② 偏置坐标系 ：为偏置选择或建立一个坐标系，其中 Z 方向指明偏置方向，X 方向指明步进或截取方向，Y 方向指明步距方向。默认的坐标系为当前工作坐标系。

（2）坐标系构造器：使用标准的"坐标系"对话框为偏置选择或构造一个坐标系。

（3）偏置距离：指定偏置的距离。该值和"偏置偏差"中指定的值一同起作用。如果希望偏置背离指定的偏置方向，则可以为偏置距离输入一个负值。

（4）偏置偏差：指定偏置的偏差。用户输入的值表示允许的偏置距离范围。该值和"偏置距离"值一同起作用。例如，如果偏置距离是 10 且偏差是 1，则允许的偏置距离在 9 到 11 之间。通常偏差值应该远大于建模距离公差值。

（5）步距：指定步进距离。

（6）曲面生成方法：指定系统建立粗略偏置曲面时使用的方法。

① 云点：启用"曲面控制"选项，用户可指定曲面的补片数目。

② 通过曲线组：如果选择该选项，则"修剪边界"选项不可用。

③ 粗略拟合：当其他方法生成曲面无效时（例如有自相交面或者低质量），系统会利用该选项创建一个低精度曲面。

（7）曲面控制：用户可决定使用多少补片来建立片体。此选项只用于"云点"曲面生成方法。

① 系统定义：在建立新的片体时，系统自动添加计算数目的 U 向补片来给出最佳结果。

② 用户定义：启用"U 向补片数"字段，该字段让用户指定在建立片体时允许使用多少 U 向补片，该值必须等于或大于1。

（8）"修剪边界"下拉列表。

① 不修剪：片体以近似矩形图案生成，并且不修剪。

② 修剪：片体根据偏置中使用的曲面边界修剪。

③ 边界曲线：片体不被修剪，但是片体上会生成一条曲线，它对应于在使用"修剪"选项时发生修剪的边界。

12.1.3 可变偏置

【执行方式】

● 菜单：选择"菜单"→"插入"→"偏置/缩放"→"可变偏置"命令。

【操作步骤】

（1）执行上述操作后，打开图 12-5 所示的"可变偏置"对话框。

（2）选择要偏置的面。

（3）拖动各个点的偏置手柄来指定所需的偏置值，或直接输入偏置值。

（4）单击"确定"按钮，创建可变偏置曲面。

图12-5 "可变偏置"对话框

【选项说明】

（1）要偏置的面：选择要偏置的面。

（2）"偏置"选项组。

① 全部应用：将所有可用的偏置链接到一个值。

② 在 $A/B/C/D$ 处偏置：设置可变偏置曲面上的 $A/B/C/D$ 点的值。

（3）"设置"选项组。

① 保持参数化：保持可变偏置曲面中的原始曲面参数。

② 方法：将插值方法指定为"三次"和"线性"。

12.1.4 修剪片体

【执行方式】

● 菜单：选择"菜单"→"插入"→"修剪"→"修剪片体"命令。

● 功能区：单击"曲面"选项卡"曲面操作"面板中的"修剪片体"按钮 。

此处有视频

【操作步骤】

（1）执行上述操作后，打开图 12-6 所示的"修剪片体"对话框。

（2）选择要修剪的片体。

（3）选择要用来修剪所选片体的对象。

（4）选择投影方向。

（5）选择由要舍弃的曲线和曲面定义的边界内的片体区域。

（6）单击"确定"按钮，创建修剪片体特征，如图 12-7 所示。

图12-6 "修剪片体"对话框

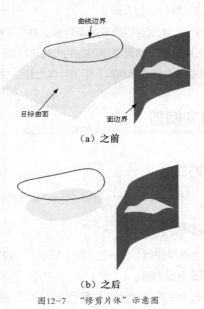

（a）之前

（b）之后

图12-7 "修剪片体"示意图

【选项说明】

（1）目标：选择要修剪的目标片体。

（2）"边界"选项组。

① 选择对象：选择修剪的工具对象，该对象可以是面、边、曲线或基准平面。

② 允许目标体边作为工具对象：勾选此复选框后，可选择目标片体的边作为修剪的工具对象。

（3）投影方向：可以定义要做标记的曲面 / 边的投影方向。

① 垂直于面：根据曲面法向投影选定的曲线或边。

② 垂直于曲线平面：将选定的曲线或边投影到曲面上，该曲面将修剪为垂直于这些曲线或边的平面。

③ 沿矢量：将沿矢量方向定义为投影方向。

（4）区域：可以定义在修剪曲面时选定的区域是保留还是舍弃。

① 选择区域：用于选择在修剪曲面时将保留或舍弃的区域。

② 保留：在修剪曲面时保留选定的区域。

③ 放弃：在修剪曲面时舍弃选定的区域。

12.1.5 缝合

使用该命令，可将两个或多个片体连接成单个片体。如果选择的片体包含一定的体积，则形成一个实体。

此处有视频

【执行方式】

● 菜单：选择"菜单"→"插入"→"组合"→"缝合"命令。

● 功能区：单击"曲面"选项卡"曲面操作"面板中的"缝合"按钮 。

【操作步骤】

（1）执行上述操作后，打开图 12-8 所示的"缝合"对话框。

（2）选择一个片体或实体为目标体。

（3）选择一个或多个要缝合到目标的片体或实体。

（4）单击"确定"按钮，缝合曲面。

图12-8　"缝合"对话框

【选项说明】

1. 类型

（1） 片体：选择曲面作为缝合对象。

（2） 实体：选择实体作为缝合对象。

2. 目标

（1）选择片体：当类型为"片体"时，目标为"选择片体"，用来选择目标片体，但只能选择一个片体作为目标片体。

（2）选择面：当类型为"实体"时，目标为"选择面"，用来选择目标实体面。

3. 工具

（1）选择片体：当类型为"片体"时，工具为"选择片体"，用来选择工具片体，可以选择多个片体作为工具片体。

（2）选择面：当类型为"实体"时，工具为"选择面"，用来选择工具实体面。

4. 设置

（1）输出多个片体：勾选此复选框，若缝合的片体封闭，则缝合后生成的是片体；不勾选此复选框，缝合后生成的是实体。

（2）公差：用来设置缝合公差。

12.1.6　加厚

使用此命令，可将一个或多个相连面或片体偏置为实体。加厚效果是通过将选定面沿着其法向进行偏置，然后创建侧壁而生成的。

此处有视频

【执行方式】

● 菜单：选择"菜单"→"插入"→"偏置/缩放"→"加厚"命令。

● 功能区：单击"曲面"选项卡"曲面操作"面板中的"加厚"按钮 。

【操作步骤】

（1）执行上述操作后，打开图 12-9 所示的"加厚"对话框。

（2）选择要加厚的面或片体。

（3）在"偏置1"和"偏置2"文本框中输入厚度值。

（4）单击"确定"按钮，创建加厚特征，如图12-10所示。

图12-9 "加厚"对话框

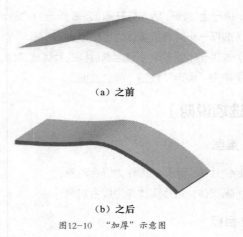

（a）之前

（b）之后

图12-10 "加厚"示意图

 【选项说明】

（1）面：选择要加厚的面或片体。

（2）偏置1/偏置2：指定一个或两个偏置值。

（3）"区域行为"选项组。

① 要冲裁的区域：选择通过一组封闭曲线或边定义的区域。选定区域可以定义一个0厚度的面积。

② 不同厚度的区域：选择通过一组封闭曲线或边定义的区域。可使用在这个选项组内指定的偏置值定义选定区域的面积。

（4）执行 Check-Mate：如果出现加厚片体错误，则此按钮可用；单击此按钮，系统会自动识别导致加厚片体操作失败的可能的面。

（5）改善裂口拓扑以启用加厚：勾选此复选框后，允许在进行加厚操作时修复裂口。

12.1.7 片体到实体助理

使用该命令，可以从几组未缝合的片体生成实体，具体过程是将缝合一组片体的过程自动化（缝合），然后加厚结果（加厚）。如果指定的片体造成这个过程失败，那么系统将自动完成对它们的分析，以找出问题的根源。有时此过程将得到简单推导出的补救措施，但是有时必须重建曲面。

此处有视频

【执行方式】

● 菜单：选择"菜单"→"插入"→"偏置/缩放"→"片体到实体助理"命令。

【操作步骤】

（1）执行上述操作后，打开图12-11所示的"片体到实体助理"对话框。

（2）选择一个片体。

（3）输入第一偏置/第二偏置值，输入缝合公差。

（4）单击"应用"按钮，系统执行曲面的有效性检查。若发现任何问题，则选择适用于实际情况的选项并解决问题。

（5）所有调整操作完成后，单击"确定"按钮创建实体。

【选项说明】

（1）选择步骤。

① 目标片体■■：选择需要被操作的目标片体。

② 工具片体■■：选择一个或多个要缝合到目标中的工具片体。如果用户未选择任何工具片体，那么就不会执行缝合操作，而只执行加厚操作。

（2）第一偏置 / 第二偏置：为操作的加厚部分指定一个或两个偏置。

（3）缝合公差：为了使缝合操作成功，设置被缝合到一起的边之间的最大距离。

（4）分析结果显示：该选项组最初是关闭的，当尝试生成一个实体，但是却产生故障时，该选项组将变得敏感，其中每一个分析结果项只有在显示相应的数据时才可用。勾选其中的复选框，在图形窗口中将高亮显示相应的拓扑。

图12-11 "片体到实体助理"对话框

① 显示坏的几何体：如果系统在目标片体或任何工具片体上发现无效的几何体，则该复选框将处于可勾选状态，勾选该复选框将高亮显示坏的几何体。

② 显示片体边界：如果得到"无法在菜单栏中选择加厚操作"的信息，且该复选框处于可勾选状态，勾选该复选框，可以查看当前在图形窗口中定义的边界。造成加厚操作失败的原因之一是输入的几何体不满足指定的精度，从而造成片体的边界不符合系统的需要。

③ 显示失败的片体：妨碍曲面偏置的常见问题是它的偏置方向上有一个小面积的意外封闭曲率区域，系统将尝试一次加厚一个片体，并高亮显示任何偏置失败的片体；另外，如果可以加厚缝合的片体，但结果却是一个无效实体，那么将高亮显示引起无效几何体的片体。

④ 显示坏的退化：用退化构建的曲面经常偏置失败（在任何方向上），这是曲率问题造成的，即聚集在一起的参数行太接近曲面的极点，勾选该复选框可以检测这些点的位置并高亮显示它们。

（5）补救选项。

① 重新修剪边界：由于 CAD 与 CAM 系统之间的拓扑表示存在差异，因此通常采用 Parasolid 不便于查找模型的方式修剪数据来转换数据。用户可以使用这种补救方法来更正其中的一些问题，而不用更改底层几何体的位置。

② 光顺退化：在通过勾选"显示坏的退化"复选框找到的退化上执行这种补救操作，并使它们变得光顺。

③ 整修曲面：这种补救将减少用于代表曲面的数据量，而不会影响位置上的数据，从而生成更小、更快、更可靠的模型。

④ 允许拉伸边界：这种补救尝试从拉伸的实体复制工作方法，并使用"抽壳"而不是"片体加厚"作为生成薄壁实体的方法，从而避免了一些由缝合片体的边界造成的问题。只有当能够确定合适的拉伸方向时，才能勾选此复选框。

12.1.8 实例——吧台椅

【制作思路】

本例绘制吧台椅，如图 12-12 所示。吧台椅由椅座、支撑架、踏脚架和底座组成。

此处有视频

图12-12 吧台椅

【绘制步骤】

1．创建新文件

选择"菜单"→"文件"→"新建"命令或单击快速访问工具栏中的"新建"按钮，打开"新建"对话框。在"模板"列表框中选择"模型"，输入名称为"bataiyi"，单击"确定"按钮，进入建模环境。

2．创建直线

（1）选择"菜单"→"插入"→"曲线"→"直线"命令，打开图 12-13 所示的"直线"对话框。

（2）单击"开始"选项组中的"点对话框"按钮，打开"点"对话框，输入起点坐标（-150，150，150），如图 12-14 所示，单击"确定"按钮。单击"结束"选项组中的"点对话框"按钮，打开"点"对话框，输入终点坐标（-150，150，0），单击"确定"按钮。在"直线"对话框中单击"确定"按钮，生成的直线如图 12-15 所示。

（3）用同样的方法创建另一条直线，起点坐标为（-150，150，0），终点坐标为（-150，-150，0），如图 12-16 所示。

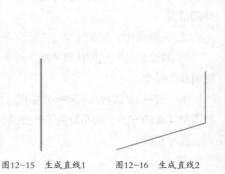

图12-13 "直线"对话框　　　　图12-14 "点"对话框　　　　图12-15 生成直线1　　　图12-16 生成直线2

3．创建圆角

（1）选择"菜单"→"插入"→"曲线"→"基本曲线"命令，打开图 12-17 所示的"基本曲线"对话框。

（2）单击"圆角"按钮，打开"曲线倒圆"对话框，单击"2 曲线圆角"按钮，半径值设为 80，"修剪选项"选项组中的设置如图 12-18 所示。

（3）单击两条直线，系统会打开图 12-19 所示的警告对话框，单击"是"按钮。然后在两直线包围区域靠近要倒圆的地方单击，生成的圆角如图 12-20 所示。

图12-17 "基本曲线"对话框

图12-18 修剪选项设置

图12-19 警告对话框

4. 创建扫掠引导线

（1）选择"菜单"→"插入"→"曲线"→"直线"命令，打开"直线"对话框。

（2）单击"开始"选项组中的"点对话框"按钮，打开"点"对话框，输入起点坐标（-150，-150，0），单击"确定"按钮。

（3）单击"结束"选项组中的"点对话框"按钮，打开"点"对话框，输入终点坐标（150，-150，0），单击"确定"按钮。在"直线"对话框中单击"确定"按钮，生成的扫掠引导线如图 12-21 所示。

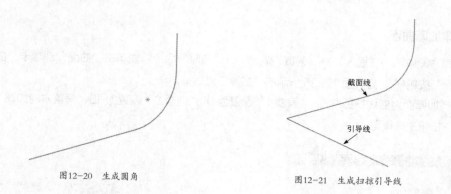

图12-20 生成圆角

图12-21 生成扫掠引导线

5. 扫掠

（1）选择"菜单"→"插入"→"扫掠"→"扫掠"命令，或单击"曲面"选项卡"曲面"面板中的"扫掠"按钮，打开图 12-22 所示的"扫掠"对话框。

（2）选择图 12-21 所示的截面线和引导线，单击"确定"按钮，生成的扫掠曲面如图 12-23 所示。

6. 隐藏曲线

（1）选择"菜单"→"编辑"→"显示和隐藏"→"隐藏"命令，打开"类选择"对话框。

（2）单击"类型过滤器"按钮，打开"按类型选择"对话框，选择"曲线"选项，单击"确定"按钮。

（3）在"类选择"对话框中单击"全选"按钮⊞，隐藏的对象设为曲线，单击"确定"按钮，隐藏曲线，如图 12-24 所示。

图12-22 "扫掠"对话框1

图12-23 生成扫掠曲面1

图12-24 隐藏曲线

7. 创建加厚曲面

（1）选择"菜单"→"插入"→"偏置/缩放"→"加厚"命令，或单击"曲面"选项卡"曲面操作"面板中的"加厚"按钮，打开图 12-25 所示的"加厚"对话框。

（2）选择加厚面为曲线扫掠曲面，"偏置1"设置为 0，"偏置2"设置为 15，偏置方向如图 12-26 所示，单击"确定"按钮生成模型。

图12-25 "加厚"对话框

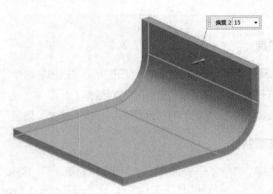

图12-26 偏置方向

8. 隐藏片体

（1）选择"菜单"→"编辑"→"显示和隐藏"→"隐藏"命令，打开"类选择"对话框。

（2）单击"类型过滤器"按钮，打开"按类型选择"对话框，选择"片体"选项，单击"确定"按钮，返回"类选择"对话框。单击"全选"按钮，再单击"确定"按钮，片体被隐藏，模型如图12-27所示。

9. 边倒圆

（1）选择"菜单"→"插入"→"细节特征"→"边倒圆"命令，或单击"主页"选项卡"特征"面板中的"边倒圆"按钮，打开图12-28所示的"边倒圆"对话框。

（2）选择圆角边，如图12-29所示，圆角半径设置为50，单击"应用"按钮，生成图12-30所示的模型。

图12-27　隐藏片体

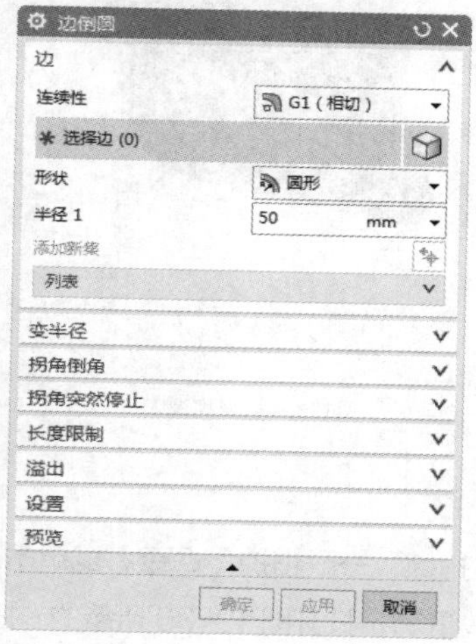

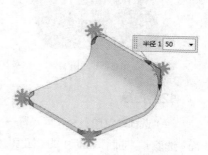
图12-28　"边倒圆"对话框1

图12-29　圆角边的选取1

（3）选择圆角边，如图12-31所示，圆角半径设置为5，单击"确定"按钮，生成图12-32所示的模型。

图12-30　倒圆角后的模型1

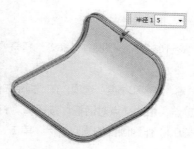
图12-31　圆角边的选取2

图12-32　座椅模型

10. 创建圆

（1）选择"菜单"→"插入"→"曲线"→"基本曲线"命令，打开"基本曲线"对话框。单击"圆"按钮，在"点方法"下拉列表中选择"点构造器"选项，打开"点"对话框，输入圆中心点坐标（0，0，0），单击"确定"按钮。

（2）系统提示选择对象以自动判断点，输入坐标（50，0，0），单击"确定"按钮，完成圆1的创建，如图12-33所示。

（3）按照上面的步骤，创建圆心为（0，0，-300）、半径为 30 的圆 2，如图 12-34 所示。

11. 创建直线

（1）选择"菜单"→"插入"→"曲线"→"直线"命令，打开"直线"对话框。

（2）分别单击"开始"选项组和"结束"选项组中的"点对话框"按钮，打开"点"对话框，起点、终点分别选择为圆 1、圆 2 的象限点。单击"确定"按钮，生成直线，如图 12-35 所示。

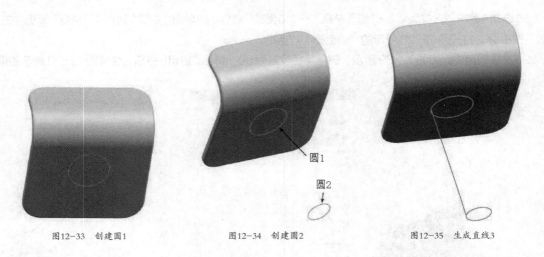

图12-33　创建圆1　　　　　　　　图12-34　创建圆2　　　　　　　　图12-35　生成直线3

12. 扫掠

（1）选择"菜单"→"插入"→"扫掠"→"扫掠"命令，或单击"曲面"选项卡"曲面"面板中的"扫掠"按钮，打开图 12-36 所示的"扫掠"对话框。

（2）选择图 12-35 中的两个圆为截面，选择图 12-35 中的直线为引导线，单击"确定"按钮，生成扫掠曲面，如图 12-37 所示。

13. 创建圆柱

（1）选择"菜单"→"插入"→"设计特征"→"圆柱"命令，打开"圆柱"对话框。

（2）在"类型"下拉列表中选择"轴、直径和高度"选项，在"指定矢量"下拉列表中选择 -ZC 轴，单击"指定点"中的"点对话框"按钮，打开"点"对话框，输入点坐标（0，0，-300）作为圆柱的圆心坐标，单击"确定"按钮。

（3）设置直径、高度分别为 100、30，在"布尔"下拉列表中选择"合并"选项，如图 12-38 所示。单击"应用"按钮，生成圆柱，如图 12-39 所示。

（4）将坐标（0，0，-330）作为圆柱圆心的坐标，创建直径、高度分别为 40、120 的圆柱，如图 12-40 所示。

14. 边倒圆

（1）选择"菜单"→"插入"→"细节特征"→"边倒圆"命令，或单

图12-36　"扫掠"对话框2

击"主页"选项卡"特征"面板中的"边倒圆"按钮 , 打开图 12-41 所示的"边倒圆"对话框。

图12-37 生成扫掠曲面2

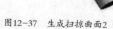

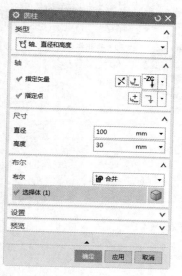

图12-38 "圆柱"对话框1

图12-39 生成圆柱1

（2）选择圆角边，如图 12-42 所示，圆角半径设置为 10，单击"应用"按钮。

图12-40 生成圆柱2

图12-41 "边倒圆"对话框2

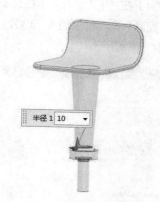

图12-42 圆角边的选取3

（3）选择圆角边，如图 12-43 所示，圆角半径设置为 3，单击"确定"按钮，生成图 12-44 所示的模型。

15. 创建圆柱

（1）选择"菜单"→"插入"→"设计特征"→"圆柱"命令，打开"圆柱"对话框。

（2）在"类型"下拉列表中选择"轴、直径和高度"选项，在"指定矢量"下拉列表中选择 $-YC$ 轴，单击"指定点"中的"点对话框"按钮 , 打开"点"对话框，输入点坐标（0，0，-390）作为圆柱的圆心坐标，单击"确定"按钮。

（3）设置直径和高度分别为 20 和 130，如图 12-45 所示。单击"确定"按钮，生成圆柱，如图 12-46 所示。

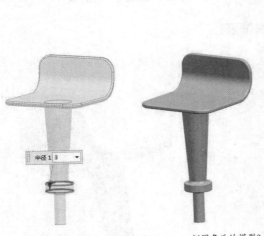

图12-43 圆角边的选取4　　　图12-44 倒圆角后的模型2

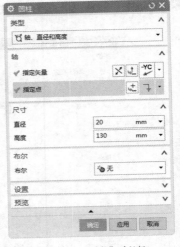

图12-45 "圆柱"对话框2

图12-46 生成圆柱3

16. 创建圆弧

（1）选择"菜单"→"插入"→"曲线"→"圆弧/圆"命令，打开"圆弧/圆"对话框，如图 12-47 所示。

（2）单击"中心点"选项组中的"点对话框"按钮，打开"点"对话框，输入圆弧中心点坐标（0，60，-390），单击"确定"按钮。

（3）单击"通过点"选项组中的"点对话框"按钮，打开"点"对话框，输入通过点坐标（0，-130，-390），单击"确定"按钮。

（4）在"平面选项"下拉列表中选择"选择平面"选项，在"指定平面"下拉列表中选择 XC-YC 平面，在"距离"文本框中输入 -390，"限制"选项组中的设置如图 12-48 所示。单击"确定"按钮，生成圆弧，如图 12-49 所示。

图12-47 "圆弧/圆"对话框1

图12-48 限制选项设置

图12-49 生成圆弧1

17. 创建圆

（1）选择"菜单"→"插入"→"曲线"→"圆弧/圆"命令，打开图 12-50 所示的"圆弧/圆"对话框。

（2）单击"中心点"选项组中的"点对话框"按钮🔄，打开"点"对话框，输入圆中心点坐标（0，-130，-390），单击"确定"按钮。半径设为 10，按 Enter 键。

（3）在"平面选项"下拉列表中选择"选择平面"选项，在"指定平面"下拉列表中选择 YC-ZC 平面，在"距离"文本框中输入 0，勾选"整圆"复选框，单击"确定"按钮，生成圆，如图 12-51 所示。

图12-50 "圆弧/圆"对话框2

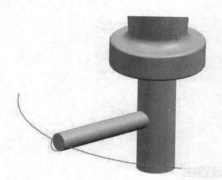

图12-51 创建圆3

18. 扫掠

（1）选择"菜单"→"插入"→"扫掠"→"扫掠"命令，或单击"曲面"选项卡"曲面"面板中的"扫掠"按钮🪧，打开"扫掠"对话框。

（2）选择图 12-51 中的圆为截面，选择圆弧为引导线，单击"确定"按钮，生成扫掠曲面，如图 12-52 所示。

19. 创建组合体

（1）选择"菜单"→"插入"→"组合"→"合并"命令，或单击"主页"选项卡"特征"面板中的"合并"按钮🔗，打开图 12-53 所示的"合并"对话框。

（2）选择椅座为目标体，选择其他特征为工具体，单击"确定"按钮，生成组合体，如图 12-54 所示。

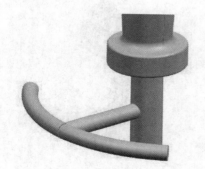

图12-52 生成扫掠曲面3

图12-53 "合并"对话框

图12-54 生成组合体

20. 边倒圆

（1）选择"菜单"→"插入"→"细节特征"→"边倒圆"命令，或单击"主页"选项卡"特征"面板中的"边倒圆"按钮 ，打开"边倒圆"对话框，如图 12-55 所示。

（2）选择圆角边，如图 12-56 所示，圆角半径设置为 3，单击"确定"按钮，生成图 12-57 所示的模型。

图12-55　"边倒圆"对话框3　　　　图12-56　圆角边的选取4　　　　图12-57　倒圆角后的模型3

21. 创建圆柱

（1）选择"菜单"→"插入"→"设计特征"→"圆柱"命令，打开"圆柱"对话框。

（2）在"类型"下拉列表中选择"轴、直径和高度"选项，设置直径、高度分别为 60、20。在"指定矢量"下拉列表中选择 $-ZC$ 轴，如图 12-58 所示。

（3）单击"指定点"中的"点对话框"按钮 ，打开"点"对话框，输入点坐标（0，0，-450）作为圆柱的圆心坐标，连续单击"确定"按钮，生成圆柱，如图 12-59 所示。

图12-58　"圆柱"对话框3　　　　　　　图12-59　生成圆柱4

22. 移动 WCS

选择"菜单"→"格式"→"WCS"→"动态"命令，拖动坐标系原点到刚创建的圆柱底面的圆心上，新坐标系位置如图 12-60 所示。

23. 创建直线

（1）将视图转换为前视图，选择"菜单"→"插入"→"曲线"→"直线"命令，打开"直线"对话框。

（2）单击"开始"选项组中的"点对话框"按钮 ⬚，打开"点"对话框，输入起点坐标（0，0，0），参考设置为 WCS，单击"确定"按钮。

（3）单击"结束"选项组中的"点对话框"按钮 ⬚，打开"点"对话框，输入终点坐标（30，0，0），参考设置为 WCS，单击"确定"按钮。

（4）在"直线"对话框中单击"应用"按钮，生成直线。

（5）同上步骤，创建坐标点为（0，0，0）、（0，0，-50）的直线；创建坐标点为（0，0，-50）、（150，0，-50）的直线；创建坐标点为（150，0，-50）、（150，0，-40）的直线，如图 12-61 所示。

24. 创建圆弧

（1）选择"菜单"→"插入"→"曲线"→"圆弧/圆"命令，打开"圆弧/圆"对话框，选择"三点画圆弧"类型，如图 12-62 所示。

（2）单击"起点"选项组中的"点对话框"按钮 ⬚，打开"点"对话框，输入起点坐标（30，0，0），单击"确定"按钮，点参考设置为 WCS。

（3）单击"端点"选项组中的"点对话框"按钮 ⬚，打开"点"对话框，输入端点坐标（150，0，-40），单击"确定"按钮，点参考设置为 WCS。

（4）单击"中点"选项组中的"点对话框"按钮 ⬚，打开"点"对话框，输入中点坐标（60，0，-20），单击"确定"按钮，点参考设置为 WCS。单击"确定"按钮，生成圆弧，如图 12-63 所示。

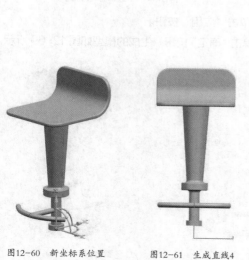

图12-60　新坐标系位置　　图12-61　生成直线4　　图12-62　"圆弧/圆"对话框3　　图12-63　生成圆弧2

25. 旋转

（1）选择"菜单"→"插入"→"设计特征"→"旋转"命令，或单击"主页"选项卡"特征"面板中的"旋转"按钮，打开图 12-64 所示的"旋转"对话框。

（2）选择图 12-63 所示的直线和圆弧为旋转截面。

（3）在"指定矢量"下拉列表中选择 ZC 轴为旋转轴。捕捉圆柱的下表面圆心为旋转点。

（4）其余选项保持默认设置，单击"确定"按钮，生成旋转体，如图 12-65 所示。

26. 边倒圆

（1）选择"菜单"→"插入"→"细节特征"→"边倒圆"命令，或单击"主页"选项卡"特征"面板中的"边倒圆"按钮，打开图 12-66 所示的"边倒圆"对话框。

图12-64 "旋转"对话框

图12-65 生成旋转体

图12-66 "边倒圆"对话框4

（2）选择圆角边，如图 12-67 所示，圆角半径设置为 3，单击"应用"按钮。

（3）选择圆角边，如图 12-68 所示，圆角半径设置为 4，单击"确定"按钮，生成的模型如图 12-69 所示。

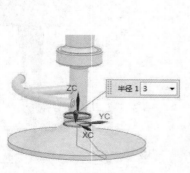

图12-67 圆角边的选取5

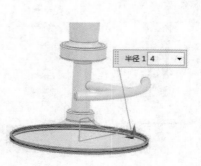

图12-68 圆角边的选取6

图12-69 生成的模型

27. 隐藏曲线

（1）选择"菜单"→"编辑"→"显示和隐藏"→"隐藏"命令，打开"类选择"对话框。

（2）单击"类型过滤器"按钮，打开"按类型选择"对话框，选择"曲线"选项，单击"确定"按钮。

（3）单击"全选"按钮，隐藏的对象设为曲线，单击"确定"按钮，隐藏曲线，结果如图 12-12 所示。

12.2 曲面编辑

12.2.1 X型

使用该命令，可通过动态地控制极点的方式来编辑曲面或曲线。

此处有视频

【执行方式】

● 菜单：选择"菜单"→"编辑"→"曲面"→"X型"命令。

● 功能区：单击"曲面"选项卡"编辑曲面"面板中的"X型"按钮。

【操作步骤】

（1）执行上述操作后，打开图 12-70 所示的"X型"对话框。

（2）选择曲面。

（3）选择需要被移动的点。

（4）直接拖动点或在微定位栏中设置移动距离。

（5）单击"确定"按钮，编辑曲面，如图 12-71 所示。

图12-70 "X型"对话框

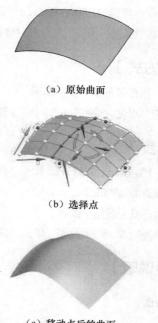

（a）原始曲面

（b）选择点

（c）移动点后的曲面

图12-71 "移动定义点"示意图

【选项说明】

（1）"曲线或曲面"选项组。

① 选择对象：选择单个或多个要编辑的面，或使用面查找器选择面。

②"操控"下拉列表。

a. 任意：移动单个极点、同一行上的所有点或同一列上的所有点。

b. 极点：指定要移动的单个点。

c. 行：移动同一行内的所有点。

③ 自动取消选择极点：勾选此复选框，选择其他极点后，前一次所选择的极点将被取消。

（2）参数化：用于在更改面的过程中，调节面的次数与补片数。

（3）方法：控制极点的运动，可以是移动、旋转、缩放比例或将极点投影到某一平面。

① 移动：利用 WCS、视图、矢量、平面、法向和多边形等来移动极点。

② 旋转：利用 WCS、视图、矢量和平面等来旋转极点。

③ 比例：利用 WCS、均匀、曲线所在平面、矢量和平面等来缩放极点。

④ 平面化：当极点不在一个平面内时，可以通过此方法将极点控制到一个平面上。

（4）边界约束：允许在保持边缘处曲率或相切的情况下，沿切矢方向对成行或成列的极点进行交换。

（5）特征保存方法。

① 相对：在编辑父特征时，保持极点相对于父特征的位置。

② 静态：在编辑父特征时，保持极点的绝对位置。

（6）微定位：指定使用微调选项时动作的精细度。

12.2.2 I型

使用该命令，可通过控制内部的 *U/V* 参数线来修改面。可以对 B 曲面和非 B 曲面进行操作，也可以对已修剪的面进行操作；可以对片体操作，也可对实体操作。

此处有视频

【执行方式】

● 菜单：选择"菜单"→"编辑"→"曲面"→"I型"命令。

● 功能区：单击"曲面"选项卡"编辑曲面"面板中的"I型"按钮。

【操作步骤】

（1）执行上述操作后，打开图 12-72 所示的"I 型"对话框。

（2）选择要编辑的曲面。

（3）在对话框中设置参数。

（4）拖动控制点，编辑曲面。单击"确定"按钮，完成修改。

【选项说明】

1. 选择面

选择单个或多个要编辑的面，或使用面查找器选择面。

2．等参数曲线

（1）方向：用于选择要沿其创建等参数曲线的 U 方向或 V 方向。

（2）位置：用于指定将等参数曲线放置在所选面上的方法。

① 均匀：将等参数曲线按相等的距离放置在所选面上。

② 通过点：将等参数曲线放置在所选面上，使其通过每个指定的点。

③ 在点之间：在两个指定的点之间按相等的距离放置等参数曲线。

（3）数量：指定要创建的等参数曲线的总数。

3．等参数曲线形状控制

（1）插入手柄：利用"均匀""通过点""在点之间"等方法在曲线上插入控制点。

（2）线性过渡：勾选此复选框，拖动一个控制点时，整条等参数曲线的区域将变形。

（3）沿曲线移动手柄：勾选此复选框后，在等参数曲线上移动控制点。也可以单击鼠标右键，在打开的快捷菜单中启用此功能。

4．曲线形状控制

（1）局部：拖动控制点时，只有控制点周围的局部区域变形。

（2）全局：拖动一个控制点时，整个曲面跟着变形。

图12-72　"I型"对话框

12.2.3 扩大

使用该命令，可以改变未修剪片体的大小，方法是生成一个新的特征，该特征和原始的、覆盖的未修剪面相关。

用户可以根据给定的百分比改变扩大特征的每个未修剪边。

此处有视频

【执行方式】

● 菜单：选择"菜单"→"编辑"→"曲面"→"扩大"命令。

● 功能区：单击"曲面"选项卡"编辑曲面"面板中的"扩大"按钮 。

【操作步骤】

（1）执行上述操作后，打开图 12-73 所示的"扩大"对话框。

（2）选择要修改的曲面。

（3）拖动滑块，使片体在指定方向上扩大。

（4）选择模式选项。

（5）单击"确定"按钮，扩大或缩小曲面，如图 12-74 所示。

【选项说明】

（1）选择面：选择要修改的面。

（2）"调整大小参数"选项组。

图12-73 "扩大"对话框

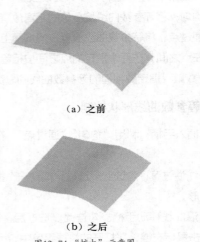

（a）之前

（b）之后

图12-74 "扩大"示意图

① 全部：把所有的滑块作为一个组来控制。勾选此复选框后，移动任意单个滑块，所有的滑块会同时移动并保持它们之间已有的百分比。

② U 向起点百分比、U 向终点百分比、V 向起点百分比、V 向终点百分比：使用滑块或它们各自的文本框来改变片体的未修剪边的大小。在文本框中输入的值或拖动滑块达到的值是原始尺寸的百分比。可以在文本框中输入数值或表达式。

③ 重置调整大小参数：把所有的滑块重设回它们的初始位置。

（3）"模式"选项组。

① 线性：在一个方向上线性地扩大片体的边。使用"线性"模式可以扩大特征，但不能缩小特征。

② 自然：沿着边的自然曲线延伸片体的边。使用"自然"模式来改变特征的大小，既可以扩大特征，也可以缩小特征。

12.2.4 更改次数

使用该命令，可以改变体的次数，但只能增加带有底层多补片曲面的体的次数，而且只能增加所生成的"封闭"体的次数。

此处有视频

【执行方式】

● 菜单：选择"菜单"→"编辑"→"曲面"→"次数"命令。

● 功能区：单击"曲面"选项卡"编辑曲面"面板"更多"库下的"更改次数"按钮x^{z^3}。

【操作步骤】

（1）执行上述操作后，打开"更改次数"对话框，如图 12-75 所示。

（2）选择要编辑的原始片体。

图12-75 "更改次数"对话框

（3）输入次数，修改曲面形状。

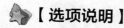【选项说明】

增加体的次数不会改变它的形状，但能提高其自由度。这可增加对编辑体可用的极点数。

减少体的次数会减少试图保持体的全形和特征的次数。如果增加体的次数随后又减少，那么所生成的体将与开始时的一样。减少次数有时会导致体的形状发生剧烈改变。如果对这种改变不满意，可以放弃并恢复到以前的体。何时发生这种改变是可以预知的，因此完全可以避免。

通常，因为低次数体的拐点（曲率的反向）少，除非原先体的控制多边形与更低次数体的控制多边形类似，否则降低次数后，体的形状都会发生剧烈改变。

12.2.5 更改刚度

使用该命令，可以改变曲面 U 方向和 V 方向参数线的次数，曲面的形状会有所变化。

此处有视频

【执行方式】

● 菜单：选择"菜单"→"编辑"→"曲面"→"刚度"命令。
● 功能区：单击"曲面"选项卡"编辑曲面"面板"更多"库下的"更改刚度"按钮。

【操作步骤】

（1）执行上述操作后，打开图 12-76 所示的"更改刚度"对话框。
（2）在视图区选择要进行操作的曲面后，打开"确认"对话框。
（3）系统提示用户将会移除特征参数，让用户选择是否继续操作。
（4）单击"是"按钮，打开"更改刚度"参数对话框。
（5）输入参数后，单击"确定"按钮，更改刚度。

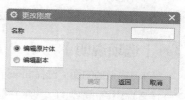

图12-76 "更改刚度"对话框

【选项说明】

使用更改刚度功能增加曲面次数，曲面的极点不变，补片减少，曲面更接近它的控制多边形，反之则结果相反。封闭曲面不能改变刚度。

12.2.6 法向反向

该命令可用于创建曲面的反法向特征。

此处有视频

【执行方式】

● 菜单：选择"菜单"→"编辑"→"曲面"→"法向反向"命令。
● 功能区：单击"曲面"选项卡"编辑曲面"面板"更多"库下的"法向反向"按钮。

【操作步骤】

（1）执行上述操作后，打开图 12-77 所示的"法向反向"对话框。
（2）选择一个或多个要反向的片体。

图12-77 "法向反向"对话框

（3）单击"显示法向"按钮，重新显示片体法向。

【选项说明】

使用法向反向功能可以创建曲面的反法向特征。改变曲面的法线方向，可以解决因表面法线方向不一致造成的表面着色问题和使用曲面修剪操作时因表面法线方向不一致而引起的更新故障问题。

12.2.7 光顺极点

使用该命令，可通过计算选定极点相对于周围曲面的合适分布来修改极点分布。

此处有视频

【执行方式】

● 菜单：选择"菜单"→"编辑"→"曲面"→"光顺极点"命令。
● 功能区：单击"曲面"选项卡"编辑曲面"面板"更多"库下的"光顺极点"按钮 。

【操作步骤】

（1）执行上述操作后，打开图 12-78 所示的"光顺极点"对话框。
（2）在视图区选择未修剪的单个面或片体的曲面。
（3）勾选"仅移动选定的"复选框，指定要移动的极点。
（4）拖动"光顺因子"和"修改百分比"滑块，调整曲面的光顺度。
（5）单击"确定"按钮，完成曲面光顺操作。

【选项说明】

（1）要光顺的面：选择面来光顺极点。
（2）仅移动选定的：显示并指定用于曲面光顺的极点。
（3）指定方向：指定极点移动方向。
（4）"边界约束"选项组。
① 全部应用：将指定边界约束分配给要修改的曲面的所有 4 条边界边。
② 最小 -U/ 最大 -U/ 最小 -V/ 最大 -V：对要修改的曲面的 4 条边界边指定 U 方向和 V 方向上的边界约束。
（5）光顺因子：拖动滑块来指定连续光顺步骤的数目。
（6）修改百分比：拖动滑块控制应用于曲面或选定极点的光顺百分比。

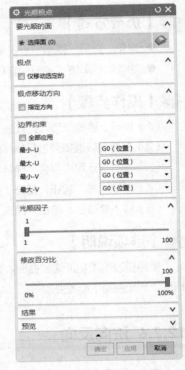

图12-78 "光顺极点"对话框

12.3 综合实例——饮料瓶

【制作思路】

本例绘制饮料瓶，如图 12-79 所示。本例将综合应用曲面的编辑命令来设计饮料瓶的外形，包括旋转面、延伸曲面、边倒圆、修剪片体、绘制 N 边曲面、缝合曲面等操作。

此处有视频

图12-79 饮料瓶

【绘制步骤】

1. 创建新文件

选择"菜单"→"文件"→"新建"命令或单击快速访问工具栏中的"新建"按钮 ，打开"新建"对话框。在"模板"列表框中选择"模型"，输入名称为"yinliaoping"，单击"确定"按钮，进入建模环境。

2. 创建直线

（1）选择"菜单"→"插入"→"曲线"→"直线"命令，或单击"曲线"选项卡"曲线"面板中的"直线"按钮 ，打开图12-80所示的"直线"对话框。

（2）单击"开始"选项组中的"点对话框" ，打开"点"对话框，输入起点坐标（22，0，0），单击"确定"按钮。

（3）单击"结束"选项组中的"点对话框" ，打开"点"对话框，输入终点坐标（30，0，0），单击"确定"按钮。在"直线"对话框中单击"应用"按钮，生成直线。

（4）用同样的方法创建起点坐标为（30，0，0）、终点坐标为（30，0，8）的直线，如图12-81所示。

3. 创建圆角

（1）选择"菜单"→"插入"→"曲线"→"基本曲线"命令，打开"基本曲线"对话框。

（2）单击"圆角"按钮 ，打开"曲线倒圆"对话框，半径值设为5，在两直线包围区域靠近要倒圆的地方单击一下，生成圆角，如图12-82所示。

图12-80 "直线"对话框

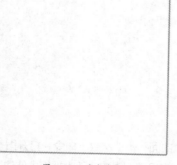

图12-81 生成直线1

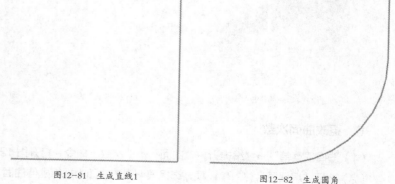

图12-82 生成圆角

4．旋转

（1）选择"菜单"→"插入"→"设计特征"→"旋转"命令，或单击"主页"选项卡"特征"面板中的"旋转"按钮，打开图 12-83 所示的"旋转"对话框。

（2）选择图 12-82 所示的草图为旋转曲线。

（3）在"指定矢量"下拉列表中选择 ZC 轴，在视图区选择原点为基准点，或单击"点对话框"按钮，打开"点"对话框，输入坐标（0，0，0），单击"确定"按钮。

（4）在"旋转"对话框中，设置"限制"选项组中的"开始"选项为"值"，在其文本框中输入 -30；设置"结束"选项为"值"，在其文本框中输入 30。

（5）单击"确定"按钮，生成的旋转曲面如图 12-84 所示。

图12-83　"旋转"对话框1

5．规律延伸曲面

（1）选择"菜单"→"插入"→"弯边曲面"→"规律延伸"命令，或单击"曲面"选项卡"曲面"面板中的"规律延伸"按钮，打开"规律延伸"对话框。

（2）选择"面"类型，选择旋转曲面的上边线为基本轮廓，选择旋转曲面为参考面，输入长度规律值为100，输入角度规律值为 0，如图 12-85 所示。

（3）单击"确定"按钮，生成的规律延伸曲面如图 12-86 所示。

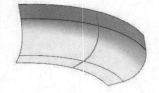

图12-84　生成旋转曲面1

图12-85　"规律延伸"对话框

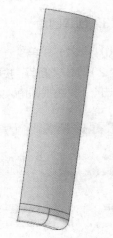

图12-86　规律延伸曲面

6．更改曲面次数

（1）选择"菜单"→"编辑"→"曲面"→"次数"命令，打开图 12-87 所示的"更改次数"对话框。

（2）选择"编辑原片体"单选项，选择要编辑的曲面为规律延伸曲面，如图 12-88 所示。

（3）打开"更改次数"参数对话框，将 U 向次数更改为 20，V 向次数更改为 5，如图 12-89 所示，单击"确定"按钮。

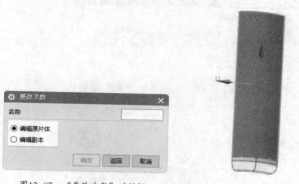

图12-87　"更改次数"对话框　　　图12-88　选择要编辑的曲面1　　　图12-89　"更改次数"参数对话框

7. 移动定义点

（1）选择"菜单"→"编辑"→"曲面"→"X 型"命令，或单击"曲面"选项卡"编辑曲面"面板中的"X 型"按钮 ，打开图 12-90 所示的"X 型"对话框。

（2）选择规律延伸曲面为要编辑的曲面，如图 12-91 所示。

（3）在"操控"下拉列表中选择"行"选项，选择要编辑的行，系统自动进行判别，如图 12-92 所示。

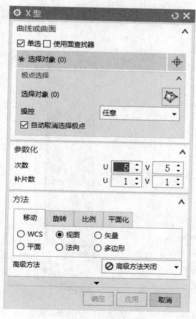

图12-90　"X型"对话框　　　　图12-91　选择要编辑的曲面2　　　图12-92　选择要编辑的行

（4）在选择完被移动的点后，在"移动"选项卡中选择"矢量"单选项，指定矢量为 XC 轴。

（5）更改步长值为 10 并单击"负增量"按钮 。单击"确定"按钮，该行的所有点被移动，编辑后的曲面如图 12-93 所示。

8. 缝合曲面

（1）选择"菜单"→"插入"→"组合"→"缝合"命令，或单击"曲面"选项卡"曲面操作"面板中的"缝合"按钮 📖，打开图12-94所示的"缝合"对话框。

图12-93　编辑后的曲面

图12-94　"缝合"对话框

（2）选择旋转曲面和规律延伸曲面，单击"确定"按钮，两曲面被缝合。

9.　曲面边倒圆

（1）选择"菜单"→"插入"→"细节特征"→"边倒圆"命令，或单击"主页"选项卡"特征"面板中的"边倒圆"按钮 🧊，打开图12-95所示的"边倒圆"对话框。

（2）选择圆角边，如图12-96所示，圆角半径设置为1，单击"确定"按钮，生成图12-97所示的模型。

图12-95　"边倒圆"对话框1

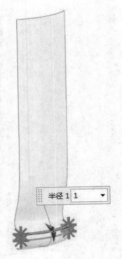
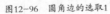

图12-96　圆角边的选取1

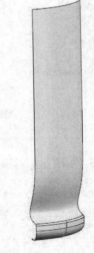

图12-97　倒圆角后的模型1

10.　创建直线

（1）选择"菜单"→"插入"→"曲线"→"直线"命令，或单击"曲线"选项卡"曲线"面板中的"直线"按钮 ／，打开"直线"对话框。

（2）单击"开始"选项组中的"点对话框"按钮 🔄，打开"点"对话框，输入起点坐标（26，10，35），单击"确定"按钮。

（3）单击"结束"选项组中的"点对话框"按钮，打开"点"对话框，输入终点坐标（26，10，75），单击"确定"按钮。

（4）在"直线"对话框中单击"应用"按钮，生成直线。

（5）用同样的方法创建起点坐标为（26，-10，35）、终点坐标为（26，-10，75）直线，如图12-98所示。

11. 创建圆弧

（1）选择"菜单"→"插入"→"曲线"→"圆弧/圆"命令，或单击"曲线"选项卡"曲线"面板中的"圆弧/圆"按钮，打开"圆弧/圆"对话框，在"类型"下拉列表中选择"三点画圆弧"选项，如图12-99所示。

（2）分别捕捉两直线的端点，输入半径为10，创建两条圆弧，如图12-100所示。

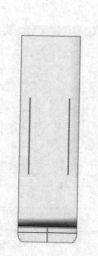

图12-98 生成直线2

图12-99 "圆弧/圆"对话框

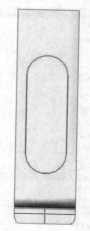

图12-100 生成圆弧1

12. 修剪片体

（1）选择"菜单"→"插入"→"修剪"→"修剪片体"命令，或单击"曲面"选项卡"曲面操作"面板中的"修剪片体"按钮，打开图12-101所示的"修剪片体"对话框。

（2）选择曲面为目标片体，选择步骤11中绘制的圆弧为边界对象，其余选项保持默认值，单击"确定"按钮，修剪片体，如图12-102所示。

13. 创建曲面

（1）选择"菜单"→"插入"→"网格曲面"→"通过曲线网格"命令，或单击"曲面"选项卡"曲面"面板"更多"库下的"通过曲线网格"按钮，打开图12-103所示的"通过曲线网格"对话框。

（2）选取两个圆弧为主曲线，选择两条竖直线为交叉曲线，其余选项保持默认状态，单击"确定"按钮，生成曲面，如图12-104所示。

14. 创建 N 边曲面

（1）选择"菜单"→"插入"→"网格曲面"→"N边曲面"命令，打开图12-105所示的"N边曲面"对话框。

图12-101 "修剪片体"对话框

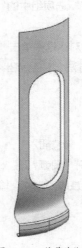

图12-102 修剪片体1

图12-103 "通过曲线网格"对话框

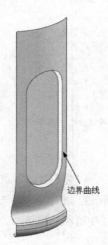

边界曲线

图12-104 生成曲面

图12-105 "N边曲面"对话框

（2）在"类型"下拉列表中选择"三角形"选项，选择图 12-104 所示的曲线为外环，勾选"尽可能合并面"复选框。

（3）在"形状控制"选项组的"控制"下拉列表中选择"位置"选项，调整 Z 滑块至 58 左右，其余选项保持默认值。单击"确定"按钮，生成图 12-106 所示的多个三角补片类型的 N 边曲面。

15. 修剪片体

（1）选择"菜单"→"插入"→"修剪"→"修剪片体"命令，打开"修剪片体"对话框。

（2）选择步骤 14 中创建的 N 边曲面为目标曲面，选择网格曲面为边界对象，选择"放弃"单选项，其余选项保持默认值，单击"应用"按钮。

（3）选择网格曲面为目标曲面，选择 N 边曲面为边界对象，选择"放弃"单选项，其余选项保持默认值，单击"应用"按钮。

（4）选择 N 边曲面为目标曲面，选择网格曲面为边界对象，修剪片体，如图12-107所示。

16. 缝合曲面

（1）选择"菜单"→"插入"→"组合"→"缝合"命令，或单击"曲面"选项卡"曲面操作"面板中的"缝合"按钮📖，打开"缝合"对话框。

（2）在"类型"下拉列表中选择"片体"选项，选择旋转曲面为目标曲面，选择其余曲面为工具片体，单击"确定"按钮，曲面被缝合，如图12-108所示。

17. 曲面边倒圆

（1）选择"菜单"→"插入"→"细节特征"→"边倒圆"命令，或单击"主页"选项卡"特征"面板中的"边倒圆"按钮🟫，打开图12-109所示的"边倒圆"对话框。

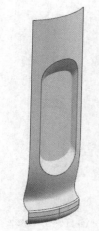

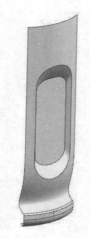

图12-106 生成多个三角   图12-107 修剪片体2   图12-108 缝合曲面   图12-109 "边倒圆"对话框2
补片类型的N边曲面

（2）选择圆角边，如图12-110所示，圆角半径设置为1.5，单击"确定"按钮，生成图12-111所示的模型。

18. 创建直线

（1）选择"菜单"→"插入"→"曲线"→"直线"命令，或单击"曲线"选项卡"曲线"面板中的"直线"按钮／，打开"直线"对话框。

（2）单击"开始"选项组中的"点对话框"按钮🔛，打开"点"对话框，输入起点坐标（30，0，108），单击"确定"按钮。

（3）单击"结束"选项组中的"点对话框"按钮🔛，打开"点"对话框，输入终点坐标（28，0，108），单击"确定"按钮。在"直线"对话框中单击"应用"按钮，生成直线。

（4）用同样的方法创建起点坐标为（28，0，108）、终点坐标为（28，0，110）的直线；起点坐标为（28，0，110）、终点坐标为（30，0，110）的直线；起点坐标为（30，0，110）、终点坐标为（30，0，120）的直线；起点坐标为（30，

图12-110 圆角边的选取2

0，120）、终点坐标为（25，0，125）的直线；起点坐标为（25，0，125）、终点坐标为（25，0，128）的直线；起点坐标为（25，0，128）、终点坐标为（30，0，133）的直线。最终生成的直线如图 12-112 所示。

19. 创建圆弧

（1）选择"菜单"→"插入"→"曲线"→"圆弧/圆"命令，或单击"曲线"选项卡"曲线"面板中的"圆弧/圆"按钮，打开"圆弧/圆"对话框。

（2）在"类型"下拉列表中选择"三点画圆弧"选项。单击"起点"选项组中的"点对话框"按钮，打开"点"对话框，输入起点坐标（30，0，133），单击"确定"按钮。单击"端点"选项组中的"点对话框"按钮，打开"点"对话框，输入端点坐标（12，0，163），单击"确定"按钮。"中点选项"选择为"相切"选项，相切对象选择上面创建的起点坐标为（30，0，110）、终点坐标为（30，0，120）的直线，双击箭头改变生成圆弧的方向，如图 12-113 所示。单击"确定"按钮，生成圆弧，如图 12-114 所示。

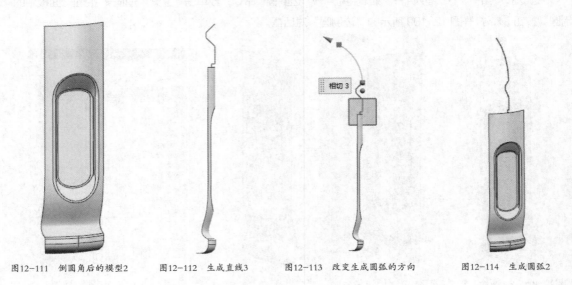

图12-111　倒圆角后的模型2　　图12-112　生成直线3　　图12-113　改变生成圆弧的方向　　图12-114　生成圆弧2

20. 创建直线

（1）选择"菜单"→"插入"→"曲线"→"直线"命令，或单击"主页"选项卡"曲线"面板中的"直线"按钮，打开"直线"对话框。

（2）单击"开始"选项组中的"点对话框"按钮，打开"点"对话框，输入起点坐标（12，0，163），单击"确定"按钮。单击"结束"选项组中的"点对话框"按钮，打开"点"对话框，输入终点坐标（12，0，168），单击"确定"按钮。在"直线"对话框中单击"应用"按钮，生成直线。

（3）用同样的方法创建起点坐标为（12，0，168）、终点坐标为（15，0，168）的直线；起点坐标为（15，0，168）、终点坐标为（15，0，170）的直线；起点坐标为（15，0，170）、终点坐标为（12，0，170）的直线；起点坐标为（12，0，170）、终点坐标为（12，0，171.5）的直线；起点坐标为（12，0，171.5）、终点坐标为（13，0，171.5）的直线；起点坐标为（13，0，171.5）、终点坐标为（13，0，173）的直线；起点坐标为（13，0，173）、终点坐标为（14，0，173）的直线；起点坐标为（14，0，173）、终点坐标为（14，0，174）的直线；起点坐标为（14，0，174）、终点坐标为（12，0，175）的直线；起点坐标为（12，0，175）、终点坐标为（12，0，188）的直线。最终生成的直线如图 12-115 所示。

21. 旋转

（1）选择"菜单"→"插入"→"设计特征"→"旋转"命令，或单击"主页"选项卡"特征"面板中的"旋转"按钮🌀，打开"旋转"对话框。

（2）选择图 12-115 所示的曲线为旋转曲线。

（3）在"指定矢量"下拉列表中选择 ZC 轴，在视图区选择原点为基准点，或单击"点对话框"按钮🔂，打开"点"对话框，输入坐标（0，0，0），单击"确定"按钮。

（4）在"旋转"对话框中，设置"限制"选项组中的"开始"选项为"值"，在其文本框中输入 –30。同样设置"结束"选项为"值"，在其文本框中输入 30，如图 12-116 所示。

（5）单击"确定"按钮，生成的旋转曲面如图 12-117 所示。

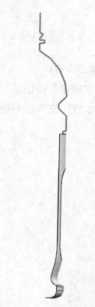

图12-115 生成直线4

图12-116 "旋转"对话框2

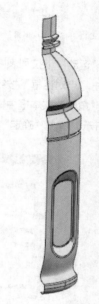

图12-117 生成旋转曲面2

22. 缝合曲面

（1）选择"菜单"→"插入"→"组合"→"缝合"命令，或单击"曲面"选项卡"曲面操作"面板中的"缝合"按钮📖，打开"缝合"对话框。

（2）在"类型"下拉列表中选择"片体"选项，选择旋转曲面为目标曲面，选择其余曲面为工具片体，单击"确定"按钮，曲面被缝合。

23. 曲面边倒圆

（1）选择"菜单"→"插入"→"细节特征"→"边倒圆"命令，或单击"主页"选项卡"特征"面板中的"边倒圆"按钮🟦，打开"边倒圆"对话框，如图 12-118 所示。

（2）选择圆角边，如图 12-119 所示，圆角半径设置为 1，单击"确定"按钮，生成图 12-120 所示的模型。

24. 旋转复制曲面

（1）选择"菜单"→"编辑"→"移动对象"命令，打开"移动对象"对话框，选择视图中的曲面为移动对象。

图12-118 "边倒圆"对话框3

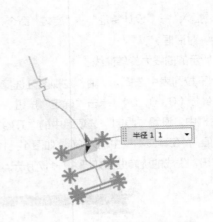

图12-119 圆角边的选取3

图12-120 倒圆角后的模型3

（2）在"运动"下拉列表中选择"角度"选项，在"指定矢量"下拉列表中选择 ZC 轴。

（3）单击"点对话框"按钮，在"点"对话框中输入坐标（0，0，0），单击"确定"按钮。

（4）在"角度"文本框中输入 60，选择"复制原先的"单选项，在"非关联副本数"文本框中输入 5，如图 12-121 所示。单击"确定"按钮，生成曲面，如图 12-122 所示。

图12-121 "移动对象"对话框

图12-122 旋转复制曲面

25. 缝合曲面

（1）选择"菜单"→"插入"→"组合"→"缝合"命令，或单击"曲面"选项卡"曲面操作"面板中的"缝合"按钮，打开"缝合"对话框。

（2）在"类型"下拉列表中选择"片体"选项，选择旋转曲面为目标曲面，选择其余曲面为工具片体，单击"确定"按钮，曲面被缝合。

26. 创建 N 边曲面

（1）选择"菜单"→"插入"→"网格曲面"→"N 边曲面"命令，打开"N 边曲面"对话框。

（2）在"类型"下拉列表中选择"三角形"选项，选择图 12-123 所示的曲线为外环，选择图 12-123 所示的曲面为约束面，勾选"尽可能合并面"复选框。

（3）在"形状控制"选项组的"控制"下拉列表中选择"位置"选项，调整 Z 滑块至 42 左右，其余选项保持默认值。单击"确定"按钮，生成图 12-124 所示的多个三角补片类型的 N 边曲面。

图12-123　选择外环和约束面

图12-124　生成多个三角补片类型的N边曲面

第

13

章

工程图

UG 建模功能模块中创建的零件和装配模型可以被引用到 UG 制图功能模块中快速生成二维工程图。UG 制图功能模块建立的工程图是通过三维实体模型投影得到的，因此，二维工程图与三维实体模型完全关联，模型的任何修改都会引起工程图的相应变化。

/ 重点与难点

● 进入工程图环境
● 图纸管理
● 绘制视图
● 视图编辑

13.1 进入工程图环境

本节讲解工程图的功能，以及如何进入工程图环境。

在 UG NX12 中，可以运用"制图"模块在建模基础上生成平面工程图。由于建立的平面工程图是由三维实体模型投影得到的，因此，平面工程图与三维实体完全相关，实体模型的尺寸、形状和位置的任何改变都会引起平面工程图的相应更新，更新过程可由用户控制。 此处有视频

工程图一般可实现如下功能。

（1）对于任何一个三维模型，可以根据不同的需要，使用不同的投影方法、不同的图幅尺寸、不同的视图比例建立模型视图，局部放大视图、剖视图等各种视图；各种视图能自动对齐；完全相关的各种剖视图能自动生成剖面线并控制隐藏线的显示。

（2）可半自动对平面工程图进行各种标注，且标注对象与基于它们所创建的视图对象相关；当模型变化和视图对象变化时，各种相关的标注都会自动更新。标注的建立与编辑方式基本相同，其过程也是即时反馈的，使得标注更容易和有效。

（3）可在工程图中加入文字说明、标题栏、明细栏等注释。系统提供了多种绘图模板，用户也可自定义模板，使标号参数的设置更容易、方便和有效。

（4）可用打印机或绘图仪输出工程图。

（5）拥有更直观和容易使用的图形用户接口，使得图纸的建立更加容易和快捷。

进入工程图环境的步骤如下。

（1）选择"菜单"→"文件"→"新建"命令或单击快速访问工具栏中的"新建"按钮 ，打开图13-1所示的"新建"对话框。

（2）单击"图纸"选项卡，在"关系"下拉列表中选择"全部"选项，在"模板"列表框中选择合适的模板，并输入文件名称和路径。

（3）单击"要创建图纸的部件"选项组中的"打开"按钮 ，打开"选择主模型部件"对话框，如图13-2所示。

图13-1　"新建"对话框

图13-2　"选择主模型部件"对话框

（4）单击"打开"按钮 ，打开"部件名"对话框，选择要创建图纸的零部件。单击"OK"按钮，再连续单击"确定"按钮，进入工程图环境，如图13-3所示。

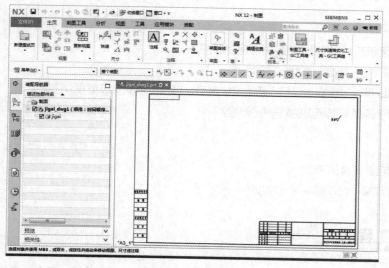

图13-3　工程图环境

13.2 图纸管理

在 UG 中，任何一个三维模型都可以通过不同的投影方法、不同的图样尺寸和不同的比例，灵活创建二维工程图。本节介绍新建工程图和编辑工程图的方法。

13.2.1 新建工程图

此处有视频

【执行方式】

● 菜单：选择"菜单"→"插入"→"图纸页"命令。
● 功能区：单击"主页"选项卡中的"新建图纸页"按钮 。

【操作步骤】

（1）执行上述操作后，打开图 13-4 所示的"工作表"对话框。
（2）选择合适的模板。
（3）单击"确定"按钮，新建工程图。

【选项说明】

1. 大小

（1）使用模板：选择此单选项，在该对话框中选择所需的模板即可。
（2）标准尺寸：选择此单选项，在图 13-4 所示的"工作表"对话框中设置标准图纸的大小和比例。
（3）定制尺寸：选择此单选项，在此对话框中可以自定义图纸的大小和比例。
（4）大小：用于指定图纸的尺寸规格。
（5）比例：用于设置工程图中各类视图的比例大小，系统默认的比例为 1∶1。

图13-4 "工作表"对话框

2. 名称

（1）图纸中的图纸页：列出工作部件中的所有图纸页。
（2）图纸页名称：设置默认的图纸页名称。
（3）页号：图纸页编号由初始页号、初始次级编号，以及可选的次级页号分隔符组成。
（4）修订：用于简述新图纸页的唯一版次代字。

3. 设置

（1）单位：指定图纸页的单位。
（2）投影：指定第一角投影或第三角投影。

13.2.2 编辑工程图

在进行视图添加和编辑的过程中，有时需要临时添加剖视图和技术要求等，那么新建过程中设置的工程图参数可能无法满足要求（如比例不适当），这时需要对已有的工程图进行修改编辑。

　　选择"菜单"→"编辑"→"图纸页"命令，打开"工作表"对话框。在该对话框中修改已有工程图的名称、尺寸、比例和单位等参数。完成修改后，系统会按照新的设置对工程图进行更新。需要注意的是，在编辑工程图时，投影角度参数只能在没有产生投影视图的情况下进行修改，否则需要删除所有的投影视图才能执行投影视图的编辑。

此处有视频

13.3 绘制视图

　　创建完工程图之后，下面就可以在图纸上绘制各种视图来表达三维模型。工程图最核心的作用是生成各种视图。

13.3.1 基本视图

　　使用此命令，可将保存在部件中的任何标准建模或定制视图添加到图纸页中。

【执行方式】

此处有视频

● 菜单：选择"菜单"→"插入"→"视图"→"基本"命令。
● 功能区：单击"主页"选项卡"视图"面板中的"基本视图"按钮。

【操作步骤】

（1）执行上述操作后，打开图13-5所示的"基本视图"对话框。
（2）在图形窗口中将鼠标指针移动到所需的位置。
（3）单击放置视图。
（4）单击鼠标中键，关闭"基本视图"对话框。

【选项说明】

1. 部件

（1）已加载的部件：显示所有已加载部件的名称。
（2）最近访问的部件：显示由"基本视图"命令使用的最近加载的部件名称。选择一个部件，可从该部件加载并添加视图。
（3）打开：用于浏览和打开其他部件，并从这些部件添加视图。

2. 视图原点

（1）指定位置：使用鼠标指针来指定一个屏幕位置。
（2）放置：建立视图的位置。
① 方法：用于选择其中一个对齐视图选项。
② 光标跟踪：打开偏置、XC 和 YC 跟踪。

3. 模型视图

（1）要使用的模型视图：用于选择一个要用作基本视图的模型视图。

图13-5　"基本视图"对话框

（2）定向视图工具：单击此按钮，打开"定向视图工具"对话框，并且可定制基本视图的方位。

4. 比例

在向图纸页添加制图视图之前，为制图视图指定一个特定的比例。

5. 设置

（1）设置：单击此按钮，打开"设置"对话框，可设置视图的显示样式。

（2）隐藏的组件：只用于装配图纸，能够控制一个或多个组件在基本视图中的显示。

（3）非剖切：只用于装配图纸，指定一个或多个组件为未切削组件。

13.3.2 投影视图

使用此命令，可以从现有基本视图、图纸、正交视图或辅助视图投影视图。

此处有视频

【执行方式】

● 菜单：选择"菜单"→"插入"→"视图"→"投影"命令。

● 功能区：单击"主页"选项卡"视图"面板中的"投影视图"按钮。

【操作步骤】

（1）执行上述操作后，打开图 13-6 所示的"投影视图"对话框。

（2）选择父视图。

（3）生成投影视图，然后将鼠标指针放到需要的位置。

（4）单击放置视图，如图 13-7 所示。

图13-6 "投影视图"对话框

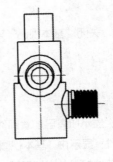
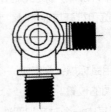

图13-7 "投影视图"示意图

【选项说明】

（1）父视图：用于在绘图工作区选择视图作为基本视图（父视图），并从它投影出其他视图。

（2）"铰链线"选项组。

① 矢量选项：包括"自动判断"和"已定义"两个选项。

a. 自动判断：为视图自动判断铰链线和投影方向。

b. 已定义：允许为视图手动定义铰链线和投影方向。

② 反转投影方向：镜像铰链线的投影箭头。

③ 关联：当铰链线与模型中平的面平行时，将铰链线自动关联该面。

（3）"视图原点"选项组：与"基本视图"对话框中的选项相同，在此就不再介绍。

13.3.3 局部放大图

局部放大图包含一部分现有视图。局部放大图的比例可根据其俯视图单独进行调整，以便更容易地查看视图中的对象并对其进行注释。

此处有视频

【执行方式】

● 菜单：选择"菜单"→"插入"→"视图"→"局部放大图"命令。

● 功能区：单击"主页"选项卡"视图"面板中的"局部放大图"按钮 。

【操作步骤】

执行上述操作后，打开图13-8所示的"局部放大图"对话框。

1. 创建圆形边界的局部放大图

（1）在对话框的"类型"下拉列表中选择"圆形"选项。

（2）在父视图上选择一个点作为局部放大图的中心。

（3）将鼠标指针移出中心点，然后单击以定义局部放大图的圆形边界的半径。

（4）将视图拖动到图纸上所需位置，单击放置视图，如图13-9所示。

2. 创建"按中心和拐角绘制矩形"的局部放大图

（1）在对话框的"类型"下拉列表中选择"按中心和拐角绘制矩形"选项。

（2）在父视图上选择局部放大图的中心。

（3）为局部放大图的边界选择一个拐角点。

（4）将视图拖动到图纸上所需位置，单击放置视图，如图13-10所示。

3. 创建"按拐角绘制矩形"的局部放大图

（1）在对话框的"类型"下拉列表中选择"按拐角绘制矩形"选项。

（2）在父视图上选择局部边界的第一个拐角。

（3）选择第二个点为第一个拐角的对角。

（4）将视图拖动到图纸上所需位置，单击放置视图，如图13-11所示。

图13-8 "局部放大图"对话框

【选项说明】

（1）"类型"下拉列表。

① 圆形：创建有圆形边界的局部放大图。

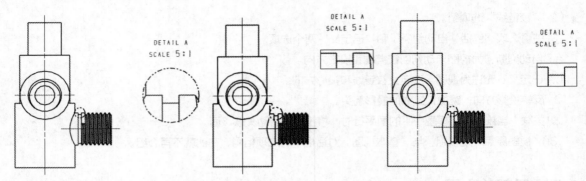

图13-9 "圆形"示意图　　图13-10 "按中心和拐角绘制矩形"示意图　　图13-11 "按拐角绘制矩形"示意图

② 按拐角绘制矩形：选择对角线上的两个拐角点来创建矩形局部放大图边界。

③ 按中心和拐角绘制矩形：选择一个中心点和一个拐角点来创建矩形局部放大图边界。

（2）"边界"选项组。

① 指定拐角点1：定义矩形边界的第一个拐角点。

② 指定拐角点2：定义矩形边界的第二个拐角点。

③ 指定中心点：定义圆形边界的中心。

④ 指定边界点：定义圆形边界的半径。

（3）父视图：选择一个父视图。

（4）"原点"选项组。

① 指定位置：指定局部放大图的位置。

② 移动视图：在创建局部放大图的过程中移动现有视图。

（5）比例：指定局部放大图的比例。

（6）标签：提供下列在父视图上放置标签的选项。

① 无：无边界。

② 圆：圆形边界，无标签。

③ 注释：有标签但无指引线的边界。

④ 标签：有标签和半径指引线的边界。

⑤ 内嵌：标签内嵌在带有箭头的缝隙内的边界。

⑥ 边界：显示实际视图边界。

13.3.4 局部剖视图

使用该命令，可移除部件的某个外部区域来查看其部件内部。

【执行方式】

- 菜单：选择"菜单"→"插入"→"视图"→"局部剖"命令。
- 功能区：单击"主页"选项卡"视图"面板中的"局部剖视图"按钮 。

此处有视频

【操作步骤】

（1）执行上述操作后，打开图 13-12 所示的"局部剖"对话框。

（2）选择要剖切的视图。

（3）指定基点和矢量方向。

（4）选择与视图相关的曲线以表示局部剖的边界，如图 13-13 所示。

图13-12 "局部剖"对话框

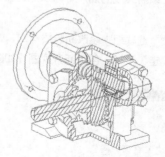

图13-13 "局部剖"示意图

【选项说明】

（1）创建：激活局部剖视图创建步骤。

（2）编辑：修改现有的局部剖视图。

（3）删除：从主视图中移除局部剖视图。

（4）选择视图：用于选择要进行局部剖切的视图。

（5）指出基点：用于确定剖切区域沿拉伸方向开始拉伸的参考点，该点可通过"捕捉点"工具栏指定。

（6）指出拉伸矢量：用于指定拉伸方向，可用矢量构造器指定，必要时可使拉伸反向，或指定为视图法向。

（7）选择曲线：用于定义局部剖切视图剖切边界的封闭曲线。当选择错误时，可单击"取消选择上一个"按钮取消上一个选择。定义边界曲线的方法是，在进行局部剖切的视图边界上单击鼠标右键，在打开的快捷菜单中选择"扩展成员视图"命令，进入视图成员模型工作状态。用曲线功能在要产生局部剖切的位置创建局部剖切边界线。完成边界线的创建后，在视图边界上单击鼠标右键，再从快捷菜单中选择"扩展成员视图"命令，恢复到工程图界面。这样，就建立了与选择视图相关联的边界线。

（8）修改边界曲线：用于修改剖切边界点，必要时可用该功能修改剖切区域。

（9）切穿模型：若勾选该复选框，则剖切时完全穿透模型。

13.3.5 断开视图

可用此命令添加多个水平或竖直断开视图。

【执行方式】

此处有视频

● 菜单：选择"菜单"→"插入"→"视图"→"断开视图"命令。

● 功能区：单击"主页"选项卡"视图"面板中的"断开视图"按钮 。

【操作步骤】

（1）执行上述操作后，打开图 13-14 所示的"断开视图"对话框。

（2）在"类型"下拉列表中选择"常规"或"单侧"选项。

（3）选择要断开的视图。

（4）指定或调整断开方向。

（5）选择第一条断裂线的锚点，可以拖动偏置手柄来移动第一条断裂线。

（6）选择第二条断裂线的描点，可以拖动偏置手柄来移动第二条断裂线（若选择"单侧"选项，则不用进行这一步）。

（7）在"设置"选项组中修改断裂线样式、幅值、延伸、颜色、宽度和其他属性。

（8）单击"确定"按钮，创建断开视图，如图 13-15 所示。

图13-14 "断开视图"对话框

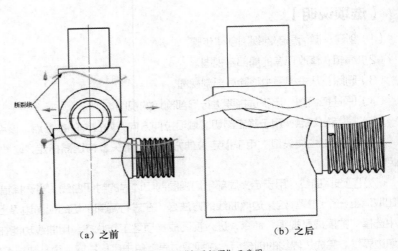

（a）之前   （b）之后

图13-15 "断开视图"示意图

【选项说明】

（1）"类型"下拉列表。

① 常规：创建具有两条表示图纸上概念缝隙的断裂线的断开视图。

② 单侧：创建具有一条断裂线的断开视图。

（2）主模型视图：用于在当前图纸页中选择要断开的视图。

（3）方向：断开的方向垂直于断裂线。

① 方位：向已包含断开视图的视图中添加断开视图时可用，用于指定与第一个断开视图相关的其他断开视图的方向。

② 指定矢量：添加第一个断开视图时可用。

（4）"断裂线 1""断裂线 2"选项组。

① 关联：将断开位置锚点与图纸的特征点关联。

② 指定锚点：用于指定断开位置的锚点。

③ 偏置：设置锚点与断裂线之间的距离。

（5）"设置"选项组。

① 间隙：设置两条断裂线之间的距离。

② 样式：指定断裂线的类型，包括简单线、直线、锯齿线、长断裂线、管状线、实心管状线、实心杆状线、拼图线、木纹线、复制曲线和模板曲线。

③ 幅值：设置用作断裂线的曲线的幅值。

④ 延伸1/延伸2：设置穿过模型一侧的断裂线的延伸长度。

⑤ 显示断裂线：显示视图中的断裂线。

⑥ 颜色：指定断裂线的颜色。

⑦ 宽度：指定断裂线的宽度。

13.3.6 截面线

【执行方式】

● 菜单：选择"菜单"→"插入"→"视图"→"剖切线"命令。

● 功能区：单击"主页"选项卡"视图"面板中的"剖切线"按钮。

【选项说明】

（1）类型：设置要创建的剖切线类型，包括"独立的"和"派生"两种类型。

① 独立的：创建基于草图的独立剖切线。

② 派生：创建派生自PMI切割平面符号的剖切线。

（2）方法：当"类型"设为"独立的"时显示，用于设置从独立截面线创建的剖视图类型，包括"简单剖/阶梯剖"和"半剖"两种方法。

（3）关联到草图：当"类型"设为"独立的"时可用，用于保持草图和定义剖切线的曲线之间的关联。如果取消勾选该复选框，则无法重新建立与草图的关联。若勾选该复选框，剖切线变为动态剖切线，并通过剖视图命令进行编辑。

图13-16 "截面线"对话框

【操作步骤】

（1）执行上述操作后，打开图13-16所示的"截面线"对话框。

（2）在视图中选择要创建截面线的父视图。

（3）单击"绘制截面"按钮，进入截面线绘制界面，绘制截面线后，单击"完成"按钮。也可以直接选择绘制好的草图。

（4）返回"截面线"对话框，选择剖切方法，单击"确定"按钮，完成截面线的创建。

13.3.7 剖视图

【执行方式】

● 菜单：选择"菜单"→"插入"→"视图"→"剖视图"命令。

 此处有视频

● 功能区：单击"主页"选项卡"视图"面板中的"剖视图"按钮 ▥。

【操作步骤】

（1）执行上述操作后，打开图 13-17 所示的"剖视图"对话框。

（2）在对话框中设置截面线的形式并选择剖视图的创建方法。

（3）在视图几何体上拾取一个点。

（4）将动态截面线移至剖切位置点。

（5）选择一个点放置截面线符号。

（6）移出视图到所需位置，单击放置视图。

【选项说明】

1. 截面线

（1）定义：包括"动态"和"选择现有的"两个选项。

① 动态：根据创建方法，系统会自动创建截面线，将其放置到适当位置即可。

② 选择现有的：根据截面线创建剖视图。

（2）方法：在下拉列表中选择创建剖视图的方法，包括"简单剖/阶梯剖""半剖""旋转""点到点"4 种方法，部分示意图如图 13-18 所示。

图13-17 "剖视图"对话框

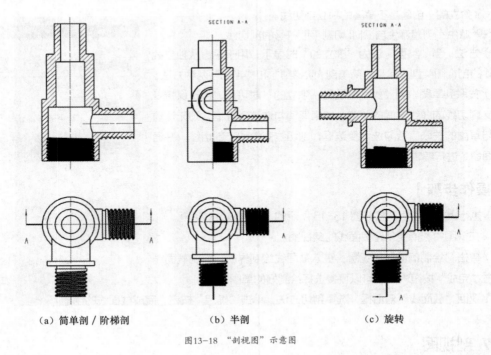

（a）简单剖/阶梯剖　　（b）半剖　　（c）旋转

图13-18 "剖视图"示意图

2. 铰链线

（1）矢量选项：包括"自动判断"和"已定义"两个选项。

① 自动判断：为视图自动判断铰链线和投影方向。

② 已定义：允许为视图手动定义铰链线和投影方向。

（2）反转剖切方向：反转剖视图的剖切方向和剖切线箭头的方向。

3. 设置

（1）非剖切：在视图中选择不剖切的组件或实体，做不剖处理。

（2）隐藏的组件：在视图中选择要隐藏的组件或实体，使其不可见。

13.4　视图编辑

13.4.1 视图编辑菜单

1. 编辑整个视图

选中需要编辑的视图，在其中单击鼠标右键，打开快捷菜单，如图 13-19 所示，可以更改视图样式、添加各种投影视图等。其主要功能与前面介绍的相同，此处不再介绍。

2. 视图的详细编辑

视图的详细编辑命令集中在"菜单"→"编辑"→"视图"子菜单中，如图 13-20 所示。

图13-19　快捷菜单

图13-20　"视图"子菜单

13.4.2 视图对齐

一般而言，视图之间应该对齐，但 UG 在自动生成视图时是可以任意放置的，用户可以根据需要进行对齐操作。在 UG 制图中，用户可以拖动视图，系统会自动判断用户意图（包括中心对齐、边对齐等多种方式），并显示可能的对齐方式，基本上可以满足用户对视图放置的要求。

🔍【执行方式】

● 菜单：选择"菜单"→"编辑"→"视图"→"对齐"命令。

此处有视频

● 功能区：单击"主页"选项卡"视图"面板中的"视图对齐"按钮 🖳。

【操作步骤】

（1）执行上述操作后，打开图 13-21 所示的"视图对齐"对话框。

（2）选择一个对齐选项。

（3）在视图中选择一个视图或点。

（4）选择要对齐的视图。

【选项说明】

1. 放置方法

（1）📠叠加：系统会将视图的基准点进行重合对齐。

（2）➡️水平：系统会将视图的基准点进行水平对齐。

（3）🖳竖直：系统会将视图的基准点进行竖直对齐。

（4）🖳垂直于直线：系统会将视图的基准点垂直于某一直线对齐。

（5）🖳自动判断：系统会根据选择的基准点判断用户意图，并显示可能的对齐方式。

图13-21　"视图对齐"对话框

2. 对齐

（1）模型点：使用模型上的点对齐视图。

（2）对齐至视图：使用视图中心点对齐视图。

（3）点到点：移动视图上的一个点到另一个指定点来对齐视图。

3. 列表

列表框中列出了所有可以进行对齐操作的视图。

13.4.3　视图相关编辑

【执行方式】

● 菜单：选择"菜单"→"编辑"→"视图"→"视图相关编辑"命令。

● 功能区：单击"主页"选项卡"视图"面板中的"视图相关编辑"按钮 🖳。

此处有视频

【操作步骤】

（1）执行上述操作后，打开图 13-22 所示的"视图相关编辑"对话框。

（2）选择编辑选项。

（3）在视图中选择要编辑的对象。

（4）单击"确定"按钮。

【选项说明】

1. 添加编辑

（1）🖳擦除对象：擦除选择的对象，如曲线、边等，如图 13-23 所示。擦除并不是删除，只是使被擦除的对象不可见而已。

（2）编辑完整对象：在选定的视图或图纸页中编辑对象的显示方式，包括颜色、线型和线宽，如图13-24所示。

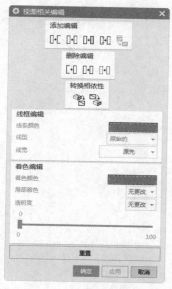

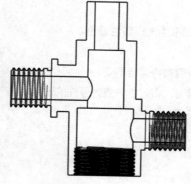

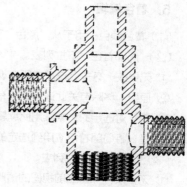

图13-22 "视图相关编辑"对话框　　　　图13-23 擦除剖面线　　　　图13-24 更改边线为虚线

（3）编辑着色对象：用于控制制图视图中对象的局部着色和透明度。

（4）编辑对象段：编辑部分对象的显示方式，用法与编辑完整对象相似。在选择编辑对象后，可选择一个或两个边界，然后只编辑边界内的部分，如图13-25所示。

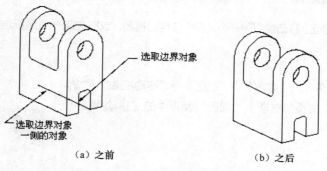

（a）之前　　　　（b）之后

图13-25 "编辑对象段"示意图

（5）编辑剖视图背景：编辑剖视图背景线。在建立剖视图时，可以有选择地保留背景线。使用该功能，不但可以删除已有的背景线，而且还可以添加新的背景线。

2. 删除编辑

（1）删除选定的擦除：恢复被擦除的对象。单击该按钮，将高显已被擦除的对象，选择要恢复显示的对象并确认。

（2）删除选定的编辑：恢复部分编辑对象在原视图中的显示方式。

（3）删除所有编辑：恢复所有编辑对象在原视图中的显示方式。

3. 转换相依性

（1）⊡模型转换到视图：转换模型中单独存在的对象到指定视图中，且对象只出现在该视图中。

（2）⊡视图转换到模型：转换视图中单独存在的对象到模型中。

4. 线框编辑

（1）线条颜色：更改选定对象的颜色。

（2）线型：更改选定对象的线型。

（3）线宽：更改几何对象的线宽。

5. 着色编辑

（1）着色颜色：用于从"颜色"对话框中选择着色颜色。

（2）"局部着色"下拉列表。

① 无更改：有关此选项的所有现有编辑将保持不变。

② 原始：移除有关此选项的所有编辑，将对象恢复为原先的设置。

③ 否：对选定的对象禁用此编辑设置。

④ 是：将局部着色应用到选定的对象。

（3）"透明度"下拉列表。

① 无更改：保留当前视图的透明度。

② 原始：移除有关此选项的所有编辑，将对象恢复到原先的设置。

③ 是：允许使用滑块来定义选定对象的透明度。

13.4.4 移动/复制视图

该命令用于在当前图纸上移动或复制一个或多个选定的视图，或把选定的视图移动或复制到另一张图纸中。

【执行方式】

● 菜单：选择"菜单"→"编辑"→"视图"→"移动/复制"命令。

● 功能区：单击"主页"选项卡"视图"面板中的"移动/复制视图"按钮🖼。

此处有视频

【操作步骤】

（1）执行上述操作后，打开图 13-26 所示的"移动／复制视图"对话框。

（2）选择移动／复制类型。

（3）将鼠标指针放到要移动的视图上，直到视图边界高亮显示。

（4）按住鼠标左键拖动视图。

（5）视图移动到位时，释放鼠标放置视图。

【选项说明】

（1）🖼至一点：移动或复制选定的视图到指定点，该点可用鼠标指针

图13-26 "移动／复制视图"对话框

或坐标指定。

（2）水平：在水平方向上移动或复制选定的视图。

（3）竖直：在竖直方向上移动或复制选定的视图。

（4）垂直于直线：垂直于指定方向移动或复制视图。

（5）至另一图纸：移动或复制选定的视图到另一张图纸中。

（6）复制视图：勾选该复选框后，其中的设置用于复制视图，否则为移动视图。

（7）视图名：在移动或复制单个视图时，为生成的视图指定名称。

（8）距离：勾选该复选框后，可指定移动或复制后的视图与原视图之间的距离值。若选择多个视图，则以第一个选定的视图作为基准，其他视图将与第一个视图保持指定的距离。若不勾选该复选框，则可移动鼠标指针或输入坐标值指定视图位置。

（9）矢量构造器列表：用于选择指定矢量的方法，视图将垂直于该矢量移动或复制。

（10）取消选择视图：清除视图选择。

13.4.5 视图边界

该命令用于重新定义视图边界，既可以缩小视图边界，只显示视图的某一部分，也可以放大视图边界，显示所有视图对象。

【执行方式】

此处有视频

- 菜单：选择"菜单"→"编辑"→"视图"→"边界"命令。
- 功能区：单击"主页"选项卡"视图"面板中的"视图边界"按钮。
- 快捷菜单：在要编辑的视图边界上单击鼠标右键，在打开的快捷菜单中选择"边界"命令。

【操作步骤】

执行上述操作后，打开图13-27所示的"视图边界"对话框。

1. 创建自动矩形视图边界

（1）在视图边界类型下拉列表中选择"自动生成矩形"选项。

（2）单击"确定"按钮，创建视图边界。

2. 创建手工矩形视图边界

（1）在视图边界类型下拉列表中选择"手工生成矩形"选项。

（2）选择要重新定义的视图边界。

（3）拖出一个矩形，单击定义新的视图边界。

3. 创建由对象定义边界的视图边界

（1）在视图边界类型下拉列表中选择"由对象定义边界"选项。

（2）选择局部放大视图。

（3）在视图中选择要用于定义视图边界的对象。

（4）在视图中定义要包含在视图边界中的模型点。

（5）单击"确定"按钮，更新视图边界。

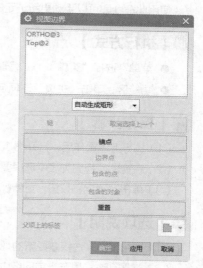

图13-27 "视图边界"对话框

【选项说明】

（1）视图选择列表：显示当前图纸页上可选视图的列表。

（2）边界类型。

① 断裂线 / 局部放大图：定义任意形状的视图边界，使用该选项可只显示被边界包围的视图部分。用此选项定义视图边界时，必须先建立与视图相关的边界线。当编辑或移动边界线时，视图边界会随之更新。

② 手工生成矩形：以拖动方式手工定义矩形边界，该矩形边界的大小是由用户定义的，可以包围整个视图，也可以只包围视图中的一部分。该边界类型主要用于在一个特定的视图中隐藏不显示的几何体。

③ 自动生成矩形：自动定义矩形边界，该矩形边界能根据视图中几何对象的大小自动更新，主要用于在一个特定的视图中显示所有的几何对象。

④ 由对象定义边界：由包围对象定义边界，该边界能根据被包围对象的大小自动调整，通常用于大小和形状随模型变化的矩形局部放大视图。

（3）链：用于选择一个现有曲线链来定义视图边界。

（4）取消选择上一个：在定义视图边界时，取消选择上一个选定曲线。

（5）锚点：用于将视图边界固定在视图对象的指定点上，从而使视图边界与视图相关。当模型变化时，视图边界会随之移动。锚点主要用在局部放大视图或用手工定义边界的视图。

（6）边界点：用于指定视图边界要通过的点。该功能可使任意形状的视图边界与模型相关。当模型修改后，视图边界也随之变化。也就是说，当边界内的几何模型的尺寸和位置变化时，该模型始终在视图边界之内。

（7）包含的点：选择视图边界要包围的点，只用于"由对象定义边界"的方式。

（8）包含的对象：选择视图边界要包围的对象，只用于"由对象定义边界"的方式。

（9）重置：取消当前更改并重置对话框。

（10）父项上的标签：控制边界曲线在局部放大图的父视图上显示的外观。

13.4.6　更新视图

使用此命令，可以手动更新选定的制图视图，以反映自上次更新视图以来模型发生的更改。

【执行方式】

此处有视频

● 菜单：选择"菜单"→"编辑"→"视图"→"更新"命令。
● 功能区：单击"主页"选项卡"视图"面板中的"更新视图"按钮。

【操作步骤】

（1）执行上述操作后，打开图 13-28 所示的"更新视图"对话框。

（2）在视图或视图列表中选择要更新的视图。

（3）单击"确定"按钮，更新视图。

【选项说明】

（1）选择视图：选择要更新的视图。

（2）视图列表：显示当前图纸中可供选择的视图的名称。

（3）显示图纸中的所有视图：用于控制是否在列表框中列出所有的视

图 13-28　"更新视图"对话框

图，并自动选择所有过期视图。勾选该复选框之后，系统会自动在列表框中选取所有过期视图，否则需要用户自己更新过期视图。

（4）选择所有过时视图 ：用于选择当前图纸中的过期视图。

（5）选择所有过时自动更新视图 ：在图纸上选择所有自动过期视图。

13.5 综合实例——创建机盖视图

【制作思路】

本例创建机盖视图，如图 13-29 所示。首先创建俯视图，然后创建主视图，为了表达清楚视图中的特征，还需创建主视图的局部剖视图。

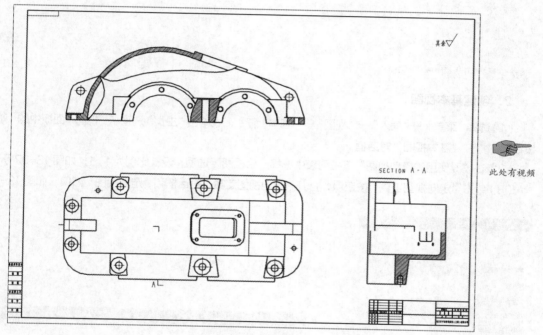

此处有视频

图13-29 机盖视图

【绘制步骤】

1. 新建工程图

（1）选择"菜单"→"文件"→"新建"命令或单击快速访问工具栏中的"新建"按钮 ，打开"新建"对话框。在"图纸"选项卡中选择"A1- 无视图"模板。

（2）在"要创建图纸的部件"选项组中单击"打开"按钮 ，打开图 13-30 所示的"选择主模型部件"对话框。单击"打开"按钮 ，打开"部件名"对话框，选择"jigai"部件，单击"OK"按钮，再单击"确定"按钮。

（3）返回"新建"对话框，在"新文件名"选项组的"名称"文本框中输入新文件名"jigai_dwg.prt"，如图 13-31 所示，单击"确定"按钮，进入制图界面。

图13-30 "选择主模型部件"对话框

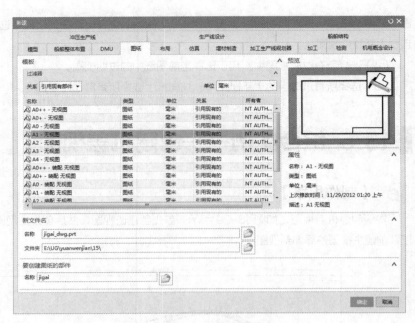

图13-31 "新建"对话框

2. 创建基本视图

（1）选择"菜单"→"插入"→"视图"→"基本"命令，或单击"主页"选项卡"视图"面板中的"基本视图"按钮，打开"基本视图"对话框。

（2）在"要使用的模型视图"下拉列表中选择"后视图"选项，设置比例为1:1，如图13-32所示。

（3）单击"定向视图工具"按钮，打开"定向视图工具"对话框和"定向视图"窗口，如图13-33所示。

图13-32 "基本视图"对话框

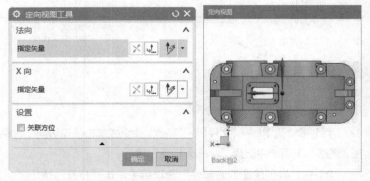

图13-33 "定向视图工具"对话框和"定向视图"窗口

（4）在"法向"选项组的"指定矢量"下拉列表中选择 YC 轴为旋转法向，在"X 向"选项组的"指定矢量"下拉列表中选择 XC 轴为指定方向，此时的"定向视图"窗口如图13-34所示。

（5）在图纸中适当的地方放置基本视图，如图13-35所示。单击"关闭"按钮，关闭"基本视图"对话框。

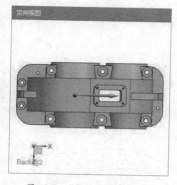

图13-34　"定向视图"窗口

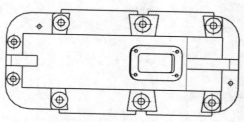

图13-35　放置基本视图

3．创建投影视图

（1）选择"菜单"→"插入"→"视图"→"投影"命令，或单击"主页"选项卡"视图"面板中的"投影视图"按钮，打开图13-36所示的"投影视图"对话框。

（2）选择步骤2中创建的基本视图为父视图，选择图13-37所示的投影方向，将投影视图放置在图纸中适当的位置，如图13-38所示。

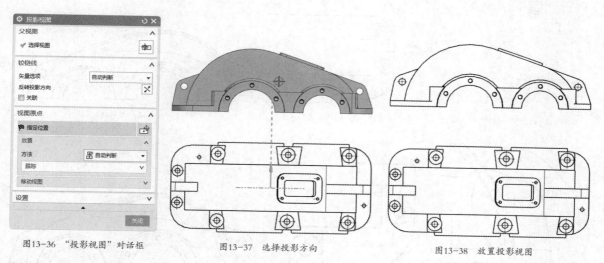

图13-36　"投影视图"对话框　　　　图13-37　选择投影方向　　　　图13-38　放置投影视图

4．创建局部剖视图

（1）选择主视图，单击鼠标右键，在打开的图13-39所示的快捷菜单中选择"活动草图视图"命令。

（2）单击"主页"选项卡"草图"面板中的"艺术样条"按钮，打开图13-40所示的"艺术样条"对话框，勾选"封闭"复选框，绘制一条封闭曲线，如图13-41所示。单击"完成草图"按钮，完成样条曲线的绘制。

（3）选择"菜单"→"插入"→"视图"→"局部剖"命令，或单击"主页"选项卡"视图"面板中的"局部剖视图"按钮，打开图13-42所示的"局部剖"对话框。

（4）选择主视图为要剖切的视图。

（5）捕捉图13-43所示的中心点为基点，采用默认矢量方向。

（6）选择图13-41所示的样条曲线为截面范围，单击"应用"按钮，创建局部剖视图1，如图13-44所示。

（7）同上步骤，在主视图中绘制图13-45所示的样条曲线，选择图13-46所示的基点，创建局部剖视图2，如图13-47所示。

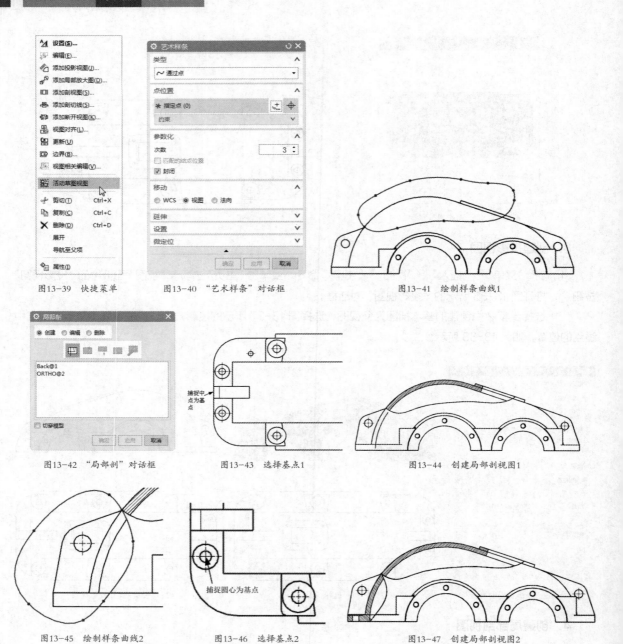

图13-39　快捷菜单　　　　　图13-40　"艺术样条"对话框　　　　　　图13-41　绘制样条曲线1

图13-42　"局部剖"对话框　　　　　图13-43　选择基点1　　　　　　图13-44　创建局部剖视图1

图13-45　绘制样条曲线2　　　　　图13-46　选择基点2　　　　　　图13-47　创建局部剖视图2

（8）同上步骤，在主视图中绘制如图13-48所示的样条曲线，选择如图13-49所示的基点，创建局部剖视图3，如图13-50所示。

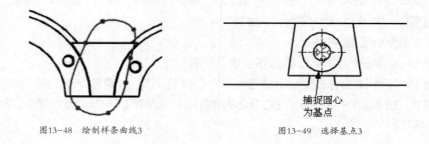

图13-48　绘制样条曲线3　　　　　　　图13-49　选择基点3

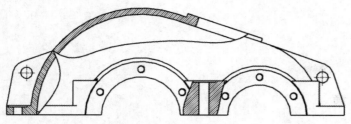

图13-50 创建局部剖视图3

（9）同上步骤，在主视图中绘制图 13-51 所示的样条曲线，选择图 13-52 所示的基点，创建局部剖视图 4，如图 13-53 所示。

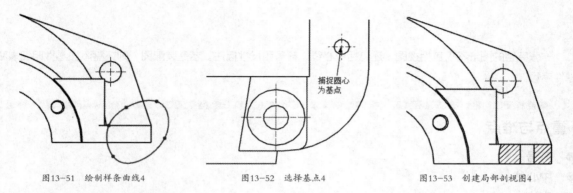

图13-51 绘制样条曲线4　　　　图13-52 选择基点4　　　　图13-53 创建局部剖视图4

5. 创建半剖视图

（1）选择"菜单"→"插入"→"视图"→"剖视图"命令，或单击"主页"选项卡"视图"面板中的"剖视图"按钮，打开"剖视图"对话框。

（2）将截面线定义为"动态"，方法选择"半剖"，如图 13-54 所示。

（3）选择圆心为铰链线的放置位置，捕捉左侧边线中点为折弯位置，如图 13-55 所示。

（4）将剖视图放置在图纸中适当的位置，创建的半剖视图如图 13-56 所示。

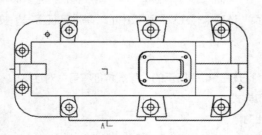

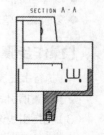

图13-54 "剖视图"对话框　　　　图13-55 选择折弯位置　　　　图13-56 创建半剖视图

第 **14** 章

尺寸标注

一张完整的图纸不仅包括视图，还包括中心线、符号和尺寸标注。若是装配图，则还需添加零件明细表和零件序号。

/ 重点与难点

- 符号
- 中心线
- 表格
- 尺寸

14.1 符号

14.1.1 基准特征符号

使用此命令，可创建几何公差基准特征符号，以便在图纸上指明基准特征。

【执行方式】

此处有视频

- 菜单：选择"菜单"→"插入"→"注释"→"基准特征符号"命令。
- 功能区：单击"主页"选项卡"注释"面板中的"基准特征符号"按钮⌀。

【操作步骤】

（1）执行上述操作后，打开图 14-1 所示的"基准特征符号"对话框。

（2）设置指引线类型和样式。

（3）为指引线选择终止对象。

（4）将符号拖动到合适的位置，单击放置基准特征符号，如图 14-2 所示。

图14-1 "基准特征符号"对话框

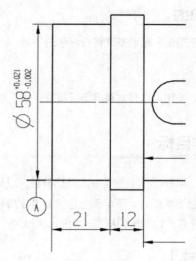

图14-2 放置基准特征符号

 【选项说明】

1. 原点

（1）原点工具：使用原点工具查找图纸页上的表格注释。

（2）指定位置：用于为表格注释指定位置。

（3）对齐。

① 自动对齐：用于控制注释的相关性。

a. 关联：将注释关联到对齐对象，对齐行处于活动状态。

b. 非关联：注释不与对齐对象关联，但对齐线是活动的。

c. 关：定位注释时没有活动对齐线。

② 层叠注释：用于将注释与现有注释堆叠。

③ 水平或竖直对齐：用于将注释与其他注释对齐。

④ 相对于视图的位置：将任何注释的位置关联到制图视图。

⑤ 相对于几何体的位置：用于将带指引线的注释的位置关联到模型或曲线几何体。

⑥ 捕捉点处的位置：可以将鼠标指针置于任何可捕捉的几何体上，然后单击放置注释。

⑦ 锚点：用于设置注释对象中文本的控制点。

2. 指引线

（1）选择终止对象：用于为指引线选择终止对象。

（2）类型：列出指引线类型。

① 普通：创建带短划线的指引线。

② 全圆符号：创建带短划线和全圆符号的指引线。

③ 标志：创建一条从直线的一个端点到几何公差框角的延伸线。

④ 基准：创建可以与面、实体边或实体曲线、文本、几何公差框、短划线、尺寸延伸线，以及中心线关

联的基准特征指引线。

⑤ ⚲以圆点终止：在延伸线上创建基准特征指引线，该指引线在附着到选定面的点上终止。

3. 基准标识符

该选项组用于指定分配给基准特征符号的字母。

4. 设置

单击"设置"按钮，打开"基准特征符号设置"对话框，可指定基准显示实例的样式的选项。

14.1.2 基准目标

使用此命令，可在部件上创建基准目标符号，以指明部件上特定于某个基准的点、线或面。基准目标符号是一个圆，分为上下两部分。下半部分包含基准字母和基准目标编号。对于面积类型的基准目标，可将标示符放在符号的上半部分，以显示目标面积的形状和大小。

🪐【执行方式】

● 菜单：选择"菜单"→"插入"→"注释"→"基准目标"命令。

● 功能区：单击"主页"选项卡"注释"面板中的"基准目标"按钮⚲。

🖌️【操作步骤】

（1）执行上述操作后，打开图 14-3 所示的"基准目标"对话框。

（2）在"类型"下拉列表中选择一种类型。

（3）在"目标"选项组中输入参数。

（4）单击一个曲面区域并将符号拖到所需位置。

（5）单击放置符号。

⭐【选项说明】

（1）类型：指定基准目标区域的形状，包括点、直线、矩形、圆形、环形、球形、圆柱形和任意 8 种类型。

（2）"原点"和"指引线"选项组中选项的功能参考"基准特征符号"对话框中的选项。

（3）"目标"选项组。

① 标签：设置基准标识符号。

② 索引：设置索引的编号。

图14-3 "基准目标"对话框

③ 宽度：仅适用于"矩形"类型，指定矩形基准区域的宽度。

④ 高度：仅适用于"矩形"类型，指定矩形基准区域的高度。

⑤ 直径：仅适用于"圆形"和"球形"类型，指定圆形基准区域的直径。

⑥ 外径：仅适用于"环形"类型，指定环形基准区域的外直径。

⑦ 内径：仅适用于"环形"类型，指定环形基准区域的内径。

⑧ 区域大小：仅适用于"任意"类型，指定任意面积大小。

⑨ 端符：指定要放置在指引线端符处的标记类型。

（4）设置：单击此按钮，打开"基准目标设置"对话框，可指定基准目标符号的样式。

14.1.3　符号标注

使用此命令，可在图纸上创建和编辑标识符号。

此处有视频

【执行方式】

● 菜单：选择"菜单"→"插入"→"注释"→"符号标注"命令。

● 功能区：单击"主页"选项卡"注释"面板中的"符号标注"按钮 。

【操作步骤】

（1）执行上述操作后，打开图14-4所示的"符号标注"对话框。

（2）在"类型"下拉列表中选择一种类型。

（3）输入所需文本。

（4）设置大小。

（5）选择所需的指引线类型，并选择指引线的终点。

（6）单击放置符号。

【选项说明】

（1）类型：指定标示符号类型，包括圆、分割圆、顶角朝下三角形、顶角朝上三角形、正方形、分割正方形、六边形、分割六边形、象限圆、圆角方块和下划线11种类型。

（2）"原点"和"指引线"选项组中选项的功能参考"基准特征符号"对话框中的选项。

（3）文本：将文本添加到符号标注。如果选择分割的符号，则可以将文本添加到上部和下部文本字段。未分割的符号只有一行文本。

（4）选择符号标注：单击以继承现有符号标注的符号大小。

（5）大小：允许更改符号的大小。

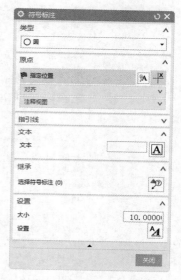

图14-4　"符号标注"对话框

14.1.4　特征控制框

使用该命令，可以指定应用到模型特征的几何公差。

此处有视频

【执行方式】

● 菜单：选择"菜单"→"插入"→"注释"→"特征控制框"命令。

● 功能区：单击"主页"选项卡"注释"面板中的"特征控制框"按钮 。

【操作步骤】

（1）执行上述操作后，打开图14-5所示的"特征控制框"对话框。

（2）在"对齐"选项组中勾选"层叠注释"和"水平或竖直对齐"复选框。

（3）选择特性，选择框样式。

（4）设置公差和基准参考选项并输入相应参数。

（5）拖动和放置符号，如图14-6所示。

图14-5　"特征控制框"对话框

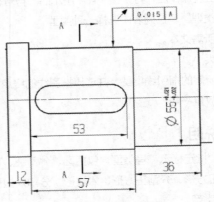

图14-6　放置特征控制框

 【选项说明】

1."原点"和"指引线"选项组

参考"基准特征符号"对话框中的选项。

2.框

（1）特性：指定几何控制符号类型。

（2）框样式：指定样式为单框或复合框。

（3）公差。

① 单位基础值：适用于直线度、平面度、线轮廓度和面轮廓度特性，可以为单位基础面积类型添加值。

② □▼形状：可指定公差区域形状的直径、球形或正方形符号。

③ 0.0 ：输入公差值。

④ ▼修饰符：用于指定公差材料修饰符。

⑤ 公差修饰符：设置投影、圆 U 和最大值等修饰符的值。

（4）第一基准参考 / 第二基准参考 / 第三基准参考。

① ▼：用于指定主基准参考字母、第二基准参考字母和第三基准参考字母。

② 　 ：指定公差修饰符。

③ 自由状态：指定自由状态符号。

④ 复合基准参考：单击此按钮，打开"复合基准参考"对话框，在该对话框中可向主基准参考、第二基准参考或第三基准参考单元格添加附加字母、材料状况和自由状态符号。

3. 文本

（1）文本框：用于在特征控制框前面、后面、上面或下面添加文本。

（2）类别：用于从不同类别的符号类型中选择符号。

14.1.5 焊接符号

使用此命令，可以在公制和英制部件及图纸中创建各种焊接符号。焊接符号属于关联性符号，在模型发生变化或标记过期时会重新放置。可以编辑焊接符号属性，如文本大小、字体、比例和箭头尺寸。

【执行方式】

● 菜单：选择"菜单"→"插入"→"注释"→"焊接符号"命令。

● 功能区：单击"主页"选项卡"注释"面板中的"焊接符号"按钮 。

【操作步骤】

（1）执行上述操作后，打开图14-7所示的"焊接符号"对话框。

（2）设置焊接符号和参数。

（3）在部件上单击一次创建一个指引线点，再次单击可将指引线添加到符号。

（4）单击将符号放置到图纸上。

【选项说明】

1."原点"和"指引线"选项组

参考"基准特征符号"对话框中的选项。

2. 其他侧

（1）精加工符号：列出焊接符号的精加工方法。选项的第一个字母会添加到参考线的顶部或底部。

（2）特形焊接符号：列出补充特形焊接符号，以便标识焊接表面的形状或要在参考线顶部和底部进行的焊接。

（3） 坡口角度或埋头角度：设置焊接符号的角度值。该值位于参考线的上面或下面，度数符号会自动添加到焊接符号上角度的末尾。

（4） 焊接数或焊接的根部间隙或深度：为焊接符号的"焊接数""根部间隙""焊接深度"设置一个值。

（5）复合焊接：勾选此复选框后，会将角焊符号添加到平头对接焊、斜角坡口焊、J形坡口焊或半喇叭形坡口焊的顶部。

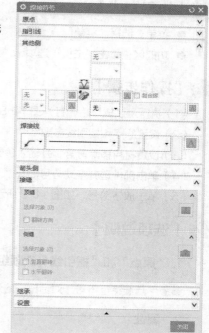

图14-7 "焊接符号"对话框

3. 接缝

（1）顶缝。

① 选择对象：用于选择顶缝对象。

② 翻转方向：翻转顶缝的方向。

（2）侧缝：侧缝轮廓取决于特形焊接符号和焊接符号，受支持的符号有凸、凹和水平轮廓类型。

① 选择对象：用于选择侧缝对象。

② 竖直翻转：翻转侧缝的竖直方向。

③ 水平翻转：翻转侧缝的水平方向。

4. 继承

选择焊接符号：用于选择从中继承焊接信息的现有焊接符号。

5. 设置

（1）设置：单击此按钮，打开"焊接符号设置"对话框，在其中可以为焊接符号设置样式选项。

（2）焊接间距因子：设置焊接符号的不同组成部分之间的间距。

14.1.6 表面粗糙度符号

使用此命令，可以创建符合标准的表面粗糙度符号。

此处有视频

【执行方式】

● 菜单：选择"菜单"→"插入"→"注释"→"表面粗糙度符号"命令。

● 功能区：单击"主页"选项卡"注释"面板中的"表面粗糙度符号"按钮√。

【操作步骤】

（1）执行上述操作后，打开图 14-8 所示的"表面粗糙度"对话框。

（2）设置原点和指引线参数。

（3）设置材料移除符号，并输入参数。

（4）单击部件边并拖动符号。

（5）单击放置符号，如图 14-9 所示。

【选项说明】

1. "原点"和"指引线"选项组

参考"基准特征符号"对话框中的选项。

2. 属性

（1）除料：用于指定符号类型。

（2）图例：显示表面粗糙度符号参数的图例。

（3）上部文本：选择一个值以指定表面粗糙度的最大限制。

（4）下部文本：选择一个值以指定表面粗糙度的最小限制。

图14-8 "表面粗糙度"对话框

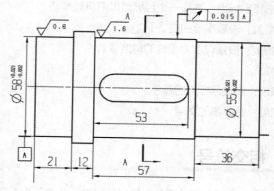

图14-9 标注表面粗糙度

（5）生产过程：选择一个选项以指定生产方法或涂层。

（6）波纹：选择一个选项以指定波纹。波纹是比粗糙度间距更大的表面不规则性。

（7）放置符号：选择一个选项以指定放置方向。放置方向是由工具标记或表面条纹生成的主导表面图样的方向。

（8）加工：指定材料的最小许可移除量。

（9）切除：指定粗糙度切除。粗糙度切除是表面不规则性的采样长度，用于确定粗糙度的平均高度。

（10）次要粗糙度：指定次要粗糙度值。

（11）加工公差：指定加工公差的类型。

3．设置

（1）设置：单击此按钮，打开"表面粗糙度设置"对话框，可指定显示实例的样式的选项。

（2）角度：更改符号的方位。

（3）圆括号：在表面粗糙度符号旁边添加左侧、右侧或两侧。

14.1.7 目标点符号

使用此命令，可创建 ANSI 标准目标点符号。如果将该符号放在现有的一个对象上，UG 会将该符号放在离所选位置最近的对象中心。

【执行方式】

● 菜单：选择"菜单"→"插入"→"注释"→"目标点符号"命令。

● 功能区：单击"主页"选项卡"注释"面板中的"目标点符号"按钮✕。

【操作步骤】

（1）执行上述操作后，打开图 14-10 所示的"目标点符号"对话框。

（2）设置尺寸参数。

（3）将鼠标指针定位在未选择任何几何体的地方，单击可放置不关联的目标点符号。

（4）单击"关闭"按钮。

【选项说明】

（1）选择位置：选择几何或视图位置。

（2）选择目标点：选择一个目标点以继承其参数。

（3）高度：设置高度的值。

（4）角度：设置以度为单位的角度值。

（5）样式。

① 颜色：修改目标点的颜色。

② 宽度：修改线的宽度。

图14-10 "目标点符号"对话框

14.1.8 相交符号

使用此命令，可创建由拐角上的证示线表示的表观相交符号。选择两条现有的曲线来放置相交符号，这些线必须是直线或圆弧。

此处有视频

【执行方式】

● 菜单：选择"菜单"→"插入"→"注释"→"相交符号"命令。

● 功能区：单击"主页"选项卡"注释"面板中的"相交符号"按钮寸。

【操作步骤】

（1）执行上述操作后，打开图 14-11 所示的"相交符号"对话框。

（2）选择第一条直线或圆弧。

（3）选择第二条直线或圆弧。

（4）单击"确定"按钮。

【选项说明】

（1）第一组：选择要标注尺寸的第一个点。

（2）第二组：选择要标注尺寸的第二个点。

（3）选择相交符号：选择要继承的原相交符号。

（4）延伸：输入控制相交符号的显示尺寸。

图14-11 "相交符号"对话框

14.1.9 剖面线

使用该命令，可以为指定区域填充剖面线图样。

【执行方式】

- 菜单：选择"菜单"→"插入"→"注释"→"剖面线"命令。
- 功能区：单击"主页"选项卡"注释"面板中的"剖面线"按钮▨。

【操作步骤】

（1）执行上述操作后，打开图 14-12 所示的"剖面线"对话框。

（2）选择边界模式。

（3）选择填充区域或选择曲线边界。

（4）设置剖面线的相关参数。

（5）单击"确定"按钮，填充剖面线。

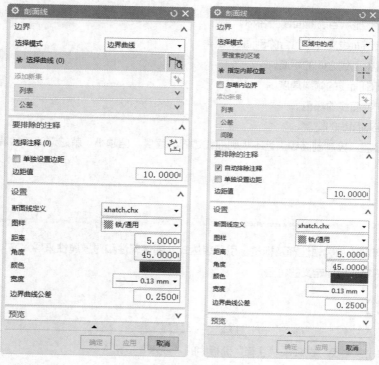

图14-12 "剖面线"对话框

【选项说明】

1. 边界

（1）"选择模式"下拉列表。

① 边界曲线：选择一组封闭曲线。

② 区域中的点：选择区域中的点。

（2）选择曲线：选择曲线、实体轮廓线、实体边或截面边来定义边界区域。

（3）指定内部位置：指定要定位剖面线的区域。

（4）忽略内边界：用于设定所选区域内的孔和岛是否填充剖面线，如图 14-13 所示。

 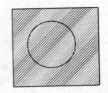

（a）取消勾选"忽略内边界"复选框　　　（b）勾选"忽略内边界"复选框

图14-13　"忽略内边界"示意图

2．要排除的注释

（1）选择注释：选择要从剖面线图样中排除的注释。

（2）单独设置边距：勾选此复选框，将在剖面线边界中任意注释周围添加文本区。

3．设置

（1）断面线定义：显示当前断面线的名称。

（2）图样：列出剖面线文件中包含的剖面线图样。

（3）距离：设置剖面线之间的距离。

（4）角度：设置剖面线的倾斜角度。

（5）颜色：指定剖面线的颜色。

（6）宽度：指定剖面线的宽度。

（7）边界曲线公差：控制剖面线逼近不规则曲线边界的程度。值越小，就越逼近，构造剖面线图样所需的时间就越长。

14.1.10　注释

使用此命令，可创建和编辑注释及标签。引用表达式、部件属性和对象属性来导入文本，文本可包括由控制字符序列构成的符号或用户定义的符号。

【执行方式】

此处有视频

● 菜单：选择"菜单"→"插入"→"注释"→"注释"命令。

● 功能区：单击"主页"选项卡"注释"面板中的"注释"按钮A。

【操作步骤】

（1）执行上述操作后，打开图14-14所示的"注释"对话框。

（2）在文本框中输入文本。

（3）设置文本格式。

（4）将文字拖动到适当位置，单击放置，如图14-15所示。

【选项说明】

1．文本输入

（1）编辑文本。

① 清除：清除所有输入的文字。

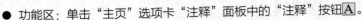

图14-14 "注释"对话框

UG NX 12.0

图14-15 标注文字

② 剪切：从文本框中剪切选中的文本。剪切文本后，将从文本框中移除文本并将其复制到剪贴板中。

③ 复制：将选中的文本复制到剪贴板。可以将复制的文本重新粘贴回文本框，或插入支持剪贴板的任何其他应用程序中。

④ 粘贴：将文本从剪贴板粘贴到文本框中的光标位置。

⑤ 删除文本属性：根据光标的位置移除文本属性标记（由"＜＞"括起的属性代码）。

⑥ 选择下一个符号：从光标位置选择下一个符号或由"＜＞"括起的属性。

（2）格式设置。

① 上标：插入上标文本的控制字符。

② 下标：插入下标文本的控制字符。

③ 选择字体：用于选择合适的字体。

（3）符号：插入制图符号。

（4）导入／导出。

① 插入文件中的文本：将操作系统文本文件中的文本插入当前光标位置。

② 注释另存为文本文件：将文本框中的当前文本另存为 ASCII 文本文件。

2. 继承

选择注释：用于添加与现有注释的文本、样式和对齐设置相同的新注释，还可以用于更改现有注释的内容、外观和定位。

3. 设置

（1）设置：单击此按钮，打开"注释设置"对话框，可为当前注释或标签设置文字首选项。

（2）竖直文本：勾选此复选框后，在文本框中从左到右输入的文本将从上到下显示。

（3）斜体角度：设置斜体文本的倾斜角度。

（4）粗体宽度：设置粗体文本的宽度。

（5）文本对齐：在编辑标签时，可指定指引线短划线与文本和文本下划线对齐。

14.2 中心线

14.2.1 中心标记

使用此命令可以创建通过点或圆弧的中心标记。

此处有视频

【执行方式】

● 菜单：选择"菜单"→"插入"→"中心线"→"中心标记"命令。
● 功能区：单击"主页"选项卡"注释"面板中的"中心标记"按钮⊕。

【操作步骤】

（1）执行上述操作后，打开图 14-16 所示的"中心标记"对话框。

（2）在对话框中修改参数，并根据需要在对话框中设置选项。

（3）选择需要创建中心标记的对象。

（4）单击"确定"按钮，创建中心标记。

【选项说明】

1. 位置

（1）选择对象：选择有效的几何对象。

（2）创建多个中心标记：对于共线的圆弧，绘制一条穿过圆弧中心的直线，勾选此复选框，可创建多个中心标记。

2. 继承

选择中心标记：选择要修改的中心标记。

3. 设置

（1）尺寸。

① 缝隙：为缝隙大小输入值。

② 中心十字：为中心十字的大小输入值。

③ 延伸：为支线延伸的长度输入值。

④ 单独设置延伸：勾选此复选框，关闭"延伸"输入框，分别调整中心线的长度。

⑤ 显示为中心点：勾选此复选框，中心标记符号将显示为一个点。

（2）角度。

① 从视图继承角度：当创建一条关联中心线时，从辅助视图继承角度；勾选此复选框，系统将忽略中心线角度，并使用铰链线的角度作为辅助视图的中心线。

② 值：指定旋转角度，旋转时采用逆时针方向。

（3）样式。

① 颜色：设置中心线的颜色。

图14-16 "中心标记"对话框

② 宽度：设置中心线的宽度。

14.2.2 螺栓圆中心线

使用此命令，可创建通过点或圆弧的完整或不完整螺栓圆中心线。螺栓圆中心线的半径始终等于从螺栓圆中心到选择的第一个点的距离。

【执行方式】

● 菜单：选择"菜单"→"插入"→"中心线"→"螺栓圆"命令。
● 功能区：单击"主页"选项卡"注释"面板中的"螺栓圆中心线"按钮⌖。

【操作步骤】

（1）执行上述操作后，打开图14-17所示的"螺栓圆中心线"对话框。
（2）在"类型"下拉列表中选择类型。
（3）选择圆弧或圆心确立中心线的中心，并选择另一圆弧或圆以定义中心线的位置。
（4）单击"确定"按钮，创建螺栓圆中心线。

【选项说明】

1. 类型

（1）通过3个或多个点：指定中心线通过的3个或多个点。
（2）中心点：指定中心线的中心。

2. 放置

（1）选择对象：为完整或不完整螺栓圆中心线选择圆弧。
（2）整圆：勾选此复选框，将创建完整螺栓圆中心线。

图14-17 "螺栓圆中心线"对话框

14.2.3 圆形中心线

使用此命令，可以创建通过点或圆弧的完整或不完整圆形中心线。圆形中心线的半径始终等于从圆形中心线中心到选择的第一个点的距离。

【执行方式】

● 菜单：选择"菜单"→"插入"→"中心线"→"圆形"命令。
● 功能区：单击"主页"选项卡"注释"面板中的"圆形中心线"按钮○。

【操作步骤】

（1）执行上述操作后，打开图14-18所示的"圆形中心线"对话框。
（2）在"类型"下拉列表中选择类型。
（3）选择一个圆弧中心和一个圆弧。

（4）单击"确定"按钮，创建圆形中心线。

【选项说明】

1. 类型

（1）通过 3 个或多个点：指定中心线通过的 3 个或多个点。允许创建圆形中心线，而无须指定中心。

（2）中心点：指定中心的位置和圆形中心线上的关联点。半径由中心和第一个点确定。

2. 放置

（1）选择对象：为完整或不完整圆形中心线选择圆弧。

（2）整圆：勾选此复选框，将创建完整圆形中心线。

图14-18 "圆形中心线"对话框

14.2.4 对称中心线

使用此命令，可以在图纸上创建对称中心线，以指明几何体中的对称位置。

【执行方式】

● 菜单：选择"菜单"→"插入"→"中心线"→"对称"命令。

● 功能区：单击"主页"选项卡"注释"面板中的"对称中心线"按钮╫-╫。

【操作步骤】

执行上述操作后，打开图 14-19 所示的"对称中心线"对话框。

1. 使用面创建对称中心线

（1）在"类型"下拉列表中选择"从面"选项。

（2）选择一个面。

（3）单击"确定"按钮，创建对称中心线。

2. 使用点创建对称中心线

（1）在"类型"下拉列表中选择"起点和终点"选项。

（2）选择起点。

（3）选择终点。

（4）单击"确定"按钮，创建对称中心线。

图14-19 "对称中心线"对话框

【选项说明】

（1）"类型"下拉列表。

① 从面：选择放置中心线的圆柱面。

② 起点和终点：指定起点和终点来定义中心线。

（2）面：选择一个圆柱面。

（3）起点 / 终点：指定中心线的起点 / 终点。

14.2.5 2D中心线

使用此命令，可以在两条边、两条曲线或两个点之间创建 2D 中心线。可以使用曲线或控制点来限制中心线的长度。

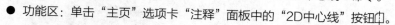 **【执行方式】**

此处有视频

- 菜单：选择"菜单"→"插入"→"中心线"→"2D中心线"命令。
- 功能区：单击"主页"选项卡"注释"面板中的"2D中心线"按钮⨍。

【操作步骤】

（1）执行上述操作后，打开图 14-20 所示的"2D 中心线"对话框。

（2）在"类型"下拉列表中选择类型。

（3）选择一侧曲线或点。

（4）选择另一侧曲线或点。

（5）单击"确定"按钮，创建 2D 中心线，如图 14-21 所示。

图14-20　"2D中心线"对话框

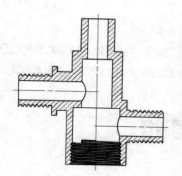

图14-21　创建2D中心线

【选项说明】

（1）"类型"下拉列表。

① 从曲线：从选定的曲线创建中心线。

② 根据点：根据选定的点创建中心线。

（2）第 1 侧 / 第 2 侧：选择第一条曲线 / 第二条曲线。

（3）点1/ 点2：选择第一个点 / 第二个点。

14.2.6　3D中心线

使用此命令，可以根据圆柱面或圆锥面的轮廓创建 3D 中心线。面可以是任意形式的非球面或扫掠面，其后紧跟线性或非线性路径。

【执行方式】

● 菜单：选择"菜单"→"插入"→"中心线"→"3D中心线"命令。

● 功能区：单击"主页"选项卡"注释"面板中的"3D中心线"按钮 ⚐。

图14-22　"3D中心线"对话框

【操作步骤】

（1）执行上述操作后，打开图 14-22 所示的"3D 中心线"对话框。

（2）在"偏置"选项组的"方法"下拉列表中选择一种方法。

（3）选择一个面。

（4）单击"确定"按钮，创建 3D 中心线，如图 14-23 所示。

【选项说明】

1. 面

（1）选择对象：选择有效的几何对象。

（2）对齐中心线：勾选此复选框，第一条中心线的端点将投影到其他面的轴上，并创建对齐的中心线。

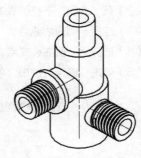

图14-23　创建3D中心线

2. 方法

（1）无：不偏置中心线。

（2）距离：在与绘制中心线处有指定距离的位置创建圆柱中心线。

（3）对象：在图纸或模型上指定一个偏置位置，在某一偏置距离处创建圆柱中心线。

14.3　表格

14.3.1　表格注释

使用此命令，可以在图纸中创建和编辑信息表格。表格注释通常用于定义部件系列中相似部件的尺寸值，还可以将它们用于孔图表和材料列表中。

【执行方式】

● 菜单：选择"菜单"→"插入"→"表"→"表格注释"命令。

● 功能区：单击"主页"选项卡"表"面板中的"表格注释"按钮 ▦。

此处有视频

【操作步骤】

（1）执行上述操作后，打开图 14-24 所示的"表格注释"对话框。

（2）在"表大小"选项组中设置所需的值。

（3）拖动表格到图纸所需的位置。

（4）单击放置表格注释。

【选项说明】

1. 原点

（1）原点工具：使用原点工具查找图纸页上的表格注释。

（2）指定位置：用于为表格注释指定位置。

2. 指引线

（1）选择终止对象：用于为指引线选择终止对象。

（2）带折线创建：在指引线中创建折线。

（3）类型：列出指引线类型。

① 普通：创建带短划线的指引线。

② 全圆符号：创建带短划线和全圆符号的指引线。

3. 表大小

（1）列数：设置竖直列数。

（2）行数：设置水平行数。

（3）列宽：为所有水平列设置统一宽度。

4. 设置

单击此按钮，打开"表格注释设置"对话框，可以设置文字、单元格、表区域等表格注释首选项。

图14-24 "表格注释"对话框

14.3.2 表格标签

使用该命令，可使用 XML 表格标签模板一次为一个或多个对象自动创建表格样式的标签。

【执行方式】

- 菜单：选择"菜单"→"插入"→"表"→"表格标签"命令。
- 功能区：单击"主页"选项卡"表"面板中的"表格标签"按钮。

【操作步骤】

（1）执行上述操作后，打开图 14-25 所示的"表格标签"对话框。

（2）在"格式"选项组中勾选所需的复选框。

（3）在视图中选择组件。

（4）单击"确定"按钮，创建表格标签。

图14-25 "表格标签"对话框

【选项说明】

（1）类选择 ：使用全局选择来为表格标签选择对象。

（2）打开格式文件 ：使用文件选择对话框来打开表格模板文件。

（3）保存格式文件 ：将模板文件保存到当前文件系统中。

（4）格式：可以展开格式结点的层次结构树列表。

（5）显示文件头：勾选此复选框，将在表格的标题行/列中显示属性的名称。

（6）显示指引线：勾选此复选框，将在表格的标题行/列中显示指引线。

（7）"表格式"选项组。

① 列：对齐各个列的属性显示名称。

② 行：沿着行对齐属性显示名称。

（8）属性收集：决定系统如何查询属性事例。

① 单一级别：从当前显示的事例查询属性。

② 遍历装配：先查询当前显示的事例，然后沿着事例树向下遍历，直到找到所需的值。

14.3.3 零件明细表

零件明细表是直接从装配导航器中列出的组件派生而来的，所以可以通过零件明细表为装配创建物料清单。在创建装配过程中可以随时创建一个或多个零件明细表。可以将零件明细表设置为随着装配变化自动更新或将零件明细表限制为按需更新。

【执行方式】

此处有视频

● 菜单：选择"菜单"→"插入"→"表"→"零件明细表"命令。

● 功能区：单击"主页"选项卡"表"面板中的"零件明细表"按钮 。

【操作步骤】

（1）执行上述操作后，将表格拖动到所需位置。

（2）单击放置零件明细表，如图 14-26 所示。

7	BENGTI	1
6	TIANLIAOYAGAI	1
5	ZHUSE	1
4	FATI	1
3	XIAFABAN	1
2	SHANGFAGAI	1
1	FAGAI	1
PC NO	PART NAME	QTY

图14-26 零件明细表

14.3.4 自动符号标注

使用该命令，可以将相关联的零件明细表标注添加到图纸的一个或多个视图中。出现在这些标注中的文本反映了零件明细表中的数据。

此处有视频

【执行方式】

● 菜单：选择"菜单"→"插入"→"表"→"自动符号标注"命令。
● 功能区：单击"主页"选项卡"表"面板中的"自动符号标注"按钮 ②。

【操作步骤】

（1）执行上述操作后，打开图 14-27 所示的"零件明细表自动符号标注"对话框。
（2）在视图中选择已创建好的明细表，单击"确定"按钮。
（3）打开图 14-28 所示的"零件明细表自动符号标注"对话框。
（4）在列表框中选择要标注符号的视图。
（5）单击"确定"按钮，创建标注序号，如图 14-29 所示。

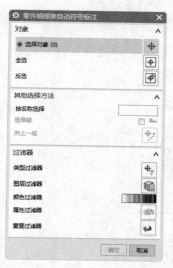

图14-27 "零件明细表自动符号标注"
对话框1

图14-28 "零件明细表自动符号标注"
对话框2

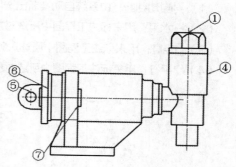

图14-29 标注序号

14.4 尺寸

UG 标注的尺寸是与实体模型匹配的，与工程图的比例无关。在工程图中标注的尺寸是直接引用三维模型的真实尺寸，如果改动了零件中某个尺寸参数，工程图中的标注尺寸也会自动更新。

【执行方式】

● 菜单：选择"菜单"→"插入"→"尺寸"子菜单中的命令，如图14-30所示。

● 功能区：单击"主页"选项卡"尺寸"面板中的按钮，如图14-31所示。

此处有视频

【操作步骤】

下面以快速尺寸为例，讲解尺寸的标注步骤。

（1）选择"尺寸"子菜单中的"快速"命令或单击"尺寸"面板中的"快速"按钮 🔧 后，打开"快速尺寸"对话框，如图 14-32 所示。

图14-30 "尺寸"子菜单　　　　图14-31 "尺寸"面板　　　　图14-32 "快速尺寸"对话框

（2）选择要标注的对象。

（3）将尺寸放置到图中适当位置并单击，完成尺寸标注。

【选项说明】

（1）🔧自动判断：由系统自动推断出选用哪种尺寸标注类型来进行尺寸标注。

（2）🔧水平：用来标注工程图中所选对象间的水平尺寸，如图 14-33 所示。

（3）🔧竖直：用来标注工程图中所选对象间的竖直尺寸，如图 14-34 所示。

（4）🔧平行：用来标注工程图中所选对象间的平行尺寸，如图 14-35 所示。

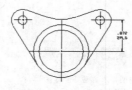

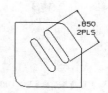

图14-33 "水平"尺寸示意图　　　图14-34 "竖直"尺寸示意图　　　图14-35 "平行"尺寸示意图

（5）垂直：用来标注工程图中所选点到直线（或中心线）的垂直尺寸，如图14-36所示。

（6）圆柱式：用来标注工程图中所选圆柱对象之间的尺寸，如图14-37所示。

（7）直径：用来标注工程图中所选圆或圆弧的直径尺寸，如图14-38所示。

（8）斜角：用来标注工程图中所选两直线之间的角度。

（9）径向：用来标注工程图中所选圆或圆弧的半径或直径尺寸，如图14-39所示。

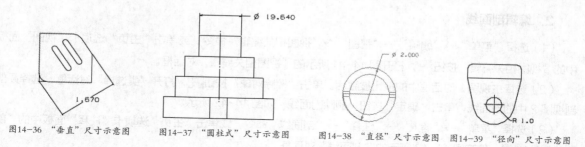

图14-36 "垂直"尺寸示意图　　图14-37 "圆柱式"尺寸示意图　　图14-38 "直径"尺寸示意图　图14-39 "径向"尺寸示意图

14.5 综合实例——标注机盖尺寸

【制作思路】

本例标注机盖尺寸，如图14-40所示。在上一章的基础上首先编辑剖面线，然后创建中心标记和中心线，再标注各种尺寸和符号，最后添加技术要求。

此处有视频

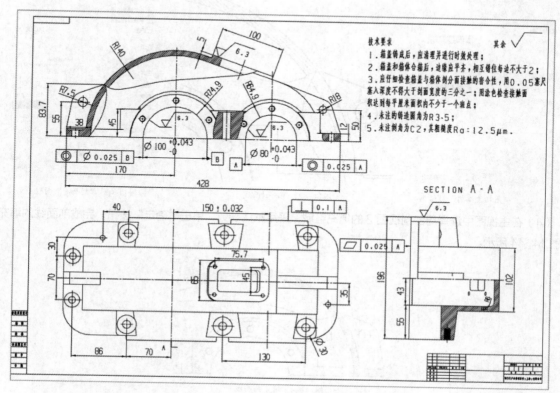

图14-40 机盖工程图

407

🖐【绘制步骤】

1. 打开文件

选择"菜单"→"文件"→"打开"命令或单击快速访问工具栏中的"打开"按钮🖾，打开"打开"对话框。选择"jigai_dwg"文件，单击"OK"按钮，进入工程制图环境。

2. 编辑剖面线

（1）选择"菜单"→"编辑"→"视图"→"视图相关编辑"命令，或单击"主页"选项卡"视图"面板中的"视图相关编辑"按钮🖾，打开图14-41所示的"视图相关编辑"对话框。

（2）选择主视图，对话框中的按钮被激活。单击"擦除对象"按钮🖾，打开"类选择"对话框，选择局部剖视图2中的剖面线，单击"确定"按钮，删除剖面线，如图14-42所示。

（3）选择"菜单"→"插入"→"注释"→"剖面线"命令，或单击"主页"选项卡"注释"面板中的"剖面线"按钮🖾，打开图14-43所示的"剖面线"对话框。

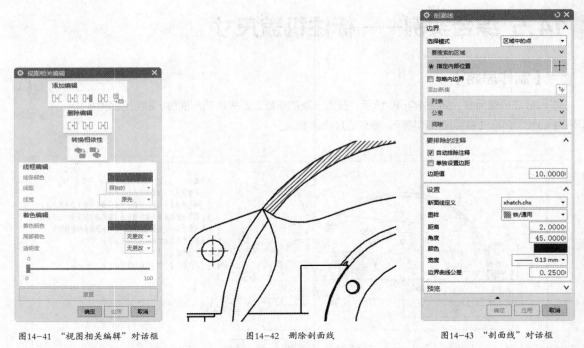

图14-41 "视图相关编辑"对话框　　　　图14-42 删除剖面线　　　　图14-43 "剖面线"对话框

（4）在主视图中选择局部剖视图2的填充区域，采用默认参数，单击"确定"按钮，完成剖面线的填充，如图14-44所示。

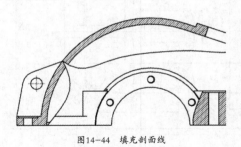

图14-44 填充剖面线

3．创建中心标记

（1）选择"菜单"→"插入"→"中心线"→"中心标记"命令，或单击"主页"选项卡"注释"面板中的"中心标记"按钮⊕，打开图14-45所示的"中心标记"对话框。

（2）选择图14-46所示的圆，拖动中心线箭头，调整中心线长度，单击"应用"按钮，完成圆中心标记的创建，如图14-47所示。

图14-45 "中心标记"对话框

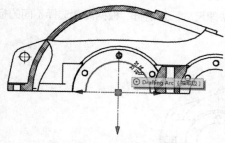

图14-46 选择圆

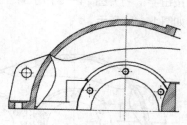

图14-47 创建圆中心标记

（3）同上步骤，创建其他圆的中心标记，如图14-48所示。

4．创建2D中心线

（1）选择"菜单"→"插入"→"中心线"→"2D中心线"命令，或单击"主页"选项卡"注释"面板中的"2D中心线"按钮中，打开图14-49所示的"2D中心线"对话框。

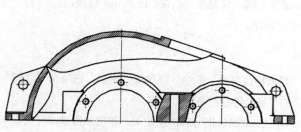

图14-48 创建其他圆的中心标记

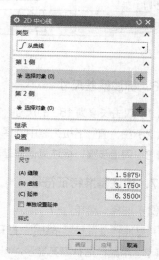

图14-49 "2D中心线"对话框

（2）选择图 14-50 所示的两侧边，拖动中心线的长度到适当位置，单击"应用"按钮，创建中心线，如图 14-51 所示。

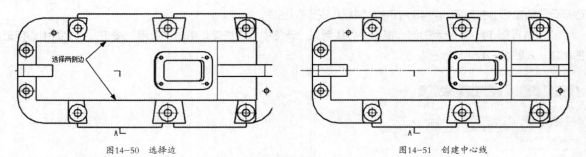

图14-50　选择边　　　　　　　　　　　　　　　　　图14-51　创建中心线

（3）同上步骤，创建其他中心线，如图 14-52 所示。

5. 快速标注尺寸

选择"菜单"→"插入"→"尺寸"→"快速"命令，或单击"主页"选项卡"尺寸"面板中的"快速"按钮，打开图 14-53 所示的"快速尺寸"对话框。根据需要选择不同的标注方法，进行合理的尺寸标注，如图 14-54 所示。

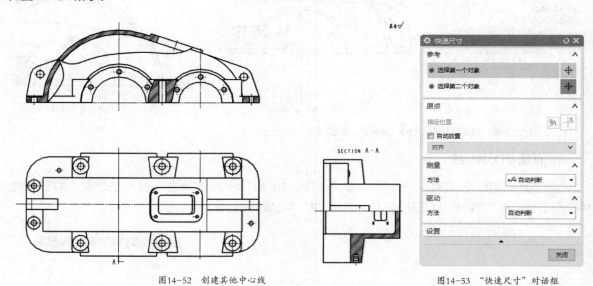

图14-52　创建其他中心线　　　　　　　　　　　　　图14-53　"快速尺寸"对话框

6. 标注偏差尺寸

（1）双击长度为 150 的尺寸，打开图 14-55 所示的小工具栏。

（2）在"值"下拉列表中选择"等双向公差"选项，输入公差为 0.032，按 Enter 键确定。

（3）同上步骤，标注其他偏差尺寸，如图 14-56 所示。

7. 标注基准特征符号

（1）选择"菜单"→"插入"→"注释"→"基准特征符号"命令，或单击"主页"选项卡"注释"面板中的"基准特征符号"按钮，打开图 14-57 所示的"基准特征符号"对话框。

（2）用鼠标指针高亮显示 $\varnothing\,80\,^{+0.043}_{0}$ 一侧尺寸线，向右拖动鼠标指针到适当位置，单击放置基准特征符号，如图 14-58 所示。

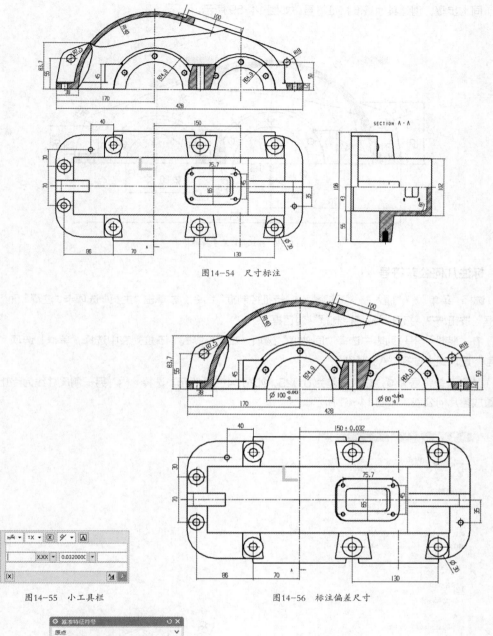

图14-54　尺寸标注

图14-55　小工具栏

图14-56　标注偏差尺寸

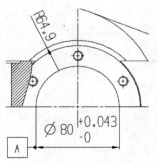

图14-57　"基准特征符号"对话框

图14-58　标注基准特征符号

（3）同上步骤，创建其他基准特征符号，如图 14-59 所示。

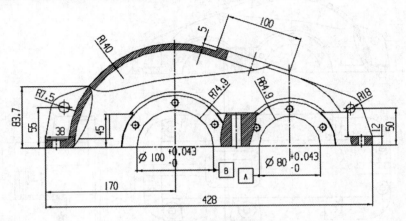

图14-59　标注其他基准特征符号

8. 标注几何公差符号

（1）选择"菜单"→"插入"→"注释"→"特征控制框"命令，或单击"主页"选项卡"注释"面板中的"特征控制框"按钮![icon]，打开"特征控制框"对话框。

（2）在"特性"下拉列表中选择"同轴度"选项，在"框样式"下拉列表中选择"单框"选项，在"第一基准参考"选项组中选择"A"基准。

（3）选择公差符号为 ∅，输入公差为 0.025，如图 14-60 所示。选择 $\varnothing 80^{+0.043}_{-0}$ 另一侧尺寸线为终止对象，在适当位置放置几何公差，如图 14-61 所示。

图14-60　"特征控制框"对话框

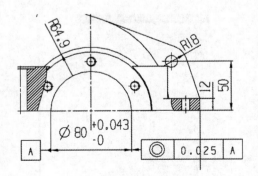

图14-61　标注几何公差

（4）同上步骤，标注其他几何公差，如图 14-62 所示。

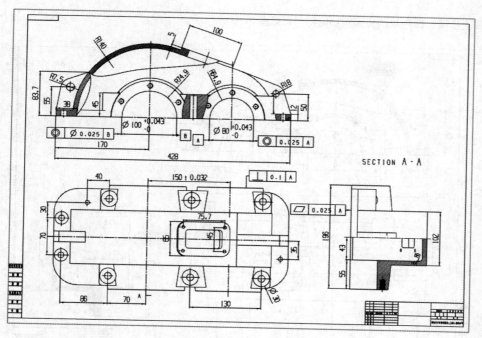

图14-62 标注其他几何公差

9. 标注表面粗糙度符号

（1）选择"菜单"→"插入"→"注释"→"表面粗糙度符号"命令，或单击"主页"选项卡"注释"面板中的"表面粗糙度符号"按钮√，打开"表面粗糙度"对话框。

（2）在"除料"下拉列表中选择"需要除料"选项，在"上部文本"文本框中输入6.3，在"角度"文本框中输入 –18，如图14-63 所示。

（3）选择主视图的油标孔端面放置表面粗糙度符号，如图14-64 所示。

图14-63 "表面粗糙度"对话框

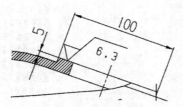

图14-64 标注表面粗糙度符号

（4）同上步骤，标注其他表面粗糙度符号，如图 14-65 所示。

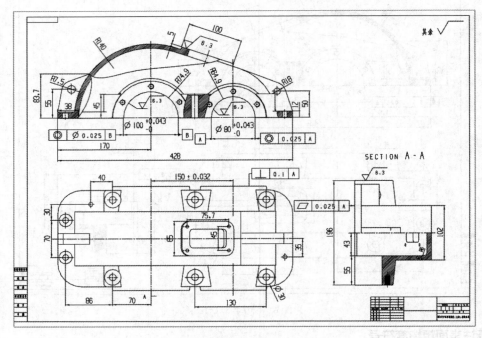

图14-65　标注其他表面粗糙度符号

10．添加技术要求

（1）选择"菜单"→"插入"→"注释"→"注释"命令，或单击"主页"选项卡"注释"面板中的"注释"按钮 A，打开"注释"对话框。

（2）在文本框中输入图 14-66 所示的技术要求文本，移动文本到合适位置，单击将文本固定在图样中，效果如图 14-67 所示。

图14-66　"注释"对话框

技术要求

1．箱盖铸成后，应清理并进行时效处理；

2．箱盖和箱体合箱后，边缘应平齐，相互错位每边不大于2；

3．应仔细检查箱盖与箱体剖分面接触的密合性，用0.05厚的塞尺塞入深度不得大于剖面宽度的1/3，并用涂色检查接触面积达到每平方厘米内不少于一个班点；

4．未注的铸造圆角为R3.5；

5．未注倒角为C2，其粗糙度Ro=12.5μm。

图14-67　技术要求文本

第 **15** 章

钣金基本特征

NX 钣金包括基本的钣金特征，如突出块、弯边、轮廓弯边、放样弯边、折边弯边和折弯等。在钣金设计中，系统也提供了通用的典型建模特征。

/ 重点与难点

● 进入钣金设计环境
● 钣金概述
● 钣金基本特征

15.1 进入钣金设计环境

（1）启动 UG NX12 后，选择"菜单"→"文件"→"新建"命令或单击快速访问工具栏中的"新建"按钮，打开"新建"对话框，如图 15-1 所示。

此处有视频

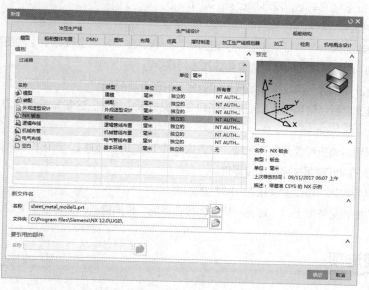

图15-1　"新建"对话框

（2）在"模板"列表框中选择"NX 钣金"，输入文件名称和文件路径，单击"确定"按钮，进入 UG NX 钣金设计环境，如图 15-2 所示。

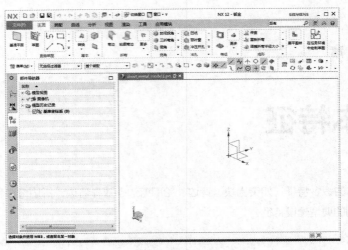

图15-2　钣金设计环境

在其他环境中，单击"应用模块"选项卡"设计"面板中的"钣金"按钮，也可以进入钣金设计环境。

15.2 钣金概述

15.2.1 钣金设计流程

典型的钣金设计流程如下。

（1）设置钣金属性的默认值。

（2）绘制基本特征形状的草图，或选择已有的草图。

（3）创建基本特征。

基本特征是要创建的第一个特征，主要用于定义零件形状。在 NX 钣金设计中，常使用突出块特征来创建基本特征，也可以使用轮廓弯边和放样弯边来创建基本特征。

（4）添加其他特征，以进一步定义已经成形的钣金零件的基本特征。

在创建了基本特征之后，使用钣金和成形特征命令来完成钣金零件，这些命令有弯边、凹坑、折弯、孔和腔体等。

（5）根据需要采用取消折弯展开折弯区域，在钣金零件上添加孔、除料、压花和百叶窗特征。

（6）重新折弯展开的折弯面来完成钣金零件。

（7）生成零件平板实体，以便图样绘制和以后的加工。

每当有新特征添加到父特征上时，都将平板实体放在最后，根据更新的父特征来更改。

15.2.2 钣金首选项

钣金模块提供了材料厚度、弯曲半径和让位槽深度等默认属性设置。

此处有视频

【执行方式】

● 菜单：选择"菜单"→"首选项"→"钣金"命令。

【操作步骤】

执行上述操作后，打开图15-3所示的"钣金首选项"对话框。

【选项说明】

1."部件属性"选项卡

（1）材料厚度：钣金零件默认厚度。

（2）弯曲半径：折弯默认半径（基于折弯时发生断裂的最小极限来定义）。

（3）让位槽深度和宽度：从折弯边开始计算折弯缺口延伸的距离称为折弯深度（D），跨度称为宽度（W），其含义如图15-4所示。

（4）折弯定义方法（中性因子值）：中性轴是指折弯外侧拉伸应力等于内侧挤压应力处，中性因子用来表示平面展开处理的折弯需求，它由折弯材料的机械特性决定，用材料厚度的百分比来表示，从内侧折弯半径来测量，默认为 0.33，有效范围为 0 ~ 1。

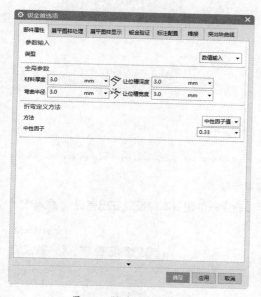

图15-3 "钣金首选项"对话框

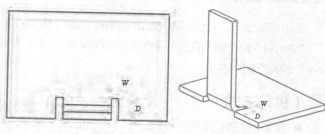

图15-4 让位槽深度和宽度示意图

2."展平图样处理"选项卡

在"展平图样处理"选项卡中，可以设置平面展开图处理参数，如图15-5所示。

（1）处理选项：对平面展开图的内拐角、外拐角和孔进行倒角和倒圆，在文本框中输入倒角的边长或倒圆的半径。

（2）展平图样简化：对圆柱表面或折弯线上具有裁剪特征的钣金零件进行平面展开时，生成B样条曲线，该选项可以将B样条曲线转换为简单直线和圆弧。用户可以定义最小圆弧和偏差的公差值。

（3）移除系统生成的折弯止裂口：当创建没有止裂口的封闭拐角时，系统在 3D 模型上生成一个非常小的折弯止裂口。定义平面展开图实体时，可设置是否移除系统生成的折弯止裂口。

3."展平图样显示"选项卡

在"展平图样显示"选项卡中,可以设置平面展开图显示参数,如图 15-6 所示,包括各种曲线的显示颜色、线型、线宽和标注。

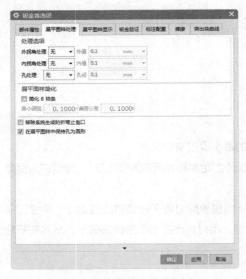

图15-5 "展平图样处理"选项卡

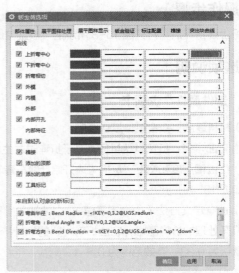

图15-6 "展平图样显示"选项卡

15.3 钣金基本特征

15.3.1 突出块

使用"突出块"命令,可以使用封闭轮廓创建任意形状的扁平特征。

"突出块"命令用于在钣金零件上创建平板特征,可以使用该命令来创建基本特征或在已有钣金零件的表面添加材料。

此处有视频

【执行方式】

● 菜单:选择"菜单"→"插入"→"突出块"命令。
● 功能区:单击"主页"选项卡"基本"面板中的"突出块"按钮。

【操作步骤】

(1)执行上述操作后,打开图 15-7 所示的"突出块"对话框。
(2)选择已绘制好的截面草图或新建截面草图。
(3)输入厚度值。单击"反向"按钮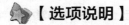,可以调整厚度方向。
(4)单击"确定"按钮,创建突出块,如图 15-8 所示。

【选项说明】

(1)类型—底数:创建一个基本平面特征。

图15-7 "突出块"对话框

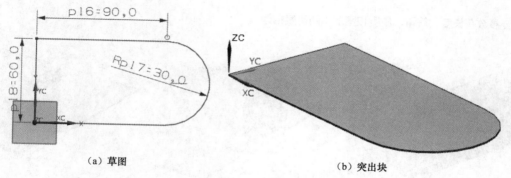

（a）草图 （b）突出块

图15-8 "突出块"示意图

（2）"表区域驱动"选项组。

① 选择曲线 : 使用已有的草图来创建平板特征。

② 绘制截面 : 可以在参考平面上绘制草图来创建平板特征。

（3）厚度：输入突出块的厚度值。单击"反向"按钮 ，可以调整厚度方向。

15.3.2 弯边

使用该命令，可以创建简单折弯和弯边区域。弯边区域包括圆柱区域（即通常所说的折弯区域）和矩形区域（即网格区域）。

【执行方式】

此处有视频

- 菜单：选择"菜单"→"插入"→"折弯"→"弯边"命令。
- 功能区：单击"主页"选项卡"折弯"面板中的"弯边"按钮 。

【操作步骤】

（1）执行上述操作后，打开图 15-9 所示的"弯边"对话框。

（2）选择要创建弯边特征的边。

（3）选择宽度选项，并输入参数。

（4）编辑并修改弯边草图轮廓。

（5）可以采用默认折弯参数，也可以修改折弯参数。

（6）选择折弯止裂口和拐角止裂口的类型。

（7）单击"确定"按钮，创建弯边特征。

【选项说明】

（1）选择边：选择一直线边缘为弯边创建边。

（2）宽度选项：用来设置定义弯边宽度的测量方式，包括完整、在中心、在端点、从端点和从两端 5 种方式，如图 15-10 所示。

① 完整：沿着所选择折弯边的边长来创建弯边特征。当选择该选项创建弯边特征时，弯边的主要参数有长度、偏置和角度。

② 在中心：在所选择的折弯边中部创建弯边特征，可以编辑弯边宽度值和使弯边居中，默认宽度是所选择折弯边长的 1/3。当选择该选项创建弯边特征时，弯

图15-9 "弯边"对话框

边的主要参数有长度、偏置、角度和宽度（两宽度相等）。

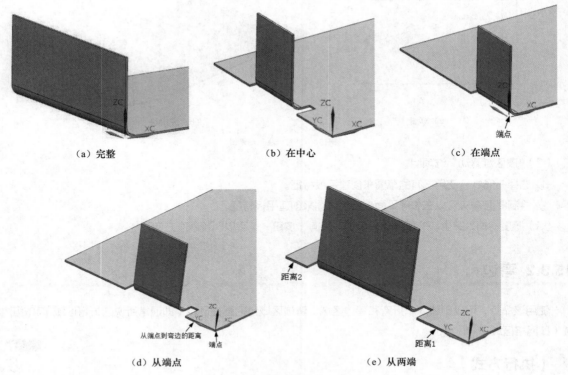

（a）完整　　　　　　　　　　（b）在中心　　　　　　　　　　（c）在端点

（d）从端点　　　　　　　　　　　　　　（e）从两端

图15-10　"宽度选项"示意图

③ 在端点：从所选择的端点开始创建弯边特征。当选择该选项创建弯边特征时，弯边的主要参数有长度、偏置、角度和宽度。

④ 从端点：从所选折弯边的端点定义距离来创建弯边特征。当选择该选项创建弯边特征时，弯边的主要参数有长度、偏置、角度、距离 1（从所选端点到弯边的距离）和宽度。

⑤ 从两端：从所选择折弯边的两端定义距离来创建弯边特征，默认宽度是所选择折弯边长的 1/3。当选择该选项创建弯边特征时，弯边的主要参数有长度、偏置、角度、距离 1 和距离 2。

（3）长度：输入弯边的长度。

（4）角度：创建弯边特征的折弯角度，可以在视图区动态更改角度值。

（5）参考长度：用来设置弯边长度的度量方式，包括内侧、外侧和腹板 3 种方式，如图 15-11 所示。

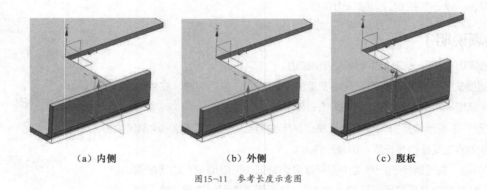

（a）内侧　　　　　　　　　（b）外侧　　　　　　　　　（c）腹板

图15-11　参考长度示意图

① 内侧：从已有材料的内侧测量弯边长度。

② 外侧：从已有材料的外侧测量弯边长度。

③ 腹板：从已有材料的折弯处测量弯边长度。

（6）内嵌：用来表示弯边嵌入基础零件的方式，嵌入方式包括材料内侧、材料外侧和折弯外侧3种，如图15-12所示。

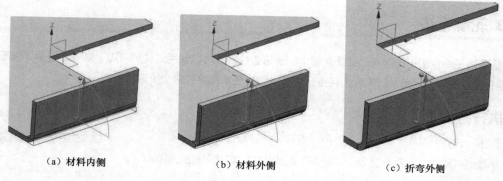

（a）材料内侧　　　　　　（b）材料外侧　　　　　　（c）折弯外侧

图15-12　内嵌示意图

① 材料内侧：弯边嵌入基本材料的里面，此时弯边特征的外侧表面与所选的折弯边平齐。

② 材料外侧：弯边嵌入基本材料的里面，此时弯边特征的内侧表面与所选的折弯边平齐。

③ 折弯外侧：材料添加到所选中的折弯边上形成弯边。

（7）偏置：用来表示弯边特征与折弯边的距离。

（8）折弯参数：用来修改默认的弯曲参数。

（9）折弯止裂口：用来定义是否创建折弯止裂口，折弯止裂口类型包括正方形和圆形两种，如图15-13所示。

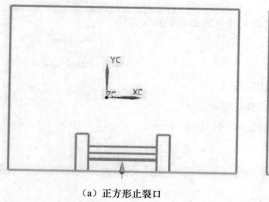

（a）正方形止裂口　　　　　　　　（b）圆形止裂口

图15-13　折弯止裂口示意图

（10）拐角止裂口：用来定义是否要对弯边特征所邻接的特征采用拐角止裂口，拐角止裂口类型包括仅折弯、折弯/面和折弯/面链3种，如图15-14所示。

① 仅折弯：仅对邻接特征的折弯部分应用拐角止裂口。

② 折弯/面：对邻接特征的折弯部分和平板部分应用拐角止裂口。

③ 折弯/面链：对邻接特征的所有折弯部分和平板部分应用拐角止裂口。

（a）仅折弯　　　　　　　　　（b）折弯／面　　　　　　　　　（c）折弯／面链

图15-14　拐角止裂口示意图

15.3.3　轮廓弯边

"轮廓弯边"命令用于拉伸弯边截面轮廓来创建弯边特征。可以使用"轮廓弯边"命令创建新零件的基本特征或在现有的钣金零件上添加轮廓弯边特征，也可以创建任意角度的多个折弯特征。

此处有视频

【执行方式】

● 菜单：选择"菜单"→"插入"→"折弯"→"弯边"命令。
● 功能区：单击"主页"选项卡"折弯"面板中的"弯边"按钮。

【操作步骤】

（1）执行上述操作后，打开图15-15所示的"轮廓弯边"对话框。
（2）选择现有草图或新建草图截面。
（3）指定宽度选项，并输入参数值。
（4）指定折弯止裂口和拐角止裂口类型。
（5）设置斜接角。
（6）单击"确定"按钮，创建轮廓弯边。

【选项说明】

（1）类型—底数：可以使用"轮廓弯边"命令创建新零件的基本轮廓弯边特征，如图15-16所示。
（2）"表区域驱动"选项组。
① 选择曲线：使用已有的草图来创建轮廓弯边特征。
② 绘制截面：可以在参考平面上绘制草图来创建轮廓弯边特征。
（3）宽度选项：包括"有限"和"对称"两个选项，如图15-17所示。

图15-15　"轮廓弯边"对话框

图15-16　基本轮廓弯边特征

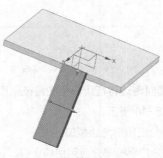

（a）有限

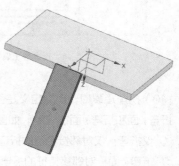

（b）对称

图15-17　"宽度选项"示意图

① 有限：创建有限宽度的轮廓弯边。

② 对称：用1/2的轮廓弯边宽度值来定义轮廓两侧距离。

（4）"折弯参数"和"止裂口"选项组中选项的功能同"弯边"对话框中的选项。

（5）斜接：可以设置轮廓弯边开始端和结束端的斜接选项和参数。

① 斜接角：设置轮廓弯边开始端和结束端的斜接角度。

② 使用法向开孔法进行斜接：用来定义是否采用法向切槽方式斜接。

15.3.4 实例——提手

【制作思路】

本例绘制提手，如图15-18所示。用"轮廓弯边"命令创建提手主体，再利用"弯边"命令创建细节特征。

图15-18 提手

此处有视频

【绘制步骤】

1. 创建新文件

选择"菜单"→"文件"→"新建"命令或单击快速访问工具栏中的"新建"按钮□，打开"新建"对话框。在"模板"列表框中选择"NX钣金"，输入名称为"tishou"，如图15-19所示，单击"确定"按钮，进入NX钣金设计环境。

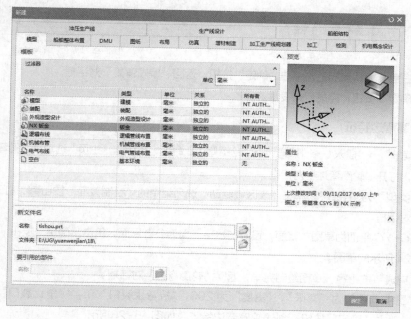

图15-19 "新建"对话框

2．钣金参数预设置

（1）选择"菜单"→"首选项"→"钣金"命令，打开"钣金首选项"对话框。

（2）在"部件属性"选项卡的"全局参数"选项组中设置"材料厚度"为 0.4、"弯曲半径"为 0.5，在"折弯定义方法"选项组的"方法"下拉列表中选择"公式"选项，在"公式"下拉列表中选择"折弯许用半径"选项，如图 15-20 所示。

（3）单击"确定"按钮，完成 NX 钣金参数预设置。

3．背景设置

（1）选择"菜单"→"首选项"→"背景"命令，打开图 15-21 所示的"编辑背景"对话框。

（2）选择"着色视图"和"线框视图"中的"纯色"单选项，单击"普通颜色"右侧的 ▭ 按钮，打开图 15-22 所示的"颜色"对话框。

图15-20 "钣金首选项"对话框

图15-21 "编辑背景"对话框

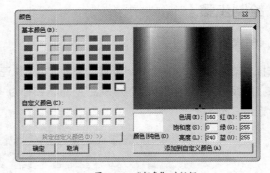

图15-22 "颜色"对话框

（3）选择"白色"为背景颜色，单击"确定"按钮，返回"编辑背景"对话框。

（4）单击"确定"按钮，完成背景设置。

4．创建轮廓弯边特征

（1）选择"菜单"→"插入"→"折弯"→"轮廓弯边"命令，或单击"主页"选项卡"折弯"面板中的"轮廓弯边"按钮 ，打开"轮廓弯边"对话框。

（2）设置"类型"为"底数"，单击"表区域驱动"选项组中的"绘制截面"按钮 ，打开图 15-23 所示的"创建草图"对话框。

（3）选择 XC-YC 平面为草图放置面，设置"水平"面为参考平面，单击"确定"按钮，进入草图绘制环境，绘制图 15-24 所示的草图。

（4）单击"完成"按钮 ，草图绘制完毕，返回"轮廓弯边"对话框。

（5）设置"宽度选项"为"有限"，"宽度"为 200，"折弯止裂口"和"拐角止裂口"都为"无"，如图 15-25 所示。单击"确定"按钮，创建轮廓弯边特征，如图 15-26 所示。

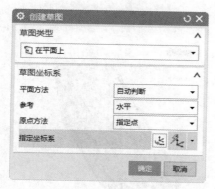

图15-23 "创建草图"对话框

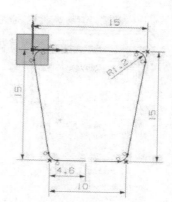

图15-24 绘制草图

图15-25 "轮廓弯边"对话框

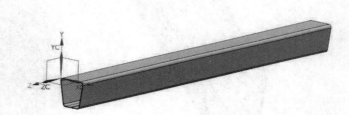

图15-26 创建轮廓弯边特征

5. 创建弯边特征 1 和特征 2

（1）选择"菜单"→"插入"→"折弯"→"弯边"命令，或单击"主页"选项卡"折弯"面板中的"弯边"按钮 ，打开"弯边"对话框。

（2）设置"宽度选项"为"完整"，"长度"为2.5，"角度"为90，"参考长度"为"外侧"，"内嵌"为"材料外侧"，"折弯止裂口"为"无"，如图15-27所示。

（3）选择弯边，同时在视图区预览所创建的弯边特征，如图15-28所示。

（4）单击"应用"按钮，创建弯边特征1。

（5）选择弯边，同时在视图区预览所创建的弯边特征，如图15-29所示。

（6）单击"确定"按钮，创建弯边特征2，如图15-30所示。

6. 创建弯边特征 3、特征 4、特征 5 和特征 6

（1）选择"菜单"→"插入"→"折弯"→"弯边"命令，或单击"主页"选项卡"折弯"面板中的"弯边"按钮 ，打开"弯边"对话框。

（2）设置"宽度选项"为"从端点"，"宽度"为9，"距离1"为1.2，"长度"为2.5，"角度"为90，"参考长度"为"外侧"，"内嵌"为"材料外侧"，"折弯止裂口"为"无"，如图15-31所示。

（3）选择弯边和端点，同时在视图区预览所创建的弯边特征，如图15-32所示。

图15-27 "弯边"对话框1

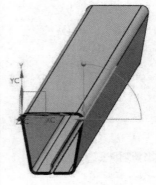

图15-28 选择弯边1

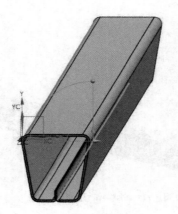

图15-29 选择弯边2

图15-30 创建弯边特征2

图15-31 "弯边"对话框2

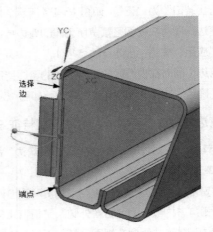

图15-32 选择弯边和端点1

（4）单击"应用"按钮，创建弯边特征 3，如图 15-33 所示。

（5）选择弯边和端点，同时在视图区预览所创建的弯边特征，如图 15-34 所示。

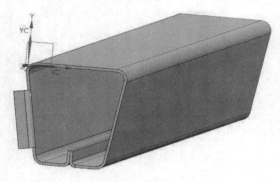

图15-33 创建弯边特征3

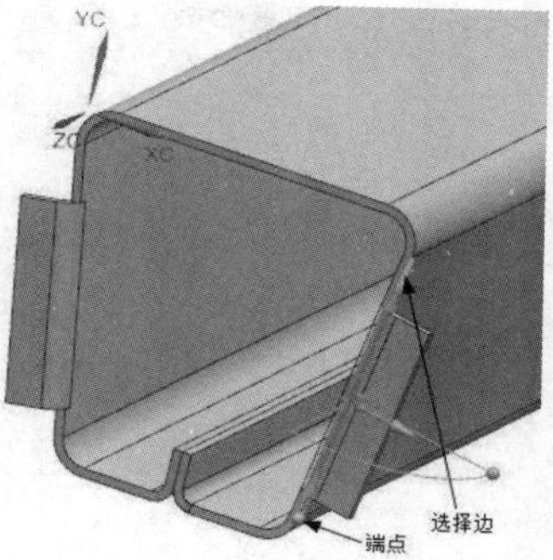

图15-34 选择弯边和端点2

（6）单击"应用"按钮，创建弯边特征 4，如图 15-35 所示。

（7）使用相同的方法，在另一端创建参数相同的弯边特征 5 和弯边特征 6，如图 15-36 所示。

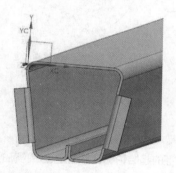

图15-35 创建弯边特征4

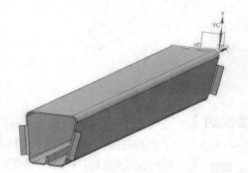

图15-36 创建弯边特征5和弯边特征6

15.3.5 放样弯边

"放样弯边"命令提供了在平行参考面上的轮廓或草图之间过渡连接的功能。可以使用该命令创建新零件的基本特征。

【执行方式】

● 菜单：选择"菜单"→"插入"→"折弯"→"放样弯边"命令。

此处有视频

● 功能区：单击"主页"选项卡"折弯"面板"更多"库下的"放样弯边"按钮 。

【操作步骤】

（1）执行上述操作后，打开图 15-37 所示的"放样弯边"对话框。

（2）选择现有起始截面或新建起始截面，并选择起始轮廓点。

（3）选择现有终止截面或新建终止截面，并选择终止轮廓点。

（4）采用默认折弯参数或修改折弯参数。

（5）设置折弯止裂口和拐角止裂口类型。

（6）单击"确定"按钮，创建放样弯边，如图 15-38 所示。

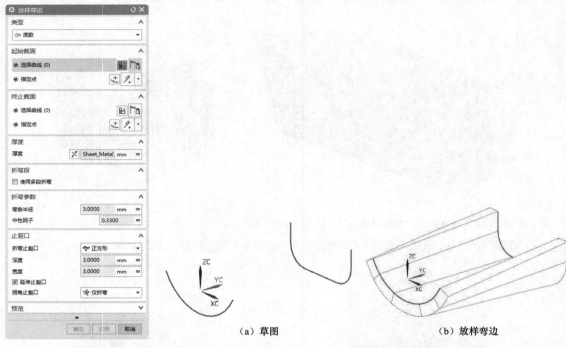

图15-37 "放样弯边"对话框　　图15-38 "放样弯边"示意图

（a）草图　　（b）放样弯边

【选项说明】

（1）类型—底数：可以使用基部放样弯边选项创建新零件的基本特征。

（2）起始截面：指定现有截面或绘制新截面作为放样弯边特征的起始轮廓，并指定起始轮廓的顶点。

（3）终止截面：指定现有截面或绘制新截面作为放样弯边特征的终止轮廓，并指定终止轮廓的顶点。

（4）折弯段：勾选"使用多段折弯"复选框后，可以指定折弯段的数目，范围为 1 ~ 24，也可以通过滑块来指定折弯段数。

（5）折弯参数和止裂口：在前面已经讲解过，此处从略。

15.3.6 折边弯边

使用此命令，可在选择的边上创建一个折叠特征。折边弯边通常用于创建基础特征上的二次特征。

【执行方式】

● 菜单：选择"菜单"→"插入"→"折弯"→"折边弯边"命令。

● 功能区：单击"主页"选项卡"折弯"面板"更多"库下的"折边弯边"按钮 。

此处有视频

【操作步骤】

（1）执行上述操作后，打开图 15-39 所示的"折边"对话框。

（2）选择折边类型。

（3）选择要折边的边。

（4）选择内嵌类型，设置折弯参数。

（5）选择折弯止裂口类型。

（6）单击"确定"按钮，创建折边弯边。

图15-39 "折边"对话框

【选项说明】

（1）要折边的边：在基础特征上选择要折边的边。

（2）内嵌：用来表示折边嵌入基础零件的方式，内嵌方式包括材料内侧、材料外侧和折弯外侧3种。

① 材料内侧：折边嵌入基本材料的里面，此时折边特征的外侧表面与所选的折边的边平齐。

② 材料外侧：折边嵌入基本材料的里面，此时折边特征的内侧表面与所选的折边的边平齐。

③ 折弯外侧：材料添加到所选中的折边的边上形成折边特征。

（3）折弯参数：根据选择的折边类型，设置折弯半径、弯边长度等参数。

（4）止裂口：在前面已经讲解过，此处从略。

（5）斜接：勾选"斜接折边"复选框后，输入斜接角度值创建斜接折边。

15.3.7 实例——基座

【制作思路】

本例绘制基座，如图15-40所示。首先利用"突出块"命令创建基座的本体，然后利用"弯边"命令创建弯边，最后利用"折边弯边"命令完成基座的绘制。

图15-40 基座

此处有视频

【绘制步骤】

1. 新建文件

选择"菜单"→"文件"→"新建"命令或单击快速访问工具栏中的"新建"按钮，打开"新建"对话框。在"模板"列表框中选择"NX 钣金"，输入名称为"jizuo"，单击"确定"按钮，进入 NX 钣金环境。

2. 钣金参数预设置

（1）选择"菜单"→"首选项"→"钣金"命令，打开"钣金首选项"对话框。

（2）在"部件属性"选项卡的"全局参数"选项组中设置"材料厚度"为0.4、"弯曲半径"为2，在"折弯定义方法"选项组的"方法"下拉列表中选择"公式"选项,在"公式"下拉列表中选择"折弯许用半径"选项,如图 15-41 所示。

(3)单击"确定"按钮,完成 NX 钣金参数预设置。

3. 创建突出块特征

(1)选择"菜单"→"插入"→"突出块"命令,或单击"主页"选项卡"基本"面板中的"突出块"按钮 ,打开图 15-42 所示的"突出块"对话框。

(2)在"类型"下拉列表中选择"底数"选项,单击"绘制截面"按钮 ,打开图 15-43 所示的"创建草图"对话框。设置 *XC-YC* 平面为参考平面,单击"确定"按钮,进入草图绘制环境,绘制图 15-44 所示的草图。单击"完成"按钮 ,草图绘制完毕。

图15-41 "钣金首选项"对话框

图15-42 "突出块"对话框

图15-43 "创建草图"对话框

(3)单击"确定"按钮,创建突出块特征,如图 15-45 所示。

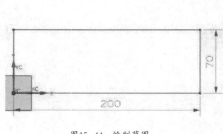

图15-44 绘制草图

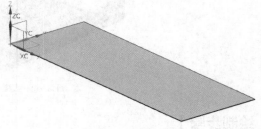

图15-45 创建突出块特征

4. 创建弯边特征

(1)选择"菜单"→"插入"→"折弯"→"弯边"命令,或单击"主页"选项卡"折弯"面板中的"弯边"按钮 ,打开"弯边"对话框。

(2)设置"宽度选项"为"完整","长度"为 28,"角度"为 90,"参考长度"为"外侧","内嵌"为"材料外侧","弯曲半径"为 5,"折弯止裂口"为"无",如图 15-46 所示。

(3)选择弯边,同时在视图区预览所创建的弯边特征,如图 15-47 所示。

（4）单击"应用"按钮，创建弯边特征1，如图15-48所示。

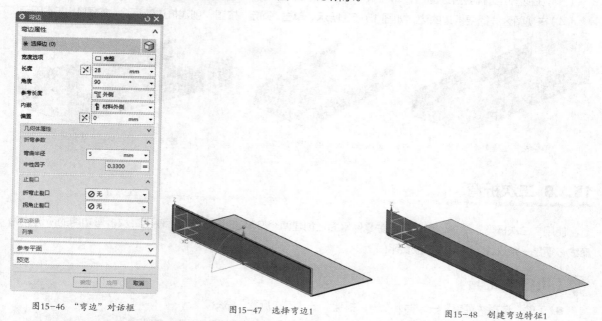

图15-46　"弯边"对话框　　　　　图15-47　选择弯边1　　　　　图15-48　创建弯边特征1

（5）选择弯边，同时在视图区预览所创建的弯边特征，如图15-49所示。

（6）单击"确定"按钮，创建弯边特征2，如图15-50所示。

5. 创建折边特征

（1）选择"菜单"→"插入"→"折弯"→"折边弯边"命令，或单击"主页"选项卡"折弯"面板"更多"库下的"折边弯边"按钮，打开"折边"对话框。

（2）选择"开放"类型，设置"内嵌"为"折弯外侧"，"折弯半径"为2，"弯边长度"为2，"折弯止裂口"为"无"，如图15-51所示。

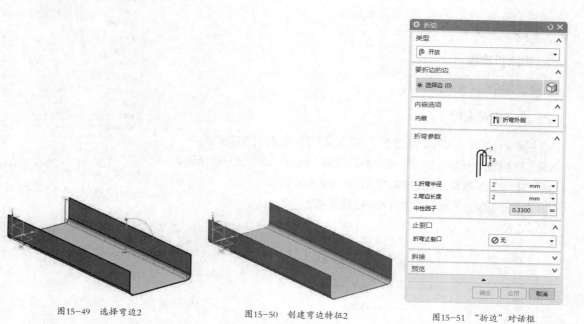

图15-49　选择弯边2　　　　　图15-50　创建弯边特征2　　　　　图15-51　"折边"对话框

（3）在视图区选择要折边的边，如图 15-52 所示。单击"应用"按钮，创建折边特征 1。

（4）在视图区选择要折边的边，如图 15-53 所示。单击"确定"按钮，创建折边特征 2，如图 15-54 所示。

图15-52　选择要折边的边1　　　　图15-53　选择要折边的边2　　　　图15-54　创建折边特征2

15.3.8　二次折弯

使用"二次折弯"命令，可以在钣金零件平面上创建两个 90° 的折弯特征。使用二次折弯功能的所选的轮廓线必须是一条直线，并且位于放置平面上。

【执行方式】

● 菜单：选择"菜单"→"插入"→"折弯"→"二次折弯"命令。

● 功能区：单击"主页"选项卡"折弯"面板"更多"库下的"二次折弯"按钮 。

此处有视频

【操作步骤】

（1）执行上述操作后，打开图 15-55 所示的"二次折弯"对话框。

（2）绘制折弯线或选择已有的折弯线。

（3）设置折弯属性。

（4）选择折弯止裂口和拐角止裂口类型。

（5）单击"确定"按钮，创建二次折弯特征。

【选项说明】

1．二次折弯线

选择现有折弯线或新建折弯线。

2．二次折弯属性

（1）高度：创建二次折弯特征时，可以在视图区中动态更改高度值。

（2）参考高度：包括"内侧"和"外侧"两个选项，如图 15-56 所示。

① 内侧：定义放置面到二次折弯特征最近表面的高度。

② 外侧：定义放置面到二次折弯特征最远表面的高度。

图15-55　"二次折弯"对话框

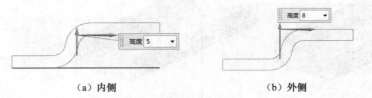

（a）内侧　　　　　　　　　　（b）外侧

图15-56　"参考高度"示意图

（3）内嵌：包括材料内侧、材料外侧和折弯外侧 3 个选项，如图 15-57 所示。

（a）材料内侧　　　　　　　　　（b）材料外侧　　　　　　　　　（c）折弯外侧

图15-57 "内嵌"示意图

① 材料内侧：凸凹特征垂直于放置面的部分在轮廓面内侧。

② 材料外侧：凸凹特征垂直于放置面的部分在轮廓面外侧。

③ 折弯外侧：凸凹特征垂直于放置面的部分和折弯部分都在轮廓面外侧。

（4）延伸截面：定义是否延伸直线轮廓到零件的边。

15.3.9 折弯

使用该命令，可以在钣金零件的平面区域上创建折弯特征。

此处有视频

【执行方式】

● 菜单：选择"菜单"→"插入"→"折弯"→"折弯"命令。

● 功能区：单击"主页"选项卡"折弯"面板"更多"库下的"折弯"按钮 。

【操作步骤】

（1）执行上述操作后，打开图 15-58 所示的"折弯"对话框。

（2）选择现有折弯线或绘制新折弯线。

（3）设置折弯参数。

（4）选择折弯止裂口和拐角止裂口类型。

（5）单击"确定"按钮，完成折弯操作。

【选项说明】

1. 折弯线

选择已有的折弯线或新建折弯线。

2. 折弯属性

（1）角度：指定折弯角度。

（2）反向：弯曲方向默认为从上往下，单击此按钮，可以更改弯曲方向。

（3）反侧：单击此按钮，可以更改折弯的生成方向。

（4）内嵌：包括外模线轮廓、折弯中心线轮廓、内模线轮廓、材料内侧和材料外侧 5 个选项，如图 15-59 所示。

图15-58 "折弯"对话框

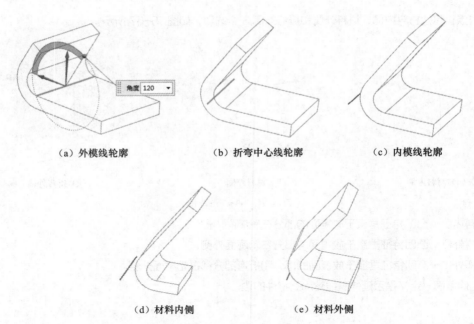

（a）外模线轮廓　　　　　（b）折弯中心线轮廓　　　　　（c）内模线轮廓

（d）材料内侧　　　　　（e）材料外侧

图15-59　"内嵌"示意图

① 外模线轮廓：在展开状态下，轮廓线为平面静止区域和圆柱折弯区域之间连接的直线。

② 折弯中心线轮廓：轮廓线表示折弯中心线，在展开状态下折弯区域均匀分布在轮廓线两侧。

③ 内模线轮廓：在展开状态下，轮廓线为平面腹板区域和圆柱折弯区域之间连接的直线。

④ 材料内侧：在成形状态下，轮廓线在平面区域外侧平面内。

⑤ 材料外侧：在成形状态下，轮廓线在平面区域内侧平面内。

（5）延伸截面：定义是否延伸截面到零件的边，如图15-60所示。

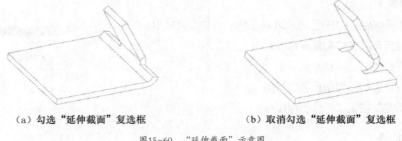

（a）勾选"延伸截面"复选框　　　　　（b）取消勾选"延伸截面"复选框

图15-60　"延伸截面"示意图

15.3.10 法向开孔

使用"法向开孔"命令，可用一组连续的曲线作为裁剪的轮廓线，沿着钣金零件体表面的法向进行裁剪。

【执行方式】

● 菜单：选择"菜单"→"插入"→"切割"→"法向开孔"命令。

● 功能区：单击"主页"选项卡"特征"面板中的"法向开孔"按钮。

此处有视频

【操作步骤】

（1）执行上述操作后，打开图15-61所示的"法向开孔"对话框。

（2）在对话框中选择类型。

（3）选择草图或3D曲线为截面。若选择草图，则在"开孔属性"选项组中设置切割方法和限制选项。

（4）单击"确定"按钮，创建法向开孔特征。

【选项说明】

法向开孔有两种类型，分别是"草图"和"3D曲线"。

（1）草图：选择一个现有草图或在指定平面上绘制草图作为轮廓。

① 切割方法：包括厚度、中位面和最近的面3种方法。

a. 厚度：在钣金零件体放置面沿着厚度方向进行裁剪。

b. 中位面：在钣金零件体的放置面的中间面向钣金零件体的两侧进行裁剪。

图15-61 "法向开孔"对话框

c. 最近的面：在钣金零件体的放置面的最近的面向钣金零件体的两侧进行裁剪。

② 限制：包括值、所处范围、直至下一个和贯通4个选项。

a. 值：沿着法向穿过至少指定一个厚度的深度尺寸的裁剪。

b. 所处范围：沿着法向从开始面穿过钣金零件的厚度，延伸到指定结束面的裁剪。

c. 直至下一个：沿着法向穿过钣金零件的厚度，延伸到最近面的裁剪。

d. 贯通：沿着法向穿过钣金零件所有面的裁剪。

（2）3D曲线：选择3D曲线作为轮廓。

15.4 综合实例——前后侧板

【制作思路】

本例绘制前后侧板，如图15-62所示。首先利用"突出块"命令创建钣金件，然后利用"折弯"命令在钣金件上创建折弯，最后利用"法向开孔"命令在钣金件上裁剪槽。

图15-62 前后侧板

此处有视频

【绘制步骤】

1. 新建文件

选择"菜单"→"文件"→"新建"命令或单击快速访问工具栏中的"新建"按钮，打开"新建"对话框。

在"模板"列表框中选择"NX 钣金",输入名称为"qianhouceban",单击"确定"按钮,进入 NX 钣金设计环境。

2. 钣金参数预设置

(1)选择"菜单"→"首选项"→"钣金"命令,打开"钣金首选项"对话框。

(2)在"钣金首选项"对话框中设置"全局参数"选项组中的"材料厚度"为 0.4、"弯曲半径"为 2,在"折弯定义方法"选项组的"方法"下拉列表中选择"公式"选项,在"公式"下拉列表中选择"折弯许用半径"选项。

(3)单击"确定"按钮,完成 NX 钣金参数预设置。

3. 创建突出块特征

(1)选择"菜单"→"插入"→"突出块"命令,或单击"主页"选项卡"基本"面板中的"突出块"按钮，打开"突出块"对话框。

(2)在"类型"下拉列表中选择"底数"选项,单击"绘制截面"按钮，打开"创建草图"对话框。

(3)选择 *XC-YC* 平面为草图绘制面,设置"水平"面为参考平面,单击"确定"按钮,进入草图绘制环境,绘制图 15-63 所示的草图。单击"完成"按钮，草图绘制完毕。

(4)单击"确定"按钮,创建突出块特征,如图 15-64 所示。

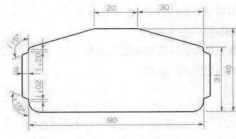

图15-63 绘制草图

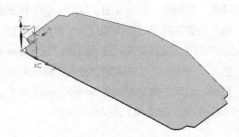

图15-64 创建突出块特征

4. 创建折弯特征

(1)选择"菜单"→"插入"→"折弯"→"折弯"命令,或单击"主页"选项卡"折弯"面板"更多"库下的"折弯"按钮，打开"折弯"对话框。

(2)单击"绘制截面"按钮，打开"创建草图"对话框,设置"水平"面为参考平面。单击"确定"按钮,进入草图绘制环境,绘制图 15-65 所示的折弯线。单击"完成"按钮，草图绘制完毕。

图15-65 绘制折弯线1

(3)在"折弯"对话框的"角度"文本框中输入 90,在"内嵌"下拉列表中选择"折弯中心线轮廓"选项,设置"弯曲半径"为 0.05,设置"折弯止裂口"为"无",如图 15-66 所示。单击"应用"按钮,创建折弯特征 1,如图 15-67 所示。

（4）单击"绘制截面"按钮🔳，打开"创建草图"对话框，设置"水平"面为参考平面。单击"确定"按钮，进入草图绘制环境，绘制图 15-68 所示的折弯线。单击"完成"按钮🔳，草图绘制完毕。

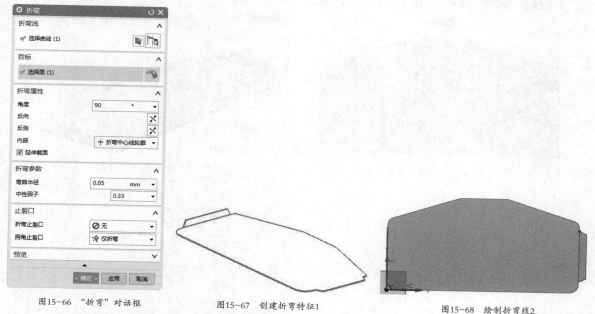

图15-66 "折弯"对话框　　图15-67 创建折弯特征1　　图15-68 绘制折弯线2

（5）在"折弯"对话框的"角度"文本框中输入 90，在"内嵌"下拉列表中选择"折弯中心线轮廓"选项，设置"弯曲半径"为 0.05，设置"折弯止裂口"为"无"。单击"确定"按钮，创建折弯特征 2，如图 15-69 所示。

5. 创建法向开孔特征

（1）选择"菜单"→"插入"→"切割"→"法向开孔"命令，或单击"主页"选项卡"特征"面板中的"法向开孔"按钮🔲，打开"法向开孔"对话框。

（2）在"切割方法"下拉列表中选择"厚度"选项，在"限制"下拉列表中选择"直至下一个"选项，如图 15-70 所示。

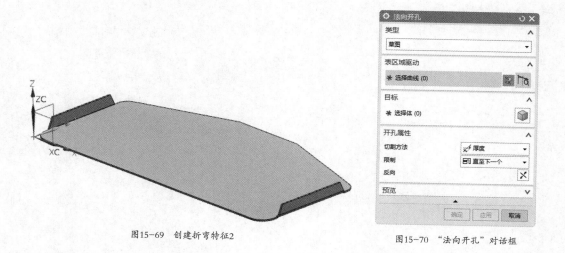

图15-69 创建折弯特征2　　图15-70 "法向开孔"对话框

（3）单击"绘制截面"按钮 📐，打开"创建草图"对话框，设置"水平"面为参考平面。单击"确定"按钮，进入草图绘制环境，绘制图 15-71 所示的裁剪轮廓线。单击"完成"按钮 🏁，草图绘制完毕。

（4）单击"确定"按钮，创建法向开孔特征，如图 15-72 所示。

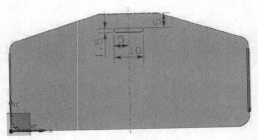

图15-71　绘制裁剪轮廓线

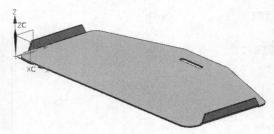

图15-72　创建法向开孔特征

第 **16** 章

钣金高级特征

在上一章的基础上，本章将继续讲解钣金的一些高级特征，包括冲压开孔、凹坑、实体冲压、筋、百叶窗、封闭拐角等。

/ 重点与难点

- 冲压开孔
- 冲压特征
- 转换特征
- 拐角特征
- 展平实体

▌ 16.1 冲压开孔

冲压开孔是用一组连续的曲线作为裁剪的轮廓线，沿着钣金零件体表面的法向进行裁剪，同时在轮廓线上建立弯边的过程。

【执行方式】

此处有视频

- 菜单：选择"菜单"→"插入"→"冲孔"→"冲压开孔"命令。
- 功能区：单击"主页"选项卡"冲孔"面板中的"冲压开孔"按钮。

【操作步骤】

（1）执行上述操作后，打开图 16-1 所示的"冲压开孔"对话框。

（2）选择现有截面草图或新建截面草图。

（3）在"开孔属性"选项组中设置深度、侧角和侧壁等参数。

（4）在"倒圆"选项组中采用默认值或设置冲模半径和角半径参数。

（5）单击"确定"按钮，创建冲压开孔特征。

【选项说明】

1．表区域驱动

选择现有曲线为截面，或绘制截面。

2．开孔属性

（1）深度：钣金零件放置面到弯边底部的距离。

（2）反向：单击此按钮，更改切除基础部分的方向。

（3）侧角：弯边在钣金零件放置面法向倾斜的角度。

（4）侧壁：包括材料内侧和材料外侧两个选项，如图 16-2 所示。

① 材料内侧：冲压开孔特征所生成的弯边位于轮廓线内部。

② 材料外侧：冲压开孔特征所生成的弯边位于轮廓线外部。

图16-1 "冲压开孔"对话框

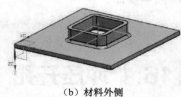

（a）材料内侧　　　　　（b）材料外侧

图16-2 "侧壁"示意图

3．倒圆

（1）开孔边倒圆：勾选此复选框，可设置冲模半径值。

（2）冲模半径：钣金零件放置面转向折弯部分内侧圆柱面的半径大小。

（3）截面拐角倒圆：勾选此复选框，可设置拐角半径值。

（4）角半径：折弯部分内侧圆柱面的半径大小。

16.2 冲压特征

16.2.1 凹坑

凹坑是用一组连续的曲线作为成形面的轮廓线，沿着钣金零件体表面的法向成形，同时在轮廓线上建立成形钣金部件的过程。它和冲压开孔有一定的相似之处，主要区别是其成形不需要裁剪由轮廓线生成的平面。

【执行方式】

- 菜单：选择"菜单"→"插入"→"冲孔"→"凹坑"命令。
- 功能区：单击"主页"选项卡"冲孔"面板中的"凹坑"按钮 。

此处有视频

【操作步骤】

（1）执行上述操作后，打开图16-3所示的"凹坑"对话框。

（2）绘制凹坑截面或选择已有的截面。

（3）设置凹坑属性参数。

（4）设置倒圆参数。

（5）单击"确定"按钮，创建凹坑特征。

图16-3 "凹坑"对话框

【选项说明】

1. 表区域驱动

选择现有草图或新建的草图作为凹坑截面。

2. 凹坑属性

（1）深度：指定凹坑的延伸范围。

（2）反向：改变凹坑方向。

（3）侧角：输入凹坑锥角。

（4）参考深度：包括内侧和外侧两个选项，如图16-4所示。

① 内侧：指定义放置面到凹坑特征最近表面的深度。

② 外侧：指定义放置面到凹坑特征最远表面的深度。

（5）侧壁：包括材料内侧和材料外侧两个选项，如图16-5所示。

① 材料内侧：凹坑特征的侧壁建造在轮廓面的内侧。

② 材料外侧：凹坑特征的侧壁建造在轮廓面的外侧。

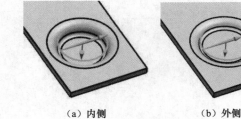

（a）内侧　　　　　　（b）外侧

图16-4 "参考深度"示意图

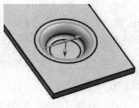

（a）材料内侧　　　　　（b）材料外侧

图16-5 "侧壁"示意图

3. 倒圆

（1）凹坑边倒圆：勾选此复选框，可设置冲压和冲模半径值。

（2）冲压半径：指定凹坑底部的半径值。

（3）冲模半径：指定凹坑基础部分的半径值。

（4）截面拐角倒圆：勾选此复选框，可设置拐角半径值。

（5）角半径：指定棱角侧面的圆形拐角半径值。

16.2.2 实例——电饭锅盖

☞ **【制作思路】**

本例绘制电饭锅盖，如图 16-6 所示。首先利用"突出块"命令创建锅盖基体，然后利用"凹坑"命令创建锅盖形状，再利用"法向开孔"命令创建孔，最后利用"折边弯边"命令创建锅盖边。

图16-6　电饭锅盖

此处有视频

【绘制步骤】

1. 创建新文件

选择"菜单"→"文件"→"新建"命令或单击快速访问工具栏中的"新建"按钮 📄，打开"新建"对话框。在"模板"列表框中选择"NX 钣金"，输入名称为"dianfanguogai"，单击"确定"按钮，进入 NX 钣金设计环境。

2. 钣金参数预设置

（1）选择"菜单"→"首选项"→"钣金"命令，打开"钣金首选项"对话框。

（2）在"部件属性"选项卡的"全局参数"选项组中设置"材料厚度"为1、"弯曲半径"为2，在"折弯定义方法"选项组的"方法"下拉列表中选择"公式"选项，在"公式"下拉列表中选择"折弯许用半径"选项，如图 16-7 所示。

（3）单击"确定"按钮，完成钣金参数预设置。

3. 创建突出块特征

（1）选择"菜单"→"插入"→"突出块"命令，或单击"主页"选项卡"基本"面板中的"突出块"按钮 📄，打开图 16-8 所示的"突出块"对话框。

（2）在"类型"下拉列表中选择"底数"选项。单击"绘制截面"按钮 🖼，打开图 16-9 所示的"创建草图"

图16-7　"钣金首选项"对话框

对话框。设置 *XC-YC* 平面为参考平面，单击"确定"按钮，进入草图绘制环境，绘制图 16-10 所示的草图。单击"完成"按钮，草图绘制完毕。

图16-8 "突出块"对话框

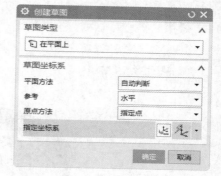

图16-9 "创建草图"对话框

（3）单击"确定"按钮，创建突出块特征，如图 16-11 所示。

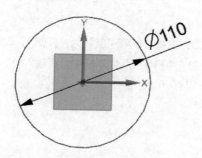

图16-10 绘制草图1

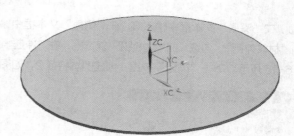

图16-11 创建突出块特征

4. 创建凹坑特征 1

（1）选择"菜单"→"插入"→"冲孔"→"凹坑"命令，或单击"主页"选项卡"冲孔"面板中的"凹坑"按钮，打开"凹坑"对话框。

（2）单击"绘制截面"按钮，打开"创建草图"对话框。选择突出块特征的上表面为草图放置面，单击"确定"按钮，进入草图绘制环境，绘制图 16-12 所示的草图。单击"完成"按钮，草图绘制完毕。

（3）在"深度"文本框中输入15，在"侧角"文本框中输入2，设置"参考深度"为"外侧"，设置"侧壁"为"材料外侧"，勾选"凹坑边倒圆"复选框，在"冲压半径"和"冲模半径"文本框中分别输入5、0，如图 16-13 所示。单击"确定"按钮，创建凹坑特征1，如图 16-14 所示。

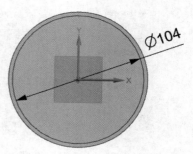

图16-12 绘制草图2

5. 创建凹坑特征 2

（1）选择"菜单"→"插入"→"冲孔"→"凹坑"命令，或单击"主页"选项卡"冲孔"面板中的"凹坑"按钮，打开"凹坑"对话框。

（2）单击"绘制截面"按钮，打开"创建草图"对话框。选择突出块特征的上表面为草图放置面，单击"确定"按钮，进入草图绘制环境，绘制图 16-15 所示的草图。单击"完成"按钮，草图绘制完毕。

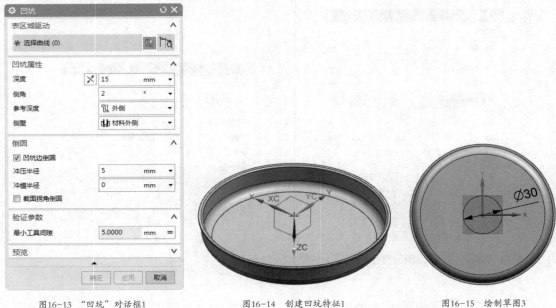

图16-13　"凹坑"对话框1　　　　　图16-14　创建凹坑特征1　　　　　图16-15　绘制草图3

（3）在"深度"文本框中输入 3，在"侧角"文本框中输入 60，设置"参考深度"为"外侧"，设置"侧壁"为"材料外侧"，勾选"凹坑边倒圆"复选框，在"冲压半径"和"冲模半径"文本框中分别输入 0.5、0.5，如图 16-16 所示。单击"确定"按钮，创建凹坑特征 2，如图 16-17 所示。

图16-16　"凹坑"对话框2

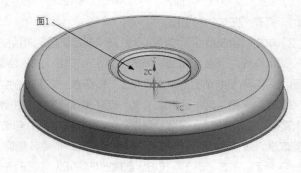

图16-17　创建凹坑特征2

6. 创建法向开孔特征

（1）选择"菜单"→"插入"→"切割"→"法向开孔"命令，或单击"主页"选项卡"特征"面板中的"法向开孔"按钮，打开"法向开孔"对话框。

（2）设置"切割方法"为"厚度"，"限制"为"直至下一个"，如图 16-18 所示。

（3）单击"绘制截面"按钮 ，打开"创建草图"对话框。在视图区中选择图 16-17 所示的面 1 为草图绘制面，单击"确定"按钮，进入草图绘制环境，绘制图 16-19 所示的草图。单击"完成"按钮 ，草图绘制完毕。

（4）单击"确定"按钮，创建法向开孔特征，如图 16-20 所示。

图16-18　"法向开孔"对话框

图16-19　绘制草图4

图16-20　创建法向开孔特征

7. 创建折边特征

（1）选择"菜单"→"插入"→"折弯"→"折边弯边"命令，或单击"主页"选项卡"折弯"面板"更多"库下的"折边弯边"按钮，打开"折边"对话框。

（2）在"类型"下拉列表中选择"开放"选项，设置"内嵌"为"材料外侧"，在"折弯半径"文本框中输入 0.3，在"弯边长度"文本框中输入 0.5，设置"折弯止裂口"为"无"，如图 16-21 所示。

（3）在视图区中选择弯边，如图 16-22 所示。单击"确定"按钮，创建折边特征，如图 16-23 所示。

图16-21　"折边"对话框

图16-22　选择弯边

图16-23　创建折边特征

16.2.3 实体冲压

使用此命令，可以将冲压工具添加到金属板上，形成工具的形状特征。

此处有视频

【执行方式】

- 菜单：选择"菜单"→"插入"→"冲孔"→"实体冲压"命令。
- 功能区：单击"主页"选项卡"冲孔"面板中的"实体冲压"按钮🏠。

【操作步骤】

（1）执行上述操作后，打开图 16-24 所示的"实体冲压"对话框。

（2）在"类型"下拉列表中选择"冲压"。

（3）在视图中选择目标面、工具体和坐标系。

（4）设置实体冲压属性。

（5）单击"确定"按钮，创建实体冲压特征。

【选项说明】

1. 类型

（1）冲压：用工具体冲压形成凸起的形状。

（2）冲模：用工具体冲模形成凹陷的形状。

2. 目标

选择面：指定冲压目标面。

3. 工具

（1）选择体：指定要冲压成型的工具体。

（2）要穿透的面：指定冲压要穿透的面。

4. 位置

（1）指定起始坐标系：选择一个坐标系来指定工具体的位置。

（2）指定目标坐标系：选择一个坐标系来指定目标体的位置。

5. 设置

（1）倒圆边：勾选此复选框，可设置冲模半径值。

（2）恒定厚度：取消此复选框的勾选，可设置冲压半径值。

（3）质心点：勾选此复选框，可在冲压体的相交曲线处创建一个质心点。

（4）隐藏工具体：勾选此复选框，冲压后将隐藏冲压工具体。

图16-24 "实体冲压"对话框

16.2.4 筋

使用该命令，可以在钣金零件表面的引导线上添加加强筋。

【执行方式】

● 菜单：选择"菜单"→"插入"→"冲孔"→"筋"命令。

● 功能区：单击"主页"选项卡"冲孔"面板中的"筋"按钮。

此处有视频

【操作步骤】

（1）执行上述操作后，打开图16-25所示的"筋"对话框。

（2）选择现有截面或者新建草图截面。

（3）在"筋属性"选项组中选择横截面形状，并设置筋的各个参数。

（4）单击"确定"按钮，创建筋特征。

【选项说明】

横截面包括圆形、U形和V形3种类型。

（1）圆形：创建圆形筋的对话框如图16-25所示。

① 深度：圆形筋的底面和圆弧顶部之间的高度差值。

② 半径：圆形筋的截面圆弧半径。

③ 冲模半径：圆形筋的侧面或端盖与底面的倒角半径。

④ 端部条件：附着筋的类型，包括成形的、冲裁的和冲压的3种类型，如图16-26所示。

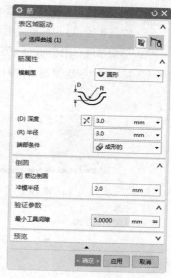

图16-25　"筋"对话框

（a）成形的

（b）冲裁的

（c）冲压的

图16-26　"圆形"示意图

（2）U形：创建U形筋的对话框如图16-27所示。

图16-27　U形筋的参数

① 深度：U 形筋的底面和顶面之间的高度差值。

② 宽度：U 形筋顶面的宽度。

③ 角度：U 形筋的底面法向和侧面或端盖之间的夹角。

④ 冲模半径：U 形筋的顶面和侧面或端盖的倒角半径。

⑤ 冲压半径：U 形筋的底面和侧面或端盖的倒角半径。

⑥ 端部条件：附着筋的类型，包括成形的、冲裁的和冲压的 3 种类型，如图 16-28 所示。

（3）V 形：创建 V 形筋的对话框如图 16-29 所示。

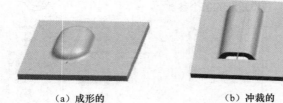

（a）成形的　　　　　　　　　　　（b）冲裁的　　　　　　　　　　　（c）冲压的

图16-28　"U形"示意图

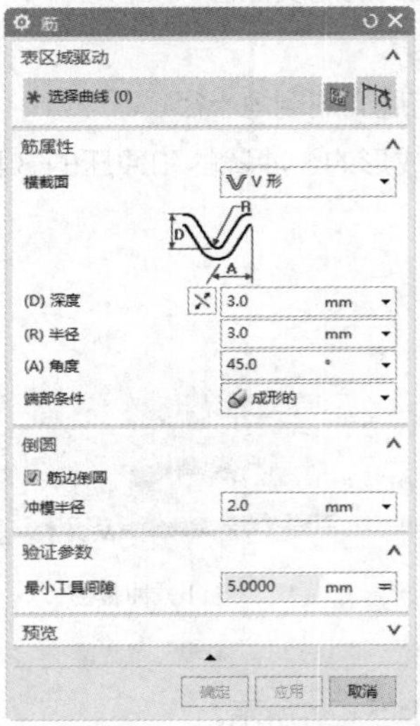

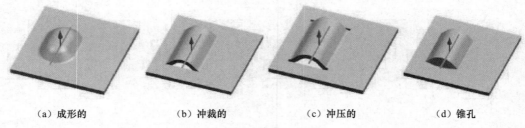

图16-29　V形筋的参数

① 深度：V 形筋的底面和顶面之间的高度差值。

② 角度：V 形筋的底面法向和侧面或端盖之间的夹角。

③ 半径：V 形筋的两个侧面或两个端盖之间的倒角半径。

④ 冲模半径：V 形筋的底面和侧面或端盖的倒角半径。

⑤ 端部条件：附着筋的类型，包括成形的、冲裁的、冲压的和锥孔 4 种类型，如图 16-30 所示。

（a）成形的　　　　　　（b）冲裁的　　　　　　（c）冲压的　　　　　　（d）锥孔

图16-30　"V形"示意图

16.2.5　百叶窗

使用该命令，可以在钣金零件平面上创建通风窗。

【执行方式】

此处有视频

- 菜单：选择"菜单"→"插入"→"冲孔"→"百叶窗"命令。
- 功能区：单击"主页"选项卡"冲孔"面板中的"百叶窗"按钮 。

【操作步骤】

（1）执行上述操作后，打开图16-31所示的"百叶窗"对话框。

图16-31　"百叶窗"对话框

（2）选择现有截面或者新建草图截面。

（3）设置百叶窗的深度、宽度和形状等参数。

（4）单击"确定"按钮，创建百叶窗特征。

【选项说明】

1. 切割线

（1） 曲线：指定已有的单一直线作为百叶窗特征的轮廓线来创建百叶窗特征。

（2） 绘制截面：选择零件平面作为参考平面，绘制直线草图作为百叶窗特征的轮廓线来创建切开端百叶窗特征。

2. 百叶窗属性

（1）深度：百叶窗特征最外侧点到钣金零件表面（百叶窗特征一侧）的距离。

（2）宽度：百叶窗特征在钣金零件表面投影轮廓的宽度。

（3）百叶窗形状：包括"成形的"和"冲裁的"两个选项。

① 成形的：在结束端形成一个圆形封闭的形状，如图16-32所示。

② 冲裁的：在结束端形成一个方形开口的形状，如图16-33所示。

图16-32 "成形的"示意图　　　　　　　图16-33 "冲裁的"示意图

3. 倒圆

百叶窗边倒圆：勾选此复选框，将激活"冲模半径"文本框，可以根据需求设置冲模半径。

16.3 转换特征

16.3.1 撕边

撕边是指在钣金实体上，沿着草绘截面或钣金零件体已有边缘创建开口或缝隙。

🔧 【执行方式】

此处有视频

● 菜单：选择"菜单"→"插入"→"转换"→"撕边"命令。
● 功能区：单击"主页"选项卡"基本"面板"转换"库下的"撕边"按钮 。

🔧 【操作步骤】

（1）执行上述操作后，打开图 16-34 所示的"撕边"对话框。
（2）可以选择已有的边缘或截面曲线，也可以绘制截面草图。
（3）单击"确定"按钮，创建撕边特征。

图16-34 "撕边"对话框

🔧 【选项说明】

（1）选择边：指定已有的边缘来创建撕边特征。
（2）曲线：指定已有的截面曲线来创建撕边特征。
（3）绘制截面：可以在钣金零件放置面上绘制截面草图来创建撕边特征。

16.3.2 转换为钣金

使用该命令，可以把非钣金件转换为钣金件，但钣金件必须是等厚度的。

🔧 【执行方式】

此处有视频

● 菜单：选择"菜单"→"插入"→"转换"→"转换为钣金"命令。
● 功能区：单击"主页"选项卡"基本"面板"转换"库下的"转换为钣金"按钮 。

🔧 【操作步骤】

（1）执行上述操作后，打开图 16-35 所示的"转换为钣金"对话框。

图16-35 "转换为钣金"对话框

（2）选择要转换为钣金的实体面、边缘等。

（3）设置转换为钣金件后的止裂口形状。

（4）单击"确定"按钮，将实体转换为钣金件。

【选项说明】

（1）全局转换：选择一个基准面来锚定零件。

（2）选择边：选择创建边缘裂口所需的边缘。

（3）选择截面：选择现有截面或新建草图截面。使用这个选项，可以将实体沿着角部以外的线性部分撕开。

16.4 拐角特征

16.4.1 封闭拐角

封闭拐角是将两个相邻的折弯边进行接合，创建一定形状拐角的过程。

【执行方式】

- 菜单：选择"菜单"→"插入"→"拐角"→"封闭拐角"命令。
- 功能区：单击"主页"选项卡"拐角"面板中的"封闭拐角"按钮。

此处有视频

【操作步骤】

（1）执行上述操作后，打开图 16-36 所示的"封闭拐角"对话框。

（2）在"类型"下拉列表中选择封闭拐角类型。

（3）选择相邻的两个折弯面。

（4）在"拐角属性"选项组中设置拐角的处理方法，并设置重叠方式。

（5）单击"确定"按钮，创建封闭拐角。

图16-36 "封闭拐角"对话框

【选项说明】

（1）处理：包括"打开""封闭""圆形开孔""U 形开孔""V 形开孔""矩形开孔"6 种处理方法，如图 16-37 所示。

（2）重叠：有"封闭"和"重叠的"两种方式，如图 16-38 所示。

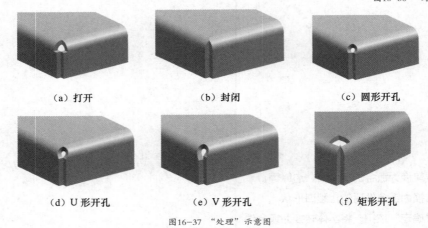

（a）打开　　　　　　　（b）封闭　　　　　　（c）圆形开孔

（d）U 形开孔　　　　　（e）V 形开孔　　　　（f）矩形开孔

图16-37 "处理"示意图

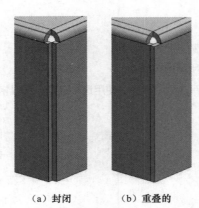

（a）封闭　　　　（b）重叠的

图16-38 "重叠"示意图

① 封闭：对应弯边的内侧边重合。

② 重叠的：一条弯边叠加在另一条弯边的上面。

（3）缝隙：两弯边封闭或重叠时铰链之间的最小距离。

16.4.2 倒角

倒角就是对钣金件进行圆角或者倒角处理。

此处有视频

【执行方式】

- 菜单：选择"菜单"→"插入"→"拐角"→"倒角"命令。
- 功能区：单击"主页"选项卡"拐角"面板中的"倒角"按钮🔲。

【操作步骤】

（1）执行上述操作后，打开图 16-39 所示的"倒角"对话框。
（2）选择要倒角的边。
（3）设置倒角方法为圆角或倒角，并输入半径值或距离值。
（4）单击"确定"按钮，完成倒角创建。

【选项说明】

（1）方法：有"圆角"和"倒斜角"两种方法。
（2）半径/距离：倒圆的外半径或倒角的偏置尺寸。

图16-39　"倒角"对话框

16.5 展平实体

　　使用"展平实体"命令，可以在同一钣金零件文件中创建平面展开图，展平实体特征与成形特征相关联。当使用"展平实体"命令展开钣金零件时，将展平实体特征作为"引用集"在部件导航器中显示。如果钣金零件包含变形特征，这些特征将保持原有的状态；如果钣金模型发生了更改，则平面展开图也自动更新并包含新的特征。 此处有视频

【执行方式】

- 菜单：选择"菜单"→"插入"→"展平图样"→"展平实体"命令。
- 功能区：单击"主页"选项卡"展平图样"库下的"展平实体"按钮🔲。

【操作步骤】

（1）执行上述操作后，打开图 16-40 所示的"展平实体"对话框。

图16-40　"展平实体"对话框

（2）在视图中选择展平实体的固定面。
（3）可以采用默认参数设置，也可以修改相关参数。

（4）单击"确定"按钮，展平实体。

【选项说明】

（1）固定面：可以选择钣金零件的平面表面作为展平实体的参考面。在选定参考面后，系统将以该平面为基准将钣金零件展开。

（2）方位：可以选择钣金零件的边作为平板实体的参考轴（X轴）方向并确定原点，在视图区中将显示参考轴方向。在选定参考轴后，系统将以该参考轴和已选择的固定面为基准将钣金零件展开。

16.6 综合实例——投影机底盒

【制作思路】

本例绘制投影机底盒，如图 16-41 所示。首先绘制草图，并通过拉伸创建基体；然后利用"腔"命令创建腔体，利用"撕边"命令和"转换为钣金"命令创建下半部分，创建突出块特征和法向开孔特征；最后创建弯边和封闭拐角完成上半部分。

图16-41 投影机底盒

此处有视频

【绘制步骤】

1. 新建文件

选择"菜单"→"文件"→"新建"命令或单击快速访问工具栏中的"新建"按钮▯，打开"新建"对话框。在"模板"列表框中选择"模型"，输入名称为"touyingjidihe"，单击"确定"按钮，进入建模环境。

2. 绘制草图

（1）选择"菜单"→"插入"→"草图"命令，或单击"主页"选项卡"直接草图"面板中的"草图"按钮▦，打开"创建草图"对话框。

（2）设置"水平"面为参考平面，单击"确定"按钮，进入草图绘制环境，绘制图 16-42 所示的草图。

3. 创建拉伸特征

（1）选择"菜单"→"插入"→"设计特征"→"拉伸"命令，或单击"主页"选项卡"特征"面板中的"拉伸"按钮▥，打开"拉伸"对话框。

（2）在视图区中选择步骤 2 中绘制的草图。

（3）在结束"距离"文本框中输入 50，如图 16-43 所示。单击"确定"按钮，创建拉伸特征，如图 16-44 所示。

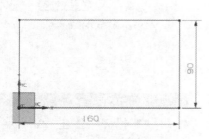

图16-42　绘制草图1

图16-43　"拉伸"对话框

4. 创建腔体

（1）选择"菜单"→"插入"→"设计特征"→"腔"命令，打开图16-45所示的"腔"对话框。

图16-44　创建拉伸特征

图16-45　"腔"对话框

（2）单击"矩形"按钮，打开图16-46所示的"矩形腔"对话框。在视图区中选择放置面，如图16-47所示。

图16-46　"矩形腔"对话框

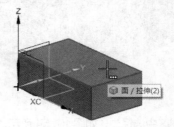

图16-47　选择放置面

（3）打开图16-48所示的"水平参考"对话框。在视图区中选择参考平面，如图16-49所示。

（4）打开图16-50所示的"矩形腔"参数对话框。在"长度""宽度""深度"文本框中分别输入150、80和45，单击"确定"按钮。

（5）打开图16-51所示的"定位"对话框，单击"垂直"按钮，分别选择腔体边线和拉伸体的边线，输入距离为5。单击"确定"按钮，创建矩形腔体，如图16-52所示。

图16-48 "水平参考"对话框

图16-49 选择参考平面

图16-50 "矩形腔"参数对话框

图16-51 "定位"对话框

5. 进入钣金设计环境

单击"应用模块"选项卡"设计"面板中的"钣金"按钮💊，进入钣金设计环境。

6. 创建撕边特征

（1）选择"菜单"→"插入"→"转换"→"撕边"命令，或单击"主页"选项卡"基本"面板"转换"库下的"撕边"按钮🌑，打开图16-53所示的"撕边"对话框。

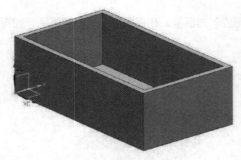

图16-52 创建矩形腔体

图16-53 "撕边"对话框

（2）在视图区中选择边，如图16-54所示。

（3）单击"确定"按钮，创建撕边特征，如图16-55所示。

7. 将实体转换为钣金

（1）选择"菜单"→"插入"→"转换"→"转换为钣金"命令，或单击"主页"选项卡"基本"面板"转换"库下的"转换为钣金"按钮💊，打开图16-56所示的"转换为钣金"对话框。

（2）在视图区中选择转换面，如图16-57所示。

（3）单击"确定"按钮，将实体转换为钣金，如图 16-58 所示。

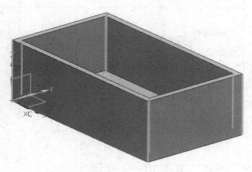

图16-54　选择边1

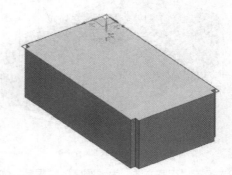

图16-55　创建撕边特征

图16-56　"转换为钣金"对话框

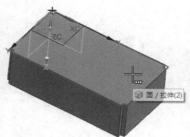

图16-57　选择转换面

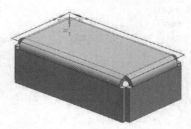

图16-58　将实体转换为钣金

8．创建突出块特征

（1）选择"菜单"→"插入"→"突出块"命令，或单击"主页"选项卡"基本"面板中的"突出块"按钮，打开图 16-59 所示的"突出块"对话框。

（2）在"类型"下拉列表中选择"底数"选项，单击"绘制截面"按钮，打开"创建草图"对话框。选择图 16-60 所示的面 1 为草图绘制平面，单击"确定"按钮，进入草图绘制环境，绘制图 16-61 所示的草图。单击"完成"按钮，草图绘制完毕。

（3）在"厚度"文本框中输入1，单击"确定"按钮，创建突出块特征。

9．创建法向开孔特征

（1）选择"菜单"→"插入"→"切割"→"法向开孔"命令，或单击"主页"选项卡"特征"面板中的"法向开孔"按钮，打开"法向开孔"对话框。

图16-59　"突出块"对话框

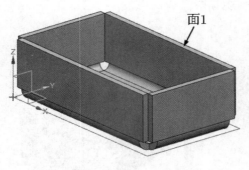

图16-60 选择草图工作平面

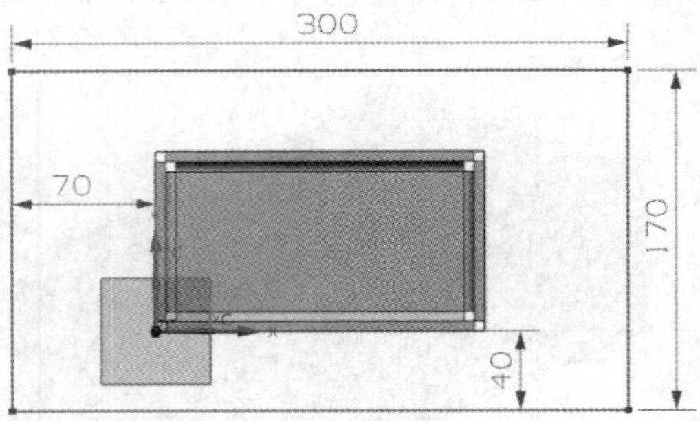

图16-61 绘制草图2

（2）设置"切割方法"为"厚度"，"限制"为"直至下一个"，如图 16-62 所示。

（3）单击"绘制截面"按钮，打开"创建草图"对话框。在视图区中选择图 16-63 所示的面 2 为草图绘制平面，单击"确定"按钮，进入草图绘制环境，绘制图 16-64 所示的草图。单击"完成"按钮，草图绘制完毕。

图16-62 "法向开孔"对话框

图16-63 选择草图工作平面

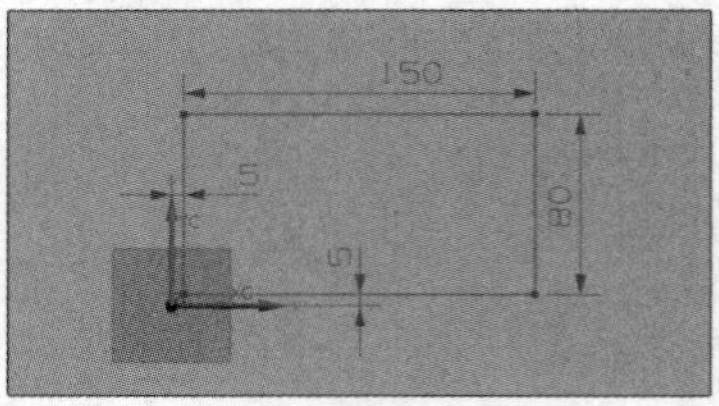

图16-64 绘制草图3

（4）单击"确定"按钮，创建法向开孔特征，如图 16-65 所示。

10. 创建弯边特征

（1）选择"菜单"→"插入"→"折弯"→"弯边"命令，或单击"主页"选项卡"折弯"面板中的"弯边"按钮，打开"弯边"对话框。

（2）设置"宽度选项"为"完整"，"长度"为50，"角度"为90，"参考长度"为"外侧"，"内嵌"为"折弯外侧"，"折弯止裂口"为"无"，如图 16-66 所示。

（3）选择图 16-67 所示的边，单击"应用"按钮，创建弯边特征1，如图 16-68 所示。

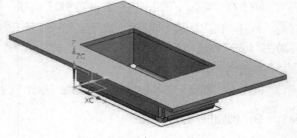

图16-65 创建法向开孔特征

图16-66　"弯边"对话框

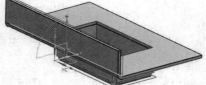

图16-67　选择边2

图16-68　创建弯边特征1

（4）重复上述步骤，在突出块特征的其他 3 条边上创建参数相同的弯边特征，结果如图 16-69 所示。

11. 创建封闭拐角

（1）选择"菜单"→"插入"→"拐角"→"封闭拐角"命令，或单击"主页"选项卡"拐角"面板中的"封闭拐角"按钮 ，打开"封闭拐角"对话框。

（2）在"类型"下拉列表中选择"封闭和止裂口"选项，在"处理"下拉列表中选择"封闭"选项，在"重叠"下拉列表中选择"封闭"选项，在"缝隙"文本框中输入 0.1，如图 16-70 所示。

（3）在视图区中选择两个相邻弯边，如图 16-71 所示。

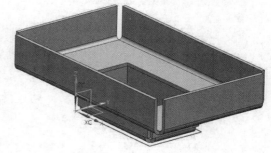

图16-69　创建其他弯边特征

图16-70　"封闭拐角"对话框

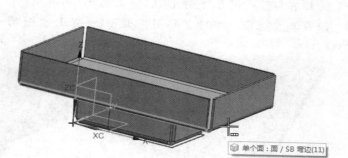

图16-71　选择相邻弯边

（4）单击"应用"按钮，创建封闭拐角1，如图 16-72 所示。

（5）重复上述步骤，创建参数相同的其他 3 个封闭拐角，如图 16-73 所示。

图16-72 创建封闭拐角1

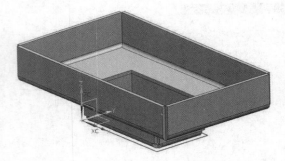

图16-73 创建其他封闭拐角

12. 创建止裂口

（1）选择"菜单"→"插入"→"拐角"→"封闭拐角"命令，或单击"主页"选项卡"拐角"面板中的"封闭拐角"按钮，打开"封闭拐角"对话框。

（2）在"类型"下拉列表中选择"止裂口"选项，在"处理"下拉列表中选择"圆形开孔"选项，选择止裂口特征原点为"拐角点"，输入直径为5，如图16-74所示。

（3）在视图区中选择两个相邻折弯，如图16-75所示。

图16-74 "封闭拐角"对话框

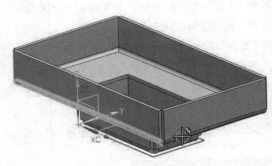

图16-75 选择相邻折弯

（4）单击"应用"按钮，创建止裂口1，如图16-76所示。

（5）重复上述步骤，创建参数相同的其他3个止裂口，如图16-77所示。

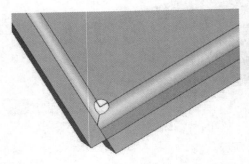

图16-76 创建止裂口1

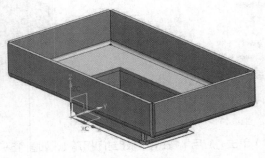

图16-77 创建其他止裂口